面向新工科的电工电子信息基础课程系列教材

教育部高等学校电工电子基础课程教学指导分委员会推荐教材

普通高等教育“十五”国家级规划教材

“十二五”江苏省高等学校重点教材

信息论与编码

第4版

曹雪虹　张宗橙　编著

清華大學出版社
北京

内容简介

本书重点介绍由香农理论发展而来的信息论的基本理论以及编码的理论和实现原理。全书共8章，在介绍有关信息度量的基础上，重点讨论信源熵、信道容量、率失真函数，以及无失真信源编码、限失真信源编码、信道编码和加密编码中的理论知识及其实现原理，还简单介绍了网络信息理论。

本书注重概念，采用通俗的文字，联系目前实际通信系统，用较多的例题和图示阐述基本概念、基本理论及实现原理，尽量减少繁杂的公式定理证明。各章的最后还附有内容小结和大量习题，书后附有部分习题答案，某些章节还添加了微课视频和思政案例，便于读者学习，加深对概念和原理的理解。

本书可作为高等院校电子信息类专业及相关专业的本专科教材，也可供信息、通信、电子工程等相关领域的科技人员参考。

图书在版编目(CIP)数据

信息论与编码/曹雪虹，张宗橙编著. —4版. —北京：清华大学出版社，2024.5(2025.1重印)
面向新工科的电工电子信息基础课程系列教材
ISBN 978-7-302-66290-7

Ⅰ. ①信… Ⅱ. ①曹… ②张… Ⅲ. ①信息论－高等学校－教材 ②信源编码－高等学校－教材 Ⅳ. ①TN911.2

中国国家版本馆CIP数据核字(2024)第098077号

责任编辑：文　怡
封面设计：王昭红
责任校对：王勤勤
责任印制：刘　菲

出版发行：清华大学出版社
网　　址：https://www.tup.com.cn，https://www.wqxuetang.com
地　　址：北京清华大学学研大厦A座　　**邮　　编**：100084
社 总 机：010-83470000　　**邮　　购**：010-62786544
投稿与读者服务：010-62776969，c-service@tup.tsinghua.edu.cn
质量反馈：010-62772015，zhiliang@tup.tsinghua.edu.cn
课件下载：https://www.tup.com.cn，010-83470236
印 装 者：三河市铭诚印务有限公司
经　　销：全国新华书店
开　　本：185mm×260mm　　**印　　张**：15.5　　**字　　数**：349千字
版　　次：2004年3月第1版　2024年5月第4版　　**印　　次**：2025年1月第3次印刷
印　　数：6501～11500
定　　价：49.00元

产品编号：105844-01

再版说明

本书于2004年3月首次出版，分别于2009年2月、2016年6月再版，是普通高等教育“十五”国家级规划教材、教育部高等学校电子信息类专业教学指导委员会规划教材，入选“十二五”江苏省高等学校重点教材、首届江苏省优秀教材。

随着电子信息类本科专业在全国高等院校中开设数量的不断增加，“信息论与编码”作为这些专业必修的核心课程，教材的需求量不断上升，销售面不断扩大。本书目前已被国内包括985、211高校在内的400多所高校采用，累计印刷50多次，累计销售近30万册。

20多年来，我们得到了广大教师和同学们的热诚关心和帮助，他们对本书提出了许多宝贵的意见和建议，在此表示衷心的感谢。为了紧跟科学技术和信息理论的飞速发展，我们对本书的内容进行了部分增减，对某些不妥之处进行了修改完善，并增加了部分微课视频，供读者拓展学习，形成了第4版。

真诚欢迎广大读者对书中的错误和不当之处予以批评指正。

编　者

2023年12月

前言

当前信息产业发展迅速，需要大量信息、通信、电子工程类专业人才，而信息理论与编码是这些专业的基础知识，必须掌握，它可以指导理论研究和工程应用。

"信息论与编码"课程介绍的是信息论基础和编码理论，内容本身理论性较强，本书针对电子、信息、通信工程的本专科学生及相关领域的工程技术人员，重点介绍有关信息理论的基本知识，注重基本概念，用较通俗的语言解释其物理意义，辅以大量的例题和图示说明，并联系当前实际通信技术进行讲述，使读者研读本书后概念清晰，可有针对性地应用于实际工作。

本书共8章，第1章是绪论。第2章介绍信息论的一些基本概念，包括自信息量、互信息、离散信源熵、熵的性质、连续信源熵、最大熵定理等，对信源的信息给出定量描述，并解释冗余度的由来及作用。第2章是后续章节的基础。

第3章介绍信道的分类及其表示参数，讨论各种信道能够达到的最大传输速率，即信道的容量及其计算方法。

第4章介绍失真函数和信息率失真函数的定义及性质，给出在一定失真限度内信源必须输出的最小传输速率。

第5章介绍信源编码，首先给出无失真信源编码定理和限失真信源编码定理，其中无失真信源编码定理包括定长编码定理和变长编码定理，并详细阐述最佳无失真编码中的香农码和哈夫曼码的编码方法及其性能比较，然后简单介绍几种具有代表性的信源编码方法。

第6章介绍信道编码，在阐述差错控制、信道编码定理和信道编译码的基本原理之后，详细介绍最基本、最常用的几种信道编码方法，包括线性分组码、卷积码等。

第7章在介绍密码体制的基础知识及其与熵的关系后，简述具有代表性的数据加密标准DES、公开密钥加密法RSA及量子密码等。

第8章简单介绍网络信息理论，包括网络信道的分类、多址接入信道的容量和相关信源编码等。

本书由曹雪虹、张宗橙编著。第6章由张宗橙编写，其余各章由曹雪虹编写。陈瑞和芮雄丽老师给予了大力支持，精心制作了微课视频。限于编者的水平，书中谬误或不妥之处难免，殷切希望读者指正。

编　者

2023年12月

目录

目录

目录

目录

第1章 绪论

科学技术的发展使人类跨入了高速发展的信息化时代。在政治、军事、经济等各个领域，信息的重要性不言而喻，有关信息理论的研究正越来越受到重视。

人们在自然和社会活动中获取信息并对其进行传输、交换、处理、检测、识别、存储、显示等操作，研究这些内容的科学就是信息科学。信息论(information theory)是信息科学的主要理论基础之一，它主要研究可能性和存在性问题，为具体实现提供理论依据。与之对应的是信息技术(information technology)，它主要研究怎样实现的问题。

本章首先介绍信息论的形成和发展、信息论研究的内容及信息的基本概念，接着结合通信系统模型介绍模型中各部分的作用、编码的种类和研究内容，最后介绍信息论的应用。

1.1 信息论的形成和发展

信息论理论基础的建立，一般来说开始于香农(Shannon)在研究通信系统时发表的论文。随着研究的深入与发展，信息论有了更为宽泛的内容。

早些时期信息的定义是由奈奎斯特(Nyquist)和哈特利(Hartley)在20世纪20年代提出的。1924年奈奎斯特解释了信号带宽与信息速率的关系；1928年哈特利最早研究了通信系统传输信息的能力，给出了信息度量方法；1936年阿姆斯特朗(Armstrong)提出了增大带宽可以加强抗干扰能力。这些研究带给香农很大的影响，他在1941—1944年对通信和密码进行深入研究，并用概率论的方法研究通信系统，揭示了通信系统传递的对象就是信息，并对信息进行科学的定量描述，提出了信息熵的概念。他还指出，通信系统的中心问题是在噪声下如何有效而可靠地传送信息，而实现这一目标的主要方法是编码等。这一成果于1948年以 *A mathematical theory of communication*(《通信的数学理论》)为题公开发表，这是一篇关于现代信息论的开创性的权威论文，为信息论的创立作出了独特的贡献，香农因此成为信息论的奠基人。

20世纪50年代信息论在学术界引起了巨大反响。1951年美国IRE成立了信息论组，并于1955年正式出版了信息论汇刊。20世纪60年代信道编码技术有了较大进展，成为信息论的又一重要分支。信道编码技术把代数方法引入纠错码的研究，使分组码技术发展到了高峰，找到了大量可纠正多个错误的码，并提出了可实现的译码方法。20世纪70年代卷积码和概率译码有了重大突破，提出了序列译码和Viterbi译码方法，并被美国卫星通信系统采用，这使香农理论成为真正具有实用意义的科学理论。1982年温伯格(Ungerboeck)提出了将信道编码和调制结合在一起的网格编码调制方法，该方法无须增大带宽和功率，以增加设备的复杂度换取编码增益，得到了广泛关注，在目前的通信系统中占据重要地位。

信源编码的研究落后于信道编码。香农在1948年的论文中提出了无失真信源编码定理，也给出了简单的编码方法——香农码。1952年费诺(Fano)和哈夫曼(Huffman)分别提出了各自的编码方法，并证明其方法都是最佳编码法。1959年香农的文章 *Coding theorems for a discrete source with a fidelity criterion*(《保真度准则下的离散信源编码定理》)系统地提出了信息率失真理论和限失真信源编码定理。这两个理论是数据压缩的数学基础，为各种信源编码的研究奠定了基础。1971年伯格尔(Berger)给出了更一般性的率失真编码定理。随着传输内容和传输信道的发展，人们针对各种信源的特性，提出了大量实用高效的信源编码方法。

20世纪70年代，有关信息论的研究，从点与点间的单用户通信发展到多用户系统的研究。1972年盖弗(Cover)发表了有关广播信道的研究，以后陆续进行了有关多接入信道和广播信道模型及其信道容量的研究。50多年来，这一领域的研究活跃，大量的论文被发表，使多用户信息论的理论日趋完备。

此外，香农在1949年发表了论文《保密通信的信息理论》，首先用信息论的观点对信息保密问题作了全面的论述。但由于保密通信研究当时主要用于政府和军方，成果很少对外公布，因此公开发表的论文也很少。直到1976年迪弗(Diffie)和海尔曼(Hellman)发表了论文《密码学的新方向》，提出了公钥密码体制之后，保密通信问题才得到公开、广泛的研究。尤其是现在，信息安全已成为一个关系到信息产业发展的重大问题。因此，密码学及信息安全已经成为各国科研人员研究的重点和热点。

可见，信息论主要研究的是通信的一般理论，是在信息可以量度的基础上，研究有效地、可靠地、安全地传递信息的科学，它涉及信息量度、信息特性、信息传输速率、信道容量、干扰对信息传输的影响等方面的知识。

1.2 信息理论研究的内容

信息理论是信息科学的基础，强调用数学语言来描述信息科学中的共性问题及解决方案。目前，这些共性问题分别集中在狭义信息论、一般信息论和广义信息论中。

狭义信息论主要总结了香农的研究成果，因此又称香农信息论。它在信息可以度量的基础上，研究如何有效、可靠地传递信息。有效、可靠地传递信息必然贯穿于通信系统从信源到信宿的各个部分，狭义信息论研究的是收、发端联合优化的问题，而重点在于各种编码。它是通信中客观存在的问题的理论提升。

一般信息论研究广义通信引出的基础理论问题，除了香农信息论外，还包括其他研究成果，其中最主要的是维纳(Wiener)的微弱信号检测理论。微弱信号检测又称最佳接收，该理论是指为确保信息传输的可靠性，研究如何从噪声和干扰中接收信道传输的信号的理论。它主要研究两方面的问题：从噪声中判决有用信号是否出现和从噪声中测量有用信号的参数。该理论应用近代数理统计的方法研究最佳接收问题，系统和定量地综合分析存在噪声和干扰时的最佳接收机结构，并推导出这种系统的极限性能。除此之外，一般信息论的研究还包括噪声理论、信号滤波与预测、统计检测与估计理论、调制理论、信号处理与信号设计理论等，总结了香农、维纳及其他学者的研究成果，是广义通信中客观存在问题的理论提升。

无论是狭义信息论，还是一般信息论，讨论的都是客观问题，然而，当讨论信息的作用、价值等问题时，必然涉及主观因素。**广义信息论**研究所有与信息有关的领域，如心理学、遗传学、神经生理学、语言学、社会学等。因此，有人对信息论的研究内容进行了重新界定，提出从应用性、实效性、意义性或者从语法、语义、语用方面来研究信息，分别与事件出现的概率、含义及作用有关，其中意义性、语义、语用主要研究信息的意义和对信息的理解，即信息涉及的主观因素。广义信息论从人们对信息特征的理解出发，从客观和主观两方面全面地研究信息的度量、获取、传输、存储、加工处理、利用及功用等，理论上说是最全面的信息理论，但由于主观因素过于复杂，很多问题本身及其解释尚无定论，或者受人类知识水平的限制，目前还得不到合理的解释，因此广义信息论还处于发展阶段。

信息在传输、存储和处理的过程中，不可避免地受到噪声或其他无用信号的干扰，信息理论就是为实现可靠、有效地从数据中提取信息而提供必要的根据和方法。这就必须研究噪声和干扰的性质及其与信息本质上的差别，噪声与干扰往往具有按某种统计规律的随机特性，信息则具有一定的概率特性，如度量信息量的熵值就是概率性质的。因此，信息论、概率论、随机过程和数理统计学就是信息论应用的基础和工具。

本书讲述的信息理论的基本内容是与通信科学密切相关的狭义信息论，涉及信息理论中很多基本问题。例如：

(1) 什么是信息？如何度量信息？

(2) 在信息传输中，基本的极限条件是什么？

(3) 信息压缩和恢复的极限条件是什么？

(4) 从环境中抽取信息的极限条件是什么？

(5) 现实中接近极限的设备是否存在？

信息论主要应用于通信领域，在含噪信道中传输信息的最优方法目前尚无定论，特别是在数据的信息量大于信道容量的情况下，更是一无所知，这是经常遇到的情况。因为从信源提取的信息常常是连续的，即信号的信息含量无限大。在一般信道中传输这样的信号不可能不产生误差。引入信道容量和信息量的概念后，对于这类问题便可给出满意的解释，并给出效果最佳的通信系统。因而信息论为设计这样的系统提供了理论依据。

在通信理论中经常遇到信息、消息和信号这 3 个既有联系又有区别的名词，下面将给出它们的定义并作比较。

信息是指各个事物运动的状态及状态变化的方式。人们从对周围世界的观察得到的数据中获得信息。信息是抽象的意识或知识，它是看不见、摸不到的。当人脑的思维活动产生的一种想法仍被存储于脑中时，它就是一种信息。

消息是指包含信息的语言、文字和图像等，如我们每天通过报纸、电视节目和互联网获得的各种新闻及其他消息。在通信中，消息是指担负着传送信息任务的单个符号或符号序列。这些符号包括字母、文字、数字和语言等。单个符号消息的情况，例如，用 x_1 表示晴天，x_2 表示阴天，x_3 表示雨天；符号序列消息的情况，例如，“今天是晴天”这一消息由 5 个汉字构成。可见消息是具体的，它载荷信息，但它不是物理性的。

信号是消息的物理体现，为了在信道上传输消息，就必须将消息加载（调制）到具有某种物理特征的信号上。信号是信息的载荷子或载体，是物理性的，如电信号、光信号等。

在通信系统中传送的本质内容是信息，发送端需将信息表示为具体的消息，再将消息载到信号上，才能在实际的通信系统中传输。信号到了接收端（信息论中称为信宿），经过处理变成文字、语音或图像等形式的消息，人们再从中得到有用的信息。在接收端将含有噪声的信号经过各种处理和变换，从而获得有用信息的过程就是信息提取，提取有用信息的过程或方法主要有检测和估计两种。载有信息的可观测、可传输、可存储及可处理的信号，均称为数据。

各类通信系统，如电话、广播、电视、雷达、遥测等，传送的是各种各样的消息。消息的形式可以不同，但它们都能被传递，能被人们感觉器官(眼、耳、触觉等)感知，而且消息表述的是客观物质和主观思维的运动状态或存在状态。在各种通信系统中，其传输的形式是消息。但消息传递过程的一个最基本、最普通却不十分引人注意的特点是：收信者在收到消息以前不知道消息的具体内容。在收到消息以前，收信者无法判断发送者会发来描述何种事物运动状态的具体消息，更无法判断描述的是哪种状态。再者，即使收到消息，由于干扰的存在，也不能断定得到的消息是否正确、可靠。总之，收信者存在着“不知”、“不确定”或“疑问”。通过消息的传递，收信者知道了消息的具体内容，原先的“不知”、“不确定”和“疑问”得到消除或部分消除。因此，对于收信者来说，消息的传递过程是一个从不知到知的过程，或是从知之甚少到知之甚多的过程，或是从不确定到部分确定甚至全部确定的过程。如果不具备这样的特点，就根本不需要通信系统了。试想，如果收信者在接到电话之前就已经知道电话的内容，那还要电话系统干什么呢？

因此，信息的基本概念在于它的不确定性，任何已确定的事物都不含有信息。信息的特征如下。

(1) 接收者在收到信息之前，对其内容是未知的，所以信息是新知识、新内容。

(2) 信息是能使认识主体对某一事物的未知性或不确定性减小的有用知识。

(3) 信息可以产生，也可以消失，同时信息可以被携带、存储及处理。

(4) 信息是可以量度的，信息量有多少的差别。

1.3 通信系统的模型

1. 通信系统的物理模型

图 1-1 是目前较常用也较完整的通信系统物理模型。下面介绍模型中各部分的作用及需要研究的核心问题。

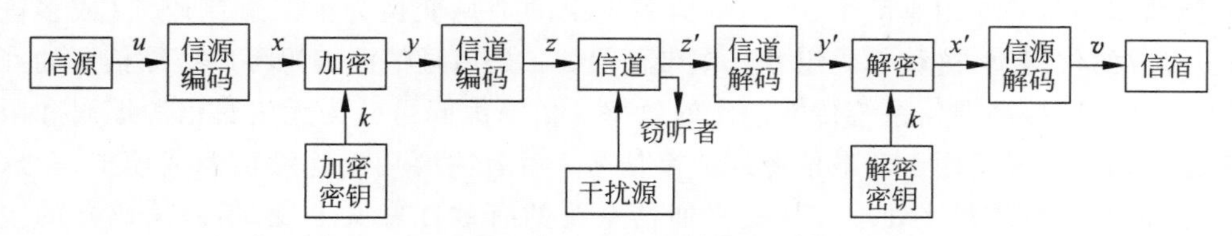

图 1-1 通信系统的物理模型

1) 信源、信宿

信源是向通信系统提供消息 u 的人或机器，信宿是接收消息 v 的人或机器。信源本身十分复杂，在信息论中我们仅对信源的输出进行研究。信源输出的是以符号形式出现的具体消息，它载荷信息。信源输出的消息可以有多种形式，但可归纳为两类：一类是离散消息，如字母、文字、数字等单个符号，或者由若干符号组成的符号序列；另一类是连续消息，如话音、图像和在时间上连续变化的电参数等。因为信宿在收到消息之前并不知道信源发出的内容，所以一般来说信源发出的是随机性消息。但因信源发出的消息都携带着信息，消息的变化具有一定规律性，因此严格地说，信源发出的消息并不是完全随机性的。根据实际需要，信宿接收的消息 v 的形式可以与信源发出的消息 u 相同，也可以不同，当两者形式不同时，v 是 u 的一个映射。信源的核心问题是它包含的信息到底有多少，如何将信息定量地表示出来，即如何确定信息量。信宿需要研究的问题是能接收或提取多少信息。

2）信道

信道是传递消息的通道，又是传送物理信号的设施。信道可以是一对导线、一条同轴电缆、传输电磁波的空间、一条光纤等信号传输介质。信道的研究问题主要在于它能够传送多少信息，即信道容量的大小。

3）干扰源

干扰源是整个通信系统中各个干扰的集中反映，用于表示消息在信道中传输时遭受干扰的情况。对于通信系统而言，干扰的性质和大小是影响系统性能的重要因素。

4）密钥源

密钥源是产生密钥 k 的源。信源编码器输出信号 x 经过 k 的加密运算后，就把明文 x 变换为密文 y。若窃听者未掌握发端采用的密钥 k，则很难由窃听到的信号 z' 解出明文 x'。而接收端的信宿因知道事先已约定好的密钥 k，因此可由收到的信号 z' 解出明文 x'。这里 x'、y'、z' 之所以不同于发端的 x、y、z，是因为考虑信号 z 在信道中传输时受到干扰的影响。但在正常通信条件下，应该有 $x'\approx x$，$y'\approx y$，$z'\approx z$。

2. 编码问题分类

一般地说，通信系统的性能指标主要包括有效性、可靠性、安全性和经济性。通信系统优化就是使这些指标达到最佳。除了经济性外，这些指标正是信息论的研究对象，可以通过各种编码处理使通信系统的性能最优化。根据信息论的各种编码定理和上述通信系统的指标，可将编码问题分解为三类：信源编码、信道编码和加密编码。

1）信源编码

信源编码器的作用有两个，一是将信源发出的消息变换为由二进制码元（或多进制码元）组成的代码组，这种代码组就是基带信号；二是通过信源编码可以压缩信源的冗余度（多余度），以提高通信系统传输消息的效率。信源编码可分为无失真信源编码和限失真信源编码。前者适用于离散信源或数字信号；后者主要用于连续信源或模拟信号，如语音、图像等信号的数字处理。从提高通信系统的有效性意义上说，信源编码器的主要指标是编码效率，即理论上所需的码率与实际码率之比。一般来说，效率越高，编译码器的代价越大。信源译码器的作用是将信道译码器输出的代码组变换为信宿所需要的消息形式，它的作用相当于信源编码器的逆过程。

2）信道编码

信道编码器的作用是在信源编码器输出的代码组上有目的地增加一些监督码元，使之具有检错或纠错能力。信道译码器具有检错或纠错功能，它能对落在其检错或纠错范围内的错传码元进行检错或纠错，以提高消息传输的可靠性。信道编码包括调制解调和纠错检错编译码。信道中的干扰常使通信质量下降，对于模拟信号，表现为收到信号的信噪比下降；对于数字信号，表现为误码率增大。信道编码的主要方法是增大码率或频带，即增大所需的信道容量。这与信源编码相反。

3）加密编码

加密编码是研究如何隐蔽消息中的信息内容，以便它在传输过程中不被窃听，提高通信系统的安全性。将明文变换为密文，通常不需要增大信道容量，例如在二进制码信息流上叠加密钥流。但也有些密码要求占用较大的信道容量。

在实际问题中，上述三类编码应统一考虑，以提高通信系统的性能。这些编码的目标往往是相互矛盾的。提高有效性必须去掉信源符号中的冗余部分，此时信道误码会使接收端无法恢复原来的信息，这就需要相应提高传送的可靠性，不然会使通信质量下降；反之，为了可靠而采用信道编码，往往需扩大码率，降低有效性。安全性也有类似情况。编成密码，有时需扩展码位，降低有效性；有时也会因收、发两端不同步而使授权用户无法获得信息，必须重发而降低有效性，或丢失信息而降低可靠性。从理论上说，若能将三种编码合并为一种码来编译，即同时考虑有效性、可靠性和安全性，可使编译码器性能更优化，经济性也更强。这种三码合一的设想是当前众所关心的课题，但从理论和技术层面的复杂性看，要取得有用的结果，还是相当困难的。值得注意的是，信息论分析的问题是存在性问题，即符合条件的编码是否存在，但并没有给出寻找编码的方法。

本书讨论编码问题，着重介绍信源和信道的编码定理。限于篇幅，主要从概念上解释这些定理的结论，并没有从严格意义上加以证明。而对于加密编码，仅介绍了保密通信中的一些基本知识。这里首先举几个例子来说明编码的应用，例如，电报常用的莫尔斯（Morse）码就是按信息论的基本编码原则设计出来的。又如，一些商品上面有一张由粗细条纹组成的标签，由这张标签可以得知该商品的生产厂家、生产日期和价格等信息，这些标签是利用条形码设计出来的，非常方便，也非常有用，应用越来越普遍。再如，计算机的运算速度很高，又要保证它几乎不出差错，相当于要求 100 年的时间内不得有一秒钟的误差，这就需要利用纠错码来自动、及时地纠正发生的错误。每出版一本书都给定一个国际标准书号（ISBN），这大大方便了图书的销售、编目和收藏工作。可以说，人们在日常生活和生产实践中，正在越来越多地使用编码技术。

顺便指出，不是所有的通信系统都采用如图 1-1 所示的全面的技术。如点对点的有线电话，只要有一对电话机和一条电话线路（铜线）就够了，话音基带信号通过电话机变为相应的电信号（模拟信号），就能在电话线上传送。接收端的电话机再将电信号恢复为人耳能听得清的话音。如果是点对点的无线电话，则发送端需要一台发信机，将模拟信号调制到射频上，再用大功率发射机经天线发射出去，然后在无线信道中传输。接收端则应使用收信机将收到的调制射频信号解调恢复为发送端的原始话音。若在这样的系统中增加加密和解密装置，就构成无线保密通信系统。在干扰大、信道容量有限的通信系统中，需要采用信源编码和信道编码技术，以提高传输消息的有效性和可靠性。

1.4 信息论的应用

信息论从它诞生之日起就吸引了众多领域学者的注意，他们竞相应用信息论的概念和方法理解和解决本领域的问题。例如，信息论在生物学、医学、经济、管理、图书情报等领域都有不同程度的应用，这使信息论成为一门新兴的横断科学。这里简要介绍一下信息论在生物学、医学、管理科学中的应用。

1. 信息论在生物学中的应用

生命体本身是一个复杂的信息传递、存储、处理、加工和控制的系统。从理论上说，信息论应该与生物学有着密切关系。近几十年来，生物学的发展非常迅速，人们对生命现象的研究已经从整体深入到细胞、亚细胞、分子水平和量子水平，以揭示生命现象的本质。尤其是遗传信息方面的研究取得了重大进展和成效，从此确立了信息论在生物学研究方面的重要作用和地位。

特别是20世纪90年代以来，随着分子结构测定技术的突破和各种基因组测序计划的展开，生物学数据大量出现，如何分析这些数据，并从中获得生物结构、功能的相关信息，成为困扰生物学家的一个难题。生物信息学就是在此背景下发展起来的综合运用生物学、数学、统计学、物理学、化学、信息科学及计算机科学等诸多学科的理论和方法的前沿和交叉学科。

目前，国际上公认的生物信息学的研究内容大致包括以下方面。

(1) 生物信息的收集、储存、管理和提供。

(2) 基因组序列信息的提取和分析。

(3) 功能基因组相关信息的分析。

(4) 生物大分子结构模拟和药物设计。

(5) 生物信息分析技术与方法的研究。

(6) 应用与发展研究。

2. 信息论在医学中的应用

医学是研究人的生命活动的本质，研究疾病发生发展的规律，研究诊断和防治疾病，恢复和保护人类身体健康的科学。信息论在医学上的应用大大促进了医学的现代化发展。

从信息论的观点看，有机体不断接收与输出信息，以维持正常的生命活动。在有机体中，信息熵标志着系统组织结构复杂的有序状态，由于新陈代谢的作用，有机体内部的有序结构不断遭到破坏，这时熵增加；反之机体不断从外界接收信息——负熵，在机体内合成高度的有序结构，使熵降低。因此运用信息理论来分析生命系统，可以将生命系统看作接收信息和传递信息的调节控制系统。

在正常、无疾病的有机体系统中，信息的接收、传递、输出均有正常的秩序，各个环节有着正常的对应关系。人体机能的控制调节也是通过信息的传输交换过程来实现的。在正常情况下，信息是畅通无阻的。人生病时，信道发生堵塞，信息产生异常，例如，有内分泌疾病时，就会使正常信息缺乏，当细菌侵入人体时，就会受异常信息干扰；当信息代码有错乱或信息通信发生堵塞时，人的机体就会失去控制能力，必须查出是哪方面的信息异常，确定如何排除干扰，恢复机体系统信息的正常流通及信息接收等功能，保证信息通畅无阻。诊断是信息的收集、分析、综合、作出判断及对症下药的过程。这一切都是为了得到更多的信息，使信息流通，将原来看不见、听不到的信息转变为人类感官所能接收的信息。

治疗实际上是提供药物、能量及其携带的信息，补足缺失信息，纠正错误信息，疏通信息的通道。例如，阿-斯综合征就是心房室发出的节流信息，传不到心肌细胞，造成心律慢导致的疾病；传染病则是异种蛋白或毒素带来了异常信息，扰乱了机体的正常调节功能；信息代码错乱，如DNA模板的错误，可能产生功能异常的蛋白质，形成癌细胞。信息通道堵塞也可产生疾病，例如，有些病人能用语言正确地表达自己的思想，却不能理解别人的话；而有些疾病正相反，能理解别人的话，却不能用语言表达自己的意思。用信息论的方法研究，发现神经系统存在着信息流，神经系统的功能是分别接收各种不同的信息。不同通道对应不同的功能，假若与某种功能对应的信息通道受到损坏，那么信息流就会阻塞中断，出现上述问题，此时疏通信息流的通道，使信息正常流动，就能恢复健康。

3. 信息论在管理科学中的应用

在现代化管理中，信息论已成为与系统论、控制论等并列的现代科学的主要方法论之一。信息价值、信息量、信息反馈、信息时效性、真实性、信息处理、传递，以及信息论与信息科学是现代化管理的运动命脉。实际上，现代化管理与信息已融为一体，并形成一种特殊形态的信息运动形式，即管理系统信息流。

管理系统是一个复杂的大系统，管理活动中贯穿着两种“流”，一是物流，二是信息流。物流是系统内输入资源，经过形态、性质变化而输出产品的运动过程。随物流产生的设计图纸、工艺文件、计划等大量资料，则形成信息流。物流是管理系统活动的原生运动。信息流是伴随物流产生的，它引导物流有规律地运动，以取得最优经济效果。

管理系统反映了管理世界中各种管理形态的特征和变化的组合，规定了它们的数量与质量的关系，制约着主管者的分析、判断、估测等管理逻辑思维，推导出相应的决策，以指挥和组织管理活动按照预定的目标和利益发展。

在整个管理世界中，管理信息依据不同的分类方法，可分为不同的类别，总体可分为两大形式：管理自然信息和管理社会信息。管理自然信息指的是管理系统以时间、效益形式呈现的自身形态、结构、运动过程与主体(主要是管理者)同样以时间、效益形式呈现的形态、结构、运动过程相互作用而在人脑中留下的与该管理系统同态的响应。管理社会信息指的是管理者利用语言、文字、符号、图像等加工过的所有管理自然信息。管理方面的知识、情报、指令、告示、法律等全都属于管理社会信息。

管理者随时都会同时面临这两种信息，并深刻地影响着自身的管理活动。就某个管理者而言，这里的管理社会信息也可以是前人或别人加工过的管理自然信息的转换。由此可见，管理社会信息比管理自然信息多一层同态转换，是经过了两次同态转换的管理系统信息。

由此可见，信息论在企业管理中具有重要的应用价值和应用前景。例如，目前大型企业中广泛应用的企业资源计划系统（ERP），不但在管理信息的采集、传输、存储和处理方面运用了大量现代信息技术手段，而且在管理系统的流程设计方面利用了信息论的原理。

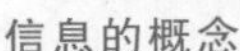

信息的概念

伟大的香农

课程简介

习题

1-1 信息、消息、信号的定义分别是什么？三者的关系是什么？举例说明。

1-2 详述信息的概念、特征和性质。

1-3 请简述一个通信系统包含的主要功能模块及其作用。

1-4 如图 1-1 所示，通信系统中信源编码、信道编码和加密编码的顺序可以是任意的吗？试从通信的有效性、可靠性和安全性等方面进行分析。

1-5 试述信息论的研究内容。

第2章 信源与信息熵

在信息论中，信源是发出消息的源，信源输出以符号形式出现的具体消息。如果符号是确定且预先知道的，那么该消息就无信息可言。只有当符号随机出现且预先无法确定时，才为观察者提供了信息。而这些符号的出现在统计学上具有某些规律性，因此可用随机变量或随机矢量表示信源，运用概率论和随机过程的理论研究信息，这是香农信息论的基本点。本章先介绍各种信源，再讨论不同信源所含信息量的计算方法。

2.1 信源的分类及数学模型

实际应用中分析信源采用的方法往往由信源的特性决定。按照信源发出的消息在时间和幅度上的分布情况可将信源分为离散信源和连续信源两大类。离散信源是指发出在时间和幅度上都是离散分布的离散消息的信源，如文字、数字、数据等符号都是离散消息。连续信源是指发出在时间或幅度上是连续分布的连续消息（模拟消息）的信源，如语音、图像、图形等都是连续消息。

另外，按照信源发出的符号之间的关系还可细分为下列几种类型。

- 信源
  - 无记忆信源
    - 发出单个符号的无记忆信源
    - 发出符号序列的无记忆信源
  - 有记忆信源
    - 发出符号序列的有记忆信源
    - 发出符号序列的马尔可夫信源

2.1.1 无记忆信源

例如，在一个布袋内放100个球，其中80个球是红色的，20个球是白色的，若随机摸取一个球，判断它的颜色，结果要么是红色，要么是白色。若将这样的试验看作一种信源，则该信源输出的消息数量是有限的，这种消息数量有限的信源就是离散信源。它每次只出现一种消息，出现哪种消息是随机的，这样的信源又称发出单个符号的信源。若每次取出的球又放回布袋中，再做下一次试验，那么大量统计结果表明，出现红色球的概率是0.8，出现白色球的概率是0.2，因此可用一个离散型随机变量 X 来描述这个信源输出的消息。这个随机变量 X 的样本空间就是符号集 $A=\{a_1=\text{“红色”},a_2=\text{“白色”}\}$，而 X 的概率分布为 $P(X=a_1)=p(a_1)=0.8$，$P(X=a_2)=p(a_2)=0.2$，这个概率分布就是各消息出现的先验概率。它不随试验次数变化，也不与先前的试验结果相关，因而该信源是无记忆的，可将每次试验结果独立处理。上述这种每次只发出一个符号、代表一个消息的信源称作发出单个符号的无记忆信源。

在实际应用中，存在很多这样的信源，如扔骰子、十进制数字码、字母等。这些信源输出的都是单个符号的消息，出现的消息数是有限的，且只可能是符号集中的一种，即符合完备性。若各符号出现的概率已知，则该信源就确定了；反之，若信源已知，则各符号出现的概率就确定了。所以信源出现的符号及其概率分布决定了信源，因此可用下列概率空间表示这种信源：

$$\begin{bmatrix} X \\ P \end{bmatrix} = \begin{bmatrix} a_1 & a_2 & \cdots & a_n \\ p(a_1) & p(a_2) & \cdots & p(a_n) \end{bmatrix} \tag{2-1-1}$$

其中,符号集 $A=\{a_1,a_2,\cdots,a_n\}$,$X\in A$。显然有 $p(a_i)\geqslant 0$,$\sum_{i=1}^{n} p(a_i)=1$。上述例子中的信源概率空间可以表示为 $\begin{bmatrix} X \\ P \end{bmatrix} = \begin{bmatrix} \text{红} & \text{白} \\ 0.8 & 0.2 \end{bmatrix}$。

有的信源输出的消息也是单个符号,但消息的数量是无限的,如符号集 A 的取值是介于 a 和 b 之间的连续值,或者取值为实数集 $\mathbf{R}$ 等。例如,一个袋中有很多干电池,随机摸出一节干电池,用电压表测量其电压值作为输出符号,该信源每次输出一个符号,但符号的取值是[0,1.5]的所有实数,每次测量值是随机的,可用连续型随机变量 X 描述,这样的信源就是发出单个符号的连续无记忆信源。一般用符号分布的概率密度函数 $p_X(x)$ 来表示,连续信源的概率空间如下:

$$\begin{bmatrix} X \\ P \end{bmatrix} = \begin{bmatrix} (a,b) \\ p_X(x) \end{bmatrix} \quad \text{或} \quad \begin{bmatrix} \mathbf{R} \\ p_X(x) \end{bmatrix} \tag{2-1-2}$$

显然应满足 $p_X(x)\geqslant 0$,$\int_a^b p_X(x)\mathrm{d}x=1$ 或 $\int_{\mathbf{R}} p_X(x)\mathrm{d}x=1$。

有些情况下,也可对符号的连续幅度进行量化,将其取值转换为有限或可数的离散值,也就是将连续信源转换为离散信源来处理。

然而,很多实际信源输出的消息往往由一系列符号组成,这种每次发出一组含2个以上符号的符号序列来代表一个消息的信源称为发出符号序列的信源。需要用随机序列(或随机矢量)$\boldsymbol{X}=(X_1,X_2,\cdots,X_l,\cdots,X_L)$描述信源输出的消息,用联合概率分布表示信源特性。最简单的符号序列信源是 L 为2的情况,此时信源 $\boldsymbol{X}=(X_1,X_2)$,其信源的概率空间为

$$\begin{bmatrix} \boldsymbol{X} \\ P \end{bmatrix} = \begin{bmatrix} a_1,a_1 & a_1,a_2 & \cdots & a_n,a_n \\ p(a_1,a_1) & p(a_1,a_2) & \cdots & p(a_n,a_n) \end{bmatrix} \tag{2-1-3}$$

显然有 $p(a_i,a_j)\geqslant 0$,$\sum_{i,j=1}^{n} p(a_i,a_j)=1$。

上述布袋摸球的试验,若每次取出两个球,由两个球的颜色组成的消息就是符号序列。例如,先取出一个球,记下颜色后放回布袋,再取出另一个球。由于两次取球时布袋中的红球、白球个数没有变化,第二个球取什么颜色与第一个球的颜色无关,是独立的,因此该信源是无记忆的,称为发出符号序列的无记忆信源。这种信源发出的符号序列中的各个符号之间没有统计关联性,各个符号的出现概率是它自身的先验概率,即

$$p(X_1,X_2,\cdots,X_l,\cdots,X_L)=p(X_1)p(X_2)\cdots p(X_l)\cdots p(X_L)$$

这样可以求出信源发出的各个符号序列的概率,$p(\text{红},\text{红})=p(\text{红})p(\text{红})=0.8\times 0.8=0.64$,$p(\text{红},\text{白})=p(\text{红})p(\text{白})=0.8\times 0.2=0.16$,$p(\text{白},\text{红})=p(\text{白})p(\text{红})=0.2\times 0.8=0.16$,$p(\text{白},\text{白})=p(\text{白})p(\text{白})=0.2\times 0.2=0.04$,因此,该无记忆序列信源的概率

空间则为 $\begin{bmatrix} \boldsymbol{X} \\ P \end{bmatrix} = \begin{bmatrix} 红,红 & 红,白 & 白,红 & 白,白 \\ 0.64 & 0.16 & 0.16 & 0.04 \end{bmatrix}$。

同时，由于布袋中红球、白球的分布情况不随时间变化，也就是该信源发出的序列的统计性质与时间的推移无关，是平稳的随机序列。其中信源输出序列的各维概率分布都不随时间推移而发生变化，称为强平稳信源；若输出序列均值与起始时刻无关，协方差函数也与起始时刻无关，而仅与时间间隔有关，则称为弱平稳信源。

平稳信源分析起来比较方便，实际应用中很多信源都属于这种情况。于是各变量 X_l 的一维概率分布都相同，即 $p(X_1)=p(X_2)=\cdots=p(X_l)=\cdots=p(X_L)$，且取值于同一概率空间式(2-1-1)，则

$$p(X_1,X_2,\cdots,X_L)=\prod_{l=1}^{L}p(X_l)=[p(X)]^L$$

有时将这种由信源 $\boldsymbol{X}$ 输出的 L 长随机序列 $\boldsymbol{X}$ 所描述的信源称为离散无记忆信源 $\boldsymbol{X}$ 的 L 次扩展信源。若 $X_l \in A$ 共有 n 种取值可能性，则随机序列 $\boldsymbol{X}$ 有 n^L 种可能性。L 次扩展信源也满足完备性 $\sum_{i=1}^{n^L}p(\boldsymbol{X}=\boldsymbol{x}_i)=1$。

在离散无记忆信源中，信源输出的每个符号是统计独立的，且具有相同的概率空间，则该信源是离散平稳无记忆信源，也称独立同分布(independently identical distribution, i. i. d.)信源。

2.1.2 有记忆信源

一般情况下，信源在不同时刻发出的符号之间是相互依赖的。如上述布袋取球试验，先取出一个球，记下颜色后不放回布袋，接着取另一个，则在取第二个球时布袋中的红球、白球概率已与取第一个球时不同，此时的概率分布与第一个球的颜色有关。若第一个球为红色，则取第二个球时的概率 $p(红|红)=\frac{79}{99}$，$p(白|红)=\frac{20}{99}$；若第一个球为白色，则取第二个球时的概率 $p(红|白)=\frac{80}{99}$ 和 $p(白|白)=\frac{19}{99}$。即组成消息的两个球的颜色之间有关联性，是有记忆的信源，这种信源就称为发出符号序列的有记忆信源。例如，由英文字母组成单词，字母间是有关联性的，不是任何字母的组合都能成为有意义的单词，同样不是任何单词的排列都能形成有意义的文章等。这些都是有记忆信源。此时的联合概率表示比较复杂，需要引入条件概率来反映信源发出符号序列内各个符号之间的记忆特征，$p(x_1,x_2,x_3,\cdots,x_L)=p(x_L|x_1,x_2,x_3,\cdots,x_{L-1})p(x_1,x_2,x_3,\cdots,x_{L-1})=p(x_L|x_1,x_2,x_3,\cdots,x_{L-1})p(x_{L-1}|x_1,x_2,x_3,\cdots,x_{L-2})p(x_1,x_2,x_3,\cdots,x_{L-2})=\cdots$。可以求出上述有记忆信源各个符号序列的概率，$p(红,红)=p(红)p(红|红)=\frac{4}{5}\times\frac{79}{99}=\frac{316}{495}$，$p(红,白)=p(红)p(白|红)=\frac{4}{5}\times\frac{20}{99}=\frac{80}{495}$，$p(白,红)=p(白)p(红|白)=\frac{1}{5}\times\frac{80}{99}=$

$\frac{80}{495}$，p(白，白)$=p$(白)p(白|白)$=\frac{1}{5}\times\frac{19}{99}=\frac{19}{495}$。该有记忆序列信源的概率空间则为

$$\begin{bmatrix}\boldsymbol{X}\\P\end{bmatrix}=\begin{bmatrix}\text{红,红} & \text{红,白} & \text{白,红} & \text{白,白}\\ \frac{316}{495} & \frac{80}{495} & \frac{80}{495} & \frac{19}{495}\end{bmatrix}。$$

联合概率表述的复杂度将随着序列长度的增加而增加。然而实际上信源发出的符号往往只与前若干个符号有较强的依赖关系，随着长度的增加依赖关系越来越弱，因此可以根据信源的特性和处理时的需要限制记忆的长度，使分析和处理简化。

例如，当信源的记忆长度为 $m+1$ 时，该时刻发出的符号与前 m 个符号有关联性，而与更前面的符号无关，则联合概率可表述为 $p(x_1,x_2,x_3,\cdots,x_L)=p(x_L|x_1,x_2,x_3,\cdots,x_{L-1})p(x_1,x_2,x_3,\cdots,x_{L-1})=p(x_L|x_{L-m},\cdots,x_{L-1})p(x_1,x_2,x_3,\cdots,x_{L-1})=p(x_L|x_{L-m},\cdots,x_{L-1})p(x_{L-1}|x_{L-m-1},\cdots,x_{L-2})p(x_1,x_2,x_3,\cdots,x_{L-2})=\cdots$。这种有记忆信源称为 m 阶马尔可夫信源，可以用马尔可夫(Markov)链来描述信源。最简单的马尔可夫信源是 $m=1$ 时，即 $p(x_1,x_2,x_3,\cdots,x_L)=p(x_L|x_{L-1})p(x_{L-1}|x_{L-2})\cdots p(x_2|x_1)p(x_1)$。若上述条件概率与时间起点无关，则信源输出的符号序列可看作齐次马尔可夫链，这样的信源称为齐次马尔可夫信源。

在实际应用中，还有一些信源输出的消息不仅在幅度上是连续的，在时间或频率上也是连续的，即所谓的模拟信号，例如，语音信号、电视图像信号等都是时间连续、幅度连续的模拟信号，某一时刻的取值是随机的，通常用随机过程$\{x(t)\}$来描述。为了与时间离散的连续信源相区别，有时也称为随机波形信源，这种信源处理起来比较复杂。就统计特性而言，随机过程可分为平稳随机过程和非平稳随机过程两大类，最常见的平稳随机过程是遍历过程。一般认为，通信系统中的信号都是平稳遍历的随机过程。虽然受衰落现象干扰的无线电信号属于非平稳随机过程，但在正常通信条件下，都可近似地当作平稳随机过程处理。因此一般用平稳遍历的随机过程来描述随机波形信源的输出。

众所周知，可对确知的模拟信号进行采样、量化，使其变换为时间和幅度都是离散的离散信号。根据时域采样定理，如果某一时间连续函数 $f(t)$的频带受限，最高为 f_{m}，则函数 $f(t)$不失真采样的条件是采样频率 $f_{\mathrm{s}}\geqslant 2f_{\mathrm{m}}$ 或采样间隔 $T\leqslant\frac{1}{2f_{\mathrm{m}}}$，即 $f(t)$完全可以由这些采样点的值来恢复。如果函数 $f(t)$在时长上受限，$0\leqslant t\leqslant t_{\mathrm{B}}$，则采样的点数为 $t_{\mathrm{B}}\div\left(\frac{1}{2f_{\mathrm{m}}}\right)=2f_{\mathrm{m}}t_{\mathrm{B}}$。可见，频率受限于 f_{m}、时长受限于 t_{B} 的时间连续函数，都可以由 $2f_{\mathrm{m}}t_{\mathrm{B}}$ 个采样值来描述。这样就将时间连续的函数变换为时间离散、幅度连续的样值序列。同样，频率连续的函数也可以通过频域采样离散化。根据频域采样定理，时长受限于 t_{B} 的频域连续函数，在 $0\sim2\pi$ 的数字频域上不失真采样 L 点的条件是时域延拓周期 LT 大于或等于原时域信号的最大持续时间 t_{B}，即 $LT\geqslant t_{\mathrm{B}}$，如果函数在频率上受限，$0\leqslant f\leqslant f_{\mathrm{m}}$，则采样点数 $L\geqslant t_{\mathrm{B}}/T=t_{\mathrm{B}}f_{\mathrm{s}}\geqslant 2t_{\mathrm{B}}f_{\mathrm{m}}$，也就是函数完全可以由 $2f_{\mathrm{m}}t_{\mathrm{B}}$ 个采样点的值来恢复。这样就将频率连续的函数变换为频率离散、幅度连续的样值序列。

需要注意的是，从理论上说，任何一个时长严格受限于 t_{B} 的函数，其频谱是无限的；

反之，任何一个频带严格受限于 f_m 的函数，其时长是无限的。只是实际应用时可以认为函数在频带 f_m、时长 t_B 以外的取值很小，不至于导致函数的严重失真。

所以对信源输出的波形信号，只要是时间或频率上有限的随机过程，都可以通过采样将其变为时间或频率上离散的连续符号序列。如果原来的随机过程是平稳的，那么采样后的随机序列也是平稳的。一般情况下，采样得到的 $2f_m t_B$ 个随机变量之间是线性相关的，也就是说这 $L=2f_m t_B$ 维连续型随机序列是有记忆的。因此随机波形信源也是一种有记忆信源。

在实际应用中，某些信源（如语音）的输出是非平稳的随机过程，但在一个短时段（如10～30ms，也称为"帧"）内是平稳的，而相邻的帧与帧之间的状态可能发生变化，因而可看作局部平稳（具有短时平稳性），而全局是非平稳的随机过程。它在经过抽样和量化后成为时间和幅度均为离散的准平稳随机序列，这样的信源可以用隐马尔可夫模型（hidden Markov model，HMM）来描述。具体内容参见文献[10]。隐马尔可夫模型应用领域非常广泛，包括语音识别、人脸检测、机器人足球、图像去噪、图像识别和DNA/蛋白质序列分析等。

综上所述，我们分析了不同统计特性的信源，用随机变量、随机序列和随机过程来描述信源输出的消息，都能较好地反映信源的随机性，并且各种信源之间在一定条件下可以转换，使分析处理简化。下一节将针对不同统计特性的信源介绍信息的度量。

2.2 离散信源熵和互信息

首先讨论离散信源，信源在某一时刻发出哪个符号是随机的，但各符号出现的概率是确定的。信源确定了，概率分布就确定了。概率的大小决定了信息量的大小，那么信息量如何度量呢？

2.2.1 自信息量

信源 X，其概率空间为 $\begin{bmatrix} X \\ P \end{bmatrix} = \begin{bmatrix} a_1 & a_2 & \cdots & a_n \\ p(a_1) & p(a_2) & \cdots & p(a_n) \end{bmatrix}$，这是信源固有的，通常事先已知。但是信源在某时刻到底发出什么符号，接收者是不能确定的，只有当信源发出的符号通过信道的传输到达接收端后，收信者才能得到信息，消除不确定性。符号出现的概率不同，它的不确定性就不同。例如，某符号出现的概率为1，即每次一定出现，则该信源就是确定性信源，不确定性为0。概率越大，不确定性越小；反之符号出现的概率越小，不确定性越大，一旦出现，接收者获得的信息量就越大。由此可见，符号出现的概率与信息量是单调递减关系。

定义具有概率为 $p(x_i)$ 的符号 x_i 的自信息量为

$$I(x_i) = -\log p(x_i) \tag{2-2-1}$$

自信息量的单位与所用的对数底有关。信息论中常用的对数底为2，信息量的单位为**比特**（bit）；若取自然对数，则信息量的单位为**奈特**（nat）；若以10为对数底，则信息量的单位为**笛特**（det）。这3个信息量单位之间的转换关系如下：

$$1\text{nat}=\log_2 e\approx 1.433\text{bit}$$

$$1\text{det}=\log_2 10\approx 3.322\text{bit}$$

若发出二进制码元0和1信源，当符号概率为 $p(0)=\frac{1}{4}$，$p(1)=\frac{3}{4}$ 时，则这两个符号包含的自信息量分别为

$$I(0)=-\log_2\frac{1}{4}=\log_2 4=2\text{bit}$$

$$I(1)=-\log_2\frac{3}{4}\approx 0.415\text{bit}$$

因为0出现的概率小，因而一旦出现，观察者获得的信息量就很大。

若是一个以等概率出现的二进制码元0和1信源，则自信息量为 $I(0)=I(1)=\log_2 2=1\text{bit}$。也就是说，不管出现0还是1，给予观察者的信息量均为1bit，这样的信源就可以用1bit的信息表示。若由该信源输出 m 位的二进制数，因为该数的每一位可从0、1两个数字中任取一个，因此有 2^m 个等概率的可能组合，所以每个符号的自信息量均相等，$I=-\log_2\frac{1}{2^m}=m\,\text{bit}$，就是需要 $m\,\text{bit}$ 的信息来表明和区分这样的二进制数。

上述自信息量指的是该符号出现后，提供给收信者的信息量。这里要引入另一个概念——信源符号不确定度。具有某种概率的信源符号发出之前存在不确定度，不确定度表征了该符号的特性。如一个出现概率很小的符号，收信者很难猜测它在某个时刻能否发生，所以它的不确定度就很大。反之，一个出现概率接近1的符号，发生的可能性很大，很容易猜测它会发生，所以它的不确定度就很小。符号的不确定度在数量上等于它的自信息量，两者的单位相同，但含义不同。不确定度是信源符号固有的，与符号是否发出无关，而自信息量是信源符号发出后给予收信者的，是为消除该符号的不确定度，接收者所需获得的信息量。

显然，自信息量具有下列特性。

(1) $p(x_i)=1, I(x_i)=0$。

(2) $p(x_i)=0, I(x_i)=\infty$。

(3) 非负性：由于一个符号出现的概率总是在闭区间[0,1]内，所以自信息量为非负值。

(4) 单调递减性：若 $p(x_1)<p(x_2)$，则 $I(x_1)>I(x_2)$。

(5) 可加性：若有两个符号 x_i, y_j 同时出现，可用联合概率 $p(x_i, y_j)$ 表示，这时的自信息量为 $I(x_i, y_j)=-\log p(x_i, y_j)$，当 x_i 和 y_j 相互独立时，有 $p(x_i, y_i)=p(x_i)p(y_j)$，那么就有 $I(x_i, y_j)=I(x_i)+I(y_j)$。

若两个符号的出现不是独立的，而是相互关联的，这时可用条件概率 $p(x_i|y_j)$ 表示，即在符号 y_j 出现的条件下，符号 x_i 发生的条件概率，则它的条件自信息量定义为条件概率对数的负值，即

$$I(x_i \mid y_j)=-\log p(x_i \mid y_j) \tag{2-2-2}$$

上式表示在给定 y_j 的条件下，符号 x_i 出现时收信者得到的信息量。因为 $p(x_i, y_i)=p(x_i|y_j)p(y_j)$，则有 $I(x_i, y_j)=I(x_i|y_j)+I(y_j)$，即符号 x_i, y_j 同时出现的信息量

等于 y_j 出现的信息量加上 y_j 出现后再出现 x_i 的信息量。

例 2-1 英文字母中“e”的出现概率为 0.105，“c”的出现概率为 0.023，“o”的出现概率为 0.001，分别计算它们的自信息量。

由式(2-2-1)得

$$“e”的自信息量\ I(e)=-\log_2 0.105\approx 3.25\text{bit}$$

$$“c”的自信息量\ I(c)=-\log_2 0.023\approx 5.44\text{bit}$$

$$“o”的自信息量\ I(o)=-\log_2 0.001\approx 9.97\text{bit}$$

2.2.2 离散信源熵

自信息量 $I(x_i)$ 只是表征信源中各个符号 x_i 的不确定度，而一个信源总是包含多个符号消息，各个符号消息又按概率空间的先验概率分布，因而各个符号的自信息量不同。所以自信息量 $I(x_i)$ 是与概率分布有关的一个随机变量，不能作为信源总体的信息量度。对于这样的随机变量，只能采取求平均的方法。

例 2-2 继续上面的例子，一个布袋内放 100 个球，其中 80 个球是红色的，20 个球是白色的，若随机摸取一个球，猜测其颜色。该信源的概率空间为

$$\begin{bmatrix} X \\ P \end{bmatrix}=\begin{bmatrix} x_1 & x_2 \\ 0.8 & 0.2 \end{bmatrix}$$

其中，x_1 表示摸出的球为红球，x_2 表示摸出的球为白球。若被告知摸出的是红球，则获得的信息量为

$$I(x_1)=-\log p(x_1)=-\log_2 0.8\text{bit}$$

若被告知摸出的是白球，那么获得的信息量为

$$I(x_2)=-\log p(x_2)=-\log_2 0.2\text{bit}$$

如果每次摸出一个球后又放回袋中，再进行下一次摸取。那么如此摸取 n 次，红球出现的次数为 $np(x_1)$，白球出现的次数为 $np(x_2)$。随机摸取 n 次后总共获得的信息量为

$$np(x_1)I(x_1)+np(x_2)I(x_2)$$

而平均随机摸取一次获得的信息量为

$$\begin{aligned}&\frac{1}{n}[np(x_1)I(x_1)+np(x_2)I(x_2)]\\&=-[p(x_1)\log p(x_1)+p(x_2)\log p(x_2)]\\&=-\sum_{i=1}^{2}p(x_i)\log p(x_i)\end{aligned}$$

上式求出的值称为**平均自信息量**，即平均每个符号所能提供的信息量。它只与信源各个符号出现的概率有关，可用于表征信源输出信息的总体特征。它是信源中各个符号自信息量的数学期望。即

$$E(I(X))=\sum_i p(x_i)I(x_i)=-\sum_i p(x_i)\log p(x_i) \tag{2-2-3}$$

单位为 bit/符号。

类似地，引入信源 X 的**平均不确定度**的概念，它是总体平均意义上的信源不确定度。某一信源，不管它是否输出符号，只要这些符号具有某种概率分布，就决定了该信源的平均不确定度。它在数值上与平均自信息量相等，但含义不同。平均自信息量是消除信源不确定度所需的信息的量度，即收到一个信源符号，全部消除了这个符号的不确定度。或者说获得这样大的信息量后，信源不确定度就被消除了。由于平均不确定度的定义式(2-2-3)与统计物理学中热熵的表示形式相似，且热熵用于度量一个物理系统的杂乱性(无序性)，与这里的不确定度概念相似，所以又把信源的平均不确定度称为信源 X 的熵。**信源熵**是在平均意义上表征信源的总体特性，它是信源 X 的函数，一般写作 $H(X)$，X 是指随机变量的整体(包括概率空间)。若信源给定，概率空间就给定，信源熵就是一个确定值，不同的信源因概率空间不同而熵值不同。由式(2-2-3)可见，信源 X 中各符号 x_i 的概率 $p(x_i)$是非负值，且 $0\leqslant p(x_i)\leqslant 1$，$\log p(x_i)\leqslant 0$，所以信源熵 $H(X)$是非负量。当某一符号 x_i 的概率 p_i 为零时，$p_i\log p_i$ 在熵公式中无意义，因此规定此时的 $p_i\log p_i$ 也为零。当信源 X 中只含一个符号 x 时，必定有 $p(x)=1$，此时信源熵 $H(X)$为零，是确定性信源。

例 2-3　设信源符号集 $X=\{x_1,x_2,x_3\}$，每个符号发生的概率分别为 $p(x_1)=\frac{1}{2}$，$p(x_2)=\frac{1}{4}$，$p(x_3)=\frac{1}{4}$，则信源熵为

$$H(X)=\frac{1}{2}\log_2 2+\frac{1}{4}\log_2 4+\frac{1}{4}\log_2 4=1.5\text{bit/ 符号}$$

即该信源中平均每个符号包含的信息量为 1.5bit，也就是说，区分信源中的各个符号只需用 1.5bit。

例 2-4　电视屏上约有 $500\times 600=3\times 10^5$ 个格点，按每点有 10 个不同的灰度等级考虑，共能组成 $10^{3\times 10^5}$ 个不同的画面。按等概率计算，平均每个画面可提供的信息量为

$$H(X)=-\sum_{i=1}^{n}p(x_i)\log p(x_i)=-\log_2 10^{-3\times 10^5}$$

$$\approx 3\times 10^5\times 3.32\approx 10^6\,\text{bit/ 画面}$$

另外，有一篇千字文章，假定每字可从万字表中任选，则共有不同的千字文篇数为

$$N=10000^{1000}=10^{4000}\text{ 篇}$$

仍按等概率计算，平均每篇千字文可提供的信息量为

$$H(X)=\log_2 N\approx 4\times 10^3\times 3.32\approx 1.3\times 10^4\,\text{bit/千字文}$$

可见，“一个电视画面”平均提供的信息量要丰富得多，远远超过“一篇千字文”提供的信息量。当然，这是理论计算，事实上从万字表中任意取出的千字并不一定能组成有意义的文章，词、句子、段落、文章的组成是有一定规律的，所以有意义的文章篇数 N 将远小于上述计算值，千字文提供的信息量也比计算值小得多。电视画面也一样，实际值将远小于 10^6bit。

例 2-5　二元信源是离散信源的一个特例。该信源 X 的输出符号只有两个，设为 0 和 1。输出符号发生的概率分别为 p 和 q，$p+q=1$，即信源的概率空间为

$$\begin{bmatrix}X\\P\end{bmatrix}=\begin{bmatrix}0 & 1\\p & q\end{bmatrix}$$

由式(2-2-3)可得二元信源熵为

$$H(X)=-p\log p-q\log q=-p\log p-(1-p)\log(1-p)=H(p)$$

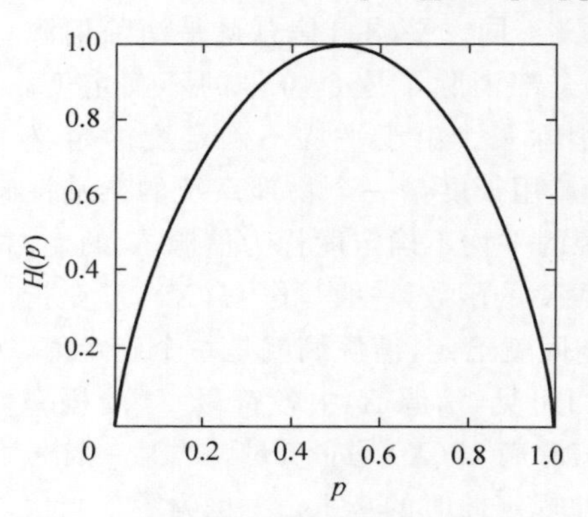

图 2-1 熵函数 $H(p)$ 曲线

信源信息熵 $H(X)$ 是概率 p 的函数，通常用 $H(p)$ 表示。p 取值于[0,1]区间，$H(p)$ 函数曲线如图 2-1 所示。从图 2-1 中可看出，如果二元信源的输出符号是确定的，即 $p=1$ 或 $q=1$，则该信源不提供任何信息。反之，当二元信源符号 0 和 1 以等概率发生时，信源熵达到极大值，等于 1bit 信息量。■

在给定 y_j 的条件下，x_i 的条件自信息量为 $I(x_i|y_j)$，X 集合的条件熵 $H(X|y_j)$ 定义为

$$H(X\mid y_j)=\sum_i p(x_i\mid y_j)I(x_i\mid y_j)$$

进一步在给定 Y（各个 y_j）的条件下，X 集合的条件熵 $H(X|Y)$ 定义为

$$\begin{aligned}H(X\mid Y)&=\sum_j p(y_j)H(X\mid y_j)=\sum_{i,j}p(y_j)p(x_i\mid y_j)I(x_i\mid y_j)\\&=\sum_{i,j}p(x_i,y_j)I(x_i\mid y_j)\end{aligned}\tag{2-2-4}$$

即**条件熵**是在联合符号集合 (X,Y) 上的条件自信息量的联合概率加权统计平均值。条件熵 $H(X|Y)$ 表示已知 Y 后 X 的不确定度。

相应地，在给定 X（各个 x_i）的条件下，Y 集合的条件熵 $H(Y|X)$ 定义为

$$H(Y\mid X)=\sum_{i,j}p(x_i,y_j)I(y_j\mid x_i)=-\sum_{i,j}p(x_i,y_j)\log p(y_j\mid x_i)\tag{2-2-5}$$

联合熵是联合符号集合 (X,Y) 上的每个元素对 (x_i,y_j) 的自信息量的概率加权统计平均值，定义为

$$H(X,Y)=\sum_{i,j}p(x_i,y_j)I(x_i,y_j)=-\sum_{i,j}p(x_i,y_j)\log p(x_i,y_j)\tag{2-2-6}$$

联合熵 $H(X,Y)$ 表示 X 和 Y 同时发生的不确定度。联合熵 $H(X,Y)$、熵 $H(X)$ 与条件熵 $H(Y|X)$ 之间存在下列关系：

$$H(X,Y)=H(X)+H(Y\mid X)=H(Y)+H(X\mid Y)$$

例 2-6 有一个二进制信源 X 发出符号集(0,1)，经过离散无记忆信道传输，信道输出用 Y 表示。由于信道中存在噪声，接收端除收到 0 和 1 符号外，还有不确定的符号，用"?"表示，如图 2-2 所示。已知 X 的先验概率为 $p(x=0)=\dfrac{2}{3}$，$p(x=1)=\dfrac{1}{3}$，符号转移概率为 $p(y=0|x=0)=\dfrac{3}{4}$，$p(y=?|x=0)=\dfrac{1}{4}$，$p(y=1|x=1)=\dfrac{1}{2}$，$p(y=?|x=1)=\dfrac{1}{2}$，其余为零。

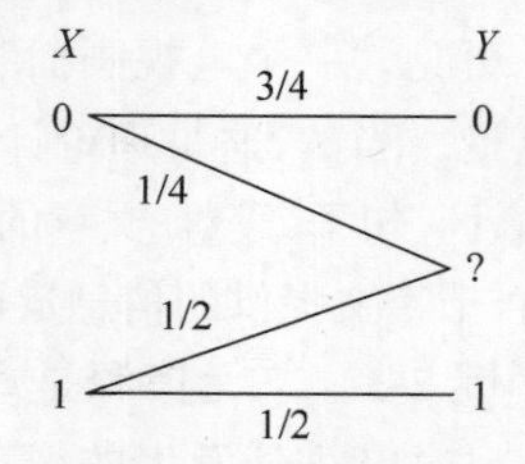

图 2-2 离散无记忆信道

可直接求出

$$H(X)=H\left(\frac{2}{3},\frac{1}{3}\right)=0.92\text{bit/符号}$$

联合概率

$$p(x=0,y=0)=p(y=0|x=0)p(x=0)=\frac{1}{2}$$

同理可求出

$$p(x=0,y=?)=\frac{1}{6},\quad p(x=0,y=1)=0,\quad p(x=1,y=0)=0,$$

$$p(x=1,y=?)=\frac{1}{6},\quad p(x=1,y=1)=\frac{1}{6}$$

则条件熵

$$H(Y\mid X)=-\sum_{i,j}p(x_i,y_j)\log_2 p(y_j\mid x_i)=0.88\text{bit/符号}$$

可得到联合熵

$$H(X,Y)=H(X)+H(Y|X)=1.8\text{bit/符号}$$

另外,$p(y=0)=\sum_i p(x_i,y=0)=\frac{1}{2}$,$p(y=1)=\frac{1}{6}$,$p(y=?)=\frac{1}{3}$,可求出

$$H(Y)=H\left(\frac{1}{2},\frac{1}{3},\frac{1}{6}\right)=1.47\text{bit/符号}$$

条件概率 $p(x=0|y=0)=\frac{p(x=0,y=0)}{p(y=0)}=1$,这在图 2-2 上也可看出,当输出 Y 为 0 时,输入 X 一定为 0,而不可能为 1,所以 $p(x=1|y=0)=0$,$p(x=0|y=1)=0$,$p(x=1|y=1)=1$,同理求出 $p(x=0|y=?)=\frac{1}{2}$,$p(x=1|y=?)=\frac{1}{2}$。这种条件概率称为符号 x 的**后验概率**。则

$$H(X\mid Y)=-\sum_{i,j}p(x_i,y_j)\log_2 p(x_i\mid y_j)=0.33\text{bit/符号}$$

可得到相同的联合熵结果:

$$H(X,Y)=H(Y)+H(X|Y)=1.8\text{bit/符号}$$

例 2-7 二进制通信系统用符号 0 和 1 表示,由于存在失真,传输时会产生误码,用符号表示下列事件:u_0 表示一个 0 发出;u_1 表示一个 1 发出;v_0 表示一个 0 收到;v_1 表示一个 1 收到。且给出下列概率:$p(u_0)=\frac{1}{2}$,$p(v_0|u_0)=\frac{3}{4}$,$p(v_0|u_1)=\frac{1}{2}$。

(1) 已知发出一个 0,求收到符号后得到的信息量。

(2) 已知发出的符号,求收到符号后得到的信息量。

(3) 已知发出和收到的符号,求能得到的信息量。

(4) 已知收到的符号,求被告知发出的符号得到的信息量。

解:(1) 可求出 $p(v_1|u_0)=1-p(v_0|u_0)=\frac{1}{4}$,所以

$$H(V \mid u_0) = -p(v_0 \mid u_0)\log p(v_0 \mid u_0) - p(v_1 \mid u_0)\log p(v_1 \mid u_0)$$
$$= H\left(\frac{1}{4}, \frac{3}{4}\right)$$
$$= 0.82\text{bit/ 符号}$$

(2) 联合概率 $p(u_0, v_0) = p(v_0 | u_0)p(u_0) = \frac{3}{8}$

同理可得

$$p(u_0, v_1) = \frac{1}{8}, \quad p(u_1, v_0) = \frac{1}{4}, \quad p(u_1, v_1) = \frac{1}{4}$$

所以

$$H(V \mid U) = -\sum_{i=0}^{1}\sum_{j=0}^{1} p(u_i, v_j)\log p(v_j \mid u_i)$$
$$= -\frac{3}{8}\log\frac{3}{4} - \frac{1}{8}\log\frac{1}{4} - 2 \times \frac{1}{4}\log\frac{1}{2}$$
$$= 0.91\text{bit/ 符号}$$

(3) 解法 1：$H(U,V) = -\sum_{i=0}^{1}\sum_{j=0}^{1} p(u_i, v_j)\log p(u_i, v_j) = 1.91\text{bit/ 符号}$

解法 2：因为 $p(u_0) = p(u_1) = \frac{1}{2}$，所以 $H(U) = 1\text{bit/符号}$

$$H(U,V) = H(U) + H(V \mid U) = 1 + 0.91 = 1.91\text{bit/ 符号}$$

(4) 可求出 $p(v_0) = \sum_{i=0}^{1} p(u_i, v_0) = \frac{5}{8}, p(v_1) = \sum_{i=0}^{1} p(u_i, v_1) = \frac{3}{8}$

解法 1：$H(V) = H\left(\frac{3}{8}, \frac{5}{8}\right) = 0.96\text{bit/符号}$

$$H(U \mid V) = H(U,V) - H(V) = 1.91 - 0.96 = 0.95\text{bit/ 符号}$$

解法 2：利用贝叶斯定理得

$$p(u_0 \mid v_0) = \frac{p(u_0)p(v_0 \mid u_0)}{p(v_0)} = \frac{\frac{1}{2} \times \frac{3}{4}}{\frac{5}{8}} = \frac{3}{5}$$

同理可得

$$p(u_1 \mid v_0) = \frac{2}{5}, \quad p(u_0 \mid v_1) = \frac{1}{3}, \quad p(u_1 \mid v_1) = \frac{2}{3}$$
$$H(U \mid V) = \sum_{i=0}^{1}\sum_{j=0}^{1} p(u_i, v_j)\log p(u_i \mid v_j) = 0.95\text{bit/ 符号}$$

2.2.3 互信息

例 2-6 中 $H(X)$ 大于 $H(X|Y)$，说明已知 Y 后，X 的不确定度减小了，即对于接收者，在未收到任何消息时，对信源 X 的不确定度 $H(X)$ 为 0.92bit/符号。而当收到消息 Y 后，不确定度降低到了 $H(X \mid Y) = 0.33\text{bit/符号}$。不确定度的减小量（0.92－

0.33)bit/符号=0.59bit/符号就是接收者通过信道传输收到的信源 X 的信息量,称为 X 和 Y 的**互信息** $I(X;Y)$,即 $I(X;Y)=H(X)-H(X|Y)$。根据概率之间的关系式有

$$\begin{aligned} I(X;Y)=H(X)-H(X\mid Y) &= -\sum_{i} p(x_i)\log p(x_i)+\sum_{i,j} p(x_i,y_j)\log p(x_i\mid y_j) \\ &= \sum_{i,j} p(x_i,y_j)\log p(x_i\mid y_j)-\sum_{i}\log p(x_i)\sum_{j} p(x_i,y_j) \\ &= \sum_{i,j} p(x_i,y_j)\log\frac{p(x_i\mid y_j)}{p(x_i)} \end{aligned}$$

显然这是平均意义上的互信息量,将单个符号之间的互信息定义为符号后验概率与先验概率比值的对数,即

$$I(x_i;\ y_j)=\log\frac{p(x_i\mid y_j)}{p(x_i)} \tag{2-2-7}$$

由于无法确定 $p(x_i|y_j)$和 $p(x_i)$的大小关系,所以 $I(x_i;y_j)$不一定大于或等于零,如例 2-6 中的 $I(x=0;y=0)=\log_2 1.5>0$,$I(x=0,y=?)=\log_2 0.75<0$。但是平均意义上的互信息 $I(X;Y)$一定大于或等于零(理论证明见参考文献[9],本书将给出物理意义说明)。互信息量 $I(x_i;y_j)$在 X 集合上的统计平均值为

$$I(X;y_j)=\sum_{i} p(x_i\mid y_j)I(x_i;y_j)=\sum_{i} p(x_i\mid y_j)\log\frac{p(x_i\mid y_j)}{p(x_i)}$$

平均互信息 $I(X;Y)$为上述 $I(X;y_j)$在 Y 集合上的概率加权统计平均值,即

$$\begin{aligned} I(X;Y)=\sum_{j} p(y_j)I(X;y_j) &= \sum_{i,j} p(y_j)p(x_i\mid y_j)\log\frac{p(x_i\mid y_j)}{p(x_i)} \\ &= \sum_{i,j} p(x_i,y_j)\log\frac{p(x_i\mid y_j)}{p(x_i)} \end{aligned} \tag{2-2-8}$$

在通信系统中,若发送端的符号为 X,而接收端的符号为 Y,则 $I(X;Y)$就是接收端收到 Y 后所能获得的关于 X 的信息量。若干扰很大,Y 基本上与 X 无关,或者说 X 与 Y 相互独立,那时就收不到任何关于 X 的信息,即 $I(X;Y)=0$;反之,若没有干扰,Y 是 X 的一一对应函数,那就确定能收到 X 的信息,即 $I(X;Y)=H(X)$。所以互信息 $I(X;Y)$的范围为

$$0\leqslant I(X;Y)\leqslant H(X)$$

例 2-8　设信源发出 8 种消息符号,即 $X=\{x_1,x_2,x_3,x_4,x_5,x_6,x_7,x_8\}$,各符号分别用 3 位二进制码元表示,并输出事件。通过对输出事件的观察推测信源的输出。假设信源发出的消息为 x_4,用二进制码 011 表示。作为观察者,已知信源各消息符号等概率出现,但不知某时刻发出什么符号。当观察到输出的二进制码后,可计算出各消息符号的后验概率,如表 2-1 所示。

表 2-1　等概率二进制码字的后验概率

信源输出消息	二进制码字	先验概率	后验概率		
			收到 0 后	收到 01 后	收到 011 后
x_1	000	1/8	1/4	0	0
x_2	001	1/8	1/4	0	0

续表

信源输出消息	二进制码字	先验概率	后验概率		
			收到0后	收到01后	收到011后
x_3	010	1/8	1/4	1/2	0
x_4	011	1/8	1/4	1/2	1
x_5	100	1/8	0	0	0
x_6	101	1/8	0	0	0
x_7	110	1/8	0	0	0
x_8	111	1/8	0	0	0

从表2-1中看出，每收到一个二进制码后，各消息符号出现的后验概率都会相应变化，这将有助于观察者对信源发出符号进行猜测。在接收011这三个码元的过程中，符号x_4出现的后验概率逐步增加，最终达到1，而其他符号出现的后验概率都先后减小到0，从而完全确定信源输出的符号。在接收过程中收到符号与x_4之间的互信息，即收到符号后得到的有关x_4的信息量可根据式(2-2-7)计算得出

$$I(x_4;0)=\log_2\frac{1/4}{1/8}=1\text{bit/符号}$$

$$I(x_4;01)=\log_2\frac{1/2}{1/8}=2\text{bit/符号}$$

$$I(x_4;011)=\log_2\frac{1}{1/8}=3\text{bit/符号}$$

当信源输出符号的先验概率不等时，后验概率的变化情况有所不同，如表2-2所示。

表2-2　概率不等二进制码字的后验概率

信源输出消息	二进制码字	先验概率	后验概率		
			收到0后	收到01后	收到011后
x_1	000	1/8	1/6	0	0
x_2	001	1/4	1/3	0	0
x_3	010	1/8	1/6	1/3	0
x_4	011	1/4	1/3	2/3	1
x_5	100	1/16	0	0	0
x_6	101	1/16	0	0	0
x_7	110	1/16	0	0	0
x_8	111	1/16	0	0	0

从表2-2中可知，总的趋势仍然是某个符号出现的后验概率逐步增加到1，而其他符号的后验概率最终变为0，从而完全确定输入端的符号。但上述两种情况下的变化细节是不同的。当符号等概率出现时，x_4出现的概率由1/8变为1；而当符号不等概率出现时，x_4出现的概率由1/4变为1。同样可计算出接收过程中收到符号与x_4之间的互信

息，即收到符号后得到的有关 x_4 的信息量为

$$I(x_4;0)=\log_2\frac{1/3}{1/4}\approx 0.415\text{bit/符号}$$

$$I(x_4;01)=\log_2\frac{2/3}{1/4}\approx 1.415\text{bit/符号}$$

$$I(x_4;011)=\log_2\frac{1}{1/4}=2\text{bit/符号}$$

因此，对于观察者来说，同样观察事件 011，但在符号等概率出现的情况下收获要大些，即得到的信息要多些。■

由互信息的定义有

$$I(X;Y)=H(X)-H(X\mid Y) \tag{2-2-9}$$

$$I(Y;X)=H(Y)-H(Y\mid X) \tag{2-2-10}$$

且根据概率之间的关系可得

$$\begin{aligned}I(X;Y)&=\sum_{i,j}p(x_i,y_j)\log\frac{p(x_i\mid y_j)}{p(x_i)}=\sum_{i,j}p(x_i,y_j)\log\frac{p(x_i,y_j)}{p(x_i)p(y_j)}\\&=\sum_{i,j}p(x_i,y_j)\log\frac{p(y_j\mid x_i)}{p(y_j)}=I(Y;X)\end{aligned}$$

由上面公式可说明平均互信息量的物理意义。式(2-2-9)中 $I(X;Y)$ 是 $H(X)$ 与 $H(X|Y)$ 之差。因为 $H(X)$ 是符号 X 的熵或不确定度，而 $H(X|Y)$ 是当 Y 已知时 X 的不确定度，可见"Y 已知"这件事使 X 的不确定度减少了 $I(X;Y)$，这意味着"Y 已知后"获得的关于 X 的信息量为 $I(X;Y)$。也可将平均互信息量 $I(X;Y)$ 看作有扰离散信道上传输的平均信息量。信宿收到的平均信息量等于信宿对信源符号不确定度的平均减少量。具体地说，式(2-2-9)表明，在有扰离散信道上，各个接收符号 y 所提供的有关信源发出的各个符号 x 的平均信息量 $I(X;Y)$，等于唯一地确定信源符号 x 所需的平均信息量 $H(X)$，减去收到符号 Y 后确定 X 所需的平均信息量 $H(X|Y)$。条件熵 $H(X|Y)$ 可看作由于信道上存在干扰和噪声而损失的平均信息量。由于损失了这部分信息量，再要唯一地确定信源发出的符号 X，就显得信息量不足。条件熵 $H(X|Y)$ 又可看作信道上的干扰和噪声使接收端获得 Y 后剩余的对信源符号 X 的平均不确定度，故又称为**疑义度**。式(2-2-10)表明，平均互信息量可看作在有扰离散信道上传递消息时，唯一地确定接收符号 y 所需的平均信息量 $H(Y)$，减去信源发出符号为已知时确定接收符号 y 所需的平均信息量 $H(Y|X)$。因此，条件熵 $H(Y|X)$ 可看作唯一地确定信道噪声所需的平均信息量，故又称**噪声熵**或**散布度**。它们之间的关系可用图 2-3 形象地表达。

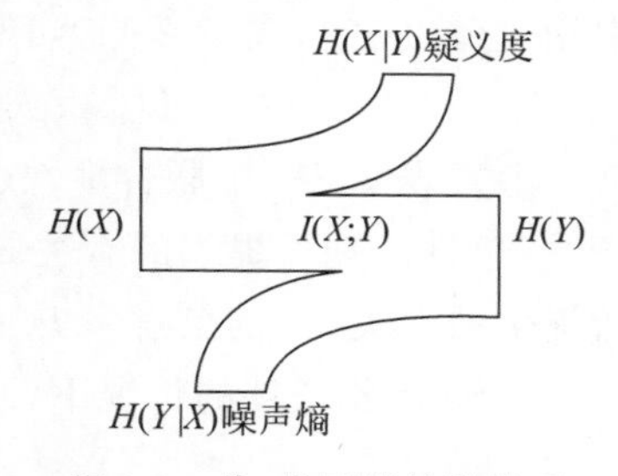

图 2-3 收、发两端的熵关系

如果 X 与 Y 是相互独立的，那么 Y 已知时 X 的条件概率等于 X 的无条件概率，由于熵是概率对数的数学期望，X 的条件熵就等于 X 的无条件熵，此时 $I(X;Y)=0$。这可理解为既然 X 与 Y 相互独立，就无法从 Y 中提取关于 X 的信息。这可看作信道上噪声相当大，以致有 $H(X|Y)=$

$H(X)$。在这种情况下，能传输的平均信息量为零。这说明信宿收到符号 y 后不能提供有关信源发出符号 x 的任何信息量。对于这种信道，信源发出的信息量在信道上全部损失了，故称为全损离散信道。

如果 Y 是由 X 确定的一一对应函数，那么 Y 已知时 X 的条件概率非“1”即“0”，因为若 X 与 Y 存在一一对应关系，当 X 和 Y 满足该确定函数时，条件概率必为1；而不满足确定函数时，条件概率必为零，也就是说，$I(X;Y)=H(X)$。可见此时已知 Y 就完全消除了关于 X 的不确定度，所获得的信息量就是 X 的不确定度或熵，这可看作无扰离散信道。由于没有噪声，所以信道不损失信息量，疑义度 $H(X|Y)$ 为零，噪声熵也为零。于是有 $I(X;Y)=H(X)=H(Y)$。

在一般情况下，X 和 Y 既非相互独立，也不是一一对应，那么从 Y 获得的 X 的信息处于零与 $H(X)$ 之间，即通常小于 X 的熵。

另外，将 $p(y_j)=\sum\limits_k p(x_k)p(y_j|x_k)$ 代入式(2-2-8)，得

$$I(X;Y)=\sum_{i,j}p(x_i,y_j)\log\frac{p(y_j\mid x_i)}{p(y_j)}=\sum_{i,j}p(x_i)p(y_j\mid x_i)\log\frac{p(y_j\mid x_i)}{\sum\limits_k p(x_k)p(y_j\mid x_k)}$$

可以看出，互信息 $I(X;Y)$ 只是输入信源 X 的概率分布 $p(x_i)$ 和信道转移概率 $p(y_j|x_i)$ 的函数，即 $I[p(x_i),p(y_j|x_i)]$。可以证明（证明从略，见参考文献[9]）：当 $p(x_i)$ 一定时，I 是关于 $p(y_j|x_i)$ 的 U 形凸函数，存在极小值；而当 $p(y_j|x_i)$ 一定时，I 是关于 $p(x_i)$ 的 $\cap$ 形凸函数，存在极大值。这两个结论是互为对偶的问题，非常重要，将在以后的章节中应用。前者是研究信息率失真函数的理论基础，后者是研究信道容量的理论基础。

在存在3个变量的情况下，符号 x_i 与符号对 (y_j,z_k) 之间的互信息量定义为

$$I(x_i;y_j,z_k)=\log\frac{p(x_i\mid y_j,z_k)}{p(x_i)} \tag{2-2-11}$$

条件互信息量是在给定 z_k 条件下，x_i 与 y_j 之间的互信息量，定义为

$$I(x_i;\ y_j\mid z_k)=\log\frac{p(x_i\mid y_j,z_k)}{p(x_i\mid z_k)} \tag{2-2-12}$$

引用式(2-2-12)，式(2-2-11)可写为

$$I(x_i;y_j,z_k)=I(x_i;z_k)+I(x_i;y_j\mid z_k)$$

上式表明：一个联合事件 (y_j,z_k) 出现后提供的有关 x_i 的信息量 $I(x_i;y_j,z_k)$，等于 z_k 事件出现后提供的有关 x_i 的信息量 $I(x_i;z_k)$，加上给定 z_k 条件下再出现 y_j 事件后提供的有关 x_i 的信息量 $I(x_i;y_j|z_k)$。

在给定 Z 条件的情况下，X 与 Y 的互信息量 $I(X;Y|Z)$ 定义为

$$I(X;Y\mid Z)=\sum_{i,j,k}p(x_i;y_j,z_k)\log\frac{p(x_i\mid y_j,z_k)}{p(x_i\mid z_k)}$$

则有关系式

$$I(X;Y\mid Z)=H(X\mid Z)-H(X\mid Z,Y)=H(Y\mid Z)-H(Y\mid Z,X)$$

$I(X;Y|Z)$表示已知 Z 条件下再从 Y 获得的关于 X 的信息量。

三维联合集(X,Y,Z)上的平均互信息量有

$$I(X;Y,Z)=I(X;Y)+I(X;Z\mid Y) \tag{2-2-13}$$

$$I(Y,Z;X)=I(Y;X)+I(Z;X\mid Y) \tag{2-2-14}$$

$$I(X;Y,Z)=I(X;Z,Y)=I(X;Z)+I(X;Y\mid Z) \tag{2-2-15}$$

2.2.4 数据处理中信息的变化

用信息论的观点研究数据处理过程中信息的变化。图 2-4 中 X 是输入消息变量，Y 是第一级处理器的输出消息变量，Z 为第二级处理器的输出消息变量。如果对于任意 X、Y、Z，存在 $p(x,z|y)=p(x|y)p(z|y)$，即在 Y 出现条件下 X 与 Z 统计独立，此时 $X\to Y\to Z$ 构成马尔可夫链，且有 $H(X|Y,Z)=H(X|Y)$，$I(X;Z|Y)=0$。

由式(2-2-13)和式(2-2-15)得

$$I(X;Z)=I(X;Y)+I(X;Z\mid Y)-I(X;Y\mid Z) \tag{2-2-16}$$

再由互信息的非负性 $I(X;Y|Z)\geqslant 0$，所以由式(2-2-16)得出

$$I(X;Z)\leqslant I(X;Y) \tag{2-2-17}$$

同理可以得到

$$I(X;Z)\leqslant I(Y;Z) \tag{2-2-18}$$

从式(2-2-17)和式(2-2-18)可以看出，经过两级处理器获得的信息量 $I(X;Z)$ 小于经过一级处理器获得的信息量 $I(X;Y)$ 和 $I(Y;Z)$。这说明当消息通过多级处理器时，随着处理器数量的增多，输入消息与输出消息之间的平均互信息量趋于变小。这就是数据处理定理，数据处理过程中只会丢失一些信息，不会创造新的信息，所谓**信息不增性**。任何信息处理过程都会丢失信息，最多保持原来的信息，一旦丢失了信息，用任何处理手段，也不可能再恢复。

通信系统中，用图 2-5 表示序列消息经过编译码和信道传输的过程，根据信息不增性原理有

$$I(U;V)\leqslant I(X;V),\ I(X;V)\leqslant I(X;Y),\text{从而 } I(U;V)\leqslant I(X;Y)$$

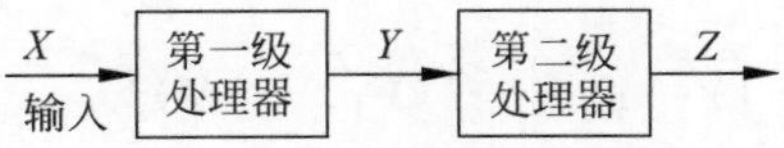

图 2-4 级联处理器示意图

图 2-5 一般通信系统

所以，经过编码或译码处理后信息均不可能增加，只会减少。

那么，如何才能获得越来越多的信息量呢？只能通过对信源 X 进行多次观察测量，从结果 Y 中得到信息量。如果用 Y_1、Y_2……分别表示第一次测量值、第二次测量值……，由于 $H(X|Y_1)\geqslant H(X|Y_1,Y_2)$，所以 $I(X;Y_1,Y_2)\geqslant I(X;Y_1)$。可以证明取测量值 Y 的次数越多，X 的条件熵越小，获得的信息量就越大。尤其是当各次测量值相互独立时，趋势更明显。取 Y 无数次后，$H(X|Y_1,Y_2,Y_3,\cdots)\to 0$。

例 2-9 有一信源输出 $X\in\{0,1,2\}$，其概率为 $p(0)=\dfrac{1}{4}$，$p(1)=\dfrac{1}{4}$，$p(2)=\dfrac{1}{2}$。设计

两个独立试验去观察它，结果分别为$Y_1\in\{0,1\}$和$Y_2\in\{0,1\}$。已知条件概率如表 2-3 所示。

表 2-3　试验得到的条件概率 $p(y|x)$

x	y_1		x	y_2	
	0	1		0	1
0	1	0	0	1	0
1	0	1	1	1	0
2	1/2	1/2	2	0	1

(1) 求$I(X;Y_1)$和$I(X;Y_2)$，并判断哪个试验效果好。

(2) 求$I(X;Y_1,Y_2)$，并计算做Y_1和Y_2两个试验比做Y_1或Y_2中的一个试验可多得多少关于X的信息。

(3) 求$I(X;Y_1|Y_2)$和$I(X;Y_2|Y_1)$。

解：(1) 由题意得$P(y_1=0)=P(y_1=0|x=0)P(x=0)+P(y_1=0|x=1)P(x=1)+P(y_1=0|x=2)P(x=2)=\frac{1}{2}$

同理得$P(y_1=1)=\frac{1}{2}, P(y_2=0)=\frac{1}{2}, P(y_2=1)=\frac{1}{2}$

由于$I(X;Y_1)=H(Y_1)-H(Y_1|X)$

其中$H(Y_1)=H\left(\frac{1}{2}\right)=1$bit/符号

$$H(Y_1\mid X)=\frac{1}{4}\times 0+\frac{1}{4}\times 0+\frac{1}{2}\times\left[\frac{1}{2}\log 2+\frac{1}{2}\log 2\right]=0.5\text{bit/符号}$$

所以$I(X;Y_1)=0.5$bit/符号

同理得$I(X;Y_2)=1-0=1$bit/符号

由于$I(X;Y_1)<I(X;Y_2)$，因此第二个试验效果好。

(2) $H(X)=H\left(\frac{1}{4},\frac{1}{4},\frac{1}{2}\right)=1.5$bit/符号

$I(X;Y_1,Y_2)=H(X)-H(X|Y_1,Y_2)=H(Y_1,Y_2)-H(Y_1,Y_2|X)$

y_1,y_2	(0,0)	(0,1)	(1,0)	(1,1)
$p(y_1,y_2)$	$\frac{1}{4}$	$\frac{1}{4}$	$\frac{1}{4}$	$\frac{1}{4}$

$$H(Y_1,Y_2)=H\left(\frac{1}{4},\frac{1}{4},\frac{1}{4},\frac{1}{4}\right)=2\text{bit/符号}$$

$$H(Y_1,Y_2\mid X)=\frac{1}{4}\times 0+\frac{1}{4}\times 0+\frac{1}{2}\times\left(\frac{1}{2}\log 2+\frac{1}{2}\log 2\right)=0.5\text{bit/符号}$$

所以$I(X;Y_1,Y_2)=2-0.5=1.5$bit/符号

做两个试验比单做Y_1试验多得信息量$I(X;Y_1,Y_2)-I(X;Y_1)=1$bit/符号

比单做 Y_2 试验多得信息量 $I(X;Y_1,Y_2)-I(X;Y_2)=0.5\text{bit}/$符号

(3) $I(X;Y_1|Y_2)=I(X;Y_1,Y_2)-I(X;Y_2)=1.5-1=0.5\text{bit}/$符号

$I(X;Y_2|Y_1)=I(X;Y_1,Y_2)-I(X;Y_1)=1.5-0.5=1\text{bit}/$符号

由于 $I(X;Y_1|Y_2)=I(X;Y_1)$，$I(X;Y_2|Y_1)=I(X;Y_2)$，说明在做完 Y_1 或 Y_2 试验的条件下再做第二个试验，并没有获得更多的信息量，因为 Y_1 和 Y_2 相互独立，没有任何关联性。

2.2.5 相对熵

若 p_i 和 q_i 是相对于同一信源的两个概率测度，人们通常希望度量概率分布 p_i 和 q_i 之间的差异，这时需要定义一个量，称为相对熵(relative entropy)。p 相对于 q 的相对熵定义为

$$D(p \mathbin{/\!/} q)=\sum_i p_i \log \frac{p_i}{q_i}$$

相对熵也称为交叉熵或 Kullback-Leibler 距离。它具有两个性质：非负性；当且仅当对所有 i，$p_i=q_i$ 时，相对熵为零。

相对熵可看作两个概率测度之间的“距离”，即两概率测度不同程度的度量。但是，它并不是通常意义的距离，因为相对熵不具有对称性，即 $D(p/\!/q)\neq D(q/\!/p)$。

相对熵的解释是，对于概率分布为 p_i 的某信源 X，如果采用编码长度为 $I(p_i)$的方式进行编码，则平均码长为 $H(p)=\sum_i p_i I(p_i)=-\sum_i p_i \log p_i$；如果采用针对概率分布为 q_i 的码长方式进行编码，每个符号的码长为 $I(q_i)$，则平均码长为 $\sum_i p_i I(q_i)=-\sum_i p_i \log q_i$，如表 2-4 所示。那么，由于编码方案 2 的概率不匹配，使平均码长增加，增加量即为相对熵：

$$-\sum_i p_i \log q_i-\left[-\sum_i p_i \log p_i\right]=D(p \mathbin{/\!/} q)$$

因此，相对熵度量的是当真实分布为 p 而假定分布为 q 时的无效性。实际应用中，假设信源的真实分布为 p，但一般情况下，通过测量等手段只能获得概率分布 q，研究相对熵的目的是减小相对熵 D，使概率分布 q 接近 p，以便得到更精确的概率模型。

表 2-4 相对熵的解释

指标	符号 1	符号 2	…	符号 n	平均码长
信源符号	x_1	x_2	…	x_n	
概率分布	p_1	p_2	…	p_n	
编码方案 1	$-\log p_1$	$-\log p_2$	…	$-\log p_n$	$K_p=-\sum p_i \log p_i$
编码方案 2	$-\log q_1$	$-\log q_2$	…	$-\log q_n$	$K_q=-\sum p_i \log q_i$

一般定义：$0\log\frac{0}{q}=0$，$p\log\frac{p}{0}=\infty$。

对照互信息的概念，可将互信息 $I(X;Y)$定义为联合分布 $p(x,y)$与乘积分布 $p(x)$

$p(y)$之间的相对熵，即

$$I(X;Y)=\sum_{x,y}p(x,y)\log\frac{p(x,y)}{p(x)p(y)}$$

由于相对熵是非负的，通常可以利用这一特性证明信息论中的一些定理和性质。

2.2.6 熵的性质

1. 非负性

$$H(X)=H(p_1,p_2,\cdots,p_n)\geqslant 0$$

式中的等号只在 $p_i=1$ 时成立。因为 $0<p_i<1$，$\log p_i$ 一定是一个负数，所以熵是非负的。

2. 确定性

$$H(0,1)=H(1,0,0,\cdots,0)=0$$

只要信源符号表中，有一个符号的出现概率为1，信源熵就等于零。在概率空间中，如果有两个基本事件，其中一个是必然事件，另一个则为不可能事件，因此没有不确定性，熵必为零。当然可以类推到 n 个基本事件构成的概率空间。

3. 对称性

熵函数所有变元可以互换，而不影响函数值。即

$$H(p_1,p_2,\cdots,p_n)=H(p_2,p_1,\cdots,p_n)$$

因为熵函数只与随机变量的总体结构有关，例如，下列信源的熵都是相等的。

$$\begin{bmatrix}X\\P\end{bmatrix}=\begin{bmatrix}x_1 & x_2 & x_3\\1/3 & 1/2 & 1/6\end{bmatrix},\quad \begin{bmatrix}Y\\P\end{bmatrix}=\begin{bmatrix}y_1 & y_2 & y_3\\1/3 & 1/6 & 1/2\end{bmatrix},\quad \begin{bmatrix}Z\\P\end{bmatrix}=\begin{bmatrix}z_1 & z_2 & z_3\\1/2 & 1/3 & 1/6\end{bmatrix}$$

4. 香农辅助定理

对于任意 n 维概率矢量 $\boldsymbol{P}=(p_1,p_2,\cdots,p_n)$ 和 $\boldsymbol{Q}=(q_1,q_2,\cdots,q_n)$，如下不等式成立

$$H(p_1,p_2,\cdots,p_n)=-\sum_{i=1}^{n}p_i\log p_i\leqslant-\sum_{i=1}^{n}p_i\log q_i \tag{2-2-19}$$

该式表明，任意概率分布 p_i 对其他概率分布 q_i 的自信息量 $-\log q_i$ 取数学期望时，必大于 p_i 本身的熵。等号仅当 $\boldsymbol{P}=\boldsymbol{Q}$ 时成立。该式的物理含义可参见相对熵。

5. 最大熵定理

离散无记忆信源输出 M 个不同的信息符号，当且仅当各个符号出现概率相等（$p_i=1/M$）时，熵最大。因为出现任意符号的可能性相等时，不确定性最大，即

$$H(X)\leqslant H\left(\frac{1}{M},\frac{1}{M},\cdots,\frac{1}{M}\right)=\log M$$

6. 条件熵小于无条件熵

条件熵小于信源熵：$H(Y|X)\leqslant H(Y)$。当且仅当 y 和 x 相互独立时，$p(y|x)=p(y)$，取等号。

两个条件下的条件熵小于一个条件下的条件熵，即 $H(Z|X,Y) \leqslant H(Z|Y)$。当且仅当 $p(z|x,y)=p(z|y)$ 时取等号。

联合熵小于信源熵之和：$H(X,Y) \leqslant H(X)+H(Y)$。当且仅当两个集合相互独立时取等号，此时可得联合熵的最大值，即 $\max H(X,Y)=H(X)+H(Y)$。

7. 扩展性

$$\lim_{\varepsilon \to 0} H_{n+1}(p_1,\cdots,p_n-\varepsilon,\varepsilon)=H_n(p_1,\cdots,p_n) \tag{2-2-20}$$

因为 $\lim\limits_{\varepsilon \to 0} \varepsilon \log \varepsilon = 0$，所以上式成立。

该性质表明，信源的取值增多时，若这些取值对应的概率很小(接近于零)，则信源的熵不变。这是因为虽然概率很小的事件出现后，给予收信者较多的信息，但从总体考虑，因为这种概率很小的事件几乎不会出现，所以它在熵的计算中占的比重很小。这也是熵的总体平均性的一种体现。

8. 可加性

$H(X,Y)=H(X)+H(Y|X)$，当 X、Y 相互独立时，$H(X,Y)=H(X)+H(Y)$。

如果考虑概率的形式，设 X 的概率分布为 $(p_1,p_2,\cdots,p_n)$，已知 X 的情况下 Y 的条件概率为 $p(Y=y_j|X=x_i)=p_{ij}$，则可加性表示为

$$\begin{aligned} & H_{nm}(p_1p_{11},p_1p_{12},\cdots,p_1p_{1m},\cdots,p_np_{n1},\cdots,p_np_{nm}) \\ & = H_n(p_1,\cdots,p_n)+\sum_{i=1}^{n} p_i H_m(p_{i1},\cdots,p_{im}) \end{aligned} \tag{2-2-21}$$

式中，$\sum\limits_{i=1}^{n} p_i H_m(p_{i1},\cdots,p_{im})=H(Y|X)$。

9. 递增性

$$H_{n+m-1}(p_1,p_2,\cdots,p_{n-1},q_1,q_2,\cdots,q_m)=H_n(p_1,p_2,\cdots,p_{n-1},p_n)+p_nH_m\left(\frac{q_1}{p_n},\frac{q_2}{p_n},\cdots,\frac{q_m}{p_n}\right) \tag{2-2-22}$$

其中，$\sum\limits_{i=1}^{n} p_i=1$，$\sum\limits_{j=1}^{m} q_j=p_n$。

该性质表明，若原信源 X 中将一元素划分为 m 个元素(符号)，而这 m 个元素的概率之和等于原元素的概率，则新信源的熵增加。熵增加的一项是由于划分而产生的不确定性。

运用式(2-2-22)，可作下列分解：

$$H_n(p_1,\cdots,p_{n-1},p_n)=H_{n-1}(p_1,\cdots,p_{n-2},p_{n-1}+p_n)+(p_{n-1}+p_n)H_2\left(\frac{p_{n-1}}{p_{n-1}+p_n},\frac{p_n}{p_{n-1}+p_n}\right) \tag{2-2-23}$$

即含有 n 个元素的熵可分解为一个 $(n-1)$ 个元素的熵和一个加权二元信源熵。式(2-2-23)右边第一项还可进一步分解，直到等式中只存在二元熵为止，最终可表示为 $(n-1)$ 个二元信源熵的加权和，这样可使计算多元信源熵简化。

例 2-10 $H\left(\frac{1}{2},\frac{1}{4},\frac{1}{8},\frac{1}{8}\right)=H\left(\frac{1}{2},\frac{1}{4},\frac{1}{4}\right)+\frac{1}{4}H\left(\frac{1}{2},\frac{1}{2}\right)=H\left(\frac{1}{2},\frac{1}{2}\right)+\frac{1}{2}H\left(\frac{1}{2},\frac{1}{2}\right)+\frac{1}{4}H\left(\frac{1}{2},\frac{1}{2}\right)=\frac{7}{4}\text{bit/符号}$

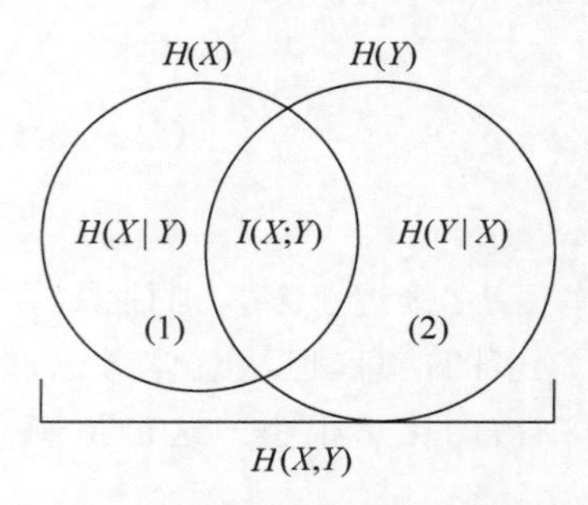

图 2-6 互信息量与熵之间的关系

为便于理解和记忆熵函数之间的关系,可用图 2-6 所示的维拉图表示。图中两圆外轮廓表示联合熵 $H(X,Y)$,圆(1)表示 $H(X)$,圆(2)表示 $H(Y)$,则

$$H(X,Y)=H(X)+H(Y\mid X)=H(Y)+H(X\mid Y)$$
$$H(X)\geqslant H(X\mid Y),\quad H(Y)\geqslant H(Y\mid X)$$
$$\begin{aligned}I(X;Y)&=H(X)-H(X\mid Y)=H(Y)-H(Y\mid X)\\&=H(X)+H(Y)-H(X,Y)\end{aligned}$$
$$H(X,Y)\leqslant H(X)+H(Y)$$

如果 X 与 Y 互相独立,则

$$I(X;Y)=0$$
$$H(X,Y)=H(X)+H(Y)$$
$$H(X)=H(X\mid Y),\quad H(Y)=H(Y\mid X)$$

2.3 离散序列信源的熵

前面讨论了单个消息(符号)的离散信源的熵,并详细分析了它的性质。然而实际信源的输出往往是空间或时间的离散随机序列,其中包括无记忆的离散信源序列,当然更多的是有记忆的,即序列中的符号之间有相关性。此时需要用联合概率分布函数或条件概率分布函数来描述信源发出的符号之间的关系。这里讨论离散无记忆序列信源和两类较简单的离散有记忆序列信源(平稳序列和齐次遍历马尔可夫链信源)。

2.3.1 离散无记忆信源的序列熵

设信源输出的随机序列为 $\boldsymbol{X}$,$\boldsymbol{X}=(X_1,X_2,\cdots,X_l,\cdots,X_L)$,序列中的单个符号变量 $X_l\in\{x_1,x_2,\cdots,x_n\}$,$l=1,2,\cdots,L$,即序列长为 L。随机序列的概率为

$$p(\boldsymbol{X}=\boldsymbol{x}_i)=p(X_1=x_{i_1},X_2=x_{i_2},\cdots,X_L=x_{i_L}),i=1,2,\cdots,n^L;\ i_l=1,2,\cdots,n$$

这时信源的序列熵为

$$H(\boldsymbol{X})=-\sum_{i=1}^{n^L}p(\boldsymbol{x}_i)\log p(\boldsymbol{x}_i)=-\sum_{i_1=1}^{n}\sum_{i_2=1}^{n}\cdots\sum_{i_L=1}^{n}p(x_{i_1},x_{i_2},\cdots,x_{i_L})\log p(x_{i_1},x_{i_2},\cdots,x_{i_L})$$

其中,随机序列的概率可表示为

$$\begin{aligned}p(\boldsymbol{X}=\boldsymbol{x}_i)&=p(x_{i_1},x_{i_2},\cdots,x_{i_L})\\&=p(x_{i_1})p(x_{i_2}\mid x_{i_1})p(x_{i_3}\mid x_{i_1},x_{i_2})\cdots p(x_{i_L}\mid x_{i_1},x_{i_2},\cdots,x_{i_{L-1}})\\&=p(x_{i_1})p(x_{i_2}\mid x_{i_1})p(x_{i_3}\mid x_{i_1}^{2})\cdots p(x_{i_L}\mid x_{i_1}^{L-1})\end{aligned}$$

当信源无记忆时,$p(\boldsymbol{x}_i)=p(x_{i_1},x_{i_2},\cdots,x_{i_L})=p(x_{i_1})p(x_{i_2})p(x_{i_3})\cdots p(x_{i_L})=$

$\prod_{l=1}^{L} p(x_{i_l})$。这时信源的序列熵可表示为

$$
\begin{aligned}
H(\boldsymbol{X}) &= -\sum_{i_1=1}^{n}\sum_{i_2=1}^{n}\cdots\sum_{i_L=1}^{n} p(x_{i_1})p(x_{i_2})\cdots p(x_{i_L})[\log p(x_{i_1})+\cdots+\log p(x_{i_L})] \\
&= -\sum_{i_2=1}^{n} p(x_{i_2})\cdots\sum_{i_L=1}^{n} p(x_{i_L})\sum_{i_1=1}^{n} p(x_{i_1})\log p(x_{i_1}) \\
&\quad -\sum_{i_1=1}^{n} p(x_{i_1})\cdots\sum_{i_L=1}^{n} p(x_{i_L})\sum_{i_2=1}^{n} p(x_{i_2})\log p(x_{i_2}) \\
&\quad \vdots \\
&\quad -\sum_{i_1=1}^{n} p(x_{i_1})\cdots\sum_{i_{L-1}=1}^{n} p(x_{i_{L-1}})\sum_{i_L=1}^{n} p(x_{i_L})\log p(x_{i_L}) \\
&= \sum_{l=1}^{L} H(X_l)
\end{aligned}
$$

若满足平稳特性，即与序号 l 无关时，则有 $H(X_1)=H(X_2)=\cdots=H(X_L)$，这时信源的序列熵又可表示为 $H(\boldsymbol{X})=LH(X)$，平均每个符号(消息)熵为

$$H_L(\boldsymbol{X})=\frac{1}{L}H(\boldsymbol{X})=H(X) \tag{2-3-1}$$

可见，离散无记忆信源平均每个符号的符号熵 $H_L(\boldsymbol{X})$ 等于单个符号信源的符号熵 $H(X)$。例如有一个无记忆信源，随机变量 $X\in(0,1)$，等概率分布，以单个符号出现为一事件，则此时的信源熵 $H(X)=1$bit/符号，即用 1bit 就可表示该事件。如果以两个符号($L=2$ 的序列)出现为一事件，则随机序列 $\boldsymbol{X}\in(00,01,10,11)$，信源的序列熵 $H(\boldsymbol{X})=\log_2 4=2$bit/序列，即用 2bit 才能表示该事件。信源的符号熵 $H_2(\boldsymbol{X})=\frac{1}{2}H(\boldsymbol{X})=1$bit/符号。

2.3.2 离散有记忆信源的序列熵

对于有记忆信源，就不像无记忆信源那样简单，它必须引入条件熵的概念，而且只能在某些特殊情况下才能得到一些有价值的结论。

对于由两个符号组成的联合信源，有下列结论。

(1) $H(X_1,X_2)=H(X_1)+H(X_2|X_1)=H(X_2)+H(X_1|X_2)$

(2) $H(X_1)\geqslant H(X_1|X_2)$，$H(X_2)\geqslant H(X_2|X_1)$

(1)式表明，信源的联合熵(前后两个符号(X_1,X_2)同时发生的不确定度)等于信源发出前一个符号 X_1 的信息熵加上前一个符号 X_1 已知时信源发出下一个符号 X_2 的条件熵。当前后符号无依存关系时，有下列推论：

$H(X_1,X_2)=H(X_1)+H(X_2)$，　$H(X_1\mid X_2)=H(X_1)$，　$H(X_2\mid X_1)=H(X_2)$

对于一般的有记忆信源，如文字、数据等，它们输出的不是单个或两个符号，而是由有限个符号组成的序列，这些输出符号之间存在相互依存关系。可依照上述结论分析序

列的熵值。

若信源输出一个 L 长序列，则信源的序列熵为

$$H(\boldsymbol{X})=H(X_1,X_2,\cdots,X_L)=H(X_1)+H(X_2\mid X_1)+\cdots+H(X_L\mid X_1,X_2,\cdots,X_{L-1}) \tag{2-3-2}$$

记作

$$H(\boldsymbol{X})=H(X^L)=\sum_{l=1}^{L}H(X_l\mid X^{l-1})$$

平均每个符号的熵为

$$H_L(\boldsymbol{X})=\frac{1}{L}H(X^L) \tag{2-3-3}$$

若当信源退化为无记忆时，有

$$H(\boldsymbol{X})=\sum_{l=1}^{L}H(X_l)$$

若又满足平稳性时，则有

$$H(\boldsymbol{X})=LH(X)$$

这一结论与离散无记忆信源结论完全一致。可见，无记忆信源是上述有记忆信源的一个特例。

例 2-11 已知离散有记忆信源中各符号的概率空间为 $\begin{bmatrix}X\\P\end{bmatrix}=\begin{bmatrix}a_1 & a_2 & a_3\\ \frac{11}{36} & \frac{4}{9} & \frac{1}{4}\end{bmatrix}$。现信源发出二重符号序列消息$(a_i,a_j)$，这两个符号的概率关联性用条件概率 $p(a_j|a_i)$表示，并由表 2-5 给出。可以求出信源的序列熵和平均符号熵。

表 2-5 条件概率 $p(a_j|a_i)$

a_i	a_j		
	a_1	a_2	a_3
a_1	9/11	2/11	0
a_2	1/8	3/4	1/8
a_3	0	2/9	7/9

条件熵

$$H(X_2\mid X_1)=-\sum_{i=1}^{3}\sum_{j=1}^{3}p(a_i,a_j)\log p(a_j\mid a_i)=0.872\text{bit/符号}$$

单符号信源熵

$$H_1(X)=H(X_1)=-\sum_{i=1}^{3}p(a_i)\log p(a_i)=1.543\text{bit/符号}$$

发二重符号序列的熵

$$H(X_1,X_2)=H(X_1)+H(X_2\mid X_1)=1.543+0.872=2.415\text{bit/ 序列}$$

平均符号熵

$$H_2(\boldsymbol{X})=\frac{1}{2}H(X^2)=1.21\text{bit/符号}$$

比较上述结果可得：$H_2(\boldsymbol{X})<H_1(X)$，即二重序列的符号熵值较单符号熵变小了，也就是不确定度减小了，这是由符号之间存在关联性(相关性)造成的。■

考虑离散平稳信源，其联合概率具有时间推移不变性，即

$$P\{X_{i_1}=x_1,X_{i_2}=x_2,\cdots,X_{i_L}=x_L\}=P\{X_{i_1+h}=x_1,X_{i_2+h}=x_2,\cdots,X_{i_L+h}=x_L\}$$

此时有下列结论：

结论1 $H(X_L|X^{L-1})$是L的单调非增函数。

由于条件熵小于或等于无条件熵，条件较多的熵小于或等于条件较少的熵，考虑到平稳性，所以

$$\begin{aligned}H(X_L\mid X_1,X_2,\cdots,X_{L-1})&\leqslant H(X_L\mid X_2,\cdots,X_{L-1})\\&=H(X_{L-1}\mid X_1,\cdots,X_{L-2})\quad(\text{平稳性})\\&\leqslant H(X_{L-1}\mid X_2,\cdots,X_{L-2})\\&=H(X_{L-2}\mid X_1,\cdots,X_{L-3})\\&\quad\vdots\\&\leqslant H(X_2\mid X_1)\end{aligned}\tag{2-3-4}$$

结论2 $H_L(\boldsymbol{X})\geqslant H(X_L|X^{L-1})$

因为

$$\begin{aligned}H_L(\boldsymbol{X})&=\frac{1}{L}H(X_1,X_2,\cdots,X_L)\\&=\frac{1}{L}\sum_{l=1}^{L}H(X_l\mid X^{l-1})\\&=\frac{1}{L}[H(X_1)+H(X_2\mid X_1)+\cdots+H(X_L\mid X_1,X_2,\cdots,X_{L-1})]\end{aligned}$$

由结论1可知，上式中的$H(X_L|X_1,X_2,\cdots,X_{L-1})$是和式$L$项中最小的，所以

$$H_L(\boldsymbol{X})\geqslant\frac{1}{L}\times LH(X_L\mid X_1,X_2,\cdots,X_{L-1})=H(X_L\mid X^{L-1})$$

结论3 $H_L(\boldsymbol{X})$是L的单调非增函数

因为$LH_L(\boldsymbol{X})=H(X_1,X_2,\cdots,X_L)=H(X_1,X_2,\cdots,X_{L-1})+H(X_L|X_1,X_2,\cdots,X_{L-1})$

$$=(L-1)H_{L-1}(\boldsymbol{X})+H(X_L|X^{L-1})$$

运用结论2得

$$H_L(\boldsymbol{X})\leqslant H_{L-1}(\boldsymbol{X})\tag{2-3-5}$$

该式表明，随着L的增大，增加的熵值$H(X_L|X^{L-1})$越来越小(由结论1得)，导致平均符号熵随L的增大而减小，即$\cdots H_{L-1}(\boldsymbol{X})\geqslant H_L(\boldsymbol{X})\geqslant H_{L+1}(\boldsymbol{X})\cdots$

结论 4 当 $L \to \infty$ 时，有

$$H_{\infty}(\boldsymbol{X}) \triangleq \lim_{L \to \infty} H_L(\boldsymbol{X}) = \lim_{L \to \infty} H(X_L \mid X_1, X_2, \cdots, X_{L-1}) \tag{2-3-6}$$

式中，$H_{\infty}(\boldsymbol{X})$ 称为**极限熵**，又称**极限信息量**。

现在证明式(2-3-6)，根据结论 1 有

$$\begin{aligned} H_{L+k}(\boldsymbol{X}) &= \frac{1}{L+k}[H(X_1,\cdots,X_{L-1}) + H(X_L \mid X_1,\cdots,X_{L-1}) \\ &\quad + \cdots + H(X_{L+k} \mid X_1,\cdots,X_{L+k-1})] \\ &\leqslant \frac{1}{L+k}[H(X_1,\cdots,X_{L-1}) + H(X_L \mid X_1,\cdots,X_{L-1}) \\ &\quad + H(X_L \mid X_1,\cdots,X_{L-1}) + \cdots + H(X_L \mid X_1,\cdots,X_{L-1})] \\ &= \frac{1}{L+k} H(X_1,\cdots,X_{L-1}) + \frac{k+1}{L+k} H(X_L \mid X_1,\cdots,X_{L-1}) \end{aligned}$$

取足够大的 $k(k \to \infty)$，固定 L，前一项可忽略，后一项系数接近 1，得

$$\lim_{k \to \infty} H_{L+k}(\boldsymbol{X}) \leqslant H(X_L \mid X_1,\cdots,X_{L-1}) \tag{2-3-7}$$

结论 2 和式(2-3-7)表明，条件熵 $H(X_L \mid X_1,\cdots,X_{L-1})$ 的值在 $H_L(\boldsymbol{X})$ 与 $H_{L+k}(\boldsymbol{X})$ 之间，令 $L \to \infty$，$H_L(\boldsymbol{X})$ 应等于 $H_{L+k}(\boldsymbol{X})$（假设极限存在），故得

$$\lim_{L \to \infty} H_L(\boldsymbol{X}) = \lim_{L \to \infty} H(X_L \mid X_1, X_2, \cdots, X_{L-1})$$

推广结论 3 可得

$$H_0(X) \geqslant H_1(X) \geqslant H_2(\boldsymbol{X}) \cdots \geqslant H_{\infty}(\boldsymbol{X}) \tag{2-3-8}$$

其中，$H_0(X)$ 为等概率无记忆信源单个符号的熵，$H_1(X)$ 为一般无记忆（不等概率）信源单个符号的熵，$H_2(\boldsymbol{X})$ 为两个符号组成的序列平均符号熵，以此类推。

对于有记忆 L 长序列信源，其序列熵 $H(\boldsymbol{X})$ 和平均符号熵 $H_L(\boldsymbol{X})$ 都只考虑了序列中 L 个符号间的相关性，而认为序列之间是相互独立的，这与实际信源的情况不相符。实际上，信源在不断地发出符号，符号之间的统计关联性并不仅限于长度 L，而是趋于无穷大。因此，只有极限熵才能最真实地反映信源的实际情况。

结论 4 从理论上定义了平稳离散有记忆信源的极限熵，但是，实际上如按此公式计算极限熵，必须求出信源的无穷维符号的联合概率和条件概率分布，这是十分困难的。然而对于一般离散平稳信源，由于 L 取较小的值就能得出非常接近 $H_{\infty}(\boldsymbol{X})$ 值的 $H_L(\boldsymbol{X})$，因此在实际应用中常取有限 L 下的条件熵 $H(X_L \mid X^{L-1})$ 作为 $H_{\infty}(\boldsymbol{X})$ 的近似值。因为当平稳离散信源输出序列的相关性随 L 的增大迅速减小时，其序列熵的增加量 $H(X_L \mid X^{L-1})$ 与相关性有关，相关性很弱，则 $H(X_L \mid X_1, X_2, \cdots, X_{L-1}) \approx H(X_L \mid X_2, \cdots, X_{L-1}) = H(X_{L-1} \mid X_1, \cdots, X_{L-2})$，增加量不再变小，所以平均符号熵也几乎不再减小。

当上述平稳信源满足 m 阶马尔可夫性质时，即信源发出的符号只与前面的 m 个符号有关，而与更前面出现的符号无关时，可用概率意义表达为

$$p(x_t \mid x_{t-1}, x_{t-2}, x_{t-3}, \cdots, x_{t-m}, \cdots) = p(x_t \mid x_{t-1}, x_{t-2}, \cdots, x_{t-m})$$

则由式(2-3-6)可得

$$H_{\infty}(\boldsymbol{X}) = \lim_{L \to \infty} H(X_L \mid X_1, X_2, \cdots, X_{L-1}) = H(X_{m+1} \mid X_1, X_2, \cdots, X_m) \tag{2-3-9}$$

上述公式在工程上很实用，即只需求出条件熵。下面重点讨论马尔可夫信源的极限熵。

由于高阶马尔可夫过程需要引入矢量进行分析运算，处理过程较复杂。可将矢量转化为状态变量，通过分析系统状态在输入符号作用下的转移情况，将高阶马尔可夫过程转化为一阶马尔可夫过程来处理。对于 m 阶马尔可夫信源，将该时刻以前出现的 m 个符号组成的序列定义为状态 s_i

$$s_i=(x_{i_1},x_{i_2},\cdots,x_{i_m}),\quad x_{i_1},x_{i_2},\cdots,x_{i_m}\in A=(a_1,a_2,\cdots,a_n)\qquad(2\text{-}3\text{-}10)$$

s_i 共有 $Q=n^m$ 种可能取值，即状态集 $S=\{s_1,s_2,\cdots,s_Q\}$，则上述条件概率 $p(x_j|x_{j-m},\cdots,x_{j-1})$ 中的条件 $x_{j-m},\cdots,x_{j-1}$ 可以用状态 s_i 来表示，即信源在某一时刻出现符号 x_j 的概率与信源此时所处的状态 s_i 有关，用符号条件概率表示为 $p(x_j|s_i),i=1,2,\cdots,Q;j=1,2,\cdots,n$。

当信源符号 x_j 出现后，信源所处的状态将发生变化，并转入一个新的状态。这种状态的转移可用状态转移概率表示为 $p(s_j|s_i),i,j=1,2,\cdots,Q$。

更一般地，在时刻 m 系统处于状态 s_i（S_m 取值 s_i）的条件下，经 $n-m$ 步，转移到状态 s_j 的概率用状态转移概率 $p_{ij}(m,n)$ 表示为

$$p_{ij}(m,n)=P\{S_n=s_j\mid S_m=s_i\}=P\{s_j\mid s_i\},\quad s_i,s_j\in S$$

也可以将 $p_{ij}(m,n)$ 理解为已知在时刻 m 系统处于状态 i 的条件下，在时刻 n 系统处于状态 j 的条件概率，故状态转移概率实际上是一个条件概率。转移概率具有下列性质。

(1) $p_{ij}(m,n)\geqslant 0,i,j\in S$。

(2) $\sum\limits_{j\in S}p_{ij}(m,n)=1,i\in S$。

通常特别关心 $n-m=1$ 的情况，即 $p_{ij}(m,m+1)$。将 $p_{ij}(m,m+1)$ 记为 $p_{ij}(m)$，$m\geqslant 0$，并称为基本转移概率，也可称为一步转移概率。于是有

$$p_{ij}(m)=P\{S_{m+1}=j\mid S_m=i\},\quad i,j\in S$$

对于齐次马尔可夫链，其转移概率具有推移不变性，即只与状态有关，与时刻 m 无关，故转移概率可表示为

$$p_{ij}(m)=P\{S_{m+1}=j\mid S_m=i\}=p_{ij},\quad i,j\in S$$

显然 p_{ij} 具有下列性质。

(1) $p_{ij}\geqslant 0,i,j\in S$。

(2) $\sum\limits_{j\in S}p_{ij}=1,i\in S$。

类似地，可将 k 步转移概率定义为

$$p_{ij}^{(k)}(m)=P\{S_{m+k}=j\mid S_m=i\}=p_{ij}^{(k)},\quad i,j\in S$$

需要指出的是，平稳信源的概率分布特性具有时间推移不变性，而齐次马尔可夫链只要求转移概率具有推移不变性，因此一般情况下平稳包含齐次，但齐次不包含平稳。

由于系统在任一时刻可处于状态空间 $S=\{s_1,s_2,\cdots,s_Q\}$ 中的任意一个状态，因此状态转移时，转移概率是一个矩阵

$$\boldsymbol{P}=\{p_{ij}^{(k)}(m),i,j\in S\}$$

由一步转移概率 p_{ij} 可写出其转移矩阵

$$\boldsymbol{P}=\{p_{ij},i,j\in S\}$$

或

$$\boldsymbol{P}=\begin{bmatrix} p_{11} & p_{12} & \cdots & p_{1Q} \\ p_{21} & p_{22} & \cdots & p_{2Q} \\ \vdots & \vdots & \ddots & \vdots \\ p_{Q1} & p_{Q2} & \cdots & p_{QQ} \end{bmatrix} \tag{2-3-11}$$

该矩阵 $\boldsymbol{P}$ 中第 i 行元素对应从某一状态 s_i 转移到所有状态 $s_j(s_j\in S)$的转移概率，显然矩阵中的每个元素都是非负的，并且每行之和均为1；第 j 列元素对应从所有状态 $s_i(s_i\in S)$转移到同一个状态 s_j 的转移概率，列元素之和不一定为1。

k 步转移概率 $p_{ij}^{(k)}$ 与 $l(l<k)$步、$(k-l)$步转移概率之间满足切普曼-柯尔莫戈洛夫方程，即

$$p_{ij}^{(k)}=\sum_r p_{ir}^{(l)}p_{rj}^{(k-l)}$$

上式右侧是对第 l 步的所有可能取值求和，也就是 k 步转移概率。特别地，当 $l=1$ 时，有

$$p_{ij}^{(k)}=\sum_r p_{ir}p_{rj}^{(k-1)}=\sum_r p_{ir}^{k-1}p_{rj}$$

若用矩阵表示，则为

$$\boldsymbol{P}^{(k)}=\boldsymbol{PP}^{(k-1)}=\boldsymbol{PPP}^{(k-2)}=\cdots=\boldsymbol{P}^k$$

从这一递推关系式可知，对于齐次马尔可夫链来说，一步转移概率完全决定了 k 步转移概率。为确定无条件概率 $P(S_k=s_j)$，还需引入初始概率，令

$$p_{0i}=P(S_0=s_i)$$

这样

$$\begin{aligned} P(S_k=s_j)&=\sum_i P(S_k=s_j,S_0=s_i) \\ &=\sum_i P(S_0=s_i)P(S_k=s_j\mid S_0=s_i) \\ &=\sum_i p_{0i}p_{ij}^{(k)} \end{aligned}$$

需要研究一下 $\lim\limits_{k\to\infty}p_{ij}^{(k)}$ 的问题，倘若极限存在，且等于一个与起始状态 i 无关的被称为稳态分布的 $W_j=P(S_k=s_j)$，则无论起始状态是什么，此马尔可夫链最后都可以达到稳定，即所有变量 X_k 的概率分布不变。在这种情况下，可以用矩阵 $\boldsymbol{P}$ 充分描述稳定的马尔可夫链，起始状态只使前面有限个变量的分布改变，如同电路中的暂态一样。

接下来求稳态分布的概率。若从其定义来求

$$\lim_{k\to\infty}p_{ij}^{(k)}=W_j \tag{2-3-12}$$

有时是很困难的，事实上只要知道它有极限，稳态分布 W_i 可用下式求得

$$\sum_i W_i p_{ij}=W_j \tag{2-3-13}$$

式中，W_i 和 W_j 均为稳态分布概率。由于 $\sum\limits_j p_{ij}=1$，所以行列式 $|p_{ij}-\delta_{ij}|=0$，可见

式(2-3-13)必有非零解；再用$\sum_j W_j=1$,即可解得各稳态分布概率W_j。若$[p_{ij}-\delta_{ij}]$的秩是$(n-1)$,则解是唯一的,式(2-3-13)有唯一解是$\lim\limits_{k\to\infty} p_{ij}^{(k)}$存在的必要条件,并不是充分条件。为使马尔可夫链最后达到稳定,具有遍历性,还必须具有不可约性和非周期性。

所谓不可约性是指对于任意一对i和j,都存在至少一个k,使$p_{ij}^{(k)}>0$,也就是说,从s_i开始总有可能到达s_j；反之,若对于所有k,都有$p_{ij}^{(k)}=0$,就意味着一旦出现s_i,以后不可能到达s_j,也就是不能各态遍历,或者状态中将s_j取消,这样就成为可约的了。例如图2-7中表示的马尔可夫链,其中s_1,s_2,s_3是3种状态,箭头是指从一个状态转移到另一个状态,旁边的数字表示转移概率。这就是香农提出的马尔可夫状态图,也称香农线图。容易看出,由状态s_3转移到s_1的转移概率$p_{31}^{(k)}=0$,因为一进入状态s_3,就一直继续下去,不会再转移到其他状态。$p_{41}^{(k)}=0$也是明显的,因为s_4和s_1之间没有连接箭头,这种链就是非不可约马尔可夫链。

所谓非周期性是指所有满足$p_{ii}^{(n)}>0$的n中没有比1大的公因子。图2-8中的转移矩阵是周期为2的矩阵,因为从s_1出发再回到s_1所需的步数必为2,4,6,…,这里的$p_{ij}^{(n)}$矩阵为

$$\boldsymbol{P}^{(k)}=\boldsymbol{P}^k=\begin{bmatrix}0&\frac{1}{2}&0&\frac{1}{2}\\\frac{1}{2}&0&\frac{1}{2}&0\\0&\frac{1}{2}&0&\frac{1}{2}\\\frac{1}{2}&0&\frac{1}{2}&0\end{bmatrix}^k$$

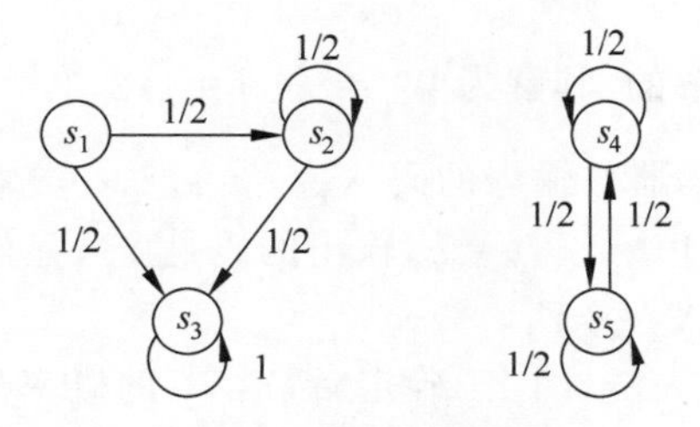

图2-7　非不可约马尔可夫链

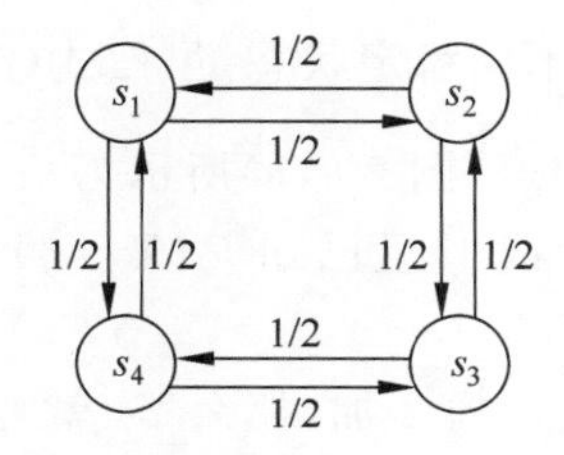

图2-8　周期性马尔可夫链

可以验证,当k为奇数时

$$\boldsymbol{P}^{(k)}=\boldsymbol{P}^k=\begin{bmatrix}0&\frac{1}{2}&0&\frac{1}{2}\\\frac{1}{2}&0&\frac{1}{2}&0\\0&\frac{1}{2}&0&\frac{1}{2}\\\frac{1}{2}&0&\frac{1}{2}&0\end{bmatrix}=\boldsymbol{P}$$

当 k 为偶数时

$$P^{(k)}=P^k=\begin{bmatrix}\frac{1}{2} & 0 & \frac{1}{2} & 0\\ 0 & \frac{1}{2} & 0 & \frac{1}{2}\\ \frac{1}{2} & 0 & \frac{1}{2} & 0\\ 0 & \frac{1}{2} & 0 & \frac{1}{2}\end{bmatrix}\neq P$$

若起始状态为 s_1，则经奇数步后，$S_k=s_j$ 的概率为

$$p_j=\begin{cases}0, & j=1\\ \frac{1}{2}, & j=2\\ 0, & j=3\\ \frac{1}{2}, & j=4\end{cases}$$

而经偶数步后

$$p_j=\begin{cases}\frac{1}{2}, & j=1\\ 0, & j=2\\ \frac{1}{2}, & j=3\\ 0, & j=4\end{cases}$$

这样就达不到稳定状态，虽然式(2-3-13)是有解的，其解为 $W_j=\frac{1}{4}, j=1,2,3,4$。

例 2-12 图 2-9(a)所示为一个相对码编码器。输入的码 $X_r, r=1,2,\cdots$是相互独立的，取值 0 或 1，且已知 $P(X=0)=p, P(X=1)=1-p=q$，输出的码是 Y_r，显然有

$$Y_1=X_1,\quad Y_2=X_2\oplus Y_1,\quad \cdots$$

其中，$\oplus$表示模 2 加，那么 Y_r 就是一个马尔可夫链，因 Y_r 确定后，Y_{r+1} 的概率分布只与 Y_r 有关，与 Y_{r-1}、Y_{r-2} 等无关，且知 Y_r 序列的条件概率为

$$p_{00}=P(Y_2=0\mid Y_1=0)=P(X=0)=p$$
$$p_{01}=P(Y_2=1\mid Y_1=0)=P(X=1)=q$$
$$p_{10}=P(Y_2=0\mid Y_1=1)=P(X=1)=q$$
$$p_{11}=P(Y_2=1\mid Y_1=1)=P(X=0)=p$$

即转移矩阵为 $\begin{bmatrix}p & q\\ q & p\end{bmatrix}$，它与 r 无关，因而是齐次的。它的状态转移图如图 2-9(b)所示。

由图 2-9 容易验证该马尔可夫链具有不可约性和非周期性，由式(2-3-13)可求得稳态概率分布 $W_0=\frac{1}{2}, W_1=\frac{1}{2}$，所以这个马尔可夫链具有遍历性。

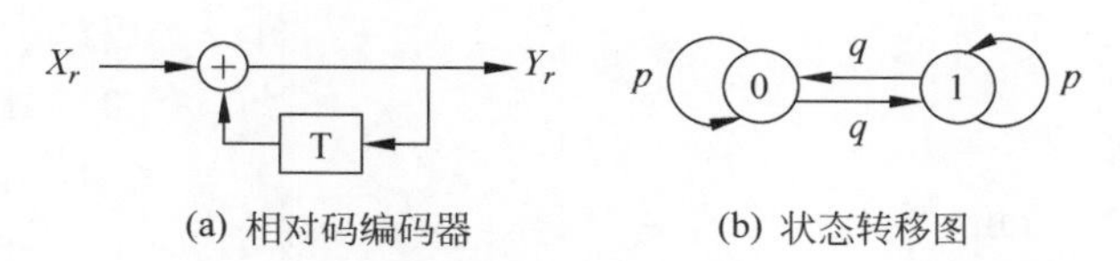

(a) 相对码编码器　　(b) 状态转移图

图 2-9　例 2-12 图

遍历性的直观意义是，不论质点从哪个状态 s_i 出发，当转移步数 k 足够大时，转移到状态 s_j 的概率 $p_{ij}^{(k)}$ 都近似等于某个常数 W_j。反过来说，如果转移步数 k 足够大，就可以将常数 W_j 作为 k 步转移概率 $p_{ij}^{(k)}$ 的近似值。这意味着马尔可夫信源在初始时刻可以处于任意状态，而信源状态之间可以转移。经过足够长时间之后，信源处于什么状态已与初始状态无关。这时每种状态出现的概率已达到一种稳定分布状态，就像电路中的状态经过暂态后进入稳态一样。

例 2-13　有一个二阶马尔可夫链 $X \in (0,1)$，其符号条件概率如表 2-6 所示，状态变量 $S=(00,01,10,11)$，则状态转移概率如表 2-7 所示，相应的状态转移图如图 2-10 所示。如在状态 01 时，出现符号 0，则将 0 加到状态 01 的后面，再将第一位符号 0 挤出，转移到状态 10，概率为 1/3。其他状态的变化过程类似。符号条件概率矩阵可写为

表 2-6　符号条件概率 $p(a_j|s_i)$

起始状态	符号	
	0	1
00	1/2	1/2
01	1/3	2/3
10	1/4	3/4
11	1/5	4/5

表 2-7　状态转移概率 $p(s_j|s_i)$

起始状态	终止状态			
	$s_1(00)$	$s_2(01)$	$s_3(10)$	$s_4(11)$
00	1/2	1/2	0	0
01	0	0	1/3	2/3
10	1/4	3/4	0	0
11	0	0	1/5	4/5

$$[p(a_j \mid s_i)]=\begin{bmatrix}1/2 & 1/2\\ 1/3 & 2/3\\ 1/4 & 3/4\\ 1/5 & 4/5\end{bmatrix}$$

状态转移概率矩阵可写为

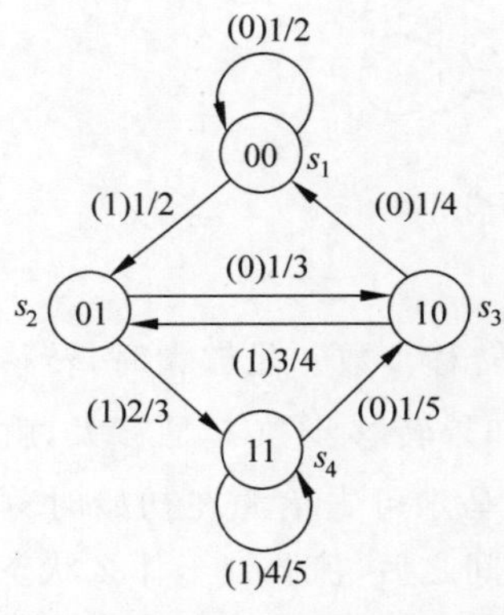

图 2-10 二阶马尔可夫信源状态转移图

$$[p(s_j \mid s_i)] = \begin{bmatrix} 1/2 & 1/2 & 0 & 0 \\ 0 & 0 & 1/3 & 2/3 \\ 1/4 & 3/4 & 0 & 0 \\ 0 & 0 & 1/5 & 4/5 \end{bmatrix}$$

显然,状态转移概率矩阵与符号条件概率矩阵是不同的,不能混淆。令各状态的稳态分布概率为 W_1、W_2、W_3、W_4,利用式(2-3-13)可得方程组

$$W_1 = \frac{1}{2}W_1 + \frac{1}{4}W_3, \quad W_2 = \frac{1}{2}W_1 + \frac{3}{4}W_3$$

$$W_3 = \frac{1}{3}W_2 + \frac{1}{5}W_4, \quad W_4 = \frac{2}{3}W_2 + \frac{4}{5}W_4$$

$$W_1 + W_2 + W_3 + W_4 = 1$$

解得稳态分布的概率为

$$W_1 = \frac{3}{35}, \quad W_2 = \frac{6}{35}, \quad W_3 = \frac{6}{35}, \quad W_4 = \frac{4}{7}$$

注意,上面解得的是稳定后的状态概率分布 $p(s_i)$,而稳定后的符号概率分布为

$$p(a_1) = \sum_i p(a_1 \mid s_i)p(s_i) = \frac{1}{2} \times \frac{3}{35} + \frac{1}{3} \times \frac{6}{35} + \frac{1}{4} \times \frac{6}{35} + \frac{1}{5} \times \frac{4}{7} = \frac{9}{35}$$

同理可求得

$$p(a_2) = \sum_i p(a_2 \mid s_i)p(s_i) = \frac{1}{2} \times \frac{3}{35} + \frac{2}{3} \times \frac{6}{35} + \frac{3}{4} \times \frac{6}{35} + \frac{4}{5} \times \frac{4}{7} = \frac{26}{35}$$ ■

对于齐次、遍历的马尔可夫链,其状态 s_i 由 $(x_{i_1}, \cdots, x_{i_m})$ 唯一确定,因此有

$$p(x_{i_{m+1}} \mid x_{i_m}, \cdots, x_{i_1}) = p(x_{i_{m+1}} \mid s_i) \tag{2-3-14}$$

上式两边同时取对数,并对 $x_{i_1}, \cdots, x_{i_m}, x_{i_{m+1}}$ 和 s_i 取统计平均,然后取负,可以得到

$$\begin{aligned} \text{左边} &= -\sum_{i_{m+1}, \cdots, i_1; i} p(x_{i_{m+1}}, \cdots, x_{i_1}, s_i) \log p(x_{i_{m+1}} \mid x_{i_m}, \cdots, x_{i_1}) \\ &= -\sum_{i_{m+1}, \cdots, i_1} p(x_{i_{m+1}}, \cdots, x_{i_1}) \log p(x_{i_{m+1}} \mid x_{i_m}, \cdots, x_{i_1}) \\ &= H(X_{m+1} \mid X_m, \cdots, X_1) \\ &= H_\infty(\boldsymbol{X}) \end{aligned}$$

$$\begin{aligned} \text{右边} &= -\sum_{i_{m+1}, \cdots, i_1; i} p(x_{i_{m+1}}, \cdots, x_{i_1}, s_i) \log p(x_{i_{m+1}} \mid s_i) \\ &= -\sum_{i_{m+1}, \cdots, i_1; i} p(x_{i_m}, \cdots, x_{i_1}, s_i) p(x_{i_{m+1}} \mid x_{i_m}, \cdots, x_{i_1}, s_i) \log p(x_{i_{m+1}} \mid s_i) \\ &= -\sum_{i_{m+1}} \sum_i p(s_i) p(x_{i_{m+1}} \mid s_i) \log p(x_{i_{m+1}} \mid s_i) \\ &= \sum_i p(s_i) H(X \mid s_i) \end{aligned}$$

即

$$H_{\infty}(\boldsymbol{X})=\sum_{i} p(s_i)H(X \mid s_i) \tag{2-3-15}$$

其中，$p(s_i)$是马尔可夫链的稳态分布，它可由式(2-3-13)计算得到。熵函数 $H(X|s_i)$表示信源处于某一状态 s_i 时发出一个消息符号的平均不确定性，即有

$$H(X \mid s_i)=-\sum_{j} p(x_j \mid s_i)\log p(x_j \mid s_i) \tag{2-3-16}$$

对状态 s_i 的全部可能性进行统计平均，就可得到马尔可夫信源的平均符号熵 $H_{\infty}(\boldsymbol{X})$。

例 **2-14** 如图 2-11 所示的三状态马尔可夫信源，其转移概率矩阵为

$$\boldsymbol{P}=\begin{bmatrix} 0.1 & 0 & 0.9 \\ 0.5 & 0 & 0.5 \\ 0 & 0.2 & 0.8 \end{bmatrix}$$

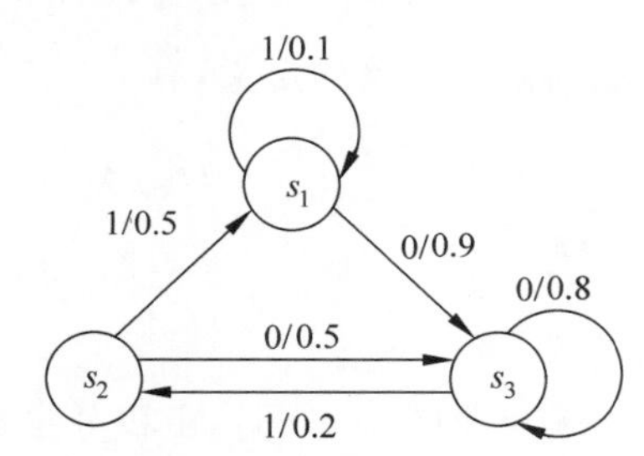

图 **2-11** 三状态马尔可夫信源状态转移图

设稳态分布的概率矢量为 $\boldsymbol{W}=(W_1,W_2,W_3)$，则

$$\boldsymbol{WP}=\boldsymbol{W}$$

$$\sum_{i=1}^{3} W_i=1$$

$$W_i \geqslant 0$$

解得 $W_1=5/59, W_2=9/59, W_3=45/59$。

在 s_i 状态下每输出一个符号的平均信息量为

$$H(X \mid s_1)=0.1\times\log_2\frac{1}{0.1}+0.9\times\log_2\frac{1}{0.9}=H(0.1)=0.469\text{bit/符号}$$

$$H(X \mid s_2)=H(0.5)=1\text{bit/符号}$$

$$H(X \mid s_3)=H(0.2)=0.722\text{bit/符号}$$

对三个状态取统计平均后得到信源每输出一个符号的信息量，即马尔可夫信源的熵

$$H_{\infty}(\boldsymbol{X})=\sum_{i=1}^{3} W_i H(X \mid s_i)=0.743\text{bit/符号}$$

最后，比较一下马尔可夫信源与 L 长有记忆信源的区别。一是马尔可夫信源发出的是一个个符号，而 L 长有记忆信源发出的是一组组序列。二是 L 长有记忆信源用联合概率描述符号间的关联关系，而马尔可夫信源用条件概率(状态转移概率)描述符号间的关联关系。三是马尔可夫信源的记忆长度虽然有限，但依赖关系无限延伸；而 L 长有记忆信源符号间的依赖关系仅限于序列内部，序列间没有依赖关系。

2.4 连续信源的熵和互信息

前面讨论的是离散信源的情况，其统计特性用概率分布描述。对于实际应用中常遇到的连续信源，不仅幅度是连续的，有些在时间或频率上也连续，其统计特性需要用概率密度函数来描述。用离散变量来逼近连续变量，即认为连续变量是离散变量的极限情况，从这个角度来看连续信源的信息量。下面讨论幅度连续的单个符号信源熵和连续波形信源的熵。

2.4.1 幅度连续的单个符号信源熵

先分析单个变量的情况。假设 $x\in[a,b]$，令 $\Delta x=(b-a)/n$，$x_i\in[a+(i-1)\Delta x, a+i\Delta x]$，$p_X(x)$为连续变量 X 的概率密度函数，则利用中值定理可得 X 取 x_i 的概率为

$$p(x_i)=\int_{a+(i-1)\Delta x}^{a+i\Delta x} p_X(x)\mathrm{d}x=p_X(x_i)\Delta x \tag{2-4-1}$$

根据离散信源熵的定义，有

$$\begin{aligned}H_n(X)&=-\sum_{i=1}^{n}p(x_i)\log p(x_i)\\&=-\sum_{i=1}^{n}p_X(x_i)\Delta x\log p_X(x_i)\Delta x\end{aligned}$$

当 $n\to\infty$，即 $\Delta x\to 0$ 时，由积分定义得

$$\begin{aligned}H(X)&=\lim_{n\to\infty}H_n(X)\\&=-\int_a^b p_X(x_i)\log p_X(x_i)\mathrm{d}x-\lim_{\Delta x\to 0}\log\Delta x\int_a^b p_X(x_i)\mathrm{d}x\\&=-\int_a^b p_X(x_i)\log p_X(x_i)\mathrm{d}x-\lim_{\Delta x\to 0}\log\Delta x\end{aligned} \tag{2-4-2}$$

上式的第一项具有离散信源熵的形式，是定值；第二项为无穷大。因而丢掉第二项，并定义**连续信源熵**为

$$H_c(X)=-\int_{-\infty}^{\infty}p_X(x)\log p_X(x)\mathrm{d}x \tag{2-4-3}$$

称为微分熵(differential entropy)，有时也简称为熵。

连续信源熵与离散信源熵具有相同的形式，但意义不同。连续信源的不确定度应为无穷大，这是因为连续信源可看作一个不可数的无限多个幅度值的信源，需用无限多个二进制位数(比特)表示，因而它的熵为无穷大。但用式(2-4-3)来定义连续信源的熵是因为，实际问题中常遇到的是熵之间的差，如互信息量，只要两者逼近时所取的 Δx 一致，式(2-4-2)中第二项无穷大量是抵消的。因此，连续信源的熵具有相对性，在取两熵之间的差时才具有信息的所有特性，如非负性等。

例 2-15 有一个信源概率密度如图 2-12 所示，由图 2-12(a)得

$$H_c(X)=-\int_{-\infty}^{\infty}p_X(x)\log p_X(x)\mathrm{d}x=-\int_1^3\frac{1}{2}\log\frac{1}{2}\mathrm{d}x=1\text{bit}$$

由图 2-12(b)得

$$H_c(X)=-\int_{-\infty}^{\infty}p_X(x)\log p_X(x)\mathrm{d}x=-\int_2^6\frac{1}{4}\log\frac{1}{4}\mathrm{d}x=2\text{bit}$$

图 2-12(b)是图 2-12(a)的放大，计算结果表明信息量增加了，这是荒谬的。因为这两种情况的绝对熵是不会变的。这是由无穷大项造成的，两者逼近时所取的 Δx 不一致，图 2-12(b)比图 2-12(a)小了 1bit。因此 $H_c(X)$给出的熵有相对意义，而不是绝对值。

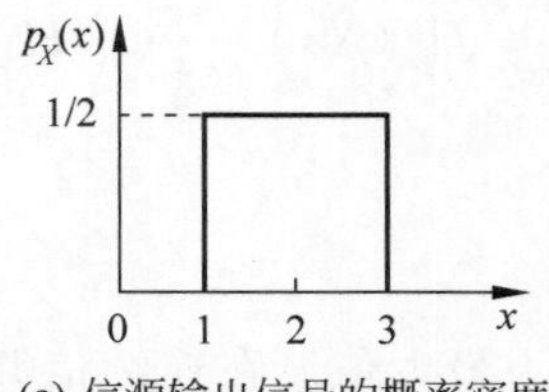

(a) 信源输出信号的概率密度

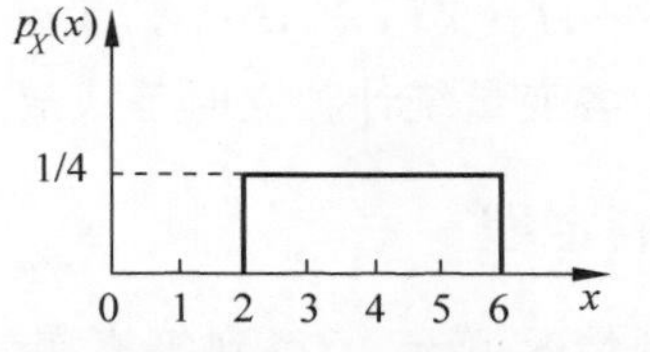

(b) 输出信号放大2倍后的概率密度

图 2-12 信源概率密度

用上述方法同样可定义 X、Y 两个变量的情况：

联合熵：$H_c(X,Y)=-\int_{-\infty}^{\infty}\int_{-\infty}^{\infty}p_{X,Y}(x,y)\log p_{X,Y}(x,y)\mathrm{d}x\mathrm{d}y$

条件熵：$H_c(Y\mid X)=-\int_{-\infty}^{\infty}\int_{-\infty}^{\infty}p_X(x)p_Y(y\mid x)\log p_Y(y\mid x)\mathrm{d}x\mathrm{d}y$

它们之间也有与离散信源一样的相互关系，并可得到有信息特征的互信息，即

$$\begin{aligned}H_c(X,Y)&=H_c(X)+H_c(Y\mid X)\\&=H_c(Y)+H_c(X\mid Y)\end{aligned}$$

$$\begin{aligned}I(X;Y)=I(Y;X)&=H_c(X)-H_c(X\mid Y)\\&=H_c(X)+H_c(Y)-H_c(X,Y)\\&=H_c(Y)-H_c(Y\mid X)\end{aligned}$$

2.4.2 波形信源的熵

以上讨论的是单符号连续信源，然而实际信源的输入和输出都是幅度连续、时间或频率也连续的波形，可用平稳随机过程$\{x(t)\}$和$\{y(t)\}$表示。由2.1.2节可知，平稳随机过程可以通过采样变换为时间或频率上离散、幅度连续的平稳随机序列，因而平稳随机过程的熵也就是平稳随机序列的熵。令平稳随机矢量 $\boldsymbol{X}=(X_1,X_2,\cdots,X_L)$，$\boldsymbol{Y}=(Y_1,Y_2,\cdots,Y_L)$，则平稳随机矢量 $\boldsymbol{X}$ 和 $\boldsymbol{Y}$ 的连续熵和条件熵为

$$H_c(\boldsymbol{X})=H_c(X_1,X_2,\cdots,X_L)=-\int_{\mathbf{R}}p_{\boldsymbol{X}}(\boldsymbol{x})\log p_{\boldsymbol{X}}(\boldsymbol{x})\mathrm{d}\boldsymbol{x}$$

$$H_c(\boldsymbol{Y}\mid\boldsymbol{X})=H_c(Y_1,Y_2,\cdots,Y_L\mid X_1,X_2,\cdots,X_L)=-\int_{\mathbf{R}}\int_{\mathbf{R}}p_{\boldsymbol{X}}(\boldsymbol{x},\boldsymbol{y})\log p_{\boldsymbol{Y}}(\boldsymbol{y}\mid\boldsymbol{x})\mathrm{d}\boldsymbol{x}\mathrm{d}\boldsymbol{y}$$

对于随机波形信源，可由上述各项的极限表达式($L\to\infty$)给出，即

$$H_c(x(t))\approx\lim_{L\to\infty}H_c(\boldsymbol{X})$$

$$H_c(y(t)\mid x(t))\approx\lim_{L\to\infty}H_c(\boldsymbol{Y}\mid\boldsymbol{X})$$

对于限频 f_m、限时 t_B 的平稳随机过程，可用有限维 $L=2f_mt_B$ 随机矢量表示。这样一个频带和时间都有限的连续时间过程就变换为有限维时间离散的平稳随机序列了。与离散变量中一样

$$\begin{aligned}H_c(\boldsymbol{X})=H_c(X_1,X_2,\cdots,X_L)=&H_c(X_1)+H_c(X_2\mid X_1)+H_c(X_3\mid X_1,X_2)\\&+\cdots+H_c(X_L\mid X_1,X_2,\cdots,X_{L-1})\end{aligned}$$

$$H_c(\boldsymbol{X})=H_c(X_1,X_2,\cdots,X_L)\leqslant H_c(X_1)+H_c(X_2)+\cdots+H_c(X_L)$$

仅当随机序列中各变量统计独立时等式成立。

2.4.3 最大熵定理

在离散信源情况下，已经得到等概率信源的熵为最大值。在连续信源中，当概率密度函数满足什么条件时才能使连续信源熵最大？

连续信源在不同限制条件下最大熵是不同的，在无限制条件时，最大熵为无穷大。在具体应用中，只对连续信源的两种情况感兴趣：一是信源输出幅度受限，即限峰功率情况；二是信源输出平均功率受限。下面给出两个定理（证明从略），在此只说明它们的意义。

限峰功率最大熵定理：对于定义域有限的随机变量 X，当它均匀分布时，具有最大熵。

若变量 X 的幅度取值限制在$[a,b]$，则有$\int_a^b p_X(x)\mathrm{d}x=1$，当任意 $p_X(x)$符合平均分布条件

$$p_X(x)=\begin{cases}\dfrac{1}{b-a}, & a\leqslant x\leqslant b\\ 0, & \text{其他}\end{cases}$$

时，信源达到最大熵。

$$H_c(X)=-\int_a^b \frac{1}{b-a}\log\frac{1}{b-a}\mathrm{d}x=\log(b-a)$$

该结论与离散信源以等概率出现时达到最大熵的结论类似。

限平均功率最大熵定理：对于相关矩阵一定的随机变量 X，当它为正态分布时具有最大熵。

设随机变量 X 的概率密度分布为 $p_X(x)=\dfrac{1}{\sqrt{2\pi\sigma^2}}\mathrm{e}^{\frac{-(x-m)^2}{2\sigma^2}}$，其中 m 为数学期望，σ^2 为方差，则连续熵为

$$\begin{aligned}H_c(X)&=-\int_{-\infty}^{\infty}\frac{1}{\sqrt{2\pi\sigma^2}}\mathrm{e}^{\frac{-(x-m)^2}{2\sigma^2}}\log\left[\frac{1}{\sqrt{2\pi\sigma^2}}\mathrm{e}^{\frac{-(x-m)^2}{2\sigma^2}}\right]\mathrm{d}x\\&=E_x\left\{-\log\left[\frac{1}{\sqrt{2\pi\sigma^2}}\mathrm{e}^{\frac{-(x-m)^2}{2\sigma^2}}\right]\right\}=E_x\left[\frac{1}{2}\log(2\pi\sigma^2)+\frac{1}{2\sigma^2}(x-m)^2\log\mathrm{e}\right]\\&=\frac{1}{2}\log(2\pi\sigma^2)+\frac{1}{2\sigma^2}E_x(x-m)^2\log\mathrm{e}=\frac{1}{2}\log(2\pi\sigma^2)+\frac{\sigma^2}{2\sigma^2}\log\mathrm{e}\\&=\frac{1}{2}\log(2\pi\sigma^2)+\frac{1}{2}\log\mathrm{e}=\frac{1}{2}\log(2\pi\mathrm{e}\sigma^2)\end{aligned}$$

可以看到，当信源的概率密度符合正态分布时，其连续熵仅与随机变量的方差 σ^2 有关，而方差在物理含义上往往表示信号的交流功率，即功率为 σ^2。在限制信号平均功率

的条件下，正态分布的信源可输出最大连续熵 $H_c(X)=\frac{1}{2}\log 2\pi e\sigma^2$，其值随平均功率的增大而增大。

根据最大熵定理可知，如果噪声是正态分布，则噪声熵最大，因此高斯白噪声获得最大噪声熵。也就是说，高斯白噪声是最有害的干扰，在一定平均功率条件下产生最大量的有害信息。在通信系统中，往往各种设计都将高斯白噪声作为标准，这不完全是为了简化分析，而是因为基于最坏的条件进行设计可获得高可靠性系统。

2.5 信源的冗余度

冗余度也称多余度或剩余度。顾名思义，它表示给定信源在实际发出消息时所包含的多余信息。如果一个消息包含的符号比表达这个消息所需的符号多，那么这样的消息就存在冗余度。

冗余度来自两方面。一是信源符号间的相关性，从式(2-3-8)看出，由于信源输出符号间的依赖关系使信源熵减小，这就是信源的相关性。相关程度越大，信源的实际熵越小，趋于极限熵 $H_\infty(X)$；反之，相关程度减小，信源实际熵就增大。二是信源符号分布的不均匀性，当等概率分布时信源熵最大。而实际应用中大多为不均匀分布，使实际熵减小为 $H_1(X)$。当信源输出符号间彼此不存在依赖关系且为等概率分布时，信源实际熵趋于最大熵 $H_0(X)$。

对于一般平稳信源来说，极限熵为 $H_\infty(X)$，也就是说，传送这一信源的信息，理论上只需具备传送 $H_\infty(X)$ 的手段即可。但实际上对它的概率分布未能完全掌握，只能近似为有限长符号信源，算出 $H_m(X)$，若用能传送 $H_m(X)$ 的手段传送具有 $H_\infty(X)$ 的信源，就很不经济。定义 η 为**信息效率**：

$$\eta=\frac{H_\infty(X)}{H_m(X)} \tag{2-5-1}$$

表示不确定性的程度，由定义可知 $0\leqslant\eta\leqslant 1$。$(1-\eta)$ 表示确定性的程度，因为确定性不含有信息量，所以是冗余的。定义**冗余度** γ 为

$$\gamma=1-\eta=1-\frac{H_\infty(X)}{H_m(X)} \tag{2-5-2}$$

事实上，当只知道信源符号有 n 个可能取值，而对其概率特性一无所知时，合理的假设是：n 个取值可能性相等，因为此时熵取最大值 $H_0(X)=\log n$。统计学上认为，最大熵是最合理、最自然、最无主观性的假设。一旦测得其一维分布，就能计算出 $H_1(X)$，显然 $H_0(X)-H_1(X)\geqslant 0$ 是测定一维分布后获得的信息。测定 m 维分布后获得的信息就是 $H_0(X)-H_m(X)$。若所有维分布都能测定，就可以得到 $H_0(X)-H_\infty(X)$。所以压缩传送的信息取决于预先从测量中获得的信息，这一部分就无须传送了。信源编码、解码即为压缩和恢复冗余信息的过程。

以英文字母符号为例计算这些值。英文字母共有 26 个，加上空格共 27 个符号，则最大熵为

$$H_0(X)=\log_2 27=4.76\text{bit/符号}$$

对英文书中各符号出现的概率加以统计，得到表 2-8 所列的数值。如果认为英文字母间是离散无记忆的，则根据表中的概率可求得

$$H_1(X)=-\sum_i p_i \log p_i=4.03\text{bit/符号}$$

表 2-8　英文字母出现的概率

符号	概率 p_i	符号	概率 p_i	符号	概率 p_i	符号	概率 p_i
空格	0.2	I	0.055	C	0.023	B	0.0105
E	0.105	R	0.054	F,U	0.0225	V	0.008
T	0.072	S	0.052	M	0.021	K	0.003
O	0.0654	H	0.047	P	0.0175	X	0.002
A	0.063	D	0.035	Y,W	0.012	J,Q	0.001
N	0.059	L	0.029	G	0.011	Z	0.001

而实际上英文字母之间还存在较强的相关性，不能简单地当作无记忆信源来处理。例如在英文文本中，某些双字母组与三字母组出现的频度明显高于其他字母组。出现频度最高的 20 个双字母组为

th,he,in,er,an,re,ed,on,es,st,en,at,to,nt,ha,nd,ou,ea,ng,as

出现频度最高的 20 个三字母组为

the,ing,and,her,ere,tha,nth,was,eth,for,dth,hat,she,ion,int,his,sth,ers,ver,ent

跨度更大的字母组中仍然存在相关性，因此应将英文信源当作二阶、三阶直至高阶平稳信源对待。根据有关研究可得

$$H_2(X)=3.32\text{bit/符号}$$

$$H_3(X)=3.1\text{bit/符号}$$

$$\vdots$$

$$H_\infty(X)=1.4\text{bit/符号}$$

若用一般传送方式，即采用等概率假设下的信源符号熵 $H_0(X)$，则信息效率和冗余度分别为

$$\eta=\frac{1.4}{4.76}\approx 0.29$$

$$\gamma=1-\eta=0.71$$

从上述例子可看出：$H_1<H_0$，这是由于各个符号出现的概率不均匀；$H_\infty<\cdots<H_3<H_2$，表示随着字母的增多，字母间的相关性越来越强。所以正是因为信源符号中存在的这些统计不均匀性和相关性，才使信源存在冗余度。当英文字母的结构信息已预先充分获得时，可用合理的符号来表达英文，例如，传送或存储这些符号可大量压缩，100 页的英文大约只要 29 页就可以了。在实际通信系统中，为了提高传输效率，往往需要压缩信源的大量冗余，即所谓的信源编码；但考虑通信中的抗干扰问题，则需要信源具有一定的冗余度，因此传输之前通常加入某些特殊的冗余字符，即所谓的信道编码。通过这些手段可具备通信系统中要求的传输有效性和可靠性。

本章小结

本章首先讨论了信源的分类及其描述，给出了研究无记忆和有记忆、单符号消息和符号序列消息、马尔可夫信源等常用离散信源信息特性的数学模型。从信源空间的概念出发，引入了自信息量的定义，进而给出了条件自信息量、平均自信息量、信源熵、不确定度、条件熵、疑义度、噪声熵、联合熵、互信息量、条件互信息量、平均互信息量及相对熵等基本概念，使信息可以度量。理解这些定义的必要性与合理性，并且能够举一反三，是学好本课程的基础。接着引入了信源冗余度的概念，给出了信源可以被压缩的物理本质，是信源编码的基础。

信源的概率空间

$$\begin{bmatrix} X \\ P \end{bmatrix} = \begin{bmatrix} a_1 & a_2 & \cdots & a_n \\ p(a_1) & p(a_2) & \cdots & p(a_n) \end{bmatrix}$$

其中，符号集 $A=\{a_1,a_2,\cdots,a_n\}$，$X\in A$。$p(a_i)\geqslant 0$，$\sum_{i=1}^{n} p(a_i)=1$。

马尔可夫信源一步转移概率矩阵

$$\boldsymbol{P} = \begin{bmatrix} p_{11} & p_{12} & \cdots & p_{1Q} \\ p_{21} & p_{22} & \cdots & p_{2Q} \\ \vdots & \vdots & \ddots & \vdots \\ p_{Q1} & p_{Q2} & \cdots & p_{QQ} \end{bmatrix}$$

$\boldsymbol{WP}=\boldsymbol{W}$，$\boldsymbol{W}$ 为信源的稳态分布概率矢量。

具有概率为 $p(x_i)$ 的符号 x_i 的自信息量：$I(x_i)=-\log p(x_i)$

条件自信息量：$I(x_i|y_j)=-\log p(x_i|y_j)$

平均自信息量、平均不确定度、信源熵：$H(X)=-\sum_i p(x_i)\log p(x_i)$

条件熵： $H(X\mid Y)=\sum_{i,j} p(x_i,y_j)I(x_i\mid y_j)=-\sum_{i,j} p(x_i,y_j)\log p(x_i\mid y_j)$

联合熵： $H(X,Y)=\sum_{i,j} p(x_i,y_j)I(x_i,y_j)=-\sum_{i,j} p(x_i,y_j)\log p(x_i,y_j)$

互信息：

$$I(X;Y)=\sum_{i,j} p(x_i,y_j)\log\frac{p(x_i\mid y_j)}{p(x_i)} =\sum_{i,j} p(x_i,y_j)\log\frac{p(y_j\mid x_i)}{p(y_j)}$$

相对熵： $D(p\,/\!/\,q)=\sum_x p(x)\log\frac{p(x)}{q(x)}$

信息不增性：数据处理过程中只会丢失一些信息，不会创造出新的信息。

熵的性质：非负性、对称性、确定性、扩展性、可加性、极值性、递增性。

无记忆平稳信源序列熵： $H(\boldsymbol{X})=LH(X)$

平均符号（消息）熵：　$H_L(\boldsymbol{X})=\frac{1}{L}H(\boldsymbol{X})=H(X)$

极限熵：　$H_\infty(\boldsymbol{X})\triangleq\lim\limits_{L\to\infty}H_L(\boldsymbol{X})=\lim\limits_{L\to\infty}H(X_L|X_1,X_2,\cdots,X_{L-1})$

$$H_0(X)\geqslant H_1(X)\geqslant H_2(\boldsymbol{X})\cdots\geqslant H_\infty(\boldsymbol{X})$$

马尔可夫信源的极限熵：$H_\infty(\boldsymbol{X})=\sum\limits_i p(s_i)H(X\mid s_i)$

连续信源熵（微分熵）：　$H_c(X)=-\int_{-\infty}^{\infty}p_X(x)\log p_X(x)\mathrm{d}x$

联合熵：$H_c(X,Y)=-\int_{-\infty}^{\infty}\int_{-\infty}^{\infty}p_{X,Y}(x,y)\log p_{X,Y}(x,y)\mathrm{d}x\mathrm{d}y$

条件熵：$H_c(Y\mid X)=-\int_{-\infty}^{\infty}\int_{-\infty}^{\infty}p_X(x)p_Y(y\mid x)\log p_Y(y\mid x)\mathrm{d}x\mathrm{d}y$

限峰功率最大熵定理：对于定义域有限的随机变量 X，当它为均匀分布时，具有最大熵。

限平均功率最大熵定理：对于相关矩阵一定的随机变量 X，当它为正态分布时，具有最大熵。

信息效率：$\eta=\frac{H_\infty(X)}{H_m(X)}$

冗余度 $\boldsymbol{\gamma}$：　$\gamma=1-\eta=1-\frac{H_\infty(X)}{H_m(X)}$

习题

2-1　同时掷两个正常的骰子，也就是各面呈现的概率都为 1/6，求：

(1)“3 和 5 同时出现”事件的自信息量。

(2)“两个 1 同时出现”事件的自信息量。

(3) 两个点数的各种组合（无序对）的熵或平均信息量。

(4) 两个点数之和（2，3，…，12 构成的子集）的熵。

(5) 两个点数中至少有一个是 1 的自信息。

2-2　设一个布袋中装有 100 个对人手的感觉完全相同的木球，每个球上涂有一种颜色。100 个球的颜色有下列 3 种情况。

(1) 红色球和白色球各 50 个。

(2) 红色球 99 个，白色球 1 个。

(3) 红、黄、蓝、白色球各 25 个。

分别求出从布袋中随意取出一个球时，猜测其颜色所需的信息量。

2-3　居住在某地区的女孩中有 25% 是大学生，女大学生中 75% 身高一米六以上，而女孩中身高一米六以上的占总数一半。假如得知“身高一米六以上的某女孩是大学生”的消息，问获得多少信息量？

2-4　掷两个骰子，当其向上的面的小圆点数之和为 3 时，该消息包含的信息量是多少？当小圆点数之和为 7 时，该消息包含的信息量又是多少？

2-5 设有一个离散无记忆信源，其概率空间为

$$\begin{bmatrix} X \\ P \end{bmatrix} = \begin{bmatrix} x_1=0 & x_2=1 & x_3=2 & x_4=3 \\ 3/8 & 1/4 & 1/4 & 1/8 \end{bmatrix}$$

(1) 求每个符号的自信息量。

(2) 若信源发出一个消息符号序列为(202 120 130 213 001 203 210 110 321 010 021 032 011 223 210)，求该消息序列的自信息量及平均每个符号携带的信息量。

2-6 四进制、八进制脉冲所含的信息量是二进制脉冲的多少倍？

2-7 国际莫尔斯电码用点和划的序列发送英文字母，划用持续 3 个单位的电流脉冲表示，点用持续 1 个单位的电流脉冲表示，划出现的概率是点出现概率的 1/3。

(1) 计算点和划的信息量。

(2) 计算点和划的平均信息量。

2-8 一个袋中放有 5 个黑球、10 个白球，以摸出一个球为一次试验，摸出的球不再放进去。求：

(1) 一次试验的不确定度。

(2) 第一次试验 X 摸出的是黑球，第二次试验 Y 的不确定度。

(3) 第一次试验 X 摸出的是白球，第二次试验 Y 的不确定度。

(4) 第二次试验 Y 的不确定度。

2-9 有一个可旋转的圆盘，盘面被均匀地分为 38 份，用数字 1,2,…,38 标示，其中有 2 份涂绿色，18 份涂红色，18 份涂黑色，圆盘停转后，盘面上指针指向某一数字和颜色。

(1) 若仅对颜色感兴趣，计算平均不确定度。

(2) 若对颜色和数字都感兴趣，计算平均不确定度。

(3) 如果颜色已知，计算条件熵。

2-10 设有两个试验 X 和 Y，$X\in\{x_1,x_2,x_3\}$，$Y\in\{y_1,y_2,y_3\}$，联合概率 $r(x_i, y_j)=r_{ij}$ 已给出，为

$$\begin{bmatrix} r_{11} & r_{12} & r_{13} \\ r_{21} & r_{22} & r_{23} \\ r_{31} & r_{32} & r_{33} \end{bmatrix} = \begin{bmatrix} 7/24 & 1/24 & 0 \\ 1/24 & 1/4 & 1/24 \\ 0 & 1/24 & 7/24 \end{bmatrix}$$

(1) 如果有人告诉你 X 和 Y 的试验结果，则你得到的平均信息量是多少？

(2) 如果有人告诉你 Y 的试验结果，则你得到的平均信息量是多少？

(3) 在已知 Y 试验结果的情况下，告诉你 X 的试验结果，你得到的平均信息量是多少？

2-11 有两个二元随机变量 X 和 Y，它们的联合概率如表 2-9 所示，并定义另一随机变量 $Z=XY$（一般乘积）。试计算：

表 2-9 习题 2-11 表

Y	X	
	0	1
0	1/8	3/8
1	3/8	1/8

(1) $H(X)$、$H(Y)$、$H(Z)$、$H(X,Z)$、$H(Y,Z)$ 和 $H(X,Y,Z)$。

(2) $H(X|Y)$、$H(Y|X)$、$H(X|Z)$、$H(Z|X)$、$H(Y|Z)$、$H(Z|Y)$、$H(X|Y,Z)$、

$H(Y|X,Z)$和$H(Z|X,Y)$。

(3) $I(X;Y)$、$I(X;Z)$、$I(Y;Z)$、$I(X;Y|Z)$、$I(Y;Z|X)$和$I(X;Z|Y)$。

2-12 在一个二进制信道中，信源消息$X\in\{0,1\}$，且$p(1)=p(0)$，信宿的消息$Y\in\{0,1\}$，信道传输概率$p(y=1|x=0)=1/4$，$p(y=0|x=1)=1|8$。求：

(1) 接收端收到$y=0$后所提供的关于传输消息x的平均条件互信息量$I(X;y=0)$。

(2) 该情况所能提供的平均互信息量$I(X;Y)$。

2-13 已知信源发出a_1和a_2两种消息，且$p(a_1)=p(a_2)=1/2$。此消息在二进制对称信道上传输，信道传输特性为$p(b_1|a_1)=p(b_2|a_2)=1-\varepsilon$，$p(b_1|a_2)=p(b_2|a_1)=\varepsilon$。求互信息量$I(a_1;b_1)$和$I(a_1;b_2)$。

2-14 黑白传真机的消息元只有黑色和白色两种，即$X\in\{$黑,白$\}$。一般气象图上，黑色出现的概率P(黑)$=0.3$，白色出现的概率P(白)$=0.7$。

(1) 假设将黑白消息视为前后无关，求信源熵$H(X)$，并画出该信源的香农线图。

(2) 实际上各个元素之间有关联，其转移概率为：P(白|白)$=0.9143$，P(黑|白)$=0.0857$，P(白|黑)$=0.2$，P(黑|黑)$=0.8$，求这个一阶马尔可夫信源的信源熵，并画出该信源的香农线图。

(3) 比较两种信源熵的大小，并说明原因。

2-15 每帧电视图像可看作由3×10^5个像素组成，所有像素均独立变化，且每个像素又取128个不同的亮度电平，并设亮度电平等概率出现。问每帧图像含有多少信息量？若有一位广播员从约10000个汉字的字汇中选1000个字描述此电视图像，试问广播员描述此图像所用的信息量是多少(假设汉字字汇是等概率分布，并彼此无依赖)？若要恰当地描述此图像，广播员口述时至少需用多少汉字？

2-16 设有离散随机变量X，f是定义在X上的实函数，证明$H(X)\geqslant H[f(X)]$成立，当且仅当f是集合$\{x:p(X=x)>0\}$上一对一的函数时取等号。

2-17 某一无记忆信源的符号集为$\{0,1\}$，已知$p_0=1/4$，$p_1=3/4$。

(1) 求符号的平均熵。

(2) 由100个符号构成的序列，求某一特定序列(例如，有m个0和$(100-m)$个1)自信息量的表达式。

(3) 计算(2)中序列的熵。

2-18 一个信源发出二重符号序列消息(X_1,X_2)，其中第一个符号X_1可以是A、B、C中的任一个，第二个符号X_2可以是D、E、F、G中的任一个。已知$p(x_{1i})$和$p(x_{2j}|x_{1i})$的值如表2-10所示，求这个信源的熵(联合熵$H(X_1,X_2)$)。

表2-10 习题2-18表

$p(x_{1i})$		A	B	C
		1/2	1/3	1/6
$p(x_{2j}\|x_{1i})$	D	1/4	3/10	1/6
	E	1/4	1/5	1/2
	F	1/4	1/5	1/6
	G	1/4	3/10	1/6

2-19 X_1、X_2、X_3 是独立的随机变量，X_1、X_1+X_2、$X_1+X_2+X_3$ 是一个马尔可夫链，证明 $I(X_1;X_1+X_2+X_3)\leqslant I(X_1;X_1+X_2)$。

2-20 X、Z 是具有连续密度函数的独立随机变量，令 $Y=X+Z$，如果 $H_c(Y)$ 和 $H_c(Z)$ 存在，证明 $I(X;Y)=H_c(Y)-H_c(Z)$，且当 $\boldsymbol{X}$、$\boldsymbol{Z}$ 是随机矢量时仍然成立。

2-21 一阶马尔可夫链信源有 3 个符号 $\{u_1,u_2,u_3\}$，转移概率为：$p(u_1|u_1)=1/2$，$p(u_2|u_1)=1/2$，$p(u_3|u_1)=0$，$p(u_1|u_2)=1/3$，$p(u_2|u_2)=0$，$p(u_3|u_2)=2/3$，$p(u_1|u_3)=1/3$，$p(u_2|u_3)=2/3$，$p(u_3|u_3)=0$。画出状态图并求出各符号稳态概率。

2-22 由符号集 $\{0,1\}$ 组成的二阶马尔可夫链，其转移概率为：$p(0|00)=0.8$，$p(0|11)=0.2$，$p(1|00)=0.2$，$p(1|11)=0.8$，$p(0|01)=0.5$，$p(0|10)=0.5$，$p(1|01)=0.5$，$p(1|10)=0.5$。画出状态图并计算各状态的稳态概率。

2-23 有一个一阶平稳马尔可夫链 $X_1,X_2,\cdots,X_r,\cdots$，各 X_r 取值于集 $A=\{a_1,a_2,a_3\}$。已知起始概率 $P(X_r)$ 为：$p_1=1/2$，$p_2=p_3=1/4$，转移概率如表 2-11 所示。

表 2-11 习题 2-23 表

i	j		
	1	2	3
1	1/2	1/4	1/4
2	2/3	0	1/3
3	2/3	1/3	0

(1) 求 (X_1,X_2,X_3) 的联合熵和平均符号熵。

(2) 求这个链的极限平均符号熵。

(3) 求 H_0、H_1、H_2 及其对应的冗余度。

2-24 有一个马尔可夫信源，已知转移概率：$p(s_1|s_1)=2/3$，$p(s_2|s_1)=1/3$，$p(s_1|s_2)=1$，$p(s_2|s_2)=0$。试画出状态转移图并求出信源熵。

2-25 设有一信源，开始时以 $p(a)=0.6$，$p(b)=0.3$，$p(c)=0.1$ 的概率发出 X_1。如果 X_1 为 a，则 X_2 为 a、b、c 的概率是 1/3；如果 X_1 为 b，则 X_2 为 a、b、c 的概率是 1/3；如果 X_1 为 c，则 X_2 为 a、b 的概率是 1/2，为 c 的概率是 0，而且后面发出 X_i 的概率只与 X_{i-1} 有关。又有 $p(X_i|X_{i-1})=p(X_2|X_1)$，$i\geqslant 3$。试利用马尔可夫信源的图示法画出状态转移图，并求出转移概率矩阵和信源熵 H_∞。

2-26 一阶马尔可夫信源的状态图如图 2-13 所示，信源 X 的符号集为 $\{0,1,2\}$。

(1) 求信源平稳后的概率分布 $p(0)$、$p(1)$ 和 $p(2)$。

(2) 求此信源的熵。

(3) 近似认为此信源为无记忆时，符号的概率分布等于平稳分布。求近似信源的熵 $H(X)$ 并与 H_∞ 进行比较。

(4) 一阶马尔可夫信源 p 取何值时 H_∞ 取最大值，当 $p=0$ 或 $p=1$ 时结果又如何？

2-27 一阶马尔可夫信源的状态图如图 2-14 所示，信源 X 符号集为 $\{0,1,2\}$。

(1) 求平稳后信源的概率分布。

(2) 求信源熵 H_∞。

(3) 求当 $p=0$ 或 $p=1$ 时信源的熵,并说明其理由。

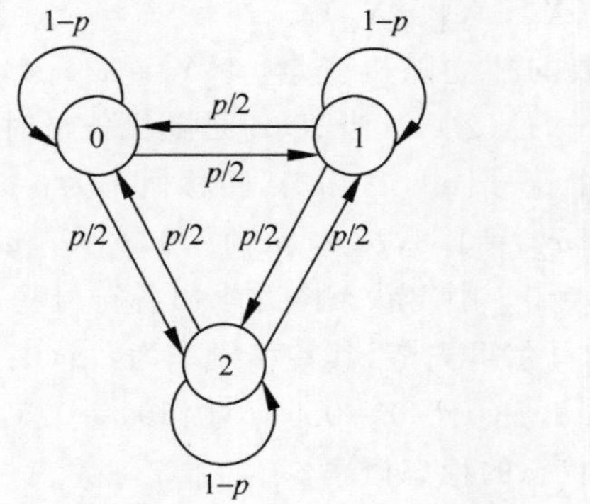

图 2-13　习题 2-26 图

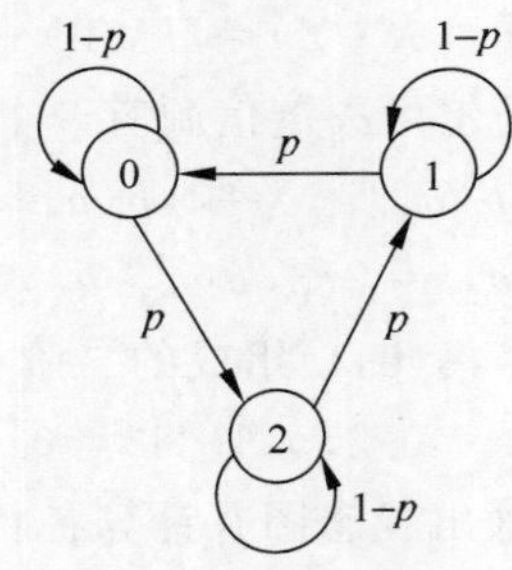

图 2-14　习题 2-27 图

2-28　一个随机变量 x 的概率密度函数 $p(x)=kx, 0\leqslant x\leqslant 2\text{V}$,试求该信源的连续熵。

2-29　给定语音信号样值 X 的概率密度为 $p(x)=\frac{1}{2}\lambda \mathrm{e}^{-\lambda|x|}, -\infty<x<\infty$,求 $H_c(X)$,并证明它小于同样方差的正态变量的连续熵。

2-30　(1) 随机变量 X 表示信号 $x(t)$ 的幅度,$-3\text{V}\leqslant x(t)\leqslant 3\text{V}$,均匀分布,求信源熵 $H(X)$。

(2) 若 X 在 $-5\sim 5\text{V}$ 均匀分布,求信源熵 $H(X)$。

(3) 试解释(1)和(2)的计算结果。

2-31　随机信号的样值 X 在 $1\sim 7\text{V}$ 均匀分布,

(1) 计算信源熵 $H(X)$。将此结果与上题中的(1)比较,可得到什么结论?

(2) 计算期望值 $E(X)$ 和方差 $\text{var}(X)$。

2-32　连续随机变量 X 和 Y 的联合概率密度为

$$p(x,y)=\frac{1}{2\pi\sqrt{SN}}\exp\left\{-\frac{1}{2N}\left[x^2\left(1+\frac{N}{S}\right)-2xy+y^2\right]\right\}$$

求 $H_c(X)$、$H_c(Y)$、$H_c(Y|X)$ 和 $I(X;Y)$。

2-33　连续随机变量 X 和 Y 的联合概率密度为

$$p(x,y)=\begin{cases}\dfrac{1}{\pi r^2}, & x^2+y^2\leqslant r^2\\ 0, & \text{其他}\end{cases}$$

求 $H_c(X)$、$H_c(Y)$、$H_c(X,Y)$ 和 $I(X;Y)$。

第3章 信道与信道容量

信道是通信系统中的重要部分,它是传输信息的载体,其任务是以信号方式传输信息、存储信息,因而研究信道就是研究信道中理论上能够传输或存储的最大信息量,即信道的容量问题。

本章首先讨论信道的分类及表示信道的参数,其次讨论各种信道的容量及其计算方法。本章只限于研究一个输入端和一个输出端的信道,即单用户信道,其中以无记忆、无反馈、固定参数的离散信道为重点,它是进一步研究其他各种类型信道的基础。

3.1 信道的基本概念

研究信道容量主要考虑信道中干扰的影响,信道中存在的干扰使输出信号与输入信号之间不存在固定的函数关系,只存在统计依赖关系,因此可通过研究分析输入信号和输出信号的统计特性来研究信道。

3.1.1 信道的分类

实际通信系统中的信道种类很多,包含的设备也各不相同,因而可从不同的角度进行分类。

根据用户数量可分为单用户信道和多用户信道。单用户信道是指只有一个输入端和一个输出端,信息只朝一个方向(单向)传输;多用户信道是指输入端和输出端中至少有一端存在两个以上用户,信息在两个方向(双向)都能传输。

根据信道输入端和输出端的关系可分为无反馈信道和反馈信道。无反馈信道是指输出端的信号不反馈到输入端,即输出信号对输入信号没有影响;而反馈信道的输出信号通过一定途径反馈到输入端,使输入端的信号发生变化。

根据信道参数与时间的关系可分为固定参数信道和时变参数信道。固定参数信道的信道参数(统计特性)不随时间变化而变化,如光纤、电缆信道;若信道参数随时间变化而变化,则称为时变参数信道,如无线信道的参数会随天气、周围环境的变化而发生较大的变化。

根据信道中所受噪声种类不同可分为随机差错信道和突发差错信道。在随机差错信道中,噪声独立随机地影响每个传输码元,如以高斯白噪声为主体的信道;另一类噪声、干扰的影响则是前后相关的,错误成串出现,这样的信道称为突发差错信道,如实际的衰落信道、码间干扰信道,这些噪声可能由大的脉冲干扰或闪电等引起。由于这两类噪声导致的差错特性不同,因而需要选择不同的纠错编码方法,这将在第6章中详细讨论。

根据输入、输出信号的特点可分为离散信道、连续信道、半离散半连续信道、波形信道等。离散信道的输入、输出信号在时间和幅度上均离散;连续信道中信号的幅度是连续的,而时间是离散的;半离散半连续信道是指输入和输出信号中有一个是离散的,另一个是连续的;波形信道是指输入、输出信号在时间和幅度上均连续,一般可用随机过程$\{x(t)\}$来描述。由2.1.2节已知,只要随机过程有某种限制(如限频限时),就可分解为(时间或频率)离散的随机序列,随机序列可以是幅度上离散的,也可以是连续的。因此可将波形信道分解为离散信道、连续信道和半离散半连续信道进行研究。

近年来，随着无线通信的快速发展，人们发现在发送端和接收端分别放置多副天线的系统，可以充分利用空间资源，大大提高通信系统的性能。这是一类较为特殊的信道，称为多输入多输出(MIMO)信道，其分析研究方法有所不同。

事实上，信道这个名词是广义的，可以指简单的一段线路，也可以指包含设备的复杂系统。即使在同一个通信系统中，也可以有不同的划分，在图 1-1 的通信系统物理模型中，就可将信道编码、译码和信道看作一个广义的信道，甚至可将加密、解密和信源编码、解码都看作信道。当然不同的划分，信道信号会呈现出不同的特点。

3.1.2 信道的数学模型

设信道的输入矢量为 $\boldsymbol{X}=(X_1,X_2,\cdots,X_i,\cdots)$，$X_i\in A=\{a_1,a_2,\cdots,a_n\}$，输出矢量为$\boldsymbol{Y}=(Y_1,Y_2,\cdots,Y_j,\cdots)$，$Y_j\in B=\{b_1,b_2,\cdots,b_m\}$，通常采用条件概率 $p(\boldsymbol{Y}|\boldsymbol{X})$来描述信道输入、输出信号之间统计的依赖关系。在分析信道问题时，该条件概率通常称为**转移概率**。根据信道是否存在干扰及有无记忆，可将信道分为下面三大类。

1. 无干扰(无噪声)信道

信道的输出信号 $\boldsymbol{Y}$ 与输入信号 $\boldsymbol{X}$ 之间有确定的关系 $\boldsymbol{Y}=f(\boldsymbol{X})$，已知 $\boldsymbol{X}$ 就确知 $\boldsymbol{Y}$，所以转移概率为

$$p(\boldsymbol{Y}\mid\boldsymbol{X})=\begin{cases}1, & \boldsymbol{Y}=f(\boldsymbol{X})\\ 0, & \boldsymbol{Y}\neq f(\boldsymbol{X})\end{cases}$$

2. 有干扰无记忆信道

信道的输出信号 $\boldsymbol{Y}$ 与输入信号 $\boldsymbol{X}$ 之间没有确定的关系，但转移概率满足下列条件：$p(\boldsymbol{Y}|\boldsymbol{X})=p(y_1|x_1)\ p(y_2|x_2)\cdots p(y_L|x_L)$，即每个输出信号只与当前输入信号之间有转移概率关系，而与其他非该时刻的输入信号、输出信号无关，也就是无记忆。这种情况使问题得到简化，无须采用矢量形式，只要分析单个符号的转移概率 $p(y_j|x_i)$即可。因此，为了便于分析，本章后面介绍的信道大都基于该种情况，即有干扰记忆信道。

由输入、输出信号的符号数量(等于 2、大于 2、趋于∞)，又可进一步分为如下一些信道模型。

1) 二进制离散信道

该信道模型的输入和输出信号的符号数都为 2，即 $X\in A=\{0,1\}$和 $Y\in B=\{0,1\}$，转移概率为

$$\left.\begin{aligned}p(Y=0\mid X=1)=p(Y=1\mid X=0)=p\\ p(Y=1\mid X=1)=p(Y=0\mid X=0)=1-p\end{aligned}\right\}\qquad(3\text{-}1\text{-}1)$$

其信道模型如图 3-1 所示。这是一种对称的二进制输入、二进制输出信道，所以称为二进制对称信道(binary symmetric channel，BSC)。由于这种信道的输出符号仅与对应时刻的一个输入符号有关，而与以前的输入无关，所以这种信道是无记忆的。BSC 信道是研究二元编解码最简单也最常用的信道模型。

2）离散无记忆信道

当无记忆信道的输入、输出符号数大于2但为有限值时，称为离散无记忆信道(discrete memoryless channel，DMC)，其示意如图3-2所示。信道的输入是n元符号，即输入符号集由n个元素$X\in\{a_1,a_2,\cdots,a_n\}$构成，而信道的输出是$m$元符号，即信道输出符号集由$m$个元素$Y\in\{b_1,b_2,\cdots,b_m\}$构成，$n\times m$个转移概率采用转移概率矩阵$\boldsymbol{P}=[p(b_j\mid a_i)]=[p_{ij}]$表示，即

$$\boldsymbol{P}=\begin{bmatrix} p_{11} & p_{12} & \cdots & p_{1m} \\ p_{21} & p_{22} & \cdots & p_{2m} \\ \vdots & \vdots & \ddots & \vdots \\ p_{n1} & p_{n2} & \cdots & p_{nm} \end{bmatrix} \tag{3-1-2}$$

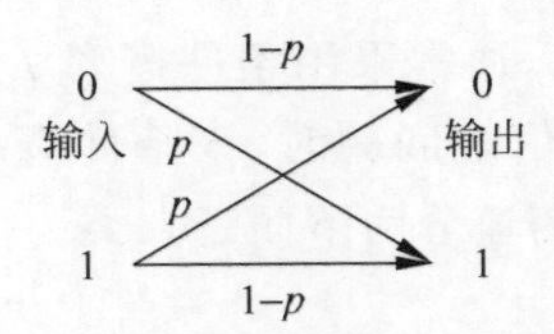

图3-1　二进制对称信道

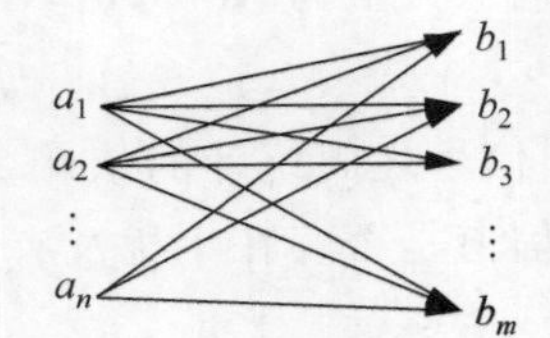

图3-2　离散无记忆信道

显然，输入a_i时各可能输出值b_j的概率之和必定等于1，即

$$\sum_{j=1}^{m} p(b_j \mid a_i)=1,\quad i=1,2,\cdots,n \tag{3-1-3}$$

所以转移概率矩阵中各行元素之和为1。因为BSC信道是DMC信道的特例，故BSC信道的转移概率矩阵可表示为

$$\boldsymbol{P}=\begin{bmatrix} 1-p & p \\ p & 1-p \end{bmatrix} \tag{3-1-4}$$

3）离散输入、连续输出信道

假设信道输入符号选自一个有限、离散的输入符号集$X\in\{a_1,a_2,\cdots a_n\}$，而信道输出未经量化($m\to\infty$)，这时的信道输出可以是实轴上的任意值，即$Y\in\{-\infty,\infty\}$。这种信道模型称为**离散时间无记忆信道**，它的特性由离散输入X、连续输出Y，以及一组条件概率密度函数$p_Y(y|X=a_i)$，$i=1,2,\cdots,n$决定。这类信道中最重要的一种是加性高斯白噪声(AWGN)信道，对于它而言

$$Y=X+G \tag{3-1-5}$$

式中，G是一个零均值、方差为σ^2的高斯随机变量。当给定$X=a_i$后，Y是一个均值为a_i、方差为σ^2的高斯随机变量

$$p_Y(y\mid a_i)=\frac{1}{\sqrt{2\pi}\sigma}\mathrm{e}^{-(y-a_i)^2/2\sigma^2} \tag{3-1-6}$$

4）波形信道

当信道输入和输出都是随机过程$\{x(t)\}$和$\{y(t)\}$时，该信道称为波形信道。在实际

模拟通信系统中，信道都是波形信道。在通信系统模型中，将来自各部分的噪声集中在一起，认为都是通过信道加入的。

因为实际波形信道的频宽总是受限的，所以在有限观察时间 t_B 内可满足限频 f_m、限时 t_B 的条件。由 2.1.2 节，可将波形信道输入 $\{x(t)\}$ 和输出 $\{y(t)\}$ 的平稳随机过程信号离散化为 L 个 $(L=2f_m t_B)$ 时间离散、取值连续的平稳随机序列 $\boldsymbol{X}=(X_1,X_2,\cdots,X_L)$ 和 $\boldsymbol{Y}=(Y_1,Y_2,\cdots,Y_L)$。这样波形信道就转化为多维连续信道，信道转移概率密度函数为

$$p_{\boldsymbol{Y}}(\boldsymbol{y} \mid \boldsymbol{x})=p_{\boldsymbol{Y}}(y_1,y_2,\cdots,y_L \mid x_1,x_2,\cdots,x_L) \tag{3-1-7}$$

且满足

$$\int_{\mathbf{R}}\int_{\mathbf{R}}\cdots\int_{\mathbf{R}}\int_{\mathbf{R}} p_{\boldsymbol{Y}}(y_1,y_2,\cdots,y_L \mid x_1,x_2,\cdots,x_L)\mathrm{d}y_1\mathrm{d}y_2\cdots\mathrm{d}y_L=1$$

其中，$\mathbf{R}$ 为实数域。若多维连续信道的转移概率密度函数满足

$$p_{\boldsymbol{Y}}(\boldsymbol{y} \mid \boldsymbol{x})=\prod_{l=1}^{L} p_Y(y_l \mid x_l) \tag{3-1-8}$$

则称此信道为**连续无记忆信道**。即在任一时刻输出变量只与对应时刻的输入变量有关，与以前时刻的输入、输出均无关。

一般情况下，式(3-1-8)不能满足，也就是连续信道任一时刻的输出变量与以前时刻的输入、输出都有关，称为**连续有记忆信道**。

根据噪声对信道中信号的作用不同可将信道分为两类：加性噪声信道和乘性噪声信道，即噪声与输入信号相加或相乘。分析较多、较方便的是加性噪声信道。单符号信道可表示为

$$y(t)=x(t)+n(t) \tag{3-1-9}$$

其中，$n(t)$ 是加性噪声过程的一个样本函数。在这种信道中，噪声与信号通常相互独立，所以

$$p_{X,Y}(x,y)=p_{X,n}(x,n)=p_X(x)p_n(n)$$

则

$$p_Y(y|x)=\frac{p_{X,Y}(x,y)}{p_X(x)}=\frac{p_{X,n}(x,n)}{p_X(x)}=p_n(n) \tag{3-1-10}$$

即信道的转移概率密度函数等于噪声的概率密度函数。进一步考虑条件熵

$$\begin{aligned}
H_c(Y \mid X) &= -\iint_{\mathbf{R}} p_{X,Y}(x,y)\log p_Y(y \mid x)\mathrm{d}x\mathrm{d}y \\
&= -\int_{\mathbf{R}} p_X(x)\mathrm{d}x \int_{\mathbf{R}} p_Y(y \mid x)\log p_Y(y \mid x)\mathrm{d}y \\
&= -\int_{\mathbf{R}} p_X(x)\mathrm{d}x \int_{\mathbf{R}} p_n(n)\log p_n(n)\mathrm{d}n \\
&= -\int_{\mathbf{R}} p_n(n)\log p_n(n)\mathrm{d}n \\
&= H_c(n)
\end{aligned} \tag{3-1-11}$$

该结论表明条件熵 $H_c(Y|X)$ 是由噪声引起的，它等于噪声信源的熵 $H_c(n)$，所以称条件熵为**噪声熵**(2.2 节中曾定义)。

在加性多维连续信道中，输入矢量 $\boldsymbol{x}$、输出矢量 $\boldsymbol{y}$ 和噪声矢量 $\boldsymbol{n}$ 之间的关系为 $\boldsymbol{y}=\boldsymbol{x}+\boldsymbol{n}$。同理可得

$$p_{Y}(\boldsymbol{y} \mid \boldsymbol{x})=p_{\boldsymbol{n}}(\boldsymbol{n}), \quad H_{\mathrm{c}}(\boldsymbol{Y} \mid \boldsymbol{X})=H_{\mathrm{c}}(\boldsymbol{n}) \tag{3-1-12}$$

以后主要讨论加性噪声信道，噪声源主要是高斯白噪声。

3. 有干扰有记忆信道

一般情况都是如此，如实际的数字信道中，当信道特性不理想，存在码间干扰时，输出信号不但与当前的输入信号有关，还与以前的输入信号有关。这种情况较难处理，常用的方法有两种。一是将记忆很强的 L 个符号当作矢量符号，各矢量符号之间认为无记忆，但此时会引入误差，L 越大，误差越小；二是将转移概率 $p(\boldsymbol{Y}/\boldsymbol{X})$ 看作马尔可夫链的形式，记忆有限，信道的统计特性可用于已知现时刻输入信号和前时刻信道所处状态的条件下，如 $p(y_n, s_n/x_n, s_{n-1})$，这种处理方法很复杂，通常取一阶时稍简单。

在分析问题时选用以上何种信道模型完全取决于分析者的目的。如果感兴趣的是设计和分析离散信道编、解码器的性能，从工程角度出发，最常用的是 DMC 信道模型或其简化形式 BSC 信道模型；若分析性能的理论极限，则多选用离散输入、连续输出信道模型。如果想设计和分析数字调制器和解调器的性能，则可采用波形信道模型。本书后面主要讨论编、解码，因此 DMC 信道模型使用最多。

3.1.3 信道容量的定义

将信道中平均每个符号所能传送的信息量定义为信道的信息传输率 R，即

$$R=I(X;Y)=H(X)-H(X \mid Y) \quad \text{bit/符号}$$

若已知平均传输一个符号所需的时间为 t(s)，则将信道在单位时间内平均传输的信息量定义为信息传输速率，$R_t=I(X;Y)/t$，单位为 bit/s。

2.3 节中曾述及互信息 $I(X;Y)$ 是输入符号分布概率 $p(a_i)$ 和信道转移概率 $p(b_j|a_i)$ 的函数。对于某特定信道，若转移概率 $p(b_j|a_i)$ 已经确定，则互信息就是关于输入符号分布概率 $p(a_i)$ 的∩形凸函数，也就是可以找到某种概率分布 $p(a_i)$，使 $I(X;Y)$ 达到最大，该最大值就是信道所能传送的最大信息量，即信道容量(channel capacity)

$$C=\max_{p(a_i)} I(X;Y) \tag{3-1-13}$$

C 的单位是信道上每传送一个符号(每使用一次信道)所能携带的比特数，即 bit/符号(bits/symbol 或 bits/channel use)。当然以上 $I(X;Y)$ 值的最大化是在下列限制条件下进行的，即

$$p(a_i) \geqslant 0$$

$$\sum_{i=1}^{n} p(a_i)=1 \tag{3-1-14}$$

当不是以 2 为底而是以 e 为底取自然对数时，信道容量的单位变为奈特/符号(nats/symbol)。如果已知符号传送周期为 T 秒，则可以"秒"为单位计算信道容量，此时 $C_t=C/T$，以 bit/s(bps)或 nats/s 为信道容量单位。

对于固定信道参数的信道，信道容量是个定值，但在传输信息时信道能否提供其最大传输能力，取决于输入端的概率分布。

而对于时变信道参数的信道，由于其信道参数随时间变化，不能用固定值表示，其信道容量也不再是一个固定值，而是一个随机变量。此时用另外两个量来表征信道性能：一是**平均容量**，也称遍历容量(ergodic capacity)，它是对随机信道容量所有可能的值进行平均的结果，即 $C_{\text{avg}}=E_H(C)$，一般用于衡量系统整体意义上的信道容量性能；二是**中断容量**(outage capacity)，当信道瞬时容量 C_{inst} 小于用户要求的速率时，信道就会发生中断事件，发生该事件的概率称为中断概率 P_{outage}。显然，对于某个信道而言，中断概率的大小取决于用户要求的速率，要求的速率越大，中断概率越大，只有$(1-P_{\text{outage}})$的概率能够满足用户的传输要求，就将这个用户要求的速率定义为对应该中断概率 P_{outage} 的中断容量 C_{outage}，即 $p(C_{\text{inst}}<C_{\text{outage}})=P_{\text{outage}}$。

3.2 离散单个符号信道及其容量

信道的输入和输出均以单个符号的形式表示，或以序列形式表示，但符号之间不相关，即无记忆。这类信道分析起来较为简单。

3.2.1 无干扰离散信道

设信道输入为 $X\in A=\{a_1,a_2,\cdots,a_n\}$，信道输出为 $Y\in B=\{b_1,b_2,\cdots,b_m\}$。按照 X 与 Y 的对应关系可分为下列几种。这些信道是部分理想化的，所以实际应用较少。

(1) X、Y 一一对应，如图 3-3(a)所示，若 $n=m$，即为无噪无损信道，则条件概率矩阵为单位矩阵，$H(Y|X)=0$，$I(X;Y)=H(X)=H(Y)$。此时当输入符号分布为等概率时，信道的传输能力可达到信道容量 $C=\max I(X;Y)=\log n$。

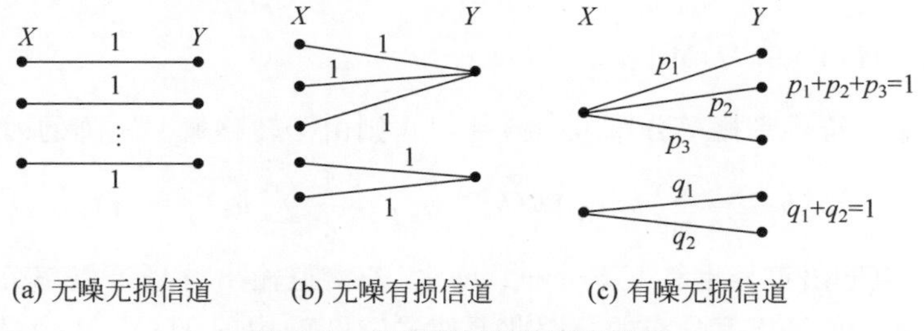

图 3-3 部分理想化的离散信道

(2) 多个输入变为一个输出，如图 3-3(b)所示，此时 $n>m$，即为无噪有损(确定)信道，则噪声熵 $H(Y|X)=0$，但疑义度(损失的信息量) $H(X|Y)\neq 0$，所以 $H(X)\geqslant H(Y)$，信道容量 $C=\max I(X;Y)=\max H(Y)$。

(3) 一个输入对应多个输出，但每个输入对应的输出值不重合，如图 3-3(c)所示，此时 $n<m$，即为有噪无损信道，正是由于信道噪声使同一个输入值对应不同的输出值，疑义度 $H(X|Y)=0$，噪声熵 $H(Y|X)\neq 0$，所以 $H(X)\leqslant H(Y)$，信道容量 $C=\max I(X;Y)=\max H(X)$。

以上结论是在离散情况下得出的，而连续时由于 $H_c(X)$ 是相对值，其绝对的熵值无限大，所以信道容量也无限大。

3.2.2 对称离散无记忆信道

在离散无记忆(DMC)信道中，最简单的是对称信道。如果转移概率矩阵 $\boldsymbol{P}$ 的每一行都是第一行的置换(包含同样元素)，则称该矩阵是输入对称的；如果转移概率矩阵 $\boldsymbol{P}$ 的每一列都是第一列的置换(包含同样元素)，则称该矩阵是输出对称的；如果输入输出都对称，则称该 DMC 信道为对称的 DMC 信道。

例如，$\begin{bmatrix} \frac{1}{3} & \frac{1}{3} & \frac{1}{6} & \frac{1}{6} \\ \frac{1}{6} & \frac{1}{6} & \frac{1}{3} & \frac{1}{3} \end{bmatrix}$ 和 $\begin{bmatrix} \frac{1}{2} & \frac{1}{3} & \frac{1}{6} \\ \frac{1}{6} & \frac{1}{2} & \frac{1}{3} \\ \frac{1}{3} & \frac{1}{6} & \frac{1}{2} \end{bmatrix}$ 都是对称的。

由于对称信道转移概率矩阵中的每行元素都相同，所以 $\sum_j p(b_j \mid a_i)\log p(b_j \mid a_i)$ 的值与 i 无关，则条件熵

$$
\begin{aligned}
H(Y \mid X) &= -\sum_i p(a_i)\sum_j p(b_j \mid a_i)\log p(b_j \mid a_i) \\
&= -\sum_j p(b_j \mid a_i)\log p(b_j \mid a_i) \\
&= H(Y \mid a_i), \quad i = 1,2,\cdots,n
\end{aligned} \tag{3-2-1}
$$

与信道输入符号的概率分布 $p(a_i)$ 无关。而信道容量为

$$
\begin{aligned}
C &= \max_{p(a_i)} I(X;Y) = \max_{p(a_i)}[H(Y) - H(Y \mid X)] = \max_{p(a_i)} H(Y) - H(Y \mid X) \\
&= \max_{p(a_i)} H(Y) - H(Y \mid a_i)
\end{aligned} \tag{3-2-2}
$$

如果信道输入符号等概率分布 $p(a_i) = 1/n$，则由于转移概率矩阵的列对称，所以

$$
p(b_j) = \sum_i p(a_i)p(b_j \mid a_i) = \frac{1}{n}\sum_i p(b_j \mid a_i)
$$

与 j 无关，即信道输出符号也等概率分布；反之，若信道输出符号等概率分布，对称信道的输入符号必定也是等概率分布的。因此要使式(3-2-2)中的 $H(Y)$ 达到最大，只要信道输出符号等概率分布，此时的输入符号也等概率分布。因此对称 DMC 信道的容量为

$$
C = \log m - H(Y \mid a_i) = \log m + \sum_{j=1}^{m} p_{ij}\log p_{ij} \tag{3-2-3}
$$

式中，m 为信道输出符号集中的符号数，$p(b_j \mid a_i)$ 简写为 p_{ij}。

例 3-1 信道转移概率矩阵为 $\boldsymbol{P} = \begin{bmatrix} \frac{1}{3} & \frac{1}{3} & \frac{1}{6} & \frac{1}{6} \\ \frac{1}{6} & \frac{1}{6} & \frac{1}{3} & \frac{1}{3} \end{bmatrix}$，代入式(3-2-3)，求得信道容

量为

$$C=\log_2 4-H\left(\frac{1}{3},\frac{1}{3},\frac{1}{6},\frac{1}{6}\right)\approx 0.082\text{bit/符号}$$

例 3-2 信道转移概率矩阵为 $\boldsymbol{P}=\begin{bmatrix}1-\varepsilon & \frac{\varepsilon}{n-1} & \cdots & \frac{\varepsilon}{n-1}\\ \frac{\varepsilon}{n-1} & 1-\varepsilon & \cdots & \frac{\varepsilon}{n-1}\\ \vdots & \vdots & \ddots & \vdots\\ \frac{\varepsilon}{n-1} & \frac{\varepsilon}{n-1} & \cdots & 1-\varepsilon\end{bmatrix}$,该信道输入符号和输出符号的个数相同,都为 n,且正确的传输概率为 $1-\varepsilon$,错误概率 ε 被对称地均分给 $n-1$ 个输出符号,此信道称为强对称信道或均匀信道,是对称离散信道的一个特例。其容量为

$$C=\log n-H\left(1-\varepsilon,\frac{\varepsilon}{n-1},\cdots,\frac{\varepsilon}{n-1}\right) \tag{3-2-4}$$

式中,$\log n$ 为输入的信息 $H(X)$,而实际传送的信息为 C,$H\left(1-\varepsilon,\frac{\varepsilon}{n-1},\cdots,\frac{\varepsilon}{n-1}\right)$ 就是信道中丢失的信息,是由信道干扰造成的信息损失。

当 $n=2$ 时,即为 BSC 信道,$C=1-H(\varepsilon)$。C 随 ε 变化的曲线如图 3-4 所示。从图中可知,当 $\varepsilon=0$ 时,错误概率为 0,无差错,信道容量达到最大,每符号 1bit,输入端的信息全部传输至输出端。当 $\varepsilon=1/2$ 时,错误概率与正确概率相同,从输出端得不到关于输入的任何信息,互信息为 0,即信道容量为零。对于 $1/2<\varepsilon\leqslant 1$ 的情况,可在 BSC 的输出端颠倒 0 和 1,使信道容量以 $\varepsilon=1/2$ 点中心对称。

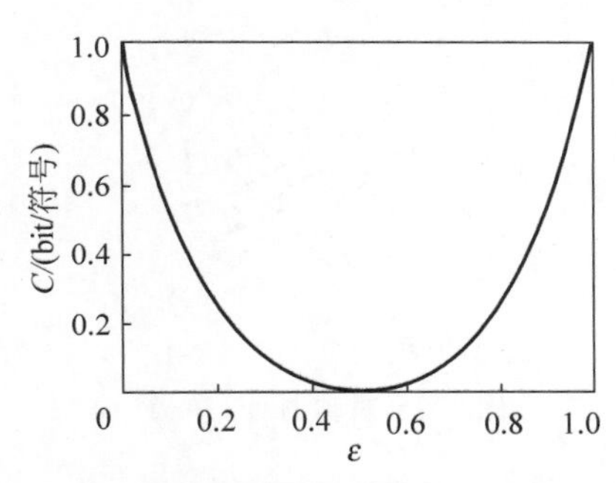

图 3-4 信道容量随错误概率变化的曲线

下面介绍一类特殊的对称 DMC 信道。如图 3-5 所示,X 为信道输入,Z 为信道干扰,Y 为信道输出,取值空间均为同一整数集 $\{0,1,\cdots,K-1\}$,$Y=X\oplus Z \bmod K$。该信道称为离散无记忆模 K 加性噪声信道。计算机系统和数字通信系统中有些情况下可用该模型描述。由信道的对称性及

$$\begin{aligned}H(Y\mid X)&=-\sum_{x,y}p(x)p(y\mid x)\log p(y\mid x)\\&=-\sum_{x,z}p(x)p(z)\log p(z)\\&=H(Z)\end{aligned}$$

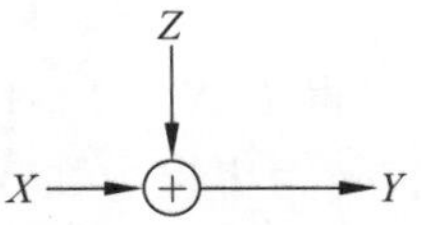

图 3-5 离散无记忆模 K 加性噪声信道

可得,该类信道的容量为

$$C=\log K-H(Z) \tag{3-2-5}$$

例 3-3 离散无记忆模 K 加性噪声信道 $Y=X\oplus Z \bmod K$,X 和 Y 均取值于$\{0,1,\cdots,$

$K-1\}$，$\begin{bmatrix} Z \\ P(Z) \end{bmatrix} = \begin{bmatrix} 1 & 2 & 3 \\ 1/3 & 1/3 & 1/3 \end{bmatrix}$，求该信道容量。该信道可用图 3-6 表示，可明显看出具有对称 DMC 信道特征，信道转移概率矩阵为

$$\boldsymbol{P} = \begin{bmatrix} 0 & 1/3 & 1/3 & 1/3 & 0 & \cdots & 0 \\ 0 & 0 & 1/3 & 1/3 & 1/3 & 0 & \cdots \\ \vdots & & & & & & \vdots \\ 1/3 & 1/3 & 1/3 & 0 & \cdots & & 0 \end{bmatrix}$$

利用式(3-2-3)或式(3-2-5)，均可求出该信道的容量为 $C=\log K-\log 3$。

在实际通信系统中，信号往往要通过几个环节的传输，或多步处理，这些传输和处理都可看作信道，它们串接成一个串联信道，如图 3-7 所示。由 2.2.4 节中的信息不增性可得

$$H(X) \geqslant I(X;Y) \geqslant I(X;Z) \geqslant I(X;W) \cdots$$

则

$$C(1,2)=\max I(X;Z), \quad C(1,2,3)=\max I(X;W) \cdots$$

可以直观地看出，串接的信道越多，其信道容量可能越小，当串接信道数无限大时，信道容量可能趋于零。

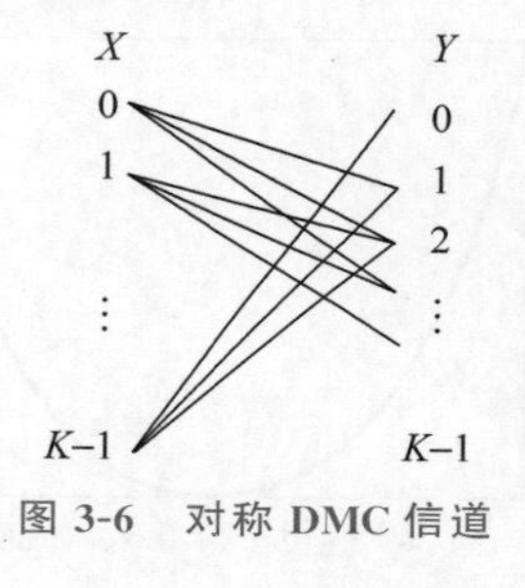

图 3-6 对称 DMC 信道

X → 信道 1 → Y → 信道 2 → Z → 信道 3 → W → …

图 3-7 串联信道

例 3-4 设有两个离散 BSC 信道，串接如图 3-8 所示，两个 BSC 信道的转移矩阵为

$$\boldsymbol{P}_1=\boldsymbol{P}_2=\begin{bmatrix} 1-\varepsilon & \varepsilon \\ \varepsilon & 1-\varepsilon \end{bmatrix}$$

则串联信道的转移矩阵为

$$\boldsymbol{P}=\boldsymbol{P}_1\boldsymbol{P}_2=\begin{bmatrix} 1-\varepsilon & \varepsilon \\ \varepsilon & 1-\varepsilon \end{bmatrix}\begin{bmatrix} 1-\varepsilon & \varepsilon \\ \varepsilon & 1-\varepsilon \end{bmatrix}=\frac{1}{2}\begin{bmatrix} 1+(1-2\varepsilon)^2 & 1-(1-2\varepsilon)^2 \\ 1-(1-2\varepsilon)^2 & 1+(1-2\varepsilon)^2 \end{bmatrix}$$

可以求得 $I(X;Y)=1-H(\varepsilon)$，$I(X;Z)=1-H[1-(1-2\varepsilon)^2]$。图 3-9 是串联信道的互信息，$m$ 为串接个数，$m=1$ 即为 $I(X;Y)$，$m=2$ 即为 $I(X;Z)$。

如果有 N 个相同的 BSC 信道串联，其转移概率矩阵为 $\boldsymbol{P}=\boldsymbol{P}_1^N$。通过正交变换可将 $\boldsymbol{P}_1$ 分解为

$$\boldsymbol{P}_1=\boldsymbol{L}^{-1}\begin{bmatrix} 1 & 0 \\ 0 & 1-2\varepsilon \end{bmatrix}\boldsymbol{L}, \quad \boldsymbol{L}=\frac{\sqrt{2}}{2}\begin{bmatrix} 1 & 1 \\ -1 & 1 \end{bmatrix}$$

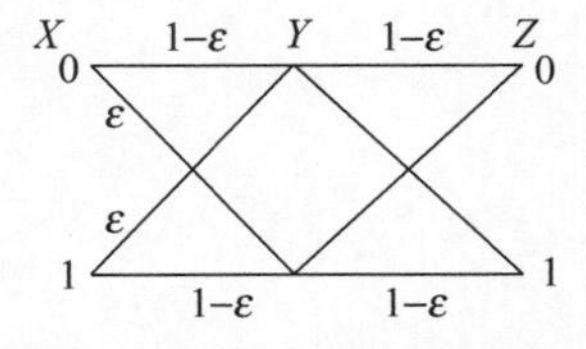

图 3-8　两个离散 BSC 信道串联

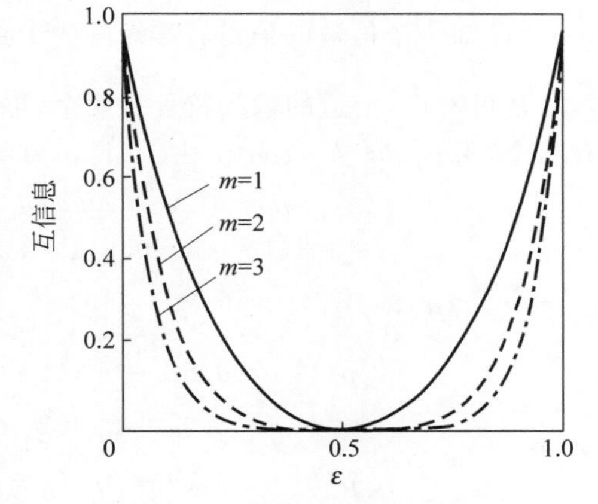

图 3-9　m 个 BSC 串联信道的互信息

所以

$$\boldsymbol{P}=\boldsymbol{P}_1^N=\boldsymbol{L}^{-1}\begin{bmatrix}1 & 0\\ 0 & 1-2\varepsilon\end{bmatrix}^N\boldsymbol{L}=\boldsymbol{L}^{-1}\begin{bmatrix}1 & 0\\ 0 & (1-2\varepsilon)^N\end{bmatrix}\boldsymbol{L}$$

$$=\frac{1}{2}\begin{bmatrix}1+(1-2\varepsilon)^N & 1-(1-2\varepsilon)^N\\ 1-(1-2\varepsilon)^N & 1+(1-2\varepsilon)^N\end{bmatrix}$$

于是，串联信道的容量为

$$C_N=1-H\left(\frac{1-(1-2\varepsilon)^N}{2}\right)$$

只要 $\varepsilon\neq 0$，当 N 趋于无穷大时，$\boldsymbol{P}_1^\infty=\lim\limits_{N\to\infty}\boldsymbol{P}_1^N=\begin{bmatrix}1/2 & 1/2\\ 1/2 & 1/2\end{bmatrix}$，信道的容量为 $\lim\limits_{N\to\infty}C_N=1-H(1/2)=0$。

3.2.3　准对称离散无记忆信道

如果转移概率矩阵 $\boldsymbol{P}$ 输入对称而输出不对称，即转移概率矩阵 $\boldsymbol{P}$ 的每行都包含同样的元素而每列的元素不同，则称该信道是**准对称** DMC 信道。例如，矩阵

$$\boldsymbol{P}_1=\begin{bmatrix}1/3 & 1/3 & 1/6 & 1/6\\ 1/6 & 1/3 & 1/6 & 1/3\end{bmatrix},\quad \boldsymbol{P}_2=\begin{bmatrix}0.7 & 0.1 & 0.2\\ 0.2 & 0.1 & 0.7\end{bmatrix}$$

都是准对称 DMC 信道。

由于转移概率矩阵中每行的元素相同，所以式(3-2-1)成立。但每列的元素不同，所以信道的输入和输出分布概率可能不等，此时 $H(Y)$ 的最大值可能小于 Y 等概率时的熵，因而准对称 DMC 信道的容量

$$C\leqslant \log m+\sum_{j=1}^{m}p_{ij}\log p_{ij}\tag{3-2-6}$$

因为互信息是输入符号概率的∩形凸函数，根据信道容量的定义式(3-1-13)和式(3-2-2)，可引入拉格朗日乘子法解极值问题，求得输入符号概率和最大互信息。

例 3-5　已知一个信道的信道转移矩阵为 $\boldsymbol{P}=\begin{bmatrix}0.5 & 0.3 & 0.2\\0.3 & 0.5 & 0.2\end{bmatrix}$,求该信道容量。

解:由 $\boldsymbol{P}$ 可看出,信道的输入符号有两个,可设 $p(a_1)=\alpha, p(a_2)=1-\alpha$。信道的输出符号有三个,用 b_1、b_2、b_3 表示。由 $p(a_i,b_j)=p(a_i)p(b_j|a_i)$得联合概率的矩阵

$$\begin{bmatrix}0.5\alpha & 0.3\alpha & 0.2\alpha\\0.3(1-\alpha) & 0.5(1-\alpha) & 0.2(1-\alpha)\end{bmatrix}$$

由 $p(b_j)=\sum_i p(a_i,b_j)$ 得

$$\begin{cases}p(b_1)=0.5\alpha+0.3(1-\alpha)=0.3+0.2\alpha\\p(b_2)=0.3\alpha+0.5(1-\alpha)=0.5-0.2\alpha\\p(b_3)=0.2\alpha+0.2(1-\alpha)=0.2\end{cases}$$

其中,$p(b_3)$恒定,与 a_i 的分布无关。

$$\begin{aligned}I(X;Y)&=H(Y)-H(Y\mid X)\\&=-\sum_j p(b_j)\ln p(b_j)+\sum_i p(a_i)\sum_j p(b_j\mid a_i)\ln p(b_j\mid a_i)\\&=-(0.3+0.2\alpha)\ln(0.3+0.2\alpha)-(0.5-0.2\alpha)\ln(0.5-0.2\alpha)\\&\quad-0.2\ln 0.2+0.2\ln 0.2+0.5\ln 0.5+0.3\ln 0.3\end{aligned}$$

由 $\frac{\partial I(X;Y)}{\partial\alpha}=0$ 得 $0.2\ln(0.3+0.2\alpha)-0.2+0.2\ln(0.5-0.2\alpha)+0.2=0$

解得 $\alpha=1/2$,即输入符号分布等概率时,$I(X;Y)$达到极大值,所以信道容量为

$$C=\max I(X;Y)=0.036\text{bit/符号}$$

此时输出符号的概率为 $p(b_1)=p(b_2)=0.4, p(b_3)=0.2$。

事实上该信道是二元对称删除信道,当 $p(a_1)=p(a_2)=1/2$ 时,可达到信道容量 $C=\max I(X;Y)$,因为 $P(b_3)$恒定为 0.2,则 b_1、b_2 应等概率分布,即 $p(b_1)=p(b_2)=(1-0.2)/2=0.4$。 ■

另外,可用矩阵分解的方法求准对称信道的容量,将转移概率矩阵划分为若干个互不相交的对称的子集,如

$$\boldsymbol{P}_1=\begin{bmatrix}1/3 & 1/3 & 1/6 & 1/6\\1/6 & 1/3 & 1/6 & 1/3\end{bmatrix}\quad\text{可分解为}\quad\begin{bmatrix}1/3 & 1/6\\1/6 & 1/3\end{bmatrix},\begin{bmatrix}1/3\\1/3\end{bmatrix},\begin{bmatrix}1/6\\1/6\end{bmatrix}$$

$$\boldsymbol{P}_2=\begin{bmatrix}0.7 & 0.1 & 0.2\\0.2 & 0.1 & 0.7\end{bmatrix}\quad\text{可分解为}\quad\begin{bmatrix}0.7 & 0.2\\0.2 & 0.7\end{bmatrix},\begin{bmatrix}0.1\\0.1\end{bmatrix}$$

可以证明,当输入分布等概率时,达到信道容量为

$$C=\log n-H(p_1',p_2',\cdots p_s')-\sum_{k=1}^{r}N_k\log M_k \tag{3-2-7}$$

式中,n 是输入符号集的个数;$p_1',p_2',\cdots p_s'$是转移概率矩阵 $\boldsymbol{P}$ 中一行的元素,即 $H(p_1',p_2',\cdots p_s')=H(Y|a_i)$;$N_k$ 是第 k 个子矩阵中行元素之和,$N_k=\sum_j p(b_j\mid a_i)$;$M_k$ 是第 k 个子矩阵中列元素之和,$M_k=\sum_i p(b_j\mid a_i)$;$r$ 是互不相交的子集个数。证明

从略。

例 3-6 用矩阵分解的方法求例 3-5 中信道的容量。

解：对 $\boldsymbol{P}=\begin{bmatrix}0.5 & 0.3 & 0.2\\0.3 & 0.5 & 0.2\end{bmatrix}$ 进行分解得 $\begin{bmatrix}0.5 & 0.3\\0.3 & 0.5\end{bmatrix}$，$\begin{bmatrix}0.2\\0.2\end{bmatrix}$，利用式(3-2-7)求容量。式中 $n=2,N_1=0.5+0.3=0.8,M_1=0.5+0.3=0.8,N_2=0.2,M_2=0.2+0.2=0.4,r=2$，所以

$$C=\log_2 2-H(0.5,0.3,0.2)-0.8\log_2 0.8-0.2\log_2 0.4=0.036\text{bit/符号}$$

与上述结果一致。

例 3-7 用矩阵分解的方法求 $\boldsymbol{P}_1=\begin{bmatrix}1/3 & 1/3 & 1/6 & 1/6\\1/6 & 1/3 & 1/6 & 1/3\end{bmatrix}$ 的容量。

解：根据上面对 $\boldsymbol{P}_1$ 的分解，利用式(3-2-7)可得

$$\begin{aligned}C&=\log_2 2-H(1/3,1/3,1/6,1/6)-(1/3+1/6)\log_2(1/3+1/6)\\&\quad-1/3\log_2(1/3+1/3)-1/6\log_2(1/6+1/6)\\&\approx 0.041\text{bit/符号}\end{aligned}$$

3.2.4 一般离散无记忆信道

以输入符号概率矢量 $\boldsymbol{P}_x$ 为自变量求函数 $I(\boldsymbol{P}_x)$ 极大值(信道容量)的问题，从数学上看是一个规划问题，这个问题已经解决。目前常用的方法是 1972 年由 Blahut 和 Arimoto 分别独立提出的一种算法，现在称为 Blahut-Arimoto 算法。一般地说，为使 $I(X;Y)$ 最大化以便求取 DMC 容量，输入符号概率集 $\{p(a_i)\}$ 必须满足的充分和必要条件是

$$\left.\begin{aligned}&I(a_i;Y)=C \quad \text{对于所有满足 } p(a_i)>0 \text{ 条件的 } i\\&I(a_i;Y)\leqslant C \quad \text{对于所有满足 } p(a_i)=0 \text{ 条件的 } i\end{aligned}\right\} \tag{3-2-8}$$

上式表明，当信道平均互信息达到信道容量时，输入符号概率集 $\{p(a_i)\}$ 中的每个符号 a_i(概率为零的符号除外)向输出端 Y 提供相同的互信息。

可以直观地理解，在某种给定的输入符号分布下，若其中有一个输入符号 $x=a_i$ 向输出 Y 提供的平均互信息 $I(a_i;Y)$ 比其他输入符号提供的大，就可以更多地使用这一符号，即增大 a_i 出现的概率 $p(x=a_i)$，使加权平均后的 $I(X;Y)=\sum_i p(a_i)I(a_i;Y)$ 增大。但是，这会改变输入符号的分布，使该符号的平均互信息 $I(a_i;Y)=\sum_j p(b_i\mid a_j)\log\dfrac{p(a_i\mid b_j)}{p(a_i)}$ 减小，而其他符号对应的互信息增大。所以应不断调整输入符号的概率分布，最终使每个概率不为零的输入符号向输出 Y 提供的平均互信息相同。

该结论只给出了达到信道容量 C 时输入符号概率 $p(a_i)$ 分布的充要条件，并未给出具体值，所以没有具体求 C 的公式。一般情况下，最佳分布不一定是唯一的，只需满足结论式(3-2-8)，并使互信息最大即可。

例 3-8 如图 3-10 所示，离散信道的输入符号集为 $\{a_1, a_2, a_3, a_4, a_5\}$，输出符号集为 $\{b_1, b_2\}$。信道矩阵为

$$P = \begin{bmatrix} 1 & 0 \\ 1 & 0 \\ \frac{1}{2} & \frac{1}{2} \\ 0 & 1 \\ 0 & 1 \end{bmatrix}$$

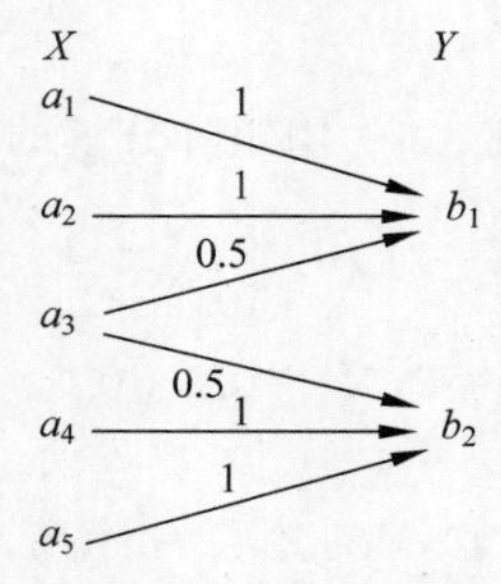

图 3-10 例 3-8 的离散信道

求信道容量和最佳输入符号分布概率。

解：由于输入符号 a_3 传递到 b_1 和 b_2 是等概率的，所以 a_3 可以省去，即 $p(a_3)=0$。

对于其余输入符号，一种可取的方法是使其概率均匀分布，即 $p(a_1)=p(a_2)=p(a_4)=p(a_5)=1/4$，可计算得 $p(b_1)=p(b_2)=1/2$，按公式

$$I(a_i;Y)=\sum_j p(b_j \mid a_i)\log\frac{p(b_j \mid a_i)}{p(b_j)} \tag{3-2-9}$$

计算得

$$I(a_1;Y)=I(a_2;Y)=I(a_4;Y)=I(a_5;Y)=\log 2$$
$$I(a_3;Y)=0$$

显然该结果满足式(3-2-8)的要求，得到信道容量 $C=\log 2=1\text{bit}/$符号。

另一种可取的方法是，由于 a_1 和 a_2 均以概率值 1 传递到 b_1，因为 $p(b_j|a_1)=p(b_j|a_2)$，$j=1,2$，所以 $I(a_1;Y)=I(a_2;Y)$。同理，由于 a_4 和 a_5 均以概率值 1 传递到 b_2，所以 $I(a_4;Y)=I(a_5;Y)$。因此可只取 a_1 和 a_5，即输入符号的概率分布为 $p(a_1)=p(a_5)=1/2$，$p(a_2)=p(a_3)=p(a_4)=0$。也可算出

$$p(b_1)=p(b_2)=1/2$$
$$I(a_1;Y)=I(a_2;Y)=I(a_4;Y)=I(a_5;Y)=\log 2$$
$$I(a_3;Y)=0$$

此假设分布也满足式(3-2-8)的要求，因此信道容量同样为 $C=\log 2=1\text{bit}/$符号。

以上两种分布均为最佳输入概率分布，当然还可以找到该信道其他最佳输入概率分布。可见，该信道的最佳输入概率分布不是唯一的。由式(3-2-9)可知，互信息 $I(a_i;Y)$ 仅与信道转移概率及输出概率分布有关，因而达到信道容量的输入概率分布不是唯一的，但输出概率分布是唯一的。

3.3 离散序列信道及其容量

前面讨论的信道输入输出均为单个符号的随机变量，然而在实际应用中，信道的输入和输出却是在空间或时间上离散的随机序列，包括无记忆的离散序列信道，当然更多的是有记忆的，即序列的转移概率之间有关联性。离散序列信道模型如图 3-11 所示。

对于无记忆离散序列信道，其信道转移概率为

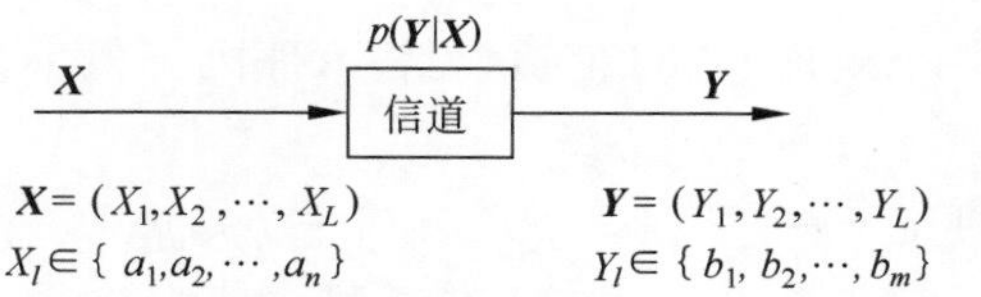

图 3-11 离散序列信道模型

$$p(\boldsymbol{Y} \mid \boldsymbol{X})=p(Y_1,\cdots,Y_L \mid X_1,\cdots,X_L)=\prod_{l=1}^{L} p(Y_l \mid X_l) \tag{3-3-1}$$

即仅与当前输入有关。若信道是平稳的,则 $p(\boldsymbol{Y}|\boldsymbol{X})=p^L(y|x)$。

根据平均互信息的定义

$$\begin{aligned} I(\boldsymbol{X};\boldsymbol{Y}) &= H(X^L)-H(X^L \mid Y^L)=\sum p(\boldsymbol{X},\boldsymbol{Y})\log\frac{p(\boldsymbol{X} \mid \boldsymbol{Y})}{p(\boldsymbol{X})} \\ &= H(Y^L)-H(Y^L \mid X^L)=\sum p(\boldsymbol{X},\boldsymbol{Y})\log\frac{p(\boldsymbol{Y} \mid \boldsymbol{X})}{p(\boldsymbol{Y})} \end{aligned}$$

可以证明(本书从略,见参考文献[5]),该互信息有两个性质:一是如果信道无记忆,则

$$I(\boldsymbol{X};\boldsymbol{Y}) \leqslant \sum_{l=1}^{L} I(X_l;Y_l) \tag{3-3-2}$$

二是如果输入矢量 $\boldsymbol{X}$ 中的各个分量相互独立,则

$$I(\boldsymbol{X};\boldsymbol{Y}) \geqslant \sum_{l=1}^{L} I(X_l;Y_l) \tag{3-3-3}$$

如果输入矢量 $\boldsymbol{X}$ 独立且信道无记忆,则上述两个性质实现统一,取等号。当输入矢量达到最佳分布时

$$C_L=\max_{P_X} I(\boldsymbol{X};\boldsymbol{Y})=\max_{P_X}\sum_{l=1}^{L} I(X_l;Y_l)=\sum_{l=1}^{L}\max_{P_X} I(X_l;Y_l)=\sum_{l=1}^{L} C(l) \tag{3-3-4}$$

当信道平稳时,$C_L=LC_1$。一般情况下,$I(\boldsymbol{X};\boldsymbol{Y})\leqslant LC_1$。

最典型的无记忆离散序列信道是扩展信道,与 2.1.1 节中所述 L 次扩展信源类似,如果对离散单符号信道进行 L 次扩展,就形成了 L 次离散无记忆序列信道。信道输入序列为 $\boldsymbol{X}=X^L$,信道输出序列为 $\boldsymbol{Y}=Y^L$,信道的序列转移概率为 $p(\boldsymbol{Y} \mid \boldsymbol{X})=\prod_{l=1}^{L} p(Y_l \mid X_l)$。

例 3-9 对图 3-1 中的 BSC 信道进行二次扩展,扩展后的信道如图 3-12 所示,$\boldsymbol{X}\in\{00,01,10,11\}$,$\boldsymbol{Y}\in\{00,01,10,11\}$,二次扩展无记忆信道的序列转移概率 $p(00|00)=p(0|0)p(0|0)=(1-p)^2$,$p(01|00)=p(0|0)p(1|0)=p(1-p)$,$p(10|00)=p(1|0)p(0|0)=p(1-p)$,$p(11|00)=p(1|0)p(1|0)=p^2$。同理可求得其他转移概率,则转移概率矩阵为

$$\boldsymbol{P}=\begin{bmatrix} (1-p)^2 & p(1-p) & p(1-p) & p^2 \\ p(1-p) & (1-p)^2 & p^2 & p(1-p) \\ p(1-p) & p^2 & (1-p)^2 & p(1-p) \\ p^2 & p(1-p) & p(1-p) & (1-p)^2 \end{bmatrix}$$

由此可看出，这是一个对称 DMC 信道，当输入序列等概率分布时，根据式(3-2-4)信道容量为

$$C_2=\log_2 4-H[(1-p)^2,p(1-p),p(1-p),p^2]$$

若 $p=0.1$，则 $C_2=2-0.938=1.062$bit/序列。

而 $p=0.1$ 时 BSC 单符号信道的容量为 $C_1=1-H(0.1)=0.531$bit/符号，C_2 正好是 C_1 的两倍。 ■

如果将 L 个相互独立的信道并联，每个信道的输出 Y_l 只与本信道的输入 X_l 有关，如图 3-13 所示。此时序列的转移概率 $p(Y_1,Y_2,\cdots,Y_L|X_1,X_2,\cdots,X_L)=p(Y_1|X_1)p(Y_2|X_2)\cdots p(Y_L|X_L)$，也是无记忆序列信道，所以 $I(\boldsymbol{X};\boldsymbol{Y})\leqslant\sum_{l=1}^{L}I(X_l;Y_l)$，即联合平均互信息不大于各自信道平均互信息之和。独立并联信道的容量

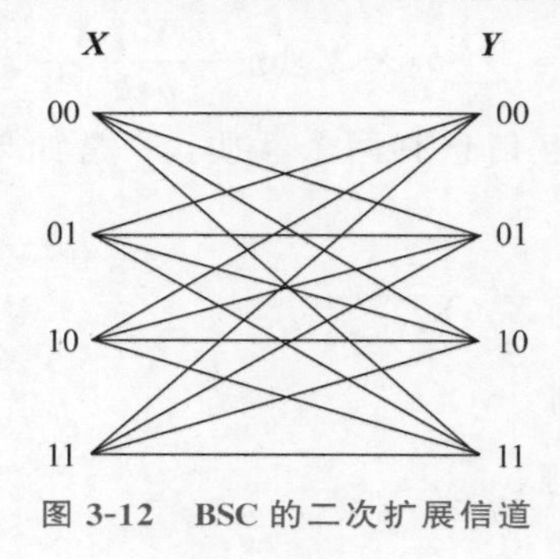

图 3-12　BSC 的二次扩展信道

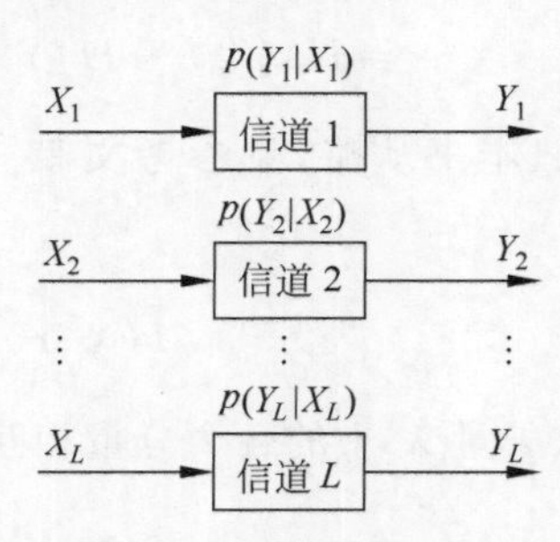

图 3-13　独立并联信道

$$C_{12\cdots L}=\max I(\boldsymbol{X};\boldsymbol{Y})\leqslant\sum_{l=1}^{L}C_l$$

只有当输入符号 X_l 相互独立，且 $p(X_1,X_2,\cdots,X_L)$ 达到最佳分布时，信道容量最大，为各自信道容量之和。

有记忆的离散序列信道比无记忆的复杂得多，至今没有有效的求解方法。在特定情况下，例如，平稳有限记忆信道可引入状态的概念，采用状态变量来分析。本书不作介绍。

3.4　连续信道及其容量

正如 2.4 节所述，在连续信源情况下，取两个微分熵之差时具有与离散信源一样的信息特征。互信息即两熵之差，互信息的最大值就是信道容量。因而连续信道具有与离散信道类似的信息传输率和信道容量表达式。下面介绍的都是加性噪声信道。

3.4.1　连续单符号加性信道

最简单、最常见的是幅度连续的单符号信道，如图 3-14 所示。信道的输入和输出都是幅度连续的一维随机变量，加入信道的噪声是均值为零、方差为 σ^2 的加性高斯噪声，概率密度函数记作 $p_n(n)=N(0,\sigma^2)$。根据 2.4.3 节所述，该噪声的微分熵为 $H_c(n)=$

$\frac{1}{2}\log 2\pi e\sigma^2$。

单符号连续信道的平均互信息为 $I(X;Y)=H_c(X)-H_c(X|Y)=H_c(Y)-H_c(Y|X)=H_c(X)+H_c(Y)-H_c(X,Y)$，信息传输率为 $R=I(X;Y)$。信道容量为

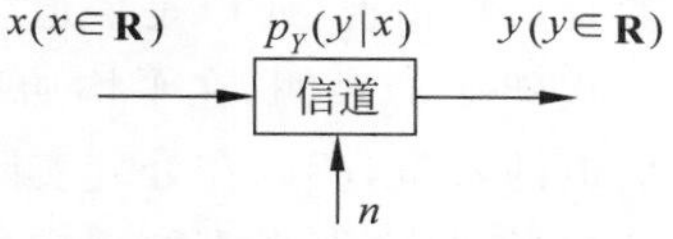

图 3-14　连续单符号信道

$$C=\max_{p(x)}I(X;Y)=\max_{p(x)}[H_c(Y)-H_c(Y\mid X)]$$

据式(3-1-11)

$$C=\max_{p(x)}H_c(Y)-H_c(n)=\max_{p(x)}H_c(Y)-\frac{1}{2}\log 2\pi e\sigma^2 \tag{3-4-1}$$

要求式(3-4-1)第一项最大，由 2.4.3 节限平均功率最大熵定理，只有当信道输出 Y 服从正态分布时熵最大，其概率密度函数 $p_Y(y)=N(0,P)$，其中 P 为 Y 的平均功率限制值。由于信道输入 X 与噪声统计独立，且 $y=x+n$，所以其功率可以相加，$P=S+\sigma^2$，S 为信道输入 X 的平均功率。

因为 $p_Y(y)=N(0,P)$，$p_n(n)=N(0,\sigma^2)$，$y=x+n$，所以 $p_X(x)=N(0,S)$，即当信道输入 X 是均值为零、方差为 S 的高斯分布随机变量时，信息传输率达到最大值

$$C=\frac{1}{2}\log 2\pi eP-\frac{1}{2}\log 2\pi e\sigma^2=\frac{1}{2}\log\frac{P}{\sigma^2}=\frac{1}{2}\log\left(1+\frac{S}{\sigma^2}\right) \tag{3-4-2}$$

式中，S/σ^2 是输入信号功率与噪声功率之比，常称作信噪比，用 SNR 表示，则 $C=1/2\log(1+\text{SNR})$。可见，信道容量仅取决于信道的信噪比。

值得注意的是，这里研究的信道只存在加性噪声，而对输入功率没有损耗。但在实际通信系统中，几乎都存在大小不等的功率损耗，也称信道衰落，所以计算时输入信号的功率 S 应为经过损耗后的功率。例如，信道损耗为 $|H(e^{j\omega})|^2$（或 $|h(n)|^2$），输入功率为 S，则式(3-4-2)中的信号功率应为 $S|H(e^{j\omega})|^2$（或 $S|h(n)|^2$）。

另外，在很多实际系统中噪声并不是高斯噪声，但若是加性噪声，可以求出信道容量的上下界。若为乘性噪声，则很难分析。对于加性均值为零、平均功率为 σ^2 的非高斯噪声信道，其信道容量有下列上下界：

$$\frac{1}{2}\log\left(1+\frac{S}{\sigma^2}\right)\leqslant C\leqslant\frac{1}{2}\log 2\pi eP-H_c(n) \tag{3-4-3}$$

式中，$H_c(n)$ 为噪声熵，P 为输出信号的功率，$P=S+\sigma^2$。这里不作证明，仅说明物理意义。先看式(3-4-3)的右边，第一项 $\frac{1}{2}\log 2\pi eP$ 是均值为零、方差为 P 的高斯信号的熵，由于噪声 n 是非高斯噪声，如果输入信号 X 的分布能使 $x+n=y$ 呈高斯分布，则 $H_c(Y)$ 达到最大值，此时信道容量达到上限值 $\frac{1}{2}\log 2\pi eP-H_c(n)$，而一般情况下，信道容量小于该上限值；再看式(3-4-3)的左边，可写成 $\frac{1}{2}\log 2\pi eP-\frac{1}{2}\log 2\pi e\sigma^2$，第二项 $\frac{1}{2}\log 2\pi e\sigma^2$ 是均值为零、方差为 σ^2 的高斯噪声的熵，它为平均功率受限 σ^2 时的最大值，即噪声熵考

虑的是最坏情况,所以是信道容量的下限值。

式(3-4-3)表明,在平均功率同样受限的情况下,非高斯噪声信道的容量大于高斯噪声信道的容量,所以在处理实际问题时,通常采用计算高斯噪声信道容量的方法保守地估计容量,且高斯噪声信道容量容易计算。

3.4.2 多维无记忆加性连续信道

信道输入随机序列 $\boldsymbol{X}=(X_1,X_2,\cdots,X_L)$,输出随机序列 $\boldsymbol{Y}=(Y_1,Y_2,\cdots,Y_L)$,加性信道有 $\boldsymbol{y}=\boldsymbol{x}+\boldsymbol{n}$,其中 $\boldsymbol{n}=(n_1,n_2,\cdots,n_L)$是均值为零的高斯噪声,表示各单元时刻 1,2,…,L 上的噪声,如图 3-15 所示。

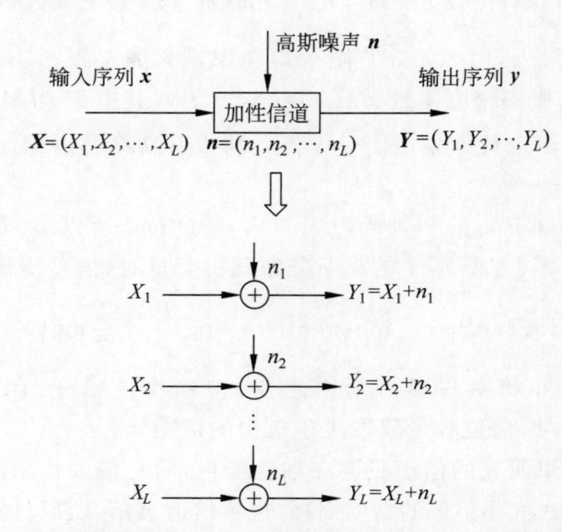

图 3-15 多维无记忆加性连续信道等价于 L 个独立并联加性信道

由于信道无记忆,所以有 $p(\boldsymbol{y}\mid\boldsymbol{x})=\prod_{l=1}^{L}p(y_l\mid x_l)$,加性信道中噪声随机序列的各时刻分量是统计独立的,即 $p_n(\boldsymbol{n})=\prod_{l=1}^{L}p_n(n_l)$,各分量都是均值为零、方差为 σ_l^2 的高斯变量。所以多维无记忆高斯加性连续信道就可等价为 L 个独立的并联高斯加性信道。

由式(3-3-2)可得

$$I(\boldsymbol{X};\boldsymbol{Y})\leqslant\sum_{l=1}^{L}I(X_L;Y_L)=\sum_{l=1}^{L}\frac{1}{2}\log\left(1+\frac{P_l}{\sigma_l^2}\right)$$

则

$$C=\max_{p(x)}I(\boldsymbol{X};\boldsymbol{Y})=\sum_{l=1}^{L}\frac{1}{2}\log\left(1+\frac{P_l}{\sigma_l^2}\right)\ \text{bit}/L\text{ 维自由度}\tag{3-4-4}$$

式中,σ_l^2 是第 l 个单元时刻高斯噪声的方差,均值为零。因此当且仅当输入随机矢量 $\boldsymbol{X}$ 中各分量统计独立,且是均值为零、方差为 P_l 的高斯变量时,才能达到此信道容量。式(3-4-4)既是多维无记忆高斯加性连续信道的信道容量,也是 L 个独立并联高斯加性信道的信道容量。下面进行讨论。

(1) 当各单元时刻上的噪声都是均值为零、方差相同为 σ^2 的高斯噪声时，由式(3-4-4)得

$$C=\frac{L}{2}\log\left(1+\frac{S}{\sigma^2}\right)\text{ bit}/L\text{ 维自由度} \tag{3-4-5}$$

当且仅当输入矢量 $\boldsymbol{X}$ 的各分量统计独立，都是均值为零、方差相同为 S 的高斯变量时，信道中传输的信息率达到最大。

(2) 当各单元时刻 L 个高斯噪声均值为零，但方差不同且为 σ_l^2 时，若输入信号的总平均功率受限，约束条件为

$$E\left[\sum_{l=1}^{L}X_l^2\right]=\sum_{l=1}^{L}E[X_l^2]=\sum_{l=1}^{L}P_l=P \tag{3-4-6}$$

则此时各单元时刻的信号平均功率应合理分配，才能使信道容量最大。也就是需要在式(3-4-6)的约束条件下，求式(3-4-4)中 P_l 的分布。这是一个标准的求极大值的问题，采用拉格朗日乘子法计算。

作辅助函数 $f(P_1,P_2,\cdots,P_L)=\sum\limits_{l=1}^{L}\frac{1}{2}\log\left(1+\frac{P_l}{\sigma_l^2}\right)+\lambda\sum\limits_{l=1}^{L}P_l$

令

$$\frac{\partial f(P_1,P_2,\cdots,P_L)}{\partial P_l}=0,\quad l=1,2,\cdots,L$$

解得

$$\frac{1}{2}\frac{1}{P_l+\sigma_l^2}+\lambda=0,\quad l=1,2,\cdots,L$$

即

$$P_l+\sigma_l^2=-\frac{1}{2\lambda},\quad l=1,2,\cdots,L \tag{3-4-7}$$

上式表示各单元时刻输入信号平均功率与噪声功率之和，即各个时刻的信道输出功率相等，设为常数 ν，则

$$\nu=\frac{P+\sum\limits_{l}\sigma_l^2}{L}$$

则各单元时刻输入信号平均功率为

$$P_l=\nu-\sigma_l^2=\frac{P+\sum\limits_{i=1}^{L}\sigma_i^2}{L}-\sigma_l^2,\quad l=1,2,\cdots,L \tag{3-4-8}$$

此时信道容量 $C=\frac{1}{2}\sum\limits_{l=1}^{L}\log\frac{P+\sum\limits_{i=1}^{L}\sigma_i^2}{L\sigma_l^2}$。

但是，如果某些单元时刻的噪声 σ_l^2 太大，大于常数 ν，使式(3-4-8)中 P_l 出现负值，

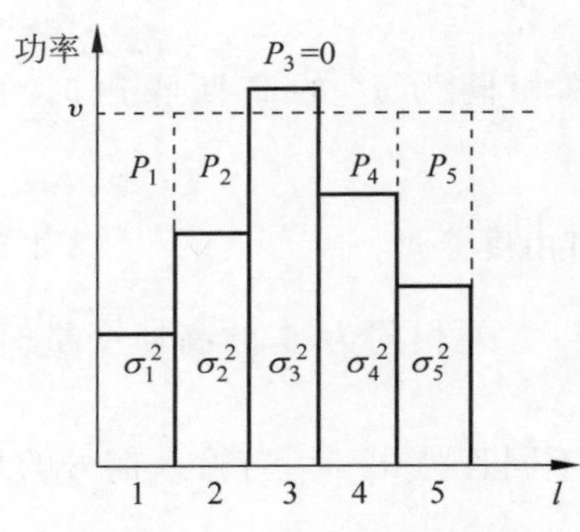

图 3-16　注水法功率分配

说明这些时刻的信道质量太差，无法使用，必须置 $P_l=0$，不分配功率，予以关闭。然后重新调整信号功率分配，直至 P_l 不出现负值。这就是著名的“注水法”(water-filling)原理，示意如图 3-16 所示。将各单元时刻或并联信道看作用于盛水的容器，将信号功率看作水，向容器中倒水，最后的水平面是平的，每个子信道中装的水量就是分配的信号功率。这时信道容量为

$$C=\frac{1}{2}\sum_l \log\left(1+\frac{P_l}{\sigma_l^2}\right),\quad \sum_l P_l=P,\quad P_l\geqslant 0$$

例 3-10　有一并联高斯加性信道，各子信道噪声方差为 $\sigma_1^2=0.1$，$\sigma_2^2=0.2$，$\sigma_3^2=0.3$，$\sigma_4^2=0.4$，$\sigma_5^2=0.5$，$\sigma_6^2=0.6$，$\sigma_7^2=0.7$，$\sigma_8^2=0.8$，$\sigma_9^2=0.9$，$\sigma_{10}^2=1.0$。

(1) 若输入的信号总功率 $P=5$，则平均输出功率 $\nu=\dfrac{P+\sum_l \sigma_l^2}{L}=1.05$，因为该值大于所有子信道的噪声功率 σ_l^2，所以各子信道分配的功率分别为 0.95，0.85，0.75，0.65，0.55，0.45，0.35，0.25，0.15，0.05。总的信道容量 $C=6.1$bit/10 维自由度。

(2) 若输入的信号总功率 $P=1$，则平均输出功率 $\nu=\dfrac{P+\sum_{l=1}^{10}\sigma_l^2}{L}=0.65$，该值小于最后 4 个子信道的噪声功率，关闭这 4 个子信道，即 $P_{10}=0$，$P_9=0$，$P_8=0$，$P_7=0$；重新计算平均输出功率 $\nu=\dfrac{P+\sum_{l=1}^{6}\sigma_l^2}{L}=0.517$，关闭第 6 个子信道，$P_6=0$；再计算平均输出功率 $\nu=\dfrac{P+\sum_{l=1}^{5}\sigma_l^2}{L}=0.5$，此时其他子信道分配的功率：$P_5=0$，$P_4=0.1$，$P_3=0.2$，$P_2=0.3$，$P_1=0.4$，实际只有前 4 个子信道可用。总的信道容量 $C=2.4$bit/10 维自由度。

从上述例子可知，噪声小的子信道分配的输入功率大，信噪比大，抵抗噪声的能力强，可以传输的比特数多，需要采用更高进制的符号调制方法，以提高信道的频带利用率；反之，噪声大的子信道分配的功率小，信噪比小，可以传输的比特数少。最终使每个子信道的误码率相同。试想如果某个子信道的误码率低，就可以多分配功率(或比特)，这样调制时需要更高进制，使抵抗噪声的能力下降，误码率提高，最终必然导致每个子信道的误码率相等。

还有一些并联的高斯信道，各噪声之间是有依赖的，相当于有记忆的高斯加性信道，各单元时刻上的噪声不是统计独立的，分析这样的信道很复杂，本书不再讨论。

3.4.3 限时限频限功率加性高斯白噪声信道

波形信道中,在限时 t_B、限频 f_m 条件下可转化为多维连续信道,将输入随机过程 $\{x(t)\}$、输出随机过程 $\{y(t)\}$ 转化为 L 维随机序列 $\boldsymbol{X}=(X_1,X_2,\cdots,X_L)$ 和 $\boldsymbol{Y}=(Y_1,Y_2,\cdots,Y_L)$,因而可得波形信道的平均互信息为

$$\begin{aligned}I[x(t);y(t)]&=\lim_{L\to\infty}I(\boldsymbol{X};\boldsymbol{Y})\\&=\lim_{L\to\infty}[H_c(\boldsymbol{X})-H_c(\boldsymbol{X}\mid\boldsymbol{Y})]\\&=\lim_{L\to\infty}[H_c(\boldsymbol{Y})-H_c(\boldsymbol{Y}\mid\boldsymbol{X})]\\&=\lim_{L\to\infty}[H_c(\boldsymbol{X})+H_c(\boldsymbol{Y})-H_c(\boldsymbol{X},\boldsymbol{Y})]\end{aligned}$$

一般情况下,波形信道都是研究单位时间内的信息传输率 R_t,即

$$R_t=\lim_{t_B\to\infty}\frac{1}{t_B}I(\boldsymbol{X};\boldsymbol{Y})\text{bit/s}$$

信道容量为

$$C_t=\max_{p(x)}\left[\lim_{t_B\to\infty}\frac{1}{t_B}I(\boldsymbol{X};\boldsymbol{Y})\right]\text{bit/s}$$

加性高斯白噪声(AWGN)波形信道是经常假设的一种信道,加入信道的噪声是限带的加性高斯白噪声 $\{n(t)\}$,其均值为零,功率谱密度为 $N_0/2$。因为一般信道的频带宽度总是受限的,设其为 $W(|f|\leqslant W)$,而低频限带高斯白噪声的各样本值彼此统计独立,所以限频高斯白噪声过程可分解为 L 维统计独立的随机序列,在 $[0,t_B]$ 时刻内,$L=2Wt_B$。这是多维无记忆高斯加性信道,根据式(3-4-4)信道容量为

$$C=\frac{1}{2}\sum_{l=1}^{L}\log\left(1+\frac{P_l}{\sigma_l^2}\right)$$

式中,σ_l^2 是各噪声分量的功率,$\sigma_l^2=P_n=\frac{N_0}{2}\times 2W\times t_B/2Wt_B=\frac{N_0}{2}$。$P_l$ 是各输入信号样本值的平均功率,设信号的平均功率受限于 P_S,则 $P_l=P_St_B/2Wt_B=\frac{P_S}{2W}$。信道的容量为

$$\begin{aligned}C&=\frac{L}{2}\log\left(1+\frac{P_S}{2W}\Big/\frac{N_0}{2}\right)=\frac{L}{2}\log\left(1+\frac{P_S}{N_0W}\right)\\&=Wt_B\log\left(1+\frac{P_S}{N_0W}\right)\text{bit}/L\text{ 维}\end{aligned}\qquad(3\text{-}4\text{-}9)$$

要使信道传送的信息达到信道容量,必须使输入信号 $\{x(t)\}$ 具有均值为零、平均功率 P_S 的高斯白噪声特性。不然,传送的信息率将低于信道容量,信道得不到充分利用。

加性高斯白噪声信道单位时间的信道容量

$$C_t=\lim_{t_B\to\infty}\frac{C}{t_B}=W\log\left(1+\frac{P_S}{N_0W}\right)\text{bit/s}\qquad(3\text{-}4\text{-}10)$$

式中，P_S 为信号的平均功率，N_0W 为高斯白噪声在带宽 W 内的平均功率（功率谱密度为 $N_0/2$）。可见，信道容量与信噪功率比和带宽有关。

这就是重要的香农公式。当信道的频带受限于 W（单位 Hz）时，信道噪声为加性高斯白噪声，功率谱密度为 $N_0/2$，噪声功率为 N_0W，输入信号的平均功率受限于 P_S，信道的信噪功率比 $\text{SNR}=P_S/N_0W$，则当信道输入信号是平均功率受限的高斯白噪声信号时，信道中的信息传输率可以达到式(3-4-10)的信道容量。它是高斯噪声信道中实现可靠通信的信息传输速率的上限值。

而常用的实际信道一般为非高斯噪声波形信道，类似 3.4.1 节所述，其噪声熵比高斯噪声的小，信道容量以加性高斯信道的信道容量为下限值。所以香农公式也适用于其他一般非高斯波形信道，由香农公式得到的值是其信道容量的下限值。

下面对式(3-4-10)的香农公式作深入讨论，介绍增加信道容量的途径。

(1) 当带宽 W 一定时，信噪比 SNR 与信道容量 C_t 成对数关系，如图 3-17 所示，SNR 增大，C_t 就增大，但增大到一定程度后就趋于缓慢。说明增加输入信号功率有助于容量的增加，但该方法是有限的。此外，降低噪声功率也是有用的，当 $N_0\to 0$ 时，$C_t\to\infty$，即无噪声信道的容量为无穷大。

(2) 当输入信号功率 P_S 一定时，增加信道带宽，容量会增加，但到一定阶段后增加变缓，因为当噪声为加性高斯白噪声时，随着 W 的增加，噪声功率 N_0W 也在增加。当 $W\to\infty$ 时，$C_t\to C_\infty$，利用关系式 $\ln(1+x)\approx x$（x 很小时）可求出 C_∞ 值，即

$$
\begin{aligned}
C_\infty &= \lim_{W\to\infty} C_t = \lim_{W\to\infty} \frac{P_S}{N_0}\frac{WN_0}{P_S}\log\left(1+\frac{P_S}{N_0W}\right) = \lim_{x\to 0}\frac{P_S}{N_0}\log(1+x)^{1/x} \\
&= \lim_{x\to 0}\frac{P_S}{N_0\ln 2}\ln(1+x)^{1/x} = \frac{P_S}{N_0\ln 2}\text{bit/s}
\end{aligned}
$$

该式表明，即使带宽无限，信道容量也是有限的。当 $C_\infty=1\text{bit/s}$，$P_S/N_0=\ln 2=-1.6\text{dB}$，即带宽不受限制时，传送 1bit 信息，信噪比最低只需 -1.6dB，这就是香农限，是加性高斯噪声信道信息传输率的极限值，是一切编码方式所能达到的理论极限。在实际应用中，若要保证可靠通信，信噪比往往比这个值大得多。

$C_t/W=\log(1+\text{SNR})$（bps/Hz），单位频带的信息传输率也称频带利用率，该值越大，信道利用越充分。当 $C_t/W=1\text{bps/Hz}$ 时，$\text{SNR}=1$（0dB）；当 $C_t/W\to 0$ 时，$\text{SNR}=-1.6$dB，此时信道完全丧失通信能力，如图 3-18 所示。

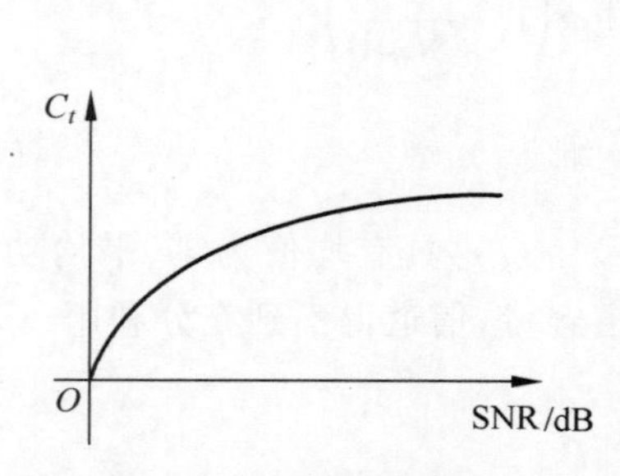

图 3-17　信道容量与信噪比的关系

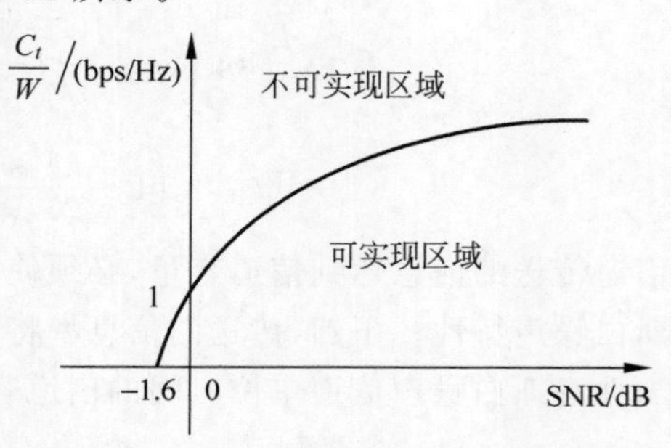

图 3-18　频带利用率与信噪比的关系

(3) 当 C_t 一定时，带宽 W 增大，信噪比 SNR 降低，即两者是可以互换的。若有较大的传输带宽，则在保持信号功率不变的情况下，可容许较大的噪声，即系统的抗噪声能力增强。无线通信中的扩频系统就是利用了这个原理，将所需传送的信号扩频，使之远大于原始信号带宽，以增强抗干扰能力。

例 3-11　电话信道的带宽为 3.3kHz，若信噪功率比为 20dB，即 SNR＝100，运用香农公式，该信道的容量为 $C_t = W\log(1+\text{SNR}) = 3.3\log(1+100) = 22\text{Kbit/s}$。而实际信道达到的最大信道传输率为 19.2Kbit/s，那是考虑了串音、回波等干扰因素，所以比理论计算值小。

3.5　多输入多输出信道及其容量

3.3 节介绍的独立并联信道中，每个信道的输出只与本信道的输入有关，与其他信道的输入无关，所以可简单地看作若干平行信道。本节要介绍的多输入多输出(multi-input multi-output，MIMO)信道模型如图 3-19 所示，每个信道输出都与 M 个信道输入信号有关，是由 M 个信道输入信号经各自路径传输后与噪声的线性叠加。在无线通信中，由多个发射天线和多个接收天线组成的通信系统就属于这种信道类型。无线 MIMO 技术利用多天线提供有效的发射分集和接收分集，在不增加系统带宽和天线发射总功率的情况下，可有效对抗无线信道衰落的影响，大大提高系统的频谱利用率和信道容量。多天线无线通信是当前通信领域的研究热点。

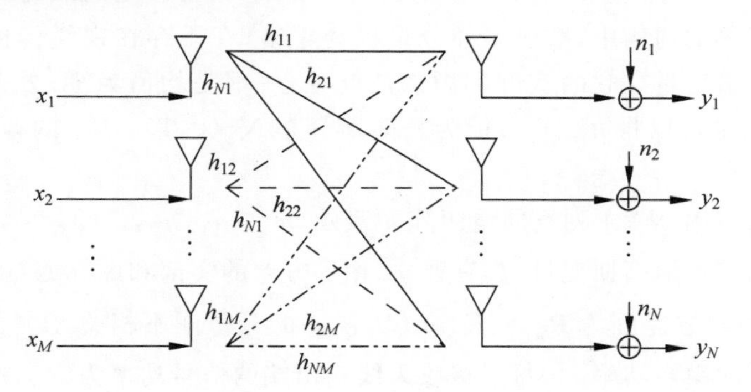

图 3-19　MIMO 信道模型

3.5.1　MIMO 信道模型

如图 3-19 所示，M 个子流由 M 个天线发射出去，经空间信道后由 N 个接收天线接收，N 个接收信号在频域表示为

$$\begin{cases} y_1 = h_{11}x_1 + h_{12}x_2 + \cdots + h_{1M}x_M + n_1 \\ y_2 = h_{21}x_1 + h_{22}x_2 + \cdots + h_{2M}x_M + n_2 \\ \vdots \\ y_N = h_{N1}x_1 + h_{N2}x_2 + \cdots + h_{NM}x_M + n_N \end{cases}$$

用矩阵表示为

$$y = Hx + n \tag{3-5-1}$$

式中,$x=(x_1,x_2,\cdots,x_M)^{\mathrm{T}}$ 表示发送信号复矢量,信号 x_j 为零均值 i. i. d 高斯变量,发送信号的协方差矩阵为

$$R_{xx} = E\{xx^{\dagger}\}$$

式中,† 表示复矩阵的共轭转置。不管发送天线数 M 多大,总的发送功率约束为 P_{T},即 $P_{\mathrm{T}}=\mathrm{tr}(R_{xx})$,tr(•)表示求矩阵的迹(trace),由对角线元素之和求得。假设发送方未知信道状态信息(channel state information,CSI),则每根天线发送相同的信号功率 P_{T}/M,发送信号的协方差矩阵为 $R_{xx}=\dfrac{P_{\mathrm{T}}}{M}I_M$,其中 I_M 为 $M\times M$ 单位矩阵。

信道矩阵 H 为 $N\times M$ 复矩阵,$H=\begin{bmatrix} h_{11} & \cdots & h_{1M} \\ \vdots & h_{ij} & \vdots \\ h_{N1} & \cdots & h_{NM} \end{bmatrix}$,$H$ 中的第 ij 分量 h_{ij} 表示第 j 根发送天线至第 i 根接收天线的信道衰落复数系数。从归一化的目的出发,假定 N 根接收天线中每根的接收功率均等于总的发送功率(忽略传播过程中信号的衰减、放大、阴影和天线增益等),于是对于给定系数的信道,H 中每个元素的归一化约束为 $\sum_{j=1}^{M}|h_{ij}|^2=M,i=1,2,\cdots,N$。当信道矩阵元素为复数随机变量时,可对上述表达式的期望值进行归一化。在无线移动通信中,散射多径分量极为丰富,在不存在视线传播途径时,h_{ij} 可表示为复高斯随机变量。它的实部和虚部彼此独立,都是均值为零、方差为 1/2 的高斯分布 $N(0,1/2)$,也可以将 h_{ij} 分布记为复高斯分布 $N_{\mathrm{c}}(0,1)$。h_{ij} 的幅度是瑞利分布,相位服从均匀分布。

接收端的噪声用 $N\times 1$ 列复向量矩阵 n 表示,$n=(n_1,n_2,\ldots,n_N)^{\mathrm{T}}$,其各分量 n_i 为互相统计独立的零均值高斯变量,具有独立、相等方差的实部和虚部 $N(0,\sigma^2/2)$,即 $n_i\sim N_{\mathrm{c}}(0,\sigma^2)$。噪声协方差阵为 $R_{nn}=E\{nn^{\dagger}\}$,若 n 的分量间不相关,$R_{nn}=\sigma^2 I_N$,N 个接收支路具有相等的噪声功率 σ^2,每根接收天线输出端的信号功率为 P_{T},故接收功率信噪比为 $\rho=\dfrac{P_{\mathrm{T}}}{\sigma^2}$。

3.5.2 MIMO 信道容量

在单天线系统信道容量研究的基础上,Telatar 和 Foschini 首先对白高斯噪声下的 MIMO 系统的信道容量进行了研究,在假设各天线互相独立的条件下,多天线系统的信道容量比单天线系统有显著的增加。考虑 M 根发送天线、N 根接收天线的无线传输系统,在接收端已确知信道传输特性的情况下,Foschini 的研究表明,当 $M=N$ 时可得到与 M 成比例增加的信道容量。因此,多天线系统具有良好的抗衰落和抗噪声性能。

目前关于 MIMO 信道容量的主要结论性成果如下。

(1) 接收端已知信道转移矩阵 $\boldsymbol{H}$,其值固定,但如果发送端未知信道状态信息(CSI),则最优方案是等功率发送,即将总发送功率 P_{T} 均匀分布到各发送天线单元。此时 MIMO 信道容量的通用公式为

$$C=\log\det\left[\boldsymbol{I}_N+\frac{\rho}{M}\boldsymbol{H}\boldsymbol{H}^{\dagger}\right] \tag{3-5-2}$$

获得此容量的发送信号为循环对称复高斯随机向量。式中 det 表示求行列式,$\boldsymbol{I}_N$ 为 N 阶单位矩阵。

如果发送端已知信道状态信息,则可运用注水法先将总发送功率分配到各个发送天线,再利用容量公式计算。

(2) 接收端已知信道状态信息,但信道转移矩阵 $\boldsymbol{H}$ 是复随机变量,满足循环对称性质。此时 MIMO 信道的平均信道容量(也称遍历容量)为

$$C_{\mathrm{avg}}=E_{\boldsymbol{H}}\left\{\log\left[\det\left(\boldsymbol{I}_N+\frac{\rho}{M}\boldsymbol{H}\boldsymbol{H}^{\dagger}\right)\right]\right\} \tag{3-5-3}$$

式(3-5-3)中的积分运算包含了非线性对数函数的积分,计算困难,且只能通过数值仿真的方法计算。一般来说,上式中的 $\boldsymbol{H}\boldsymbol{H}^{\dagger}$ 都满足 χ^2 分布随机变量的统计特征。故当收、发天线数相等,即 $M=N$ 时,采用卡方变量,MIMO 信道容量的下限可表示为

$$C>\sum_{k=1}^{N}\log\left[1+\frac{\rho}{N}\chi_{2k}^{2}\right] \tag{3-5-4}$$

式中,χ_{2k}^{2} 表示自由度为 $2k$ 的卡方变量,因为矩阵 $\boldsymbol{H}$ 各分量均是均值为 0、方差为 1 的复数,所以 χ_{2k}^{2} 的均值为 k。

(3) 当 M 很大时,可利用大数定理

$$\boldsymbol{H}\boldsymbol{H}^{\dagger}\xrightarrow{M\to\infty}M\boldsymbol{I}_N$$

于是

$$C\to N\log(1+\rho)$$

同样

$$\boldsymbol{H}^{\dagger}\boldsymbol{H}\xrightarrow{N\to\infty}N\boldsymbol{I}_M$$

$$C\to M\log\left(1+\frac{N}{M}\rho\right)$$

在相同的发射功率和带宽条件下,M 根发送天线、N 根接收天线的 MIMO 信道容量近似于 $\min(N,M)$ 倍单收单发(SISO)天线系统的信道容量:

$$C=[\min(M,N)]B\log\left(\frac{\rho}{2}\right) \tag{3-5-5}$$

其中,B 为信号带宽。式(3-5-5)表明,当功率和带宽固定时,MIMO 系统的最大容量或容量上限随最小天线数的增加而线性增加。而在同样条件下,在接收端或发射端采用多天线或天线阵列的普通智能天线系统,其容量仅随天线数对数的增加而增加。相对而言,MIMO 对于增加无线通信系统的容量具有极大的潜力。

3.6 信源与信道的匹配

信源发出的消息(符号)一般通过信道传输,因此要求信源的输出与信道的输入

匹配。

（1）符号匹配：信源输出的符号必须是信道能够传送的符号，即要求信源符号集为信道的入口符号集或入口符号集的子集，这是实现信息传输的必要条件，可通过在信源与信道之间加入编码器实现，也可以在信源压缩编码时一步完成。

（2）信息匹配：对于某一信道，只有当输入符号的概率分布 $p(x)$ 满足一定条件时才能达到其信道容量 C。也就是说，只有特定的信源才能使某一信道的信息传输率达到最大。一般情况下，当信源与信道连接时，其信息传输率 $R=I(X;Y)$ 并未达到最大，即信道没有得到充分利用。当信源与信道连接时，若信息传输率达到信道容量，则称此信源与信道实现匹配。否则认为信道有冗余。将信道冗余度定义为

$$\text{信道绝对冗余度}=C-I(X;Y) \tag{3-6-1}$$

其中，C 是该信道的信道容量，$I(X;Y)$ 是信源通过该信道实际传输的平均信息量。

$$\text{信道相对冗余度}=1-\frac{I(X;Y)}{C} \tag{3-6-2}$$

冗余度大，说明信源与信道（信息）的匹配程度低，信道的信息传递能力未得到充分利用；冗余度小，说明信源与信道（信息）的匹配程度高，信道的信息传递能力得到较充分的利用；冗余度为零，说明信源与信道（信息）完全匹配，信道的信息传递能力得到完全利用。一般来说，实际信源的概率分布未必是信道的最佳输入分布，所以 $I(X;Y)\leqslant C$，冗余度不为零。因此，要求信源与信道实现信息的完全匹配是不可能的，只要信道冗余度较小就可以。

所以，对信源输出的符号进行信源编码可以达到两个目的：一是将信源符号变换为信道能够传输的符号，即符号匹配；二是变换后的符号分布概率能使信息传输率接近信道容量，即信息匹配。从而使信道冗余度接近零，信源与信道实现匹配，信道得到充分利用。

例 **3-12** 某离散无记忆信源，输出符号的概率分布如表 3-1 所示。该信源的信息熵为 $H(X)=1.75$bit/信源符号。通过一个无噪无损二元离散信道进行传输，二元离散信道的信道容量为 $C=1$bit/信道符号。根据符号匹配，必须对信源 X 进行二元编码，才能使信源符号在此二元信道中传输。进行二元编码的结果可有多种，表 3-1 中列出了 C_1、C_2 两种。

表 3-1 信源输出符号概率分布和编码

编　码	x_1	x_2	x_3	x_4
$p(x_i)$	1/2	1/4	1/8	1/8
C_1	00	01	10	11
C_2	000	001	010	011

从表 3-1 中可见，码 C_1 中每个信源符号需用 2 个二元符号，信道的信息传输率 $R_1=H(X)/2=0.875$bit/信道符号；而码 C_2 中需用 3 个二元符号，$R_2=H(X)/3=0.583$bit/信道符号。信息传输率 R 即为信道传输率 $I(X;Y)$，这时，$R_2<R_1<C$，信道有

冗余。那么,是否存在一种信源编码,使信道的信息传输率 R 接近或等于信道容量 C 呢?也就是说,是否存在一种编码,使每个信源符号所需的二元符号最少呢?这就是信源编码理论,也就是数据压缩理论讨论的问题。

扩频通信

本章小结

本章从信道的分类及其描述出发,对各种信道的信息传输速率和信道容量等信道特性进行了介绍,其中对信道容量的分析为充分利用信道的信息传输能力提供了理论依据,对实际通信系统的设计具有重要的理论指导意义。

对于固定参数信道,通常采用条件概率 $p(Y|X)$ 描述信道输入、输出信号之间统计的依赖关系,也称为转移概率,其信道容量是固定值;对于时变参数信道,信道容量是随机变量,通常用平均容量(遍历容量)和中断容量表示。

信道容量:$C=\max\limits_{p(a_i)} I(X;Y)$,选择信源概率分布 $p(a_i)$ 使 $I(X;Y)$ 达到最大。

无噪无损信道:$C=I(X;Y)=H(X)=H(Y)=\log n$

无噪有损(确定)信道:$C=\max I(X;Y)=\max H(Y)$

有噪无损信道:$C=\max I(X;Y)=\max H(X)$

二元对称信道:$C=1-H(p)$

对称 DMC 信道:$C=\log m-H(Y\mid a_i)=\log m+\sum\limits_{j=1}^{m} p_{ij}\log p_{ij}$

准对称 DMC 信道:$C=\log n-H(p'_1,p'_2,\cdots,p'_s)-\sum\limits_{k=1}^{r} N_k \log M_k$

独立且无记忆信道:$C_L=\max\limits_{P_X} I(\boldsymbol{X};\boldsymbol{Y})=\max\limits_{P_X}\sum\limits_{l=1}^{L} I(X_l;Y_l)=\sum\limits_{l=1}^{L}\max\limits_{P_X} I(X_l;Y_l)=\sum\limits_{l=1}^{L} C(l)$

独立并联信道:$C_{1,2,\cdots,L}=\max I(\boldsymbol{X};\boldsymbol{Y})\leqslant\sum\limits_{l=1}^{L} C_l$

限时限频限功率加性高斯白噪声信道(香农公式):$C_t=\lim\limits_{t_B\to\infty}\dfrac{C}{t_B}=W\log\left(1+\dfrac{P_S}{N_0W}\right)$ bit/s

当带宽不受限制时,传送1bit信息,信噪比最低只需−1.6dB,这就是香农限。

MIMO 信道:$C=\log\det\left[\boldsymbol{I}_N+\dfrac{\rho}{M}\boldsymbol{H}\boldsymbol{H}^{\dagger}\right]$

习题

3-1 设二进制对称信道的概率转移矩阵为 $\begin{bmatrix}2/3 & 1/3\\1/3 & 2/3\end{bmatrix}$。

(1) 若 $p(x_0)=3/4, p(x_1)=1/4$，求 $H(X)$、$H(X|Y)$、$H(Y|X)$和 $I(X;Y)$。

(2) 求该信道的信道容量及其达到信道容量时的输入符号概率分布。

(3) 求(1)中信道的绝对冗余度和相对冗余度。

3-2 某信源发送端有 2 种符号，$x_i, i=1,2, p(x_1)=a$，每秒发出一个符号。接收端有 3 种符号($y_j, j=1,2,3$)，转移概率矩阵为 $\boldsymbol{P}=\begin{bmatrix}1/2 & 1/2 & 0\\1/2 & 1/4 & 1/4\end{bmatrix}$。

(1) 计算接收端的平均不确定度。

(2) 计算噪声产生的不确定度 $H(Y|X)$。

(3) 计算信道容量。

3-3 在有扰离散信道上传输符号 1 和 0，在传输过程中每传输 100 个符号发生一个错传符号。已知 $p(0)=1/2$，$p(1)=1/2$，信道每秒内允许传输 1000 个符号。求此信道的信道容量。

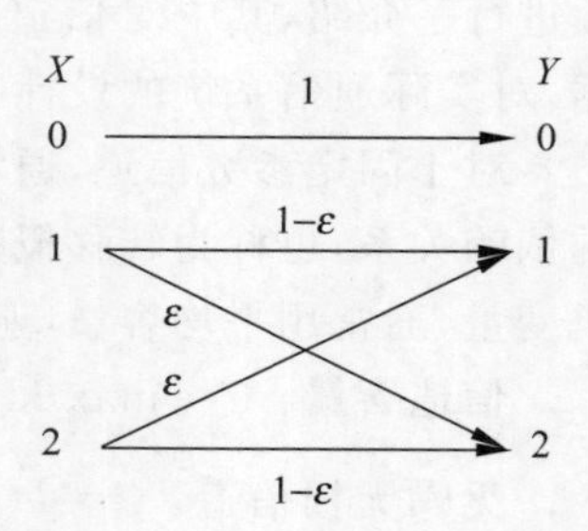

图 3-20 习题 3-4 图

3-4 求图 3-20 中信道的信道容量及其最佳输入概率分布，并求当 $\varepsilon=0$ 和 $1/2$ 时的信道容量。

3-5 求下列两个信道的容量，当 $0\leqslant\varepsilon<1/2$ 时，比较两信道容量值。

(1) $\begin{bmatrix}1-p-\varepsilon & p-\varepsilon & 2\varepsilon\\p-\varepsilon & 1-p-\varepsilon & 2\varepsilon\end{bmatrix}$

(2) $\begin{bmatrix}1-p-\varepsilon & p-\varepsilon & 2\varepsilon & 0\\p-\varepsilon & 1-p-\varepsilon & 0 & 2\varepsilon\end{bmatrix}$

3-6 设有扰离散信道的传输情况如图 3-21 所示，求该信道的信道容量。

3-7 已知二元有噪和删除信道如图 3-22 所示。

(1) 求该信道容量。

(2) 当 $\varepsilon=0$ 时为删除信道，求其容量。

(3) 当 $\rho=0$ 时为二元对称信道，求其容量。

(4) 对比分析 $\varepsilon=0.125$ 时的二元对称信道和 $\rho=0.5$ 时的删除信道，哪个更好？

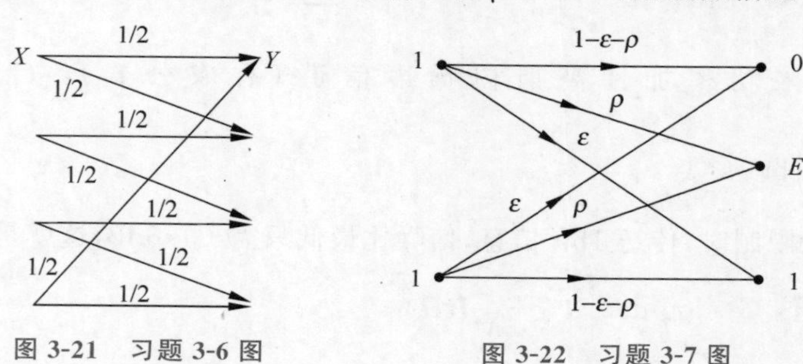

图 3-21 习题 3-6 图　　图 3-22 习题 3-7 图

3-8 发送端有 3 种等概符号(x_1, x_2, x_3)，$p(x_i)=1/3$，接收端收到 3 种符号(y_1, y_2, y_3)，信道转移概率矩阵为

$$\boldsymbol{P}=\begin{bmatrix}0.5 & 0.3 & 0.2\\0.4 & 0.3 & 0.3\\0.1 & 0.9 & 0\end{bmatrix}$$

(1) 计算接收端收到一种符号后得到的信息量 $H(Y)$。

(2) 计算噪声熵 $H(Y|X)$。

(3) 计算接收端收到一种符号 y_2 的错误概率。

(4) 计算从接收端看的平均错误概率。

(5) 计算从发送端看的平均错误概率。

(6) 从转移矩阵中能看出该信道的优劣吗?

(7) 计算发送端的 $H(X)$ 和 $H(X|Y)$。

3-9 具有 6.5MHz 带宽的某高斯信道,若信道中信号功率与噪声功率谱密度之比为 45.5MHz,试求其信道容量。

3-10 电视图像由 30 万个像素组成,对于适当的对比度,一个像素可取 10 个可辨别的亮度电平,假设各个像素的 10 个亮度电平都以等概率出现,实时传送电视图像每秒发送 30 帧图像。为获得满意的图像质量,要求信号与噪声的平均功率比为 30dB,试计算在这些条件下传送电视视频信号所需的带宽。

3-11 一个平均功率受限制的连续信道,其通频带为 1MHz,信道上存在加性白色高斯噪声。

(1) 已知信道上的信号与噪声的平均功率比为 10,求该信道的信道容量。

(2) 信道上的信号与噪声的平均功率比降至 5,要达到相同的信道容量,信道通频带应为多大?

(3) 若信道通频带减小为 0.5MHz,要保持相同的信道容量,信道上的信号与噪声的平均功率比应为多大?

3-12 若有一信源 $\begin{bmatrix}X\\P\end{bmatrix}=\begin{bmatrix}x_1 & x_2\\0.8 & 0.2\end{bmatrix}$,每秒发出 2.55 个信源符号。将此信源的输出符号送入某一个二元信道中进行传输(假设信道是无噪无损的),而信道每秒只传输 2 个二元符号。

(1) 信源不通过编码能否直接与信道连接?

(2) 通过适当编码能否在此信道中进行无失真传输?

3-13 有一个二元对称信道,其信道转移概率如图 3-23 所示。设该信道以每秒 1500 个二元符号的速度传输输入符号。若一消息序列共有 14000 个二元符号,并设消息中 $p(0)=p(1)=1/2$。从信息传输的角度考虑,10 秒内能否将这一消息序列无失真地传送完?

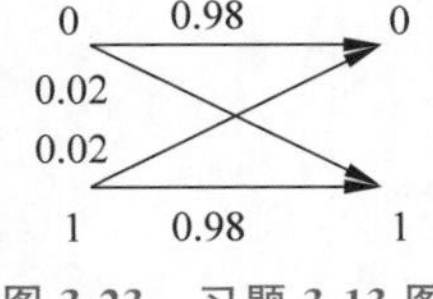

图 3-23 习题 3-13 图

第4章 信息率失真函数

第2章所讲的信源熵是针对不失真的情况。而在实际信息处理过程中，往往允许存在一定的失真，如连续信源发出的消息，由于其可能取值有无限多种，信源熵无穷大，要想传输这样的信息，必须经过A/D变换，这就会引入量化失真。人们的视觉和听觉都允许有一定的失真，电影和电视就是利用了视觉残留，才没有发觉影片是由一张一张画面快速连接起来的。耳朵的频率响应也是有限的，在某些实际场合只需保留信息的主要特征就够了。所以，一般可以对信源输出的信息进行失真处理，降低信息率，提高传输效率。那么在允许一定程度失真的条件下，能够将信源信息压缩到什么程度，至少需要多少比特才能描述信源呢？本章主要讨论在一定失真情况下所需的最小信息率，从分析失真函数、平均失真出发，求出信息率失真函数。

4.1 信息率失真函数的概念和性质

在实际问题中，信号有一定的失真是可以容忍的。但是当失真大于某一限度后，将严重影响信息质量，甚至使其丧失实用价值。要设定失真限度，必须先确定一个定量的失真测度。

4.1.1 失真函数和平均失真

假如某一信源 X，输出样值为 $x_i, x_i \in \{a_1, a_2, \cdots, a_n\}$，经过有失真的信源编码器，输出 Y，样值为 $y_j, y_j \in \{b_1, b_2, \cdots, b_m\}$。如果 $x_i = y_j$，则认为没有失真；如果 $x_i \neq y_j$，则产生了失真。失真的大小用一个量来表示，即**失真函数** $d(x_i, y_j)$，以度量用 y_j 代替 x_i 造成的失真程度。一般失真函数定义为

$$d(x_i, y_j) = \begin{cases} 0, & x_i = y_j \\ \alpha, & \alpha > 0, x_i \neq y_j \end{cases} \tag{4-1-1}$$

将所有的 $d(x_i, y_j)$ 排列起来，用矩阵表示为

$$\boldsymbol{d} = \begin{bmatrix} d(a_1, b_1) & d(a_1, b_2) & \cdots & d(a_1, b_m) \\ d(a_2, b_1) & d(a_2, b_2) & \cdots & d(a_2, b_m) \\ \vdots & \vdots & \ddots & \vdots \\ d(a_n, b_1) & d(a_n, b_2) & \cdots & d(a_n, b_m) \end{bmatrix} \tag{4-1-2}$$

称 $\boldsymbol{d}$ 为**失真矩阵**。

例4-1　设信源符号 $X \in \{0, 1\}$，编码器输出符号 $Y \in \{0, 1, 2\}$，规定失真函数为

$$d(0,0) = d(1,1) = 0$$
$$d(0,1) = d(1,0) = 1$$
$$d(0,2) = d(1,2) = 0.5$$

则由式(4-1-2)得失真矩阵

$$\boldsymbol{d} = \begin{bmatrix} 0 & 1 & 0.5 \\ 1 & 0 & 0.5 \end{bmatrix}$$

值得注意的是，失真函数 $d(x_i, y_j)$ 的数值是根据实际应用情况，用 y_j 代替 x_i 导致

的，失真大小是人为决定的。如例4-1中，用 $y=2$ 代替 $x=0$ 和 $x=1$ 导致的失真程度相同，用0.5表示；而用 $y=0$ 代替 $x=1$ 导致的失真程度变大，用1表示。失真函数 $d(x_i,y_j)$ 的函数形式可以根据需要任意选取，如平方代价函数、绝对代价函数、均匀代价函数等。最常用的失真函数有

均方失真：$d(x_i,y_j)=(x_i-y_j)^2$

绝对失真：$d(x_i,y_j)=|x_i-y_j|$

相对失真：$d(x_i,y_j)=|x_i-y_j|/|x_i|$

误码失真：$d(x_i,y_j)=\delta(x_i,y_j)=\begin{cases}0, & x_i=y_j\\ 1, & \text{其他}\end{cases}$

前3种失真函数适用于连续信源，最后一种适用于离散信源。均方失真和绝对失真只与 (x_i-y_j) 有关，而不是分别与 x_i、y_j 有关，在数学处理上比较方便；相对失真与主观特性比较匹配，因为主观感觉往往与客观量的对数成正比，但在数学处理中要困难得多。其实选择一个合适的失真函数，实现与主观特性完全匹配已非常困难，更不用说还要易于数学处理。当然不同的信源应有合适的失真函数，所以在实际问题中还可提出许多其他形式的失真函数。

失真函数的定义可以推广到序列编码的情况，如果离散信源输出符号序列 $\boldsymbol{X}=(X_1,X_2,\cdots,X_l,\cdots,X_L)$，其中 L 长符号序列样值 $\boldsymbol{x}_i=(x_{i_1},x_{i_2},\cdots,x_{i_l},\cdots,x_{i_L})$，经信源编码后，输出符号序列 $\boldsymbol{Y}=(Y_1,Y_2,\cdots,Y_l,\cdots,Y_L)$，其中 L 长符号序列样值 $\boldsymbol{y}_j=(y_{j_1},y_{j_2},\cdots,y_{j_l},\cdots,y_{j_L})$，则失真函数定义为

$$d_L(\boldsymbol{x}_i,\boldsymbol{y}_j)=\frac{1}{L}\sum_{l=1}^{L}d(x_{i_l},y_{j_l}) \tag{4-1-3}$$

式中，$d(x_{i_l},y_{j_l})$ 是当信源输出 L 长符号样值 $\boldsymbol{x}_i$ 中的第 l 个符号 x_{i_l} 经编码后输出 L 长符号样值 $\boldsymbol{y}_j$ 中第 l 个符号 y_{j_l} 时的失真函数。

由于 x_i 和 y_j 都是随机变量，因此失真函数 $d(x_i,y_j)$ 也是随机变量。分析整个信源的失真程度，需要用其数学期望或统计平均值表示，将失真函数的数学期望称为**平均失真**，记为

$$\begin{aligned}\overline{D}&=\sum_{i=1}^{n}\sum_{j=1}^{m}p(a_i,b_j)d(a_i,b_j)\\&=\sum_{i=1}^{n}\sum_{j=1}^{m}p(a_i)p(b_j\mid a_i)d(a_i,b_j)\end{aligned} \tag{4-1-4}$$

其中，$p(a_i,b_j)$，$i=1,2,\cdots,n$，$j=1,2,\cdots,m$ 是联合分布；$p(a_i)$ 是信源符号概率分布；$p(b_j|a_i)$，$i=1,2,\cdots,n$，$j=1,2,\cdots,m$ 是转移概率分布；$d(a_i,b_j)$，$i=1,2,\cdots,n$，$j=1,2,\cdots,m$ 是离散随机变量的失真函数。平均失真 $\overline{D}$ 是对给定信源分布 $p(a_i)$ 在经过某种转移概率分布为 $p(b_j|a_i)$ 的有失真信源编码器后产生失真的总体量度。图4-1为转移概率分布为 $p(y_j|x_i)$ 的信

$p(y_j|x_i)$

$x_i \longrightarrow$ 信源编码器 $\longrightarrow y_j$

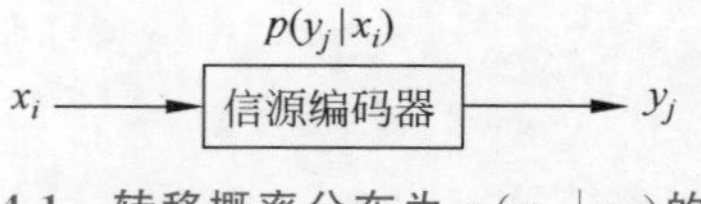

图4-1 转移概率分布为 $p(y_j|x_i)$ 的信源编码器

源编码器。

对于连续随机变量,同样可以定义平均失真

$$\overline{D}=\int_{-\infty}^{\infty}\int_{-\infty}^{\infty}p_{X,Y}(x,y)d(x,y)\mathrm{d}x\mathrm{d}y \tag{4-1-5}$$

其中,$p_{X,Y}(x,y)$是连续随机变量的联合概率密度,$d(x,y)$是连续随机变量的失真函数。

对于 L 长序列编码情况,平均失真为

$$\overline{D}_L=\frac{1}{L}\sum_{l=1}^{L}E[d(x_{i_l},y_{j_l})]=\frac{1}{L}\sum_{l=1}^{L}\overline{D}_l \tag{4-1-6}$$

其中,$\overline{D}_l$ 是第 l 个符号的平均失真。

4.1.2 信息率失真函数 $R(D)$

如图 4-2 所示,信源 X 经过有失真的信源编码器输出 Y,将这样的编码器看作存在干扰的假想信道,将 Y 看作接收端的符号。这样就可用分析信道传输的方法来研究限失真信源编码问题。

信源编码器的目的是使编码后所需的信息传输率 R 尽量小,而 R 越小,产生的平均失真 $\overline{D}$ 越大。给出一个失真的限制值 D,在满足平均失真

$$\overline{D}\leqslant D \tag{4-1-7}$$

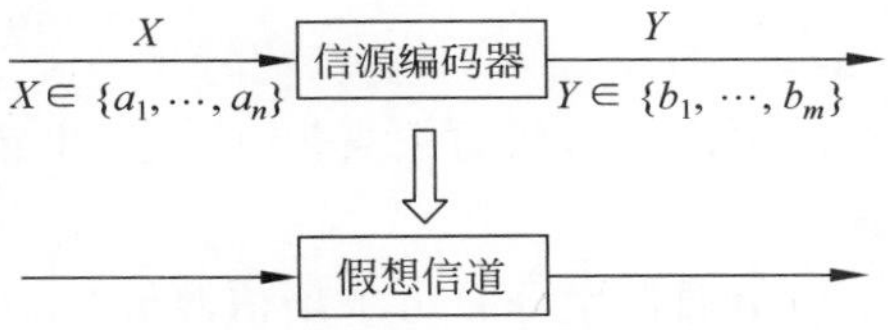

X
$X\in\{a_1,\cdots,a_n\}$
信源编码器
Y
$Y\in\{b_1,\cdots,b_m\}$
假想信道

图 4-2 将信源编码器看作信道

的条件下,选择一种编码方法,使信息率 R 尽可能小。信息率 R 就是所需输出的有关信源 X 的信息量。将此问题类比信道,即为接收端 Y 需要获得的有关 X 的信息量,也就是互信息 $I(X;Y)$。这样选择信源编码方法的问题就转化为选择假想信道的问题,符号转移概率 $p(y_j|x_i)$对应信道转移概率。

根据式(4-1-4),平均失真由信源分布 $p(x_i)$、假想信道的转移概率 $p(y_j|x_i)$和失真函数 $d(x_i,y_j)$决定,若 $p(x_i)$和 $d(x_i,y_j)$已定,则可给出满足式(4-1-7)条件的所有转移概率分布 p_{ij},它们构成了一个信道集合 P_D:

$$P_D=\{p(b_j\mid a_i):\overline{D}\leqslant D\quad i=1,2,\cdots,n;j=1,2,\cdots,m\} \tag{4-1-8}$$

称为 D **允许试验信道**。

由于互信息取决于信源分布和信道转移概率分布,根据 2.2.3 节所述,当 $p(x_i)$一定时,互信息 I 是关于 $p(y_j|x_i)$的 U 形凸函数,存在极小值。因而在上述允许信道 P_D 中,可以寻找一种信道 p_{ij},使给定的信源 $p(x_i)$经过此信道传输后,互信息 $I(X;Y)$达到最小。该最小互信息就称为**信息率失真函数** $R(D)$,即

$$R(D)=\min_{P_D}I(X;Y) \tag{4-1-9}$$

对于离散无记忆信源,$R(D)$函数可写为

$$R(D)=\min_{P_{ij}\in P_D}\sum_{i=1}^{n}\sum_{j=1}^{m}p(a_i)p(b_j\mid a_i)\log\frac{p(b_j\mid a_i)}{p(b_j)} \tag{4-1-10}$$

其中，$p(a_i),i=1,2,\cdots,n$ 是信源符号概率分布；$p(b_j|a_i),i=1,2,\cdots,n,j=1,2,\cdots,m$ 是转移概率分布；$p(b_j),j=1,2,\cdots,m$ 是接收端收到符号概率分布。

由互信息的关系式

$$I(X;Y)=H(Y)-H(Y\mid X)=H(X)-H(X\mid Y)$$

可理解为互信息是信源发出的信息量 $H(X)$ 与噪声干扰条件下丢失的信息量 $H(Y|X)$ 之差。应当注意，这里讨论的是有关信源问题，一般不考虑噪声的影响。而是由于信息存储和传输时需要去掉冗余，或者从某些需要出发认为可去除一些次要成分。也就是说，对信源的原始信息在允许的失真限度内进行压缩。由于这种压缩损失了一定的信息，因此造成一定的失真。将这种失真等效为噪声造成的信息损失看作一个等效噪声信道（又称试验信道），因此信息率失真函数的物理意义是：对于给定信源，在平均失真不超过失真限度 D 的条件下，信息率容许压缩的最小值 $R(D)$。下面通过对一个信源处理的例子，进一步研究信息率失真函数的物理意义。

例 4-2 设信源的符号集为 $A=\{a_1,a_2,\cdots,a_{2n}\}$，概率分布为 $p(a_i)=1/2n,i=1,2,\cdots,2n$，失真函数规定为

$$d(a_i,a_j)=\begin{cases}1, & i\neq j\\0, & i=j\end{cases}$$

即符号不出现差错时失真为 0，一旦出错，失真为 1，试研究在一定编码条件下信息压缩的程度。

由信源概率分布可求出信源熵为

$$H\left(\frac{1}{2n},\cdots,\frac{1}{2n}\right)=\log_2 2n\,\text{bit/符号}$$

如果对信源进行不失真编码，平均每个符号至少需要 $\log_2 2n$ 个二进制码元。现在假定允许有一定失真，假设失真限度为 $D=1/2$。也就是说，当收到 100 个符号时，允许其中有 50 个以下的差错。这时信源的信息率可减小到多少呢？每个符号平均码长可压缩到什么程度呢？设想采用下面的编码方案：

$$a_1\to a_1,a_2\to a_2,\cdots,a_n\to a_n$$

$$\vdots$$

$$a_{n+1}\to a_n,a_{n+2}\to a_n,\cdots,a_{2n}\to a_n$$

用信道模型图表示，如图 4-3 所示。

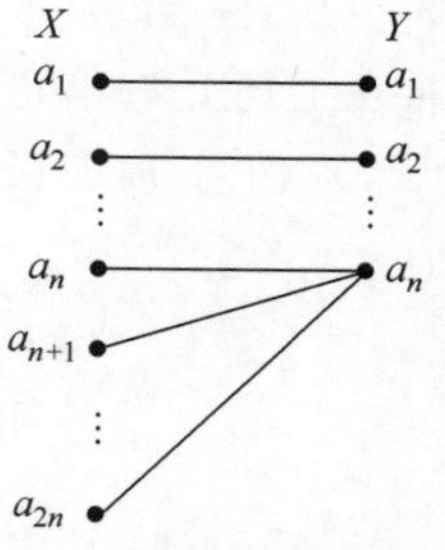

图 4-3 等效试验信道模型图

根据上述关于失真函数的规定，平均失真应为

$$\bar{D}\leqslant D=\frac{1}{2}$$

由于上述编码相当于图 4-3 所示试验信道。由该信道模型不难看出，它是一个确定信道，所以

$$p_{ij}=1\text{ 或 }0,\quad H(Y\mid X)=0$$

由互信息公式可得

$$I(X;Y)=H(Y)-H(Y\mid X)=H(Y)$$

信道输出概率分布为

$$p_1 = p_2 = \cdots = p_{n-1} = \frac{1}{2n}$$

由于从 a_n 起，以后所有符号都编为 a_n，所以概率分布为

$$p_n = \frac{1+n}{2n}$$

则输出熵 $H(Y)$ 为

$$H(Y) = H\Big(\underbrace{\frac{1}{2n},\cdots,\frac{1}{2n}}_{(n-1)\text{个}},\frac{1+n}{2n}\Big) = \log 2n - \frac{n+1}{2n}\log(n+1) \tag{4-1-11}$$

由以上结果可知，经压缩编码后，信源需要传输的信息率由原来的 $\log 2n$，压缩到 $\log 2n-((n+1)/2n)\log(n+1)$。也就是说，信息率压缩了 $((n+1)/2n)\log(n+1)$。这是采用上述压缩编码方法的结果，所付出的代价是容忍了 1/2 的平均失真。如果选取压缩更为有利的编码方案，压缩的效果可能更好。但一旦超过最小互信息这个极限值，失真就要超过失真限度 D。如果需要压缩的信息率更大，则可容忍的平均失真要更大。

4.1.3 信息率失真函数的性质

1. $R(D)$函数的定义域

1) $D_{\min}$ 和 $R(D_{\min})$

由于 D 是非负实数 $d(x,y)$的数学期望，因此 D 也是非负实数。非负实数的下界是零，即 $D_{\min}=0$。至于失真度 D 能否达到零，这与单个符号的失真函数有关，只有当失真矩阵中每行至少有一个零元素时，信源的平均失真度才能达到零。这时对应无失真的情况，即无失真信源编码，此时编码器输出的信息量等于信源熵，即

$$R(D_{\min}) = R(0) = H(X) \tag{4-1-12}$$

但是，式(4-1-12)成立是有条件的，它与失真矩阵形式有关，只有当失真矩阵中每行至少有一个零，并且每列最多只有一个零时，等式才成立。否则，$R(0)$可以小于 $H(X)$，它表示这时信源符号集中有些符号可以被压缩、合并，而不带来任何失真。

对于连续信源来说，由于其信源熵只有相对意义，而真正的熵为∞，当 $D_{\min}=0$ 时相当于无失真信源编码，此时信息量是不变的，所以

$$R(D_{\min}) = R(0) = H_c(X) = \infty$$

实际信源编码器不可能无失真地编码这种连续信息，当允许有一定失真时，$R(D)$将为有限值。

2) $D_{\max}$ 和 $R(D_{\max})$

由于 $I(X;Y)$是非负函数，而 $R(D)$是约束条件下的 $I(X;Y)$的最小值，所以 $R(D)$也是一个非负函数，它的下限值是零。当 $R(D)$为 0，意味着无须传输任何信息。显然 D 越大，直至无限大，都能满足这样的情况，这里选择所有满足 $R(D)=0$ 的 D 的最小值，定义为 $R(D)$定义域的上限 $D_{\max}$，即 $D_{\max}=\min\limits_{R(D)=0} D$。因此可得到 $R(D)$的定义域为 $D\in[0,D_{\max}]$。

$R(D)=0$ 就是 $I(X;Y)=0$，这时试验信道输入与输出是互相独立的，所以条件概率 $p(y_j|x_i)$ 与 x_i 无关，即

$$p_{ij}=p(y_j \mid x_i)=p(y_j)=p_j$$

这时平均失真为

$$D=\sum_{i=1}^{n}\sum_{j=1}^{m}p_i p_j d_{ij} \tag{4-1-13}$$

其中，$d_{ij}=d(a_i,b_j)$，现在需要求出满足 $\sum_{j=1}^{m}p_j=1$ 条件的 D 中的最小值，即

$$D_{\max}=\min\sum_{j=1}^{m}p_j\sum_{i=1}^{n}p_i d_{ij}$$

观察上式可得，在 $j=1,2,\cdots,m$ 中，可找到使 $\sum_{i=1}^{n}p_i d_{ij}$ 值最小的 j，当该 j 对应的 $p_j=1$，而其余 $p_j=0$ 时，上式右边达到最小，这时上式可简化为

$$D_{\max}=\min_{j=1,2,\cdots,m}\sum_{i=1}^{n}p_i d_{ij} \tag{4-1-14}$$

例 4-3　设输入 X、输出 Y 的符号集分别为 A 和 B，$A=B\in\{0,1\}$，输入概率分布 $p(x)=\{1/3,2/3\}$，失真矩阵为

$$\boldsymbol{d}=\begin{bmatrix} d(a_1,b_1) & d(a_1,b_2) \\ d(a_2,b_1) & d(a_2,b_2) \end{bmatrix}=\begin{bmatrix} 0 & 1 \\ 1 & 0 \end{bmatrix}$$

当 $D_{\min}=0$ 时，$R(D_{\min})=H(X)=H(1/3,2/3)=0.91$bit/符号，这时信源编码器无失真，$a_1\to b_1$，$a_2\to b_2$，所以该编码器的转移概率为 $\boldsymbol{P}=\begin{bmatrix} 1 & 0 \\ 0 & 1 \end{bmatrix}$。

当 $R(D_{\max})=0$ 时，由式(4-1-14)得

$$\begin{aligned} D_{\max} &= \min_{j=1,2}\sum_{i=1}^{2}p_i d_{ij} \\ &= \min_{j=1,2}\{p_1 d_{11}+p_2 d_{21}, p_1 d_{12}+p_2 d_{22}\} \\ &= \min_{j=1,2}\left\{\frac{1}{3}\times 0+\frac{2}{3}\times 1, \frac{1}{3}\times 1+\frac{2}{3}\times 0\right\} \\ &= \min_{j=1,2}\left\{\frac{2}{3},\frac{1}{3}\right\}=\frac{1}{3} \end{aligned}$$

此时输出符号概率 $p(b_1)=0$，$p(b_2)=1$，$a_1\to b_2$，$a_2\to b_2$，所以这时编码器的转移概率为 $\boldsymbol{P}=\begin{bmatrix} 0 & 1 \\ 0 & 1 \end{bmatrix}$。

例 4-4　若输入输出符号表与输入概率分布同例 4-3，失真矩阵为 $\boldsymbol{d}=\begin{bmatrix} \frac{1}{2} & 1 \\ 2 & 1 \end{bmatrix}$。

当 $a_1 \to b_1, a_2 \to b_2$ 时，该编码器的转移概率为 $\boldsymbol{P}=\begin{bmatrix}1 & 0\\0 & 1\end{bmatrix}$，但

$$D_{\min}=\sum_{i,j} p(a_i)p(b_j \mid a_i)d(a_i,b_j)=\frac{1}{3}\times\frac{1}{2}+\frac{2}{3}\times 1=\frac{5}{6}$$

因为从失真矩阵看，不管 a_i 转移到哪个 b_j，都会产生失真，所以无法使 $D_{\min}$ 达到0。这种情况只是一种特例，实际应用中一般不会出现。

2. $R(D)$函数的下凸性和连续性

规定了定义域之后，再证明 $R(D)$在定义域内是下凸的。

令

$$\begin{cases} D^{\alpha}=\alpha D'+(1-\alpha)D'', 0 \leqslant \alpha \leqslant 1 \\ R(D')=\min\limits_{p_{ij}\in P_{D'}} I(p_{ij})=I(p'_{ij}) \end{cases}$$

其中，p'_{ij} 是使 $I(p_{ij})$ 达到极小值的 p_{ij}，且保证 $D \leqslant D'$。同理

$$R(D'')=I(p''_{ij})$$

令

$$p^{\alpha}_{ij}=\alpha p'_{ij}+(1-\alpha)p''_{ij}$$

先证明 p^{α}_{ij} 是 P^{α}_{D} 的元。已知

$$\begin{aligned} D(p^{\alpha}_{ij}) &= \sum_{i}\sum_{j} p_i p^{\alpha}_{ij} d_{ij} \\ &= \sum_{i}\sum_{j} p_i[\alpha p'_{ij}+(1-\alpha)p''_{ij}]d_{ij} \\ &= \alpha\sum_{i}\sum_{j} p_j p'_{ij} d_{ij}+(1-\alpha)\sum_{i}\sum_{j} p_i p''_{ij} d_{ij} \\ &\leqslant \alpha D'+(1-\alpha)D''=D^{\alpha} \end{aligned}$$

这是因为 p'_{ij} 和 p''_{ij} 分别是 P'_D 和 P''_D 中的元，所以产生的失真必分别小于 D' 和 D''。

利用 $I(p_{ij})$的下凸性，可得

$$\begin{aligned} R(D^{\alpha}) &= \min_{p_{ji}\in P_{D^{\alpha}}} I(p_{ij}) \\ &\leqslant I(p^{\alpha}_{ij}) \\ &= I[\alpha p'_{ij}+(1-\alpha)p''_{ij}] \\ &\leqslant \alpha I(p'_{ij})+(1-\alpha)I(p''_{ij}) \\ &= \alpha R(D')+(1-\alpha)R(D'') \end{aligned}$$

这就证明了 $R(D)$的下凸性。

现在证明 $R(D)$在定义域 $0 \sim D_{\max}$ 的连续性。

设 $D'=D+\delta$，当 $\delta \to 0$ 时，$P_{D'} \to P_D$。由于 $I(p_{ij})$是 p_{ij} 的连续函数，即当 $\delta p_{ij} \to 0$ 时，有

$$I(p_{ij}+\delta p_{ij}) \to I(p_{ij})$$

则

$$R(D')=\min_{p_{ij}\in P_{D'}} I(p_{ij}) \to \min_{p_{ij}\in P_D} I(p_{ij})=R(D)$$

这就是连续性。

3. $R(D)$函数的单调递减性

$R(D)$的单调递减性可理解为：容许的失真度越大，要求的信息率越小。反之亦然。这一点可由定义证明。

令 $D>D'$，则 $P_D \supset P_{D'}$。

这一结果可由式(4-1-8)P_D 的定义式得到。于是

$$R(D)=\min_{p_{ij}\in P_D} I(p_{ij}) \leqslant \min_{p_{ij}\in P_{D'}} I(p_{ij})=R(D')$$

上式中的不等式是因为 P_D 包含了 $P_{D'}$，在一个较大范围内求得的极小值必然不会大于其中一个小范围内的极小值，所以 $R(D)$是非递增函数。现在再证明上式中的等号不成立，用反证法。

设有 $0<D'<D''<D_{\max}$，令

$$R(D')=I(p'_{ij}),\quad p'_{ij}\in P_{D'}$$

$$R(D_{\max})=I(p''_{ij})=0,\quad p''_{ij}\in P_{D_{\max}}$$

对于足够小的 $\alpha(\alpha>0)$，必有

$$D'<(1-\alpha)D'+\alpha D_{\max}=D^{\alpha}<D''$$

令

$$p_{ij}^{\alpha}=(1-\alpha)p'_{ij}+\alpha p''_{ij}$$

则

$$D(p_{ij}^{\alpha})=(1-\alpha)d(p'_{ij})+\alpha d(p''_{ij})$$

$$=(1-\alpha)d(p'_{ij})+\alpha D_{\max}=D^{\alpha}$$

所以

$$p_{ij}^{\alpha}\in P_{D^{\alpha}}$$

$$R(D^{\alpha})=\min_{p_{ij}\in P_{D^{\alpha}}} I(p_{ij})\leqslant I(p_{ij}^{\alpha})$$

$$\leqslant(1-\alpha)I(p'_{ij})+\alpha I(p''_{ij})$$

$$=(1-\alpha)I(p'_{ij})<R(D')$$

可见 $R(D^{\alpha})\neq R(D')$。因此 $R(D)$是严格单调递减的。

综上所述，可以得出如下结论。

(1) $R(D)$是非负实数，即 $R(D)\geqslant 0$。其定义域为 $0\sim D_{\max}$，其值为 $0\sim H(X)$。当 $D>D_{\max}$ 时，$R(D)\equiv 0$。

(2) $R(D)$是关于 D 的下凸函数，也是关于 D 的连续函数。

(3) $R(D)$是关于 D 的严格递减函数。

基于以上三点结论，可画出一般 $R(D)$的曲线，如图 4-4 所示。

综上可知，若规定了允许失真 D，又找到了适当的失真函数 d_{ij}，就可以找到该失真条件下的最小信息率 $R(D)$，这个最小信息率是一个极限数值。用不同方法进行数据压缩时(前提是都不能超过失真限度 D)，其压缩的程度如何，$R(D)$函数可作为一把尺子，由它可知是否还有压缩潜力，潜力有多大，因此近年来引起很多学者的兴趣。

4.1.4 信息率失真函数与信道容量

下面将信息率失真函数 $R(D)$与信道容量 C 进行比较，如表 4-1 所示。

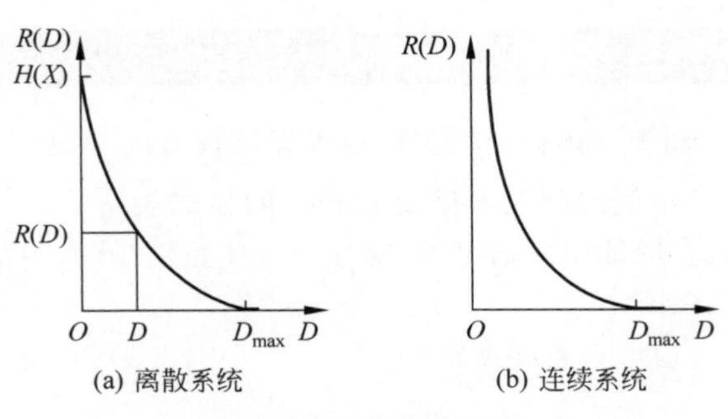

图 4-4 信息率失真曲线

表 4-1 $R(D)$与 C 的比较

项　目	信道容量 C	信息率失真函数 $R(D)$
研究对象	信道	信源
给定条件	信道转移概率 $p(y\|x)$	信源分布 $p(x)$
选择参数	信源分布 $p(x)$	信源编码器编码方法 $p(y\|x)$
结论	$C=\max\limits_{p(x)} I(X;Y)$	$R(D)=\min\limits_{P_D} I(X;Y)$
$H(X\|Y)=H(X)-I(X;Y)$	噪声干扰损失的信息量	编码压缩损失的信息量

将信道容量定义为 $C=\max\limits_{p(a_i)} I(X;Y)$。它表示信道的最大传输能力,反映信道本身的特性,与信源无关。但由于平均互信息量与信源的特性有关,为消除信源特性对信道容量的影响,采用的做法是在所有信源中以能使平均互信息量达到最大的信源为参考,使信道容量仅与信道特性有关,信道不同,C 也不同。

信息率失真函数 $R(D)=\min\limits_{P_D} I(X;Y)$。它是保真度准则下信源信息率可被压缩的最低限度,反映信源本身的特性,与信道无关。同样地,由于平均互信息量与信道的特性有关,这里的信道为有失真的信源编码器,为消除信源编码器的特性对信息率失真函数的影响,采用的做法是在所有编码器中以能使平均互信息量达到最小的编码器为参考,使信息率失真函数仅与信源特性有关,信源不同,$R(D)$也不同。

对信道容量和信息率失真函数作这样处理以便为引入它们的目的服务。

引入 C,是为了解决在所用信道中传送的最大信息量到底是多少的问题,它给出了信道可能传输的最大信息量,是无差错传输的上限。在第 6 章将会看到,为了得到错误概率任意小的传输,应该采用信道编码。引入 C 的概念后,说明信息传输速率无限接近 C 而又能具有任意小错误传输概率的信道编码是存在的,可见引入 C 能够为信道编码服务,或者说为提高通信的可靠性服务。

引入 $R(D)$是为了解决在允许失真度 D 条件下,信源编码到底能压缩到什么程度的问题,它给出了保真度准则下信源信息率可被压缩的最低限度,可见引入它能为信源的压缩编码服务,或者说为提高通信的有效性服务。

4.2 离散信源和连续信源的 $R(D)$ 计算

给定信源概率 p_i 和失真函数 d_{ij}，就可以求得该信源的 $R(D)$ 函数。它是在约束条件即保真度准则下求极小值的问题。但要得到它的显式表达式，一般比较困难，通常用参量表达式。即使如此，除简单的情况外，实际计算还是困难的，只能用迭代逐级逼近的方法。

某些特殊情况下 $R(D)$ 的表示式如下。

(1) 当 $d(x,y)=(x-y)^2$，$p(x)=\dfrac{1}{\sigma\sqrt{2\pi}}\mathrm{e}^{-\frac{x^2}{2\sigma^2}}$ 时，$R(D)=\log\dfrac{\sigma}{\sqrt{D}}$。

(2) 当 $d(x,y)=|x-y|$，$p(x)=\dfrac{\lambda}{2}\mathrm{e}^{-\lambda|x|}$ 时，$R(D)=\log\dfrac{1}{\lambda D}$。

(3) 当 $d(x,y)=\delta(x,y)$，$p(x=0)=p$，$p(x=1)=1-p$ 时，$R(D)=H(p)-H(D)$。

这些 $R(D)$ 可画成图 4-5 中的三条曲线。它们都有一个最大失真值 $D_{\max}$，对应 $R(D)=0$。当允许的平均失真 D 大于这个最大值时，$R(D)$ 当然也为零，也就是不用传送信息已能达到要求。上述三种情况的 $D_{\max}$ 分别为 σ^2、$1/\lambda$ 和 p（此时 $p<1/2$，否则就是 $1-p$）。其实这很好解释。例如，在均方失真和正态分布的第一种情况下，不管信源符号是何值，都用 $y=0$ 编码，此时平均失真就是 σ^2。Y 只有一个值，当然不需要传送，也不含有信息。其他两种情况也有类似的结果。当 $D<D_{\max}$ 时，$R(D)$ 已不为零，随着 D 的减小，$R(D)$ 单调增加；当 $D=0$ 时，前两种情况下，$R(D)$ 趋于无限大，也就是说，信息量无限大的连续信源符号已无法进行无损编码，除非信息率 R 趋向无限大。离散信源则不同，在第三种情况下，$D=0$ 时，$R(0)=H(p)$，也就是无损编码时所需的信息率不能小于信源的符号熵。

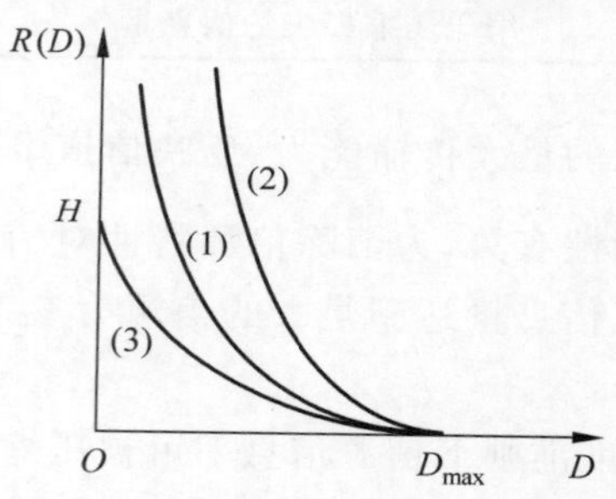

图 4-5 信息率失真函数 $R(D)$ 曲线

下面简单介绍用参量表达式方法求解信息率失真函数 $R(D)$。具体推导过程从略（参见文献[1]），这里结合例子给出计算步骤。

例 4-5 设输入 X、输出 Y 的符号集分别为 A 和 B，$A=B\in\{0,1\}$，输入概率分布为 $p(x)=(p,1-p)$，$0<p\leqslant 1/2$，失真矩阵为

$$\boldsymbol{d}=\begin{bmatrix} d(a_1,b_1) & d(a_1,b_2) \\ d(a_2,b_1) & d(a_2,b_2) \end{bmatrix}=\begin{bmatrix} 0 & 1 \\ 1 & 0 \end{bmatrix}$$

求信息率失真函数 $R(D)$。

解：简记 $\lambda_i=\lambda(x_i)$，$p_i=p(x_i)$，$\omega_j=p(y_j)$，$\alpha=\mathrm{e}^s$，$i,j=1,2$。

(1) 根据下式解方程：

$$\sum_i \lambda(x_i)p(x_i)\exp[sd(x_i,y_j)]=1,\quad j=1,2,\cdots,m$$

写为矩阵形式：

$$[p_1\lambda_1 \quad p_2\lambda_2]\begin{bmatrix}1 & \alpha \\ \alpha & 1\end{bmatrix}=[1 \quad 1]$$

由此解得

$$p_1\lambda_1=p_2\lambda_2=\frac{1}{1+\alpha},\quad \lambda_1=\frac{1}{p(1+\alpha)},\quad \lambda_2=\frac{1}{(1-p)(1+\alpha)}$$

(2) 根据下式解方程：

$$\sum_j p(y_j)\exp[sd(x_i,y_j)]=\frac{1}{\lambda(x_i)},\quad i=1,2,\cdots,n$$

写为矩阵形式：

$$\begin{bmatrix}1 & \alpha \\ \alpha & 1\end{bmatrix}\begin{bmatrix}\omega_1 \\ \omega_2\end{bmatrix}=\begin{bmatrix}\dfrac{1}{\lambda_1} \\ \dfrac{1}{\lambda_2}\end{bmatrix}$$

解得

$$\begin{cases}\omega_1=\dfrac{1}{1-\alpha^2}\left(\dfrac{1}{\lambda_1}-\dfrac{\alpha}{\lambda_2}\right)=\dfrac{1}{1-\alpha}[p-\alpha(1-p)] \\ \omega_2=\dfrac{1}{1-\alpha^2}\left(\dfrac{1}{\lambda_2}-\dfrac{\alpha}{\lambda_1}\right)=\dfrac{1}{1-\alpha}(1-p-\alpha p)\end{cases}$$

(3) 由下式得转移概率分布 p_{ij}：

$$p_{ij}=\lambda(x_i)p(y_j)\exp[sd(x_i,y_j)],\quad i=1,2,\cdots,n;j=1,2,\cdots,m$$

写为矩阵形式：

$$\boldsymbol{P}=\frac{1}{1-\alpha^2}\begin{bmatrix}\dfrac{p-\alpha(1-p)}{p} & \dfrac{1-p-\alpha p}{p}\alpha \\ \dfrac{p-\alpha(1-p)}{1-p}\alpha & \dfrac{1-p-\alpha p}{1-p}\end{bmatrix}$$

(4) 求 $s(s=\log\alpha)$：

$$D=\sum_{ij}p_i p_{ij}d_{ij}=p_1p_{11}d_{11}+p_1p_{12}d_{12}+p_2p_{21}d_{21}+p_2p_{22}d_{22}$$

$$=\frac{1}{1-\alpha^2}[\alpha(1-p-\alpha p+\alpha(p-\alpha(1-p))]=\frac{\alpha}{1+\alpha}$$

$$D=\frac{\alpha}{1+\alpha},\quad \alpha=\frac{D}{1-D}$$

$$s=\log\alpha=\log D-\log(1-D)$$

(5) 计算 $R(D)$，将上面各式代入，则有

$$R(D)=sD+\sum_i p_i\log\lambda_i$$

$$=D\log\frac{D}{1-D}+p\log\frac{1}{p(1+\alpha)}+(1-p)\log\frac{1}{(1-p)(1+\alpha)}$$

$$=D\log\frac{D}{1-D}+H(p)-\log(1+\alpha)$$
$$=D\log\frac{D}{1-D}-\log\frac{1}{1-D}+H(p)$$
$$=D\log D+(1-D)\log(1-D)+H(p)$$

得到图 4-6 所示的曲线，其表达式为

$$R(D)=\begin{cases}H(p)-H(D), & 0\leqslant D\leqslant p\leqslant\dfrac{1}{2}\\ 0, & D\geqslant p\end{cases}$$

上述计算过程实质上第(1)、(2)步是解简单的线性方程组，第(3)、(4)、(5)步则是代入整理。

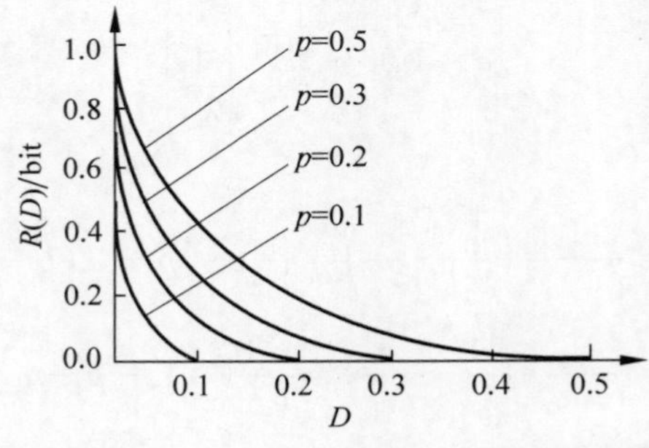

图 4-6　$R(D)=H(p)-H(D)$，p 为参数

本章小结

本章讨论了离散消息的失真函数和信息率失真函数，同时对连续消息进行了相应的讨论。在实际应用中，符合实际信源的 $R(D)$ 函数的计算相当困难。首先，需要对实际信源的统计特性进行确切的数学描述；其次，需要对符合主、客观实际的失真进行正确的度量，否则不能求得符合主、客观实际的 $R(D)$ 函数。信息率失真函数是研究限失真信源编码定理的基础。

失真函数 $d(x_i,y_j)=\begin{cases}0, & x_i=y_j\\ \alpha,\alpha>0, & x_i\neq y_j\end{cases}$

平均失真　$\overline{D}=\sum_{i=1}^{n}\sum_{j=1}^{m}p(a_i,b_j)d(a_i,b_j)$

信息率失真函数 $R(D)$：给定信源 $p(x_i)$，在平均失真（$\leqslant D$）中寻找一种信源编码 p_{ij}，使互信息 $I(X;Y)$ 达到最小。

$$R(D)=\min_{P_D}I(X;Y),\quad P_D=\{p(b_j\mid a_i):\overline{D}\leqslant D\quad i=1,2,\cdots,n;j=1,2,\cdots,m\}$$

$R(D)$ 函数的定义域：

$$D_{\min}=0,\quad R(D_{\min})=R(0)=H(X)$$

$$D_{\max}=\min_{R(D)=0} D,\quad R(D_{\max})=0$$

$R(D)$函数的性质：下凸性、连续性、单调递减性。

$R(D)$与C具有对偶关系。

习题

4-1 设有一个二元等概率信源 $X\in\{0,1\}$，$p_0=p_1=1/2$，通过一个二进制对称信道。其失真函数 d_{ij} 与信道转移概率 P_{ij} 分别定义为

$$d_{ij}=\begin{cases}1, & i\neq j\\ 0, & i=j\end{cases},\quad P_{ij}=\begin{cases}\varepsilon, & i\neq j\\ 1-\varepsilon, & i=j\end{cases}$$

试求失真矩阵 $\boldsymbol{d}$ 和平均失真 $\overline{D}$。

4-2 设输入符号表示为 $X\in\{0,1\}$，输出符号表示为 $Y\in\{0,1\}$。输入信号的概率分布为 $P=(1/2,1/2)$，失真函数为 $d(0,0)=d(1,1)=0$，$d(0,1)=1$，$d(1,0)=2$。试求 $D_{\min}$、$D_{\max}$ 和 $R(D_{\min})$、$R(D_{\max})$及相应的编码器转移概率矩阵。

4-3 设输入符号与输出符号 X 和 Y 均取值于$\{0,1,2,3\}$，且输入信号的分布为 $p(X=i)=1/4$，$i=0,1,2,3$，失真矩阵为

$$\boldsymbol{d}=\begin{bmatrix}0 & 1 & 1 & 1\\ 1 & 0 & 1 & 1\\ 1 & 1 & 0 & 1\\ 1 & 1 & 1 & 0\end{bmatrix}$$

求 $D_{\min}$、$D_{\max}$ 和 $R(D_{\min})$、$R(D_{\max})$及相应的编码器转移概率矩阵。

4-4 设输入信号等概率分布，失真矩阵为

$$\boldsymbol{d}=\begin{bmatrix}0 & 1 & 1/4\\ 1 & 0 & 1/4\end{bmatrix}$$

试求 $D_{\min}$、$D_{\max}$ 和 $R(D_{\min})$、$R(D_{\max})$及相应的编码器转移概率矩阵。

4-5 具有符号集 $U=\{u_0,u_1\}$ 的二元信源，信源发生概率为 $p(u_0)=p$，$p(u_1)=1-p(0<p\leqslant 1/2)$。$Z$ 信道如图 4-7 所示，接收符号集 $V=\{v_0,v_1\}$，转移概率为 $p(v_0|u_0)=1$，$p(v_1|u_1)=1-q$。发出符号与接收符号的失真分别为 $d(u_0,v_0)=d(u_1,v_1)=0$，$d(u_1,v_0)=d(u_0,v_1)=1$。

(1) 计算平均失真 $\overline{D}$。

(2) 信息率失真函数 $R(D)$的最大值是多少？当 q 为何值时可达到该最大值？此时平均失真 D 是多少？

(3) 信息率失真函数 $R(D)$的最小值是多少？当 q 为何值时可达到该最小值？此时平均失真 D 是多少？

(4) 画出 $R(D)$-D 的曲线。

4-6 已知信源的符号 $X\in\{0,1\}$，它们以等概率出现，信宿的符号 $Y\in\{0,1,2\}$，失真函数如图 4-8 所示，其中连线旁的值为失真函数，无连线表示失真函数为无限大，即

$d(0,1)=d(1,0)=\infty$，同时有 $p(y_1|x_0)=p(y_0|x_1)=0$，求 $R(D)$。

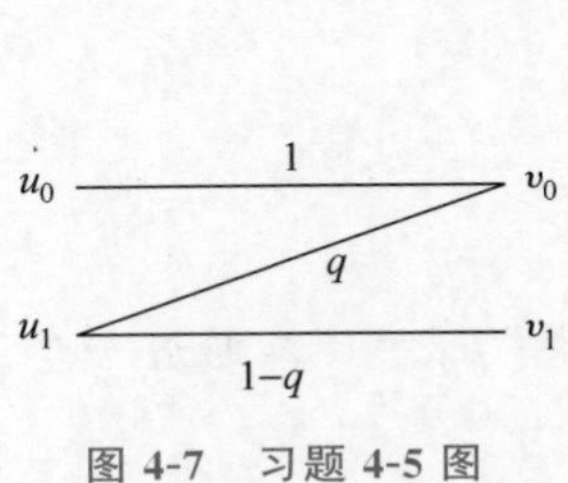

图 4-7　习题 4-5 图

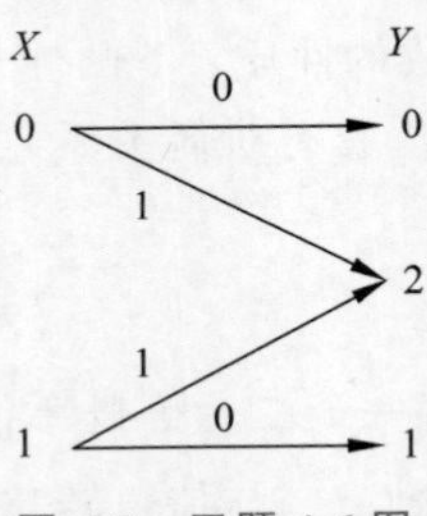

图 4-8　习题 4-6 图

4-7　三元信源的概率分别为 $p(0)=0.4, p(1)=0.4, p(2)=0.2$。当 $i=j$ 时，失真函数 $d_{ij}=0$；当 $i\neq j$ 时，$d_{ij}=1(i,j=0,1,2)$。求信息率失真函数 $R(D)$。

4-8　利用 $R(D)$ 的性质，画出一般 $R(D)$ 的曲线并说明其物理意义。为什么 $R(D)$ 是非负且非增的？

第5章 信源编码

前面介绍了信源熵和信息率失真函数的概念,了解了传送信源信息只需具有信源极限熵或信息率失真函数大小的信息率。但是实际通信系统中,用于传送信源信息的信息率远大于此,那么能否达到或接近像信源熵或信息率失真函数这样的最小信息率,就是编码定理要回答的问题之一。编码分为信源编码和信道编码,其中信源编码又分为无失真和限失真。由于这些定理都要求符号数很大,才能使信息率接近规定的值,因而称这些定理为极限定理。一般称无失真信源编码定理为第一极限定理,称信道编码定理(包括离散和连续信道)为第二极限定理,称限失真信源编码定理为第三极限定理。完善这些定理是香农信息论的主要内容。下面分别讨论这三大定理。

信源符号之间分布不均匀,且存在相关性,使信源存在冗余度,信源编码的主要任务是减少冗余,提高编码效率。具体来说,就是针对信源输出符号序列的统计特性,寻找一定的方法,将信源输出符号序列变换为最短的码字序列。信源编码的基本途径有两个:使序列中的各个符号尽可能互相独立,即解除相关性;使编码中各个符号出现的概率尽可能相等,即概率均匀化。

信源编码的基础是信息论中的两个编码定理:**无失真编码定理**和**限失真编码定理**。前者是可逆编码的基础。可逆是指当信源符号转换为代码后,可由代码无失真地恢复原信源符号。当已知信源符号的概率特性时,可计算它的符号熵,即每个信源符号载有的信息量。编码定理不但证明了必定存在一种编码方法,使代码的平均长度可任意接近且不能低于符号熵,而且阐明了实现该目标的途径,就是使概率与码长匹配。无失真编码或可逆编码只适用于离散信源。对于连续信源,编成代码后无法无失真地恢复原来的连续值,因为连续信源输出符号的取值可有无限多个。此时只能根据率失真编码定理在失真受限的情况下进行限失真编码。信源编码定理出现后,编码方法趋于合理化。本章讨论离散信源编码,首先从无失真编码定理出发讨论香农码,其次介绍限失真编码定理,最后简单介绍一些常用的信源编码方法。

5.1 编码的概念

将信源消息分为若干组,即符号序列 $\boldsymbol{x}_i$,$\boldsymbol{x}_i=(x_{i_1},x_{i_2},\cdots,x_{i_l},\cdots,x_{i_L})$,序列中的每个符号取自符号集 A,$x_{i_L}\in A=\{a_1,a_2,\cdots,a_i,\cdots,a_n\}$。而每个符号序列 $\boldsymbol{x}_i$ 依照固定的码表映射为一个码字 $\boldsymbol{y}_i$,这样的码称为**分组码**,有时也称块码,如图 5-1 所示,只有分组码才有对应的码表,而非分组码不存在码表。

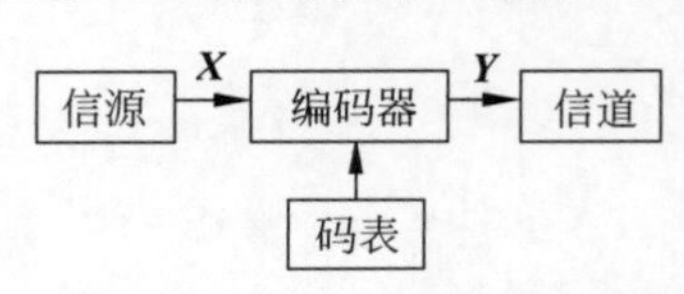

图 5-1　信源编码器示意图

如果信源输出的符号序列长度 $L=1$,信源概率空间为

$$\begin{bmatrix}X\\P\end{bmatrix}=\begin{bmatrix}a_1 & a_2 & \cdots & a_n\\ p(a_1) & p(a_2) & \cdots & p(a_n)\end{bmatrix}$$

需要传输这样的信源符号,常用的一种信道是二元信道,它的信道基本符号集为$\{0,1\}$。若将信源 X 通过这样的二元信道传输,就必须将信源符号 a_i 变换为由 0、1 符号组成的码符号序列,这个过程就是信源编码。可用不同的码符

号序列,如表 5-1 所示。

表 5-1 码符号序列

信源符号 a_i	符号出现概率 $p(a_i)$	码 1	码 2	码 3	码 4	码 5
a_1	1/2	00	0	0	1	1
a_2	1/4	01	11	10	10	01
a_3	1/8	10	00	00	100	001
a_4	1/8	11	11	01	1000	0001

一般情况下,码可分为两类:一类是固定长度的码,码中所有码字的长度相同,如表 5-1 中的码 1 就是定长码;另一类是可变长度的码,码中码字的长度不同,如表 5-1 中码 1 之外的其他码都是变长码。

采用分组编码方法,需要分组码具有某些属性,以保证接收端能够迅速准确地将码译出。下面首先讨论分组码的一些直观属性。

1)奇异码和非奇异码

若信源符号和码字是一一对应的,则该码为非奇异码,反之为奇异码。例如,表 5-1 中的码 2 为奇异码,码 3 为非奇异码。

2)唯一可译码

任意有限长的码元序列,只能被唯一地分割为一个个的码字,称为唯一可译码。例如,{0,10,11}是一种唯一可译码。因为任意一串有限长码序列,如 100111000,只能被分割为 10,0,11,10,0,0,任何其他分割法都会产生一些非定义的码字。显然,奇异码不是唯一可译码,而非奇异码中有非唯一可译码和唯一可译码。表 5-1 中的码 4 是唯一可译码,而码 3 不是唯一可译码。例如,10000100 是由码 3 的(10,0,0,01,00)产生的码流,译码时可有多种分割方法,如 10,0,00,10,0,此时就产生了歧义。

3)非即时码和即时码

唯一可译码又分为**非即时码**和**即时码**。如果接收端收到一个完整的码字后,不能立即译码,还需等下一个码字开始接收后才能判断是否可以译码,则这样的码称为非即时码。表 5-1 中码 4 是非即时码,而码 5 是即时码。码 5 中只要收到符号 1 就表示该码字已完整,可以立即译码。即时码又称**非延长码**,任意一个码字都不是其他码字的前缀部分,有时称为**异前缀码**。在延长码中,有的码是唯一可译的,主要取决于码的总体结构,例如,表 5-1 中码 4 的延长码就是唯一可译的。

综上所述,可对码进行如下分类:

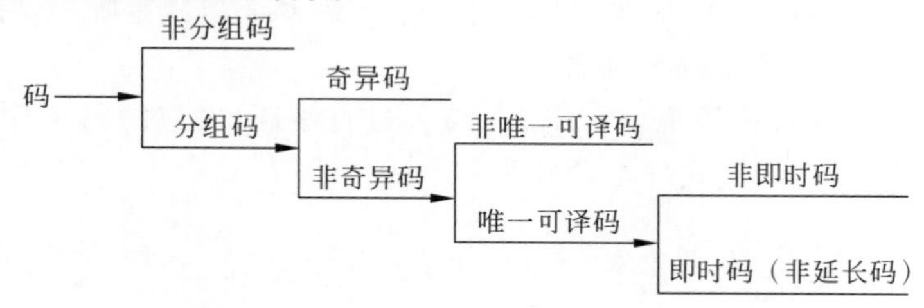

通常可用码树表示各码字的构成。m 进制的码树如图 5-2 所示。图 5-2(a)是二进制码树，图 5-2(b)是三进制码树。其中 A 点是树根，分为 m 个树枝，称为 m 进制码树。树枝的尽头是节点，中间节点生出树枝，终端节点安排码字。码树中自根部经过一个分枝到达 m 个节点，称为一级节点。二级节点的可能个数为 m^2，一般 r 级节点有 m^r 个。图 5-2(a)的码树是 4 节，有 $2^4=16$ 个可能的终端节点。若将从每个节点发出的 m 个分枝分别标以 $0,1,\cdots,m-1$，则每个 r 级节点需用 r 个 m 元数字表示。如果指定某个 r 级节点为终端节点，表示一个信源符号，则该节点就不再延伸，相应的码字为从树根到此端点的分枝标号序列，其长度为 r。这样构造的码满足即时码的条件。因为从树根到每个终端节点的路径均不相同，故一定满足对前缀的限制。如果有 q 个信源符号，就要在码树上选择 q 个终端节点，用相应的 m 元基本符号表示这些码字。由这样的方法构造的码称为树码，若树码的各个分支都延伸到最后一级端点，此时共有 m^r 个码字，这样的码树称为**满树**，如图 5-2(a)所示。否则称为**非满树**，如图 5-2(b)所示，这时的码字就不是定长的了。总结上述码树与码字的对应关系，可得到如图 5-3 所示的关系图。

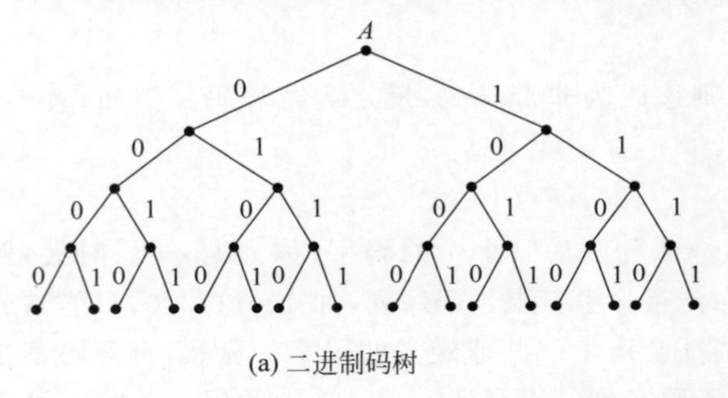

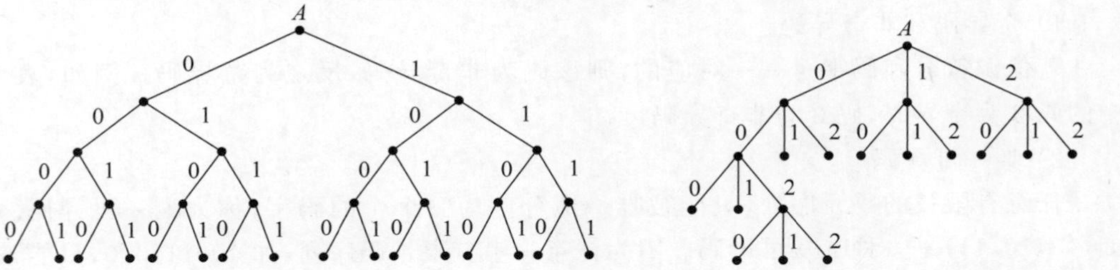

(a) 二进制码树

(b) 三进制码树

图 5-2　码树图

树根 ⟷ 码字的起点
树枝数 ⟷ 码的进制数
节点 ⟷ 码字或码字的一部分
终端节点 ⟷ 码字
节数 ⟷ 码长
非满树 ⟷ 变长码
满树 ⟷ 等长码

图 5-3　码树与码字对应的关系

用树的概念可导出唯一可译码存在的充分和必要条件，各码字的长度 K_i 应符合**克劳夫特不等式**(Kraft's inequality)，即

$$\sum_{i=1}^{n} m^{-K_i} \leqslant 1 \tag{5-1-1}$$

其中，m 是进制数，n 是信源符号数。

上述不等式是唯一可译码存在的充要条件，必要性表现在如果是唯一可译码，则必定满足该不等式，如表 5-1 中的码 1、码 4 和码 5 等都满足不等式；充分性表现在如果满足该不等式，则这种码长的唯一可译码一定存在，但并不代表所有满足不等式的码一定是唯一可译码。所以说，该不等式是唯一可译码存在的充要条件，而不是唯一可译码的充要条件。

例 5-1　用二进制对符号集$\{a_1,a_2,a_3,a_4\}$进行编码，对应的码长分别为 $K_1=1$，$K_2=2$，$K_3=2$，$K_4=3$，应用式(5-1-1)判断

$$\sum_{i=1}^{4} 2^{-K_i}=2^{-1}+2^{-2}+2^{-2}+2^{-3}=\frac{9}{8}>1$$

因此不存在满足这种 K_i 的唯一可译码。可以用树码进行检查，由图 5-4 所示，要形成上述码字，必然在中间节点放置码字，若符号 a_1 用"0"码，符号 a_2 用"10"码，符号 a_3 用"11"码，则符号 a_4 只能是符号 a_2 或 a_3 编码的延长码。

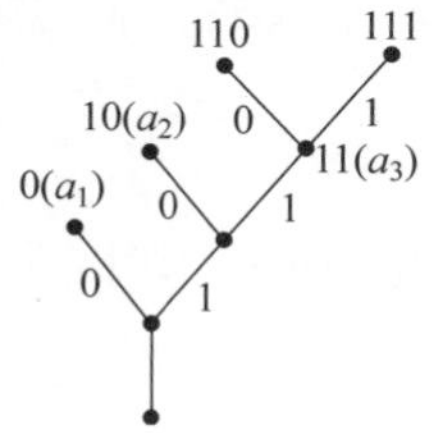

图 5-4　树码

如果将各码字长度改为 $K_1=1,K_2=2,K_3=3,K_4=3$，则此时

$$\sum_{i=1}^{4}2^{-K_i}=2^{-1}+2^{-2}+2^{-3}+2^{-3}=1$$

这种 K_i 的唯一可译码是存在的，如{0,10,110,111}。但是必须注意，克劳夫特不等式只用于说明唯一可译码是否存在，并不能作为唯一可译码的判据。如码字{0,10,010,111}，虽然满足克劳夫特不等式，但不是唯一可译码。

5.2 无失真信源编码定理

若信源输出符号序列的长度 $L\geqslant 1$，即

$$\boldsymbol{X}=(X_1,X_2,\cdots,X_l,\cdots,X_L),\quad X_l\in A=\{a_1,a_2,\cdots,a_i,\cdots,a_n\}$$

变换为由 K_L 个符号组成的码序列(有时也称作码字，以下均用码字来表示)。

$$\boldsymbol{Y}=(Y_1,Y_2,\cdots,Y_k,\cdots,Y_{K_L}),\quad Y_k\in B=\{b_1,b_2,\cdots,b_j,\cdots,b_m\}$$

变换的要求是能够无失真或无差错地由 $\boldsymbol{Y}$ 恢复 $\boldsymbol{X}$，也就是能正确地进行反变换或译码，同时希望传送 $\boldsymbol{Y}$ 时所需的信息率最小。由于 Y_k 可取 m 种可能值，即平均每个符号输出的最大信息量为 $\log m$，K_L 长码字的最大信息量为 $K_L\log m$。用该码字表示 L 长的信源序列，则送出一个信源符号所需的二进制码字长度平均为 $\overline{K}=\dfrac{K_L}{L}\log m=\dfrac{1}{L}\log M$，其中 $M=m^{K_L}$ 是 $\boldsymbol{Y}$ 所能编成的码字个数。所谓信息率最小，就是找到一种编码方式，使 $\dfrac{K_L}{L}\log m$ 最小。然而上述最小信息率为多少，才能得到无失真的译码？若小于这个信息率是否还能无失真地译码？这就是无失真信源编码定理要研究的内容。无失真信源编码定理包括定长编码定理和变长编码定理，下面分别加以讨论。

5.2.1 定长编码

在定长编码中，各码字长度 K_i 为定值，且 $K_i=K_L$。编码的目的是寻找最小 K_L 值。要实现无失真的信源编码，不但要求信源符号 $\boldsymbol{X}_i,i=1,2,\cdots,q$ 与码字 $\boldsymbol{Y}_i,i=1,2,\cdots,q$ 是一一对应的，而且要求由码字组成的码符号序列的逆变换也是唯一的。也就是说，由一个码表编出的任意一串有限长的码符号序列只能被唯一地译成对应的信源符号序列。

定长编码定理：由 L 个符号组成的每个符号的熵为 $H_L(\boldsymbol{X})$ 的无记忆平稳信源符号序列 $X_1,X_2,\cdots,X_l,\cdots,X_L$，可用 K_L 个符号 $Y_1,Y_2,\cdots,Y_k,\cdots,Y_{K_L}$(每个符号有 m 种

可能值）进行定长编码。对于任意 $\varepsilon>0,\delta>0$，只要

$$\frac{K_L}{L}\log m \geqslant H_L(\boldsymbol{X})+\varepsilon \tag{5-2-1}$$

则当 L 足够大时，必可使译码差错小于 δ；反之，当

$$\frac{K_L}{L}\log m \leqslant H_L(\boldsymbol{X})-2\varepsilon \tag{5-2-2}$$

时，译码差错一定为有限值，而当 L 足够大时，译码几乎必定出错。

这个定理的前半部分是正定理，后半部分为逆定理。定理证明略。

上述编码定理说明，当编码器容许的输出信息率，即每个信源符号必须输出的平均码长是

$$\overline{K}=\frac{K_L}{L}\log m \tag{5-2-3}$$

时，只要 $\overline{K}>H_L(\boldsymbol{X})$，这种编码器可以做到几乎无失真，也就是接收端的译码差错概率接近零，条件是所取的符号数 L 足够大。

将上述定理的条件式(5-2-1)改写为

$$K_L\log m > LH_L(\boldsymbol{X})=H(\boldsymbol{X}) \tag{5-2-4}$$

上式大于号左边为 K_L 长码字所能携带的最大信息量，右边为 L 长信源序列携带的信息量。于是上述定理表明，只要码字所能携带的信息量大于信源序列输出的信息量，就可以使传输几乎无失真，当然条件是 L 足够大。

反之，当 $\overline{K}<H_L(\boldsymbol{X})$ 时，不可能构成无失真的编码，也就是不可能做一种编码器，使接收端译码时差错概率趋于零。当 $\overline{K}=H_L(\boldsymbol{X})$ 时，为临界状态，可能无失真，也可能有失真。

例如，某信源有 8 种等概率符号，$L=1$，信源序列熵达到最大值

$$H_1(X)=\log_2 8=3\text{bit/符号}$$

即该信源符号肯定可以用 3bit 的信息率进行无失真的编码。这就是说，如果采用二进制符号作为码字输出符号，$Y_k\in\{0,1\}$，用 3 个 bit 就可以表示一个符号，即 $\overline{K}=3\text{bit/符号}=H_1(X)$。当信源符号输出概率不相等时，如 $p(a_i)=\{0.4,0.18,0.1,0.1,0.07,0.06,0.05,0.04\}$，则此时 $H_1(X)=2.55\text{bit/符号}$，小于 3bit。按常理，8 种符号一定要用 3bit（$2^3=8$）组成的码字表示才能区别开来，而用 $\overline{K}=H_L(\boldsymbol{X})=2.55\text{bit/符号}$ 表示时只有 $2^{2.55}=5.856$ 种可能码字，还有部分符号没有对应的码字，信源一旦出现这些符号，就只能用其他码字替代，因而引起差错。差错发生的可能性取决于这些符号出现的概率。当 L 足够大时，有些符号序列发生的概率变得很小，使差错概率变得足够小。

设 $\boldsymbol{x}_i=(x_{i_1},x_{i_2},\cdots,x_{i_l},\cdots,x_{i_L})$ 是信源序列的样本矢量，$x_{i_l}\in\{a_1,a_2,\cdots,a_i,\cdots,a_n\}$，则共有 n^L 种样本，将其分为两个互补的集 A_ε 和 A_ε^C，集 A_ε 中的元素（样本矢量）有与之对应的不同码字，而集 A_ε^C 中的元素没有对应的输出码字，因而译码时会出现差错。如果允许一定的差错 δ，则编码时只需对属于 A_ε 中的 M_ε 个样本矢量赋以相应的不同码

字，即输出码字的总个数 m^K 只要大于 M_ε 就可以了。在这种编码方式下，差错概率 P_e 即为集 A_ε^C 中元素发生的概率 $p(A_\varepsilon^C)$，此时要求 $p(A_\varepsilon^C)\leqslant\delta$，因而 A_ε^C 集中的样本都应是小概率事件。当 L 增大时，虽然样本数也随之增多，但小概率事件的概率更小，有望使 $p(A_\varepsilon^C)$ 更小。根据切比雪夫不等式可推得(推导从略，见参考文献[1])

$$P_e\leqslant\frac{\sigma^2(\boldsymbol{X})}{L\varepsilon^2} \tag{5-2-5}$$

式中，$\sigma^2(\boldsymbol{X})=E\{[I(\boldsymbol{x}_i)-H(\boldsymbol{X})]^2\}$ 为信源序列的自信息方差，ε 为一正数。当 $\sigma^2(\boldsymbol{X})$ 和 ε^2 均为定值时，只要 L 足够大，P_e 可以小于任一正数 δ，即 $\frac{\sigma^2(\boldsymbol{X})}{L\varepsilon^2}\leqslant\delta$，也就是当信源序列长度 L 满足

$$L\geqslant\frac{\sigma^2(\boldsymbol{X})}{\varepsilon^2\delta} \tag{5-2-6}$$

时，就能满足差错率要求。

说得具体一些，就是给定 ε 和 δ 后，式(5-2-6)规定了 L 的大小，计算所有可能的信源序列样本矢量的概率 $p(\boldsymbol{x}_i)$，按概率大小排列，选用概率较大的 $\boldsymbol{x}_i$ 作为 A_ε 中的元素，直到 $p(A_\varepsilon)\geqslant1-\delta$，使 $p(A_\varepsilon^C)\leqslant\delta$。$A_\varepsilon$ 中的元素分别用不同的码字表示，就完成了编码过程。如果取足够小的 δ，就可几乎无差错地译码，而所需的信息率就不会超过 $H_L(\boldsymbol{X})+\varepsilon$。

在连续信源的情况下，由于信源的信息量趋于无限大，显然不能用离散符号序列 $\boldsymbol{Y}$ 完成无失真编码，而只能进行限失真编码。

定义

$$\eta=\frac{H_L(\boldsymbol{X})}{\overline{K}}$$

为**编码效率**，即信源的平均符号熵为 $H_L(\boldsymbol{X})$，采用平均符号码长 $\overline{K}$ 编码所得的效率。编码效率总是小于1，且最佳编码效率为

$$\eta=\frac{H_L(\boldsymbol{X})}{H_L(\boldsymbol{X})+\varepsilon},\quad \varepsilon>0 \tag{5-2-7}$$

编码定理从理论上阐明了编码效率接近1的理想编码器的存在性，使输出符号的信息率与信源熵之比接近1，即

$$\frac{H_L(\boldsymbol{X})}{\frac{K_L}{L}\log m}\to1 \tag{5-2-8}$$

但要在实际中实现，必须取无限长($L\to\infty$)的信源符号进行统一编码。这样做实际上是不可能的，因 L 非常大，无法实现。下面用例子来说明。

例 5-2　设离散无记忆信源概率空间为

$$\begin{bmatrix}X\\P\end{bmatrix}=\begin{bmatrix}a_1 & a_2 & a_3 & a_4 & a_5 & a_6 & a_7 & a_8\\0.4 & 0.18 & 0.1 & 0.1 & 0.07 & 0.06 & 0.05 & 0.04\end{bmatrix}$$

信源熵为

$$H(X) = -\sum_{i=1}^{8} p_i \log p_i = 2.55\text{bit/符号}$$

对信源符号采用定长二元编码，要求编码效率为 $\eta = 90\%$，若取 $L=1$，则可算出

$$\overline{K} = 2.55 \div 90\% = 2.8\text{bit/符号}, \quad 2^{2.88} = 6.96\text{ 种}$$

即每个符号用 2.8bit 进行定长二元编码，共有 6.96 种可能性，即使按 7 种可能性来算，信源符号中也有一种符号没有对应的码字，取概率最小的 a_8，差错概率为 0.04，显然太大。现采用式(5-2-7)，有

$$\eta = \frac{H(X)}{H(X)+\varepsilon} = 0.90$$

可以得到　　$\varepsilon = 0.28$

信源序列的自信息方差为

$$\sigma^2(X) = D[I(x_i)] = \sum_{i=1}^{8} p_i (\log p_i)^2 - [H(X)]^2 = 1.32(\text{bit})^2$$

若要求译码错误概率 $\delta \leqslant 10^{-6}$，由式(5-2-6)得

$$L \geqslant \frac{\sigma^2(X)}{\varepsilon^2 \delta} = \frac{1.32}{0.28^2 \times 10^{-6}} = 1.68 \times 10^7$$

由此可见，在对编码效率和译码错误概率的要求不太苛刻的情况下，需要 $L = 1.68 \times 10^7$ 个信源符号一起进行编码，这对存储或处理技术的要求太高，目前还无法实现。

如果用 3bit 对上述信源的 8 个符号进行定长二元编码，$L=1$，则 $\overline{K} = H(X)+\varepsilon = 3$，可求得 $\varepsilon = 0.45$。此时译码无差错，即 $\delta = 0$。在这种情况下，式(5-2-6)就不适用了。但此时编码效率只有 $\eta = \frac{2.55}{3} = 85\%$。因此一般来说，当 L 有限时，高传输效率的定长码往往要引入一定的失真和错误，它不像变长码那样可实现无失真编码。

5.2.2　变长编码

在变长编码中，码长 K_i 是变化的，可根据信源各个符号的统计特性，如概率大的符号用短码，例 5-2 中的 a_1、a_2 可用 1bit 或 2bit，而概率小的 a_7、a_8 可用较长的码，这样在大量信源符号编成码后，平均每个信源符号所需的输出符号数就可以降低，从而提高编码效率。下面分别给出单个符号($L=1$)和符号序列的变长编码定理。

单个符号变长编码定理：若离散无记忆信源的符号熵为 $H(X)$，每个信源符号用 m 进制码元进行变长编码，一定存在一种无失真编码方法，其码字平均长度 $\overline{K}$ 满足下列不等式

$$\frac{H(X)}{\log m} \leqslant \overline{K} < \frac{H(X)}{\log m} + 1 \tag{5-2-9}$$

离散平稳无记忆序列变长编码定理：对于平均符号熵为 $H_L(\boldsymbol{X})$ 的离散平稳无记忆信源，必存在一种无失真编码方法，使平均码长 $\overline{K}$ 满足不等式

$$H_L(\boldsymbol{X}) \leqslant \overline{K} < H_L(\boldsymbol{X}) + \varepsilon \tag{5-2-10}$$

其中，ε 为任意小的正数。

可由式(5-2-9)推出式(5-2-10)。设用 m 进制码元作变长编码，序列长度为 L 个信源符号，则由式(5-2-9)可以得到，序列平均码字长度 $\overline{K}_L$（单位：m 进制符号/信源序列）满足下列不等式：

$$\frac{LH_L(\boldsymbol{X})}{\log m} \leqslant \overline{K}_L < \frac{LH_L(\boldsymbol{X})}{\log m} + 1$$

由于二进制平均码长为

$$\overline{K} = \frac{\overline{K}_L}{L}\log m$$

因此

$$H_L(\boldsymbol{X}) \leqslant \overline{K} < H_L(\boldsymbol{X}) + \frac{\log m}{L}$$

当 L 足够大时，可使 $\frac{\log m}{L} < \varepsilon$，这就得到了式(5-2-10)。

用变长编码可实现相当高的编码效率，一般要求的符号长度 L 可比定长编码小得多。由式(5-2-10)可得编码效率的下界：

$$\eta = \frac{H_L(\boldsymbol{X})}{\overline{K}} > \frac{H_L(\boldsymbol{X})}{H_L(\boldsymbol{X}) + \frac{\log m}{L}} \tag{5-2-11}$$

例如用二进制，$m=2$，$\log_2 m=1$，仍用前面的例 5-2，$H(X)=2.55\text{bit}$/符号，若要求 $\eta>90\%$，则

$$\frac{2.55}{2.55+\frac{1}{L}} = 0.9, \quad L = \frac{1}{0.28} \approx 4$$

就可以了。

另外，由信源平均符号熵 $H_L(\boldsymbol{X})$ 与平均符号码长 $\overline{K}$ 之比可以得到平均每个二元码符号所含的信息量，定义为信息传输效率 R，单位是 bit/二元码符号，即

$$R = \frac{H_L(\boldsymbol{X})}{\overline{K}} \tag{5-2-12}$$

例 5-3 设离散无记忆信源的概率空间为

$$\begin{bmatrix} X \\ P \end{bmatrix} = \begin{bmatrix} a_1 & a_2 \\ \frac{3}{4} & \frac{1}{4} \end{bmatrix}$$

其信源熵为

$$H(X) = \frac{1}{4}\log 4 + \frac{3}{4}\log\frac{4}{3} = 0.811\text{bit/符号}$$

用二元定长编码(0,1)构造一个即时码：$a_1 \to 0$，$a_2 \to 1$。这时平均码长

$$\overline{K} = 1\ \text{二元码符号/信源符号}$$

编码效率

$$\eta=\frac{H(X)}{\overline{K}}=0.811$$

信息传输效率

$$R=0.811\text{bit/二元码符号}$$

再对长度为 2 的信源序列进行变长编码（编码方法后面介绍），其即时码如表 5-2 所示。

表 5-2 $L=2$ 时信源序列的变长编码

序　　列	序列概率	即　时　码
a_1a_1	9/16	0
a_1a_2	3/16	10
a_2a_1	3/16	110
a_2a_2	1/16	111

这个码的码字平均长度

$$\overline{K}_2=\frac{9}{16}\times1+\frac{3}{16}\times2+\frac{3}{16}\times3+\frac{1}{16}\times3=\frac{27}{16}\text{二元码符号/信源序列}$$

每一单个符号的平均码长

$$\overline{K}=\frac{\overline{K}_2}{2}=\frac{27}{32}\text{二元码符号/信源符号}$$

其编码效率

$$\eta_2=\frac{32\times0.811}{27}\approx0.961$$

信息传输效率

$$R_2=0.961\text{bit/二元码符号}$$

可见编码复杂了一些，但信息传输效率有了提高。

用同样的方法可进一步增加信源序列的长度，$L=3$ 或 $L=4$，对这些信源序列 $\boldsymbol{X}$ 进行编码，并求出其编码效率分别为

$$\eta_3=0.985$$

$$\eta_4=0.991$$

这时信息传输效率分别为

$$R_3=0.985\text{bit/二元码符号}$$

$$R_4=0.991\text{bit/二元码符号}$$

如果对这一信源采用定长二元码编码，要求编码效率达到 96%，允许译码错误概率 $\delta\leqslant10^{-5}$，则根据式(5-2-8)，自信息的方差

$$\sigma^2(X)=\sum_{i=1}^{2}p_i(\log p_i)^2-[H(X)]^2=0.4715(\text{bit})^2$$

所需要的信源序列长度

$$L \geqslant \frac{0.4715}{(0.811)^2} \cdot \frac{(0.96)^2}{0.04^2 \times 10^{-5}} \approx 4.13 \times 10^7$$

很明显,定长码需要的信源序列长,导致码表较大,且总存在译码差错。而变长码要求编码效率达到96%时,只需$L=2$。因此用变长码编码时,L不需要很大就可达到相当高的编码效率,而且可实现无失真编码。随着信源序列长度的增加,编码的效率越来越接近1,编码后的信息传输效率R也越来越接近无噪无损二元对称信道的信道容量$C=$1bit/二元码符号,实现信源与信道匹配,使信道得到充分利用。

由变长编码定理可以看出,要使信源编码后的平均码长最短,就要求信源中每个符号的码长与其概率相匹配,即概率大的信息符号编以短的码字,概率小的信息符号编以长的码字。由于符号的自信息量$I(x_i)$就是基于概率计算得到的该符号含有的信息量,因此,将式(5-2-9)中的信源熵和平均码长替换为每个信源符号的自信息量$I(x_i)$和码长K_i,就可得到一种构造最佳码长的编码方法,称为香农编码。

香农第一定理指出,选择每个码字的长度K_i满足下式:

$$I(x_i) \leqslant K_i < I(x_i) + 1, \quad \forall i$$

就可以得到这种码。其编码方法如下。

(1) 将信源消息符号按其出现的概率大小依次排列为

$$p_1 \geqslant p_2 \geqslant \cdots \geqslant p_n$$

(2) 确定满足下列不等式的整数码长K_i:

$$-\log_2(p_i) \leqslant K_i < -\log_2(p_i) + 1$$

(3) 为了编成唯一可译码,计算第i个消息的累积概率:

$$P_i = \sum_{k=1}^{i-1} p(a_k)$$

(4) 将累积概率P_i变换为二进制数。

(5) 取P_i二进制数的小数点后K_i位,即为该消息符号的二进制码字。

如图5-5所示,香农编码可以这样理解,累积概率P_i将区间[0,1)分割为许多小区间,每个小区间的长度等于各符号的概率p_i,小区间内的任一点可用于代表该符号。

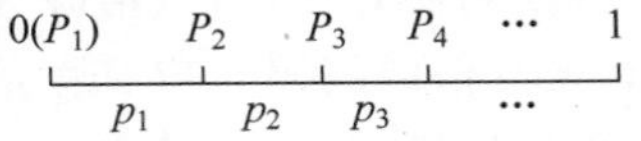

0(P_1) P_2 P_3 P_4 … 1

p_1 p_2 p_3 …

图5-5 区间分割

例5-4 设信源共7个符号,其概率和累积概率如表5-3所示。以$i=4$为例,有

$$-\log_2 0.17 \leqslant K_4 < -\log_2 0.17 + 1$$

$$2.56 \leqslant K_4 < 3.56, \quad K_4 = 3$$

累积概率$P_4=0.57$,变换成二进制为0.1001…,由于$K_4=3$,所以信源符号a_4的编码码字为100。其他符号的码字可用同样方法求得,如表5-3所示。该信源共有5个3位的码字,各码字之间至少有一位数字不同,故是唯一可译码。同时可以看出,这7个码字都不是延长码,都属于即时码。

表 5-3　香农码编码过程

信源消息符号 a_i	符号概率 $p(a_i)$	累积概率 P_i	$-\log p(a_i)$	码字长度 K_i	码字
a_1	0.20	0	2.32	3	000
a_2	0.19	0.2	2.39	3	001
a_3	0.18	0.39	2.47	3	011
a_4	0.17	0.57	2.56	3	100
a_5	0.15	0.74	2.74	3	101
a_6	0.10	0.89	3.34	4	1110
a_7	0.01	0.99	6.64	7	1111110

这里 $L=1, m=2$，所以信源符号的平均码长

$$\bar{K}=\sum_{i=1}^{7} p(a_i)K_i=3.14\text{ 码元/符号}$$

平均信息传输效率

$$R=\frac{H(X)}{\bar{K}}=\frac{2.61}{3.14}\approx 0.831\text{bit/码元}$$

这种码的编码效率为83.1%，是比较低的。

例 5-5　设信源有3个符号，概率分布为(0.5,0.4,0.1)，根据香农编码方法求出各个符号的码长为(1,2,4)，码字为(0,10,1110)。事实上，观察信源的概率分布可构造出一个码长更短的码(0,10,11)，显然也是唯一可译码。

所以从上述两个例子可以看出，香农编码法冗余度稍大，编码效率较低，实用性不强，但它是依据编码定理而来，因此具有重要的理论意义。按照信源编码定理，若对信源序列进行编码，当序列长度 $L\to\infty$ 时，平均码长会趋于信源熵。

5.3　限失真信源编码定理

将编码器看作信道，信源编码模型如图5-6所示。无失真信源编码对应无损确定信道，有失真信源编码对应有噪信道。对于无失真信源编码，信道的输入符号个数与输出符号个数相等，呈一一对应关系，信道的损失熵 $H(X|Y)$ 和噪声熵 $H(Y|X)$ 均为零，信道的信息传输率 R 等于信源熵 $H(X)$，因此，从信息处理的角度看，无失真信源编码是保熵的，只是对冗余度进行压缩，因为冗余度是对信号携带信息能力的一种浪费。

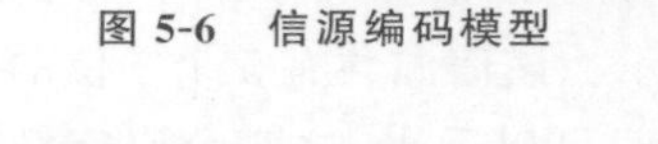

图 5-6　信源编码模型

有失真信源编码的中心任务是：在允许的失真范围内将编码后的信息率压缩到最小。有失真信源编码的失真范围受限，所以又称限失真信源编码；编码后的信息率得到压缩，因此属熵压缩编码。之所以引入有失真的熵压缩编码，原因如下。

(1) 保熵编码并非总是必需的。有些情况下，信宿不需要或无能力接收信源发出的

全部信息，例如，人眼接收视觉信号和人耳接收听觉信号就属于这种情况，这时就没必要进行无失真的保熵编码。

(2) 保熵编码并非总是可能的。例如，对连续信号进行数字处理时，由于不可能从根本上去除量化误差，因此不可能实现保熵编码。

(3) 降低信息率有利于传输和处理，因此有必要进行熵压缩编码。例如，连续信源的绝对熵为无穷大，若用离散码元表示，需要用无限长的码元串，传输无限长的码元串势必造成无限延时，这种通信就无任何实际意义了。所以，对于连续信源而言，熵压缩编码是绝对必需的。有失真的熵压缩编码主要针对连续信源，但其理论同样适用于离散信源。

在第4章中，信息率失真函数给出了失真小于 D 时必需的最小信息率 $R(D)$，只要信息率大于 $R(D)$，一定可以找到一种编码，使译码后的失真小于 D。

限失真信源编码定理：设离散无记忆信源 X 的信息率失真函数为 $R(D)$，则当信息率 $R>R(D)$ 时，只要信源序列长度 L 足够长，一定存在一种编码方法，其译码失真小于或等于 $D+\varepsilon$，其中 ε 为任意小的正数。反之，若 $R<R(D)$，则无论采用什么编码方法，其译码失真都大于 D。

如果是二元信源，则对于任意小的 $\varepsilon>0$，每个信源符号的平均码长满足

$$R(D) \leqslant \bar{K} < R(D)+\varepsilon$$

上述定理指出，在失真限度内存在使信息率任意接近 $R(D)$ 的编码方法。然而，要使信息率小于 $R(D)$，平均失真一定大于失真限度 D。

对于连续平稳无记忆信源，虽然无法进行无失真编码，在限失真情况下，有与上述定理一样的编码定理。

上述定理只能说明最佳编码是存在的，而具体编码构造方法尚未明确，因而不能像无损编码那样从证明过程中引出概率匹配的编码方法。一般只能从优化的思路求最佳编码。实际上迄今尚无合适的编码实现方法可接近 $R(D)$ 这个界。

5.4 常用信源编码方法简介

前面已经介绍了信源编码的两大定理，需要根据信源的具体特点选择实用的编码方法。在编码理论指导下，先后出现了许多性能优良的编码方法，根据信源的性质进行分类，可分为信源统计特性已知或未知、无失真或限定失真、无记忆或有记忆信源的编码；按编码方法进行分类，可分为分组码或非分组码、等长码或变长码等。然而最常见的是讨论统计特性已知条件下离散、平稳、无失真信源的编码，消除这类信源冗余度的主要方法有统计匹配编码和解除相关性编码。例如，香农码、哈夫曼码属于不等长度分组码，算术编码属于非分组码，预测编码和变换编码是以解除相关性为主的编码。对统计特性未知的信源编码称为通用编码，如 **LZ** 编码。对限定失真的信源编码则以信息率失真 $R(D)$ 函数为基础，最典型的是矢量量化编码。在此简要介绍部分编码方法的基本原理。

5.4.1 哈夫曼编码

哈夫曼编码是分组编码，完全根据信源各字符出现的概率来构造码字。其基本原理

是基于码树的编码思想，所有可能的输入符号对应哈夫曼树上的一个节点，节点的位置就是该符号的哈夫曼编码。为构造唯一可译码，这些节点都是哈夫曼树上的终极节点，不再延伸，不会出现前缀码。先以二进制为例，具体编码方法如下。

（1）将信源消息符号按其出现的概率大小依次排列为

$$p_1 \geqslant p_2 \geqslant \cdots \geqslant p_n$$

（2）取两个概率最小的字母分别配以 0 和 1 两个码元，并将这两个概率相加作为一个新字母的概率，与未分配二进制符号的字母一起重新排队。

（3）对重排后的两个概率最小的符号，重复步骤(2)的过程。

（4）不断重复上述过程，直到最后两个符号配以 0 和 1 为止。

（5）从最后一级开始，向前返回得到各个信源符号对应的码元序列，即相应的码字。

例 5-6 对例 5-4 中的信源进行哈夫曼编码，编码过程如表 5-4 所示。

表 5-4 哈夫曼码编码过程

信源符号 a_i	概率 $p(a_i)$	编码过程							码字 W_i	码长 K_i
a_1	0.20		0.20	0.26	0.35	0.39	0.61 0	1.0	10	2
a_2	0.19		0.19	0.20	0.26	0.35 0	0.39 1		11	2
a_3	0.18		0.18	0.19	0.20 0	0.26 1			000	3
a_4	0.17		0.17	0.18 0	0.19 1				001	3
a_5	0.15		0.15 0	0.17 1					010	3
a_6	0.10	0	0.11 1						0110	4
a_7	0.01	1							0111	4

该哈夫曼码的平均码长

$$\overline{K} = \sum_{i=1}^{7} p(a_i) K_i = 2.72 \text{ 码元/符号}$$

编码效率

$$\eta = \frac{H(X)}{\overline{K}} = \frac{2.61}{2.72} \approx 96\%$$

由此可见，与例 5-4 中的香农编码相比，哈夫曼码的平均码长较小，编码效率高，信息传输速率大，所以在压缩信源信息率的实用设备中，哈夫曼编码比较常用。

以上介绍的编码方法输出的是二进制哈夫曼码，如果要求编出 N 进制哈夫曼码，则应在每次最小概率合并时取 N 个符号。另外，为得到最短平均码长，尽量减少赋长码的信源符号，有时在编码前需要对信源符号进行添加，使信源的符号数量满足 $M(N-1)+1$，其中 M 为正整数。添加的信源符号的概率为 0。这样多次合并后就能充分利用短码，以降低平均码长。例如，要将信源 $\begin{bmatrix} X \\ P \end{bmatrix} = \begin{bmatrix} a_1 & a_2 & a_3 & a_4 \\ p_1 & p_2 & p_3 & p_4 \end{bmatrix}$ 编为三进制哈夫曼码，如果直接编码，则形成的码长为(1,2,2,2)。如果先对信源添加 1 个符号，变为$\begin{bmatrix}X\\P\end{bmatrix}=\begin{bmatrix}a_1 & a_2 & a_3 & a_4 & a_5\\p_1 & p_2 & p_3 & p_4 & 0\end{bmatrix}$，则编码形成的码长为(1,1,2,2)。

哈夫曼编码方法得到的码并非唯一的，原因如下。

(1) 每次对信源符号进行缩减时，赋予信源最后两个概率最小的符号，可任意用0和1，所以可以得到不同的哈夫曼码，但不影响码字的长度。

(2) 对信源符号进行缩减时，当两个概率最小的符号合并后的概率与其他信源符号的概率相同时，两者在缩减信源中进行概率排序，其位置放置次序可以是任意的，故会得到不同的哈夫曼码。此时将影响码字的长度，一般将合并的概率放在上面，这样可获得较小的码方差。

例 5-7　设有离散无记忆信源

$$\begin{bmatrix}X\\P\end{bmatrix}=\begin{bmatrix}a_1 & a_2 & a_3 & a_4 & a_5\\0.4 & 0.2 & 0.2 & 0.1 & 0.1\end{bmatrix}$$

可有两种哈夫曼编码方法，如表5-5和表5-6所示，码树如图5-7(a)和图5-7(b)所示。

表 5-5　哈夫曼编码方法一

信源符号a_i	概率$p(a_i)$	编码过程	码字W_i	码长K_i
a_1	0.4	0.4　0.4　0.6 }0 → 1.0	1	1
a_2	0.2	0.2　0.4 }0　0.4 }1	01	2
a_3	0.2	0.2 }0　0.2 }1	000	3
a_4	0.1	}0 → 0.2 }1	0010	4
a_5	0.1	}1	0011	4

表 5-6　哈夫曼编码方法二

信源符号a_i	概率$p(a_i)$	编码过程	码字W_i	码长K_i
a_1	0.4	0.4　0.4　0.6 }0 → 1.0	00	2
a_2	0.2	0.2　0.4 }0　0.4 }1	10	2
a_3	0.2	0.2 }0　0.2 }1	11	2
a_4	0.1	}0　0.2 }1	010	3
a_5	0.1	}1	011	3

表5-5和表5-6给出的哈夫曼码的平均码长相等，即

$$\overline{K}=\sum_{i=1}^{7}p(a_i)K_i=2.2\text{ 码元/符号}$$

编码效率也相等，即

$$\eta=\frac{H(X)}{\overline{K}}=96.5\%$$

但是两种码的质量不完全相同，可用码方差表示，即

$$\sigma_l^2=E[(K_i-\overline{K})^2]=\sum_{i=1}^{q}p(a_i)(K_i-\overline{K})^2$$

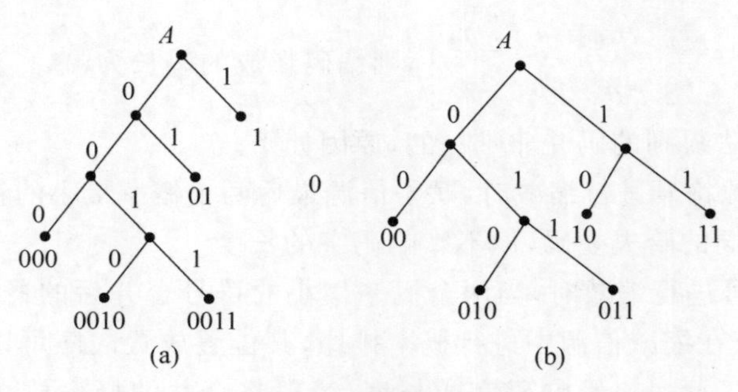

图 5-7　哈夫曼码树

表 5-5 中哈夫曼码的方差为 $\sigma_{l1}^2=1.36$，表 5-6 中哈夫曼码的方差为 $\sigma_{l2}^2=0.16$。

因此可见，第二种哈夫曼编码方法得到的码方差小许多，故第二种哈夫曼码的质量更高。

由上述例子可看出，进行哈夫曼编码时，为得到码方差最小的码，应使合并的信源符号位于缩减信源序列尽可能高的位置，以减少再次合并的次数，充分利用短码。

哈夫曼码用概率匹配方法进行信源编码。它有两个明显特点：一是哈夫曼码的编码方法保证概率大的符号对应短码，概率小的符号对应长码，充分利用短码；二是缩减信源的最后两个码字总是最后一位不同，从而保证哈夫曼码为即时码。

哈夫曼变长码的效率是相当高的，它可以单个信源符号编码或用 L 较小的信源序列编码，编码器的设计也简单得多。但是应当注意，要实现较高的效率仍然需要按长序列计算，这样才能降低平均码字长度。

例 5-8　信源输出两个符号，概率分布为 $P=(0.9,0.1)$，信源熵 $H(X)=H(0.9)=0.469$。采用二进制哈夫曼编码。

$L=1,\bar{K}_1=1\text{bit}$/符号；

$L=2,P'=(0.81,0.09,0.09,0.01),\bar{K}_2=0.645\text{bit}$/符号；

$L=3,\bar{K}_3=0.533\text{bit}$/符号；

$L=4,\bar{K}_4=0.493\text{bit}$/符号。

随着序列长度 L 的增加，平均码长迅速降低，接近信源熵值。

如图 5-6 所示的信源编码器，其输入 X 是由信源以均匀速率输出的码元，如果采用定长编码，则其输出 Y 也是均匀速率的码元。但如果采用变长编码，其输出 Y 就会是速率不等的码元。为了充分利用信道的传输能力，都要求以均匀速率的码元进入信道，因此需要设置一个存储设备，用于缓冲码字长度的差异。显然存储器的容量也是衡量编码器质量的一个主要参数，这也是码方差小的码质量高的原因。设每秒发送一个信源符号，经信源编码器后，输出的码字有的只有 1 个码元，有的却有多个，若希望平均每秒输出 $\bar{K}$ 个码元以压缩信息率，就必须先将编成的码字存储起来，再按 $\bar{K}$ 的信息率输出，才能从长远来计算，使输出和输入保持平衡。当存储量不够大时，可能有时取空，有时溢出。例如，信源常发出短码时，就会出现取空，就是说还没有存入就要输出；常发出长码时，就会溢出，也就是存入太多，以致存满还未取出就要再存入。所以应估计所需的存储器容量，才能使上述现象发生的概率小至可接受。

设 T 秒内输出 N 个信源符号，信源输出符号速率 $S=N/T$，若符号的平均码长为 $\overline{K}$，则信道传输速率

$$R_t = S\overline{K} \tag{5-4-1}$$

时可以满足条件。

N 个码字的长度分别为 K_i，$i=1,2,\cdots,N$，即在此期间输入存储器 $\sum K_i$ bit，输出至信道 $R_t T$bit，则存储器内还剩 Ubit，即

$$U = \sum_{i=1}^{N} K_i - R_t T \tag{5-4-2}$$

已知 K_i 为随机变量，其均值和方差分别为

$$\overline{K} = E[K_i] = \sum_{j=1}^{m} p_j K_j \tag{5-4-3}$$

$$\sigma^2 = E[K_i^2] - \overline{K}^2 = \sum_{j=1}^{m} p_j K_j^2 - \overline{K}^2 \tag{5-4-4}$$

式中，m 是信源符号集的元数。当 N 足够大时，U 是许多同分布的随机变量之和。由概率论可知，它将近似于正态变量，其均值和方差分别为

$$E[U] = N\overline{K} - R_t T = (S\overline{K} - R_t)T$$

$$\sigma_u^2 = N\sigma^2$$

令

$$V = \frac{U - E[U]}{\sigma_u} \tag{5-4-5}$$

它是标准正态变量，可得下列概率：

$$P(V > A) = P(V < -A) = \varphi(-A) \tag{5-4-6}$$

式中，$\varphi(-A)$是误差函数，可查表得其数值。

如果式(5-4-1)成立，则 $E[U]=0$。设起始时存储器处半满状态，而存储器容量为 $2A\sigma_u$，可由式(5-4-6)求得溢出概率和取空概率。因 $V>A$，即 $U>A\sigma_u$，存储器将溢出；而 $V<-A$，即 $U<-A\sigma_u$，存储器取空。这就是说，如果要求这些概率都小于 $\varphi(-A)$，存储器容量应大于 $2A\sigma_u$。例如，要求溢出概率和取空概率都小于 0.001，查表得 A 应为 3.08，则存储器容量 C 应为

$$C > 6.16\sqrt{N}\sigma \tag{5-4-7}$$

当式(5-4-1)不成立时，存储器容量还要增加，起始时存储器也不应处于半满状态。例如，若 $R_t > S\overline{K}$，则平均来说，输出大于输入，易被取空，起始状态可超过半满；反之，若 $R_t < S\overline{K}$，则易于溢出，可不到半满。

由式(5-4-7)可知，时间 T 越大，N 越大，要求的存储器容量也越大。当容量设定后，随着时间的增长，存储器溢出和取空的概率都增大。当 T 很大时，几乎一定会溢出或取空，造成损失，即使式(5-4-1)成立，也是如此。由此可见，对于无限长的信息，很难采用变长码而不出现差错。一般来说，变长码只适用于有限长的信息传输，即送出一段信息后，

信源能停止输出，例如，传真机送出一张纸上的信息后停止。对于长信息，实际使用时可将长信息分段发送，也可检测存储器的状态，发现将要溢出就停止信源输出，发现将要取空就插入空闲标志在信道上传送，或加快信源输出。

认为变长编码可以无失真地译码，这是理想情况下。如果这种变长码由信道传送时，有某一个符号错了，因为一个码字前面有某个码元错了，就可能误认为是另一个码字而点断，结果后面一系列的码字也会译错，这常称为差错的扩散。当然也可以采用某些措施，使错了一段以后，能恢复正常的码字分离和译码，这一般要求传输过程中的差错很少，或者加纠错用的监督码位，但是这样又会增加信息率。

此外，当信源有记忆时，用单个符号编制变长码不可能使编码效率接近 1，因为信息率只能接近一维熵 H_1，而 H_∞ 一定小于 H_1。此时仍需要多个符号一起编码，才能进一步提高编码效率。但会导致码表长、存储器多。

哈夫曼码在实际中已有所应用，但它仍存在一些分组码具有的缺点。例如，概率特性必须精确地测定，以此编制码表，若略有变化，还需更换码表。因而在实际编码过程中，需要对原始数据扫描两遍，第一遍用于统计原始数据中各字符出现的概率，创建码表存放起来，第二遍则在扫描的同时依据码表进行编码，才能传输信息。如果将这种编码用于网络通信，两遍扫描会导致较长的延时；如果用于数据压缩，则会降低速度。因此出现了自适应哈夫曼编码方法，其码表不是事先构造的，而是随着编码的进行动态地构造、调整，所以码表不仅取决于信源的特性，还与编码、解码过程相关。

另外，对于二元信源，常需多个符号合起来编码，才能取得好的效果，但当合并的符号数不大时，编码效率提高不明显，尤其是对于相关信源，不能令人满意，而合并的符号数增大时，码表中的码字数很多，设备将越来越复杂。在大多数情况下，哈夫曼编码用于无失真编码，但也可以用于有失真情况。例如，在符号数很多且有部分符号的概率非常小时，为减小码表，可将这些小概率符号合并对应同一个码字，解码时出现的错误概率即为这些符号概率之和。

5.4.2 算术编码

以上讨论的编码方法都建立在符号和码字相对应的基础上，这种编码通常称为块码或分组码。若对信源单符号进行编码，符号间的相关性就无法考虑；若将 m 个符号合起来编码，一是会增加设备复杂度，二是 $m+1$ 个符号间及组间符号的相关性仍然无法考虑，无法充分满足信源编码的匹配原则，编码效率有所降低。

为克服这种局限性，就要跳出分组码的范畴，研究非分组码的编码方法。算术码即为其中之一，其编码的基本思路是，将需要编码的全部数据看作某一 L 长序列，所有可能出现的 L 长序列的概率映射到[0,1]区间上，将[0,1]区间分为许多小段，每段的长度等于某一序列的概率。再在段内取一个二进制小数用作码字，其长度可与该序列的概率匹配，以实现高效率编码。这种方法与香农编码法类似，只是它们考虑的信源序列对象不同，算术码中的信源序列长度要长得多，或许是欲编码的整个数据文件，而香农码中的序列长度为 1。

如果信源符号集为 $A=\{a_1,a_2,\cdots,a_n\}$，L 长信源序列 $\boldsymbol{x}_i=(x_{i_1},x_{i_2},\cdots x_{i_l},\cdots x_{i_L})$，$x_{i_l}\in A$，则共有 n^L 种可能序列。由于考虑的是全序列，因而序列长度 L 很大。实用中很难得到对应序列的概率，只能从已知的信源符号概率 $P=[p(a_1),p(a_2),\cdots,p(a_n)]=[p_1,p_2,\cdots,p_r,\cdots,p_n]$中递推得到。定义各符号的累积概率为

$$P_r=\sum_{i=1}^{r-1}p_i \tag{5-4-8}$$

显然，由上式可得 $P_1=0,P_2=p_1,P_3=p_1+p_2,\cdots$，而且

$$p_r=P_{r+1}-P_r \tag{5-4-9}$$

由于 P_{r+1} 和 P_r 都是小于1的正数，可用[0,1]区间上的两个点表示，因此 p_r 就是这两点间小区间的长度，如图5-8所示。不同的符号有不同的小区间，它们互不重叠，所以可将这种小区间内的任一个点作为该符号的代码。以后将计算该代码所需的长度，使之与其概率匹配。

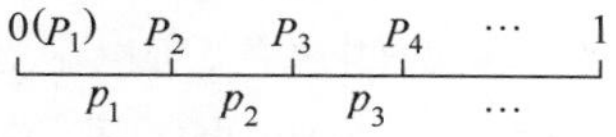

图5-8 符号的区间表示形式

例如序列 $S=011$，这种3个二元符号的序列可按自然二进制数排列，000,001,010,…，则 S 的累积概率为

$$P(S)=p(000)+p(001)+p(010) \tag{5-4-10}$$

如果 S 后面接一个“0”，则其累积概率为

$$\begin{aligned}P(S,0)&=p(0000)+p(0001)+p(0010)+p(0011)+p(0100)+p(0101)\\&=p(000)+p(001)+p(010)=P(S)\end{aligned}$$

因为两个四元符号的最后一位是“0”和“1”时，根据归一律，它们的概率和应等于前3位的概率，即 $p(0000)+p(0001)=p(000)$等。

如果 S 后面接一个“1”，则其累积概率为

$$\begin{aligned}P(S,1)&=p(0000)+p(0001)+p(0010)+p(0011)+p(0100)+p(0101)+p(0110)\\&=P(S)+p(0110)\\&=P(S)+p(S)p_0\end{aligned}$$

由于单符号的累积概率为 $P_0=0,P_1=p_0$，所以上面两式可统一写作

$$P(S,r)=P(S)+p(S)P_r,r=0,1$$

上式很容易推广至多元序列($m>2$)，即可得一般的递推公式

$$P(S,a_r)=P(S)+p(S)P_r \tag{5-4-11}$$

及序列的概率公式

$$p(S,a_r)=p(S)p_r$$

对于有相关性的序列，上面的两个递推公式也是适用的，只是上式中的单符号概率应变为条件概率。用递推公式可逐位计算序列的累积概率，而不用像式(5-4-10)那样列举所有排在前面的序列概率。

从以上关于累积概率 $P(S)$的计算中可看出，$P(S)$将区间[0,1)分割为许多小区间，每个小区间的长度等于各序列的概率 $p(S)$，而该小区间内的任一点可用于代表该序列，现在讨论如何选择这个点。令

$$L = \left\lceil \log \frac{1}{p(S)} \right\rceil \tag{5-4-12}$$

其中⌈⌉代表大于或等于的最小整数。将累积概率 $P(S)$写为二进位的小数，取其前 L 位，以后如果有尾数，就进位到第 L 位，这样得到一个数 C。例如，$P(S)=0.10110001$，$p(S)=1/17$，则 $L=5$，得 $C=0.10111$。这个 C 就可作为 S 的码字。因为 C 不小于 $P(S)$，至少等于 $P(S)$。又由式(5-4-12)可知 $p(S)\geqslant 2^{-L}$。令$(S+1)$为按顺序正好在 S 后面的一个序列，则

$$P(S+1)=P(S)+p(S)\geqslant P(S)+2^{-L}>C$$

当 $P(S)$在第 L 位以后且没有尾数时，$P(S)$就是 C，上式成立；如果有尾数，该尾数就是上式的左右两侧之差，所以上式也成立。由此可见，C 必在 $P(S+1)$和 $P(S)$之间，也就是在长度为 $p(S)$的小区间（左闭右开的区间）内，因而是可以唯一译码。这样构成的码字，编码效率很高，已可达到概率匹配，尤其是当序列很长时。由式(5-4-12)可见，对于长序列，$p(S)$必然很小，L 与概率倒数的对数已几乎相等，也就是取整数造成的差别很小，平均代码长度接近 S 的熵值。

实际应用中，采用累积概率 $P(S)$表示码字 $C(S)$，符号概率 $p(S)$表示状态区间 $A(S)$，则有

$$\begin{cases} C(S,r)=C(S)+A(S)P_r \\ A(S,r)=A(S)p_r \end{cases} \tag{5-4-13}$$

对于二进制符号组成的序列，$r=0,1$。

实际编码过程如下。先置定两个存储器，起始时可令

$$A(\varphi)=1,\quad C(\varphi)=0$$

其中，φ 代表空集，即起始时码字为 0，状态区间为 1。每输入一个信源符号，存储器 C 和 A 就按照式(5-4-13)更新一次，直至信源符号输入完毕，就可将存储器 C 的内容作为该序列的码字输出。由于 $C(S)$是递增的，而增量 $A(S)P_r$ 随着序列的增长而减小，因为状态区间 $A(S)$越来越小，与信源单符号的累积概率 P_r 的乘积就越来越小。所以 C 的前面几位一般已固定，在以后的计算中不会被更新，因而可以边计算边输出，只需保留后面几位用作更新。

译码也可逐位进行，与编码过程相似。

例 5-9 有 4 个符号 a、b、c、d 构成的简单序列 $S=abda$，各符号及其对应概率如表 5-7 所示。

表 5-7 各符号及其对应概率

符号	符号概率 p_i	符号累积概率 P_j
a	0.100(1/2)	0.000
b	0.010(1/4)	0.100
c	0.001(1/8)	0.110
d	0.001(1/8)	0.111

算术编解码过程如下。

设起始状态为空序列 φ，则 $A(\varphi)=1,C(\varphi)=0$。

递推得

$$\begin{cases}C(\varphi a)=C(\varphi)+A(\varphi)P_a=0+1\times 0=0\\A(\varphi a)=A(\varphi)p_a=1\times 0.1=0.1\end{cases}$$

$$\begin{cases}C(a,b)=C(a)+A(a)P_b=0+0.1\times 0.1=0.01\\A(a,b)=A(a)p_b=0.1\times 0.01=0.001\end{cases}$$

$$\begin{cases}C(a,b,d)=C(a,b)+A(a,b)P_d=0.01+0.001\times 0.111=0.010111\\A(a,b,d)=A(a,b)p_d=0.001\times 0.001=0.000001\end{cases}$$

$$\begin{cases}C(a,b,d,a)=C(a,b,d)+A(a,b,d)P_a=0.010111+0.000001\times 0=0.010111\\A(a,b,d,a)=A(a,b,d)p_a=0.000001\times 0.1=0.0000001\end{cases}$$

计算该序列的编码码长，根据式(5-4-12)，有

$$L=\left\lceil \log\frac{1}{A(a,b,d,a)}\right\rceil=7$$

得码长为7，取 $C(a,b,d,a)$ 小数点后7位，即为编码后的码字0101110。上述编码过程如图5-9所示，可用对单位区间的划分来描述。

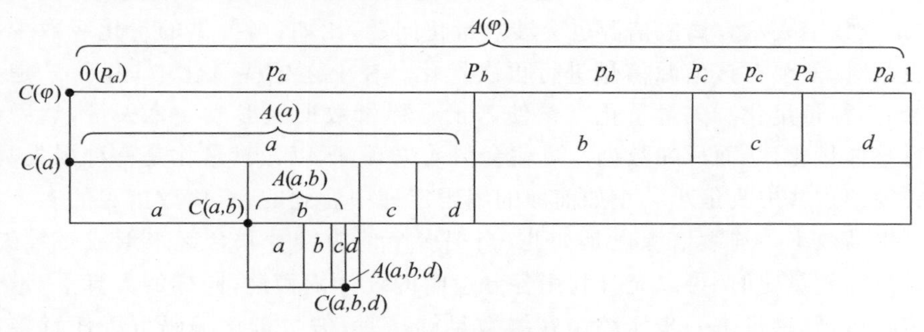

图5-9 算术码编码过程

该信源的熵

$$H(X)=-\frac{1}{2}\log\frac{1}{2}-\frac{1}{4}\log\frac{1}{4}-2\times\frac{1}{8}\log\frac{1}{8}=1.75\text{bit/符号}$$

编码效率

$$\eta=\frac{1.75}{7/4}=100\%$$

译码可通过比较上述编码后的数值大小进行，即判断码字 $C(S)$ 落在哪个区间，就可以得出一个相应的符号序列。据递推公式的相反过程译出每个符号。步骤如下。

(1) $C(a,b,d,a)=0.0101110<0.1\in[0,0.1]$，第1个符号为 a。

(2) 放大至[0,1]($\times p_a^{-1}$)，得 $C(a,b,d,a)\times 2^1=0.10111\in[0.1,0.110]$，第2个符

号为 b。

(3) 去掉累积概率 P_b，得 $0.10111-0.1=0.00111$。

(4) 放大至$[0,1]$($\times p_b^{-1}$)：$0.00111\times 2^2=0.111\in[0.111,1]$，第3个符号为 d。

(5) 去掉累积概率 P_d，得 $0.111-0.111=0$。

(6) 放大至$[0,1]$($\times p_d^{-1}$)，得 $0\times 2^3=0\in[0,0.1]$，第4个符号为 a。

实际的编译码过程比较复杂，但原理相同。从性能上看算术编码具有许多优点，特别是所需的参数很少，不像哈夫曼编码那样需要很大的码表。由于二元信源的编码实现比较简单，我国最早将其应用于报纸传真的压缩设备，获得了良好的效果。从理论上说，只要已知信源符号集及其符号概率，算术编码的平均码长可以接近符号熵。因而在实际编码时，需要预先对信源输入符号的概率进行估计，估计的精准程度将直接影响编码性能。但是事先知道精确的信源符号概率是很难的，而且是不切实际的。算术编码可以是静态的或自适应的。在静态算术编码中，信源符号的概率是固定的。而对于一些信源概率未知或非平稳的情况，常设计为自适应算术编码，在编码的过程中根据信源符号出现的频繁程度动态地修正符号概率。

5.4.3 矢量量化编码

连续信源进行编码的主要方法是量化，即将连续的样值 x 离散化为 y_i，$i=1,2,\cdots,n$。n 是量化级数，y_i 是某些实数。这样就把连续值转化为了 n 个实数，可用 $0,1,\cdots,n-1$ 共 n 个数字表示。离散信源也会涉及量化问题，比如，当提供的量化级数少于原来的量化级数时，需要对该信源信号进行再次量化。在上述这些量化中，由于 x 是一个标量，因此称为标量量化。矢量量化就是使若干个标量数据组形成一个矢量，然后在矢量空间进行整体量化，从而压缩数据。量化会引入失真，所以矢量量化是一种限失真编码，量化时必须使这些失真最小。正如前面的编码定理中看到的，将离散信源的多个符号联合编码可提高效率。连续信源也是如此，当把多个信源符号联合起来形成多维矢量，再对矢量进行标量量化时，可以充分利用各分量间的统计依赖性，同样的失真下，量化级数可进一步减少，码率可进一步压缩。在维数足够高时，矢量量化编码可以任意接近率失真理论给出的极限。

矢量量化编码的原理是，输入 k 维随机矢量 $\boldsymbol{X}_i=(x_{i1},x_{i2},\cdots,x_{ik})$，通过一个矢量量化器 $Q(\boldsymbol{X})$，映射为对应的 k 维输出矢量 $\boldsymbol{Y}_i=(y_{i1},y_{i2},\cdots,y_{ik})$。$\boldsymbol{Y}=\{\boldsymbol{Y}_1,\boldsymbol{Y}_2,\cdots,\boldsymbol{Y}_N\}$，有 N 种矢量组成的集合 $\boldsymbol{Y}$ 称为码书或码本。它实际上是一个长度为 N 的表，表中的每个分量 $\boldsymbol{Y}_i$ 都是一个 k 维矢量，称为码字或码矢。码书中码字的数量称为码书的尺寸。矢量编码的过程就是在码书 $\boldsymbol{Y}$ 中搜索一个与输入矢量 $\boldsymbol{X}_i$ 最接近的码字 $\boldsymbol{Y}_i$，$\boldsymbol{Y}_i$ 就是 $\boldsymbol{X}_i$ 的矢量量化值。传输时，只需传输码字 $\boldsymbol{Y}_i$ 的下标 i。在接收端解码器中，有一个与发送端相同的码书 $\boldsymbol{Y}$，根据接收的标号 i 可简单地用查表法找到对应的矢量 $\boldsymbol{Y}_i$ 作为 $\boldsymbol{X}_i$ 的近似。当码书尺寸为 N 时，传输矢量下标所需的比特数为 $\log_2 N$，平均传输矢量中一维信号所需的比特数为$(1/k)\log_2 N$。若 $k=16$，$N=256$，则比特率为 0.5bit/维。

从编码原理中可以看出，矢量量化编码的关键技术是码书设计和码字搜索。

1. 码书设计

矢量量化的码书设计是将 k 维空间无遗漏地划分为 N 个互不相交的子空间 $S_1,S_2,\cdots,S_N$,并在每个子空间中找出一个最佳矢量 $\boldsymbol{Y}_i$ 作为输出码字。码书的优化直接影响压缩效率和数据恢复质量。在接收端以量化值 $\boldsymbol{Y}_i$ 再现 $\boldsymbol{X}_i$,必然存在失真,需要满足 $d(\boldsymbol{X}_i,\boldsymbol{Y}_i)=\min d(\boldsymbol{X}_i,\boldsymbol{Y}_j)$,$j=1,2,\cdots,N$,其中 $d(\boldsymbol{X}_i,\boldsymbol{Y}_i)$是输入矢量 $\boldsymbol{X}_i$ 与码字 $\boldsymbol{Y}_i$ 之间的失真测度。一般可以采 方误差衡量失真测度,即

$$\sum^{k}(x_{ij}-y_{ij})^2$$

整个信号的

$),\boldsymbol{X}\in S_i]$

D 为每个 复信号质量的指标。解码失真的大小主要由码 求将 M 个训练矢量分为 $N(N<M)$ 类的一种最 心矢量作为码书的码字。然而,在 N 和 M 比较 为克服这个困难,各种现有的码书设计方法都 优或接近全局最优的码书。所以研究码书设计 到全局最优或接近全局最优的码书,以提高码书

L 码书设计算法,是由 Linde、Buzo 和 Gray 于 198 量化器设计的最佳划分和最佳码书两个必要条 其物理概念清晰,算法理论严密,算法实现容易 进行改进,提出了许多性能更优的设计算法,至

书已经存在的情况下,对于某个输入矢量,在码书 的码字。矢量量化中最常用的搜索方法是全搜索算 码书生成算法基本相同。如果采用平方误差作为失真 算需要 k 次乘法、$2k-1$ 次加法,因而为了对矢量进行 $(2k-1)$次加法和 $N-1$ 次比较。计算复杂度由码书尺 码书和高维矢量,计算复杂度会很大。研究码字搜索算法 算法以减少计算复杂度,并尽量使算法易于通过硬件实现。

超大规模集成电路技术的飞速发展,矢量量化编码器在语音编码、语音 压缩等领域得到了大量应用。实验证明,即使各信源符号相互独立,多维量化常 信息率,这就使人们对矢量量化感兴趣,成为当前连续信源编码的一个热点。可是当维数较大时,矢量量化尚无解析方法,只能求助于数值计算;而且联合概率密度也不易测定,还需采用训练序列等方法。一般来说,高维矢量联合很复杂,虽已有不少方法,但实用时尚有不少困难,有待进一步研究。

5.4.4 预测编码

前面介绍的编码方法都是考虑独立的信源序列。哈夫曼码对于独立多值信源符号很有效，算术码对于独立二元信源序列很有效，对于相关信源虽然可采用条件概率来编码而实现高效率，但复杂度较高，往往使之难以实现。由信息论可知，对于相关性很强的信源，条件熵可远小于无条件熵，因此人们常采用尽量解除相关性的方法，使信源输出转化为独立序列，以利于进一步压缩码率。

常用的解除相关性的两种方法是**预测**和**变换**。它们既适用于离散信源，也可用于连续信源。其实两者都是序列的变换。一般来说，预测有可能完全解除序列的相关性，但必须确知序列的概率特性；变换一般只解除矢量内部的相关性，但它可有许多可供选择的变换矩阵，以适应不同信源特性。这在信源概率特性未确知或非平稳时可能有利。

本节介绍预测的一般理论和方法。

预测是从已收到的符号中提取关于未收到符号的信息，从而预测其最可能的值，并对它与实际值之差进行编码，达到进一步压缩码率的目的。由此可见，**预测编码**是利用信源的相关性来压缩码率，对于独立信源，就没有预测可能。

预测的理论基础主要是**估计理论**。**估计**就是将实验数据组成一个统计量作为某一物理量的估值或预测值。最常见的估计是利用某一物理量被干扰时测定的实验值，这些值是随机变量的样值，可根据随机量的概率分布得到一个统计量作为估值。若估值的数学期望等于原来的物理量，就称这种估计为**无偏估计**；若估值与原物理量之间的均方误差最小，就称之为**最佳估计**。用于预测时，这种估计就成为最小均方误差的预测，所以认为这种预测是最佳的。

实现最佳预测需要找到计算预测值的预测函数。设有信源序列 $x_1,x_2,\cdots,x_r,x_{r+1},\cdots$。$r$ 阶预测就是由 $x_1,x_2,\cdots,x_r$ 预测 x_{r+1}。可令预测值为

$$x'_{r+1}=f(x_1,x_2,\cdots,x_r)$$

其中，f 是待定的预测函数。要使预测值具有最小均方误差，必须确知 $r+1$ 个变量$(x_1,x_2,\cdots,x_r,x_{r+1})$的联合概率密度函数，这在一般情况下是困难的。因而常用线性预测的方法达到次最佳的效果。线性预测是预测函数为各已知信源符号的线性函数，即 x_{r+1} 的预测值

$$x'_{r+1}=f(x_1,x_2,\cdots,x_r)=\sum_{s=1}^{r}a_s x_s \tag{5-4-14}$$

并求均方误差

$$D=E(x'_{r+1}-x_{r+1})^2 \tag{5-4-15}$$

最小时的各 a_s 值。可将式(5-4-14)代入式(5-4-15)，对各 a_s 取偏导并置零，得到

$$\frac{\partial D}{\partial a_s}=-E\left\{\left(r_{r+1}-\sum_{s=1}^{r}a_s x_s\right)x_s\right\}=0 \tag{5-4-16}$$

只需已知信源各符号之间的相关函数即可进行运算。

最简单的预测是令

$$x'_{r+1} = x_r \tag{5-4-17}$$

这可称为零阶预测,常用的差值预测就属这类。高阶线性预测已在语音编码,尤其是声码器中广泛应用。如果信源是非平稳或非概率性的,无法获得确切和恒定的相关函数,不能构成线性预测函数,可采用自适应预测的方法。一种常用的自适应预测方法是设预测函数是前几个符号值的线性组合,即令预测函数为

$$x' = \sum_{s=1}^{r} a_s x_{t-r-1-s} \tag{5-4-18}$$

再用已知信源序列确定各系数 a_s,使对该序列造成的均方误差 D 最小。此时的各系数 a_s 并不能保证对该信源发出的所有序列都适用,只有在平稳序列情况下,这种预测的均方误差可逼近线性预测时的最小值。随着序列的延长,各系数 a_s 可根据以后的 n 个符号值计算,因而将随序列的延长而变化,也就是可不断适应序列的变化,适用于缓变的非平稳信源序列。

利用预测值来编码的方法可分为两类:一类是用实际值与预测值之差进行编码,也称为差值编码。常用于相关性强的连续信源,也可用于离散信源。在连续信源的情况下,就是对此差值量化或取一组差值进行矢量量化。由于相关性很强的信源可较精确地预测待编码的值,差值的方差将远小于原来的值,所以在同样的失真要求下,量化级数可明显减少,从而显著压缩码率。对于离散信源也有类似的情况。

另一类是根据差值的大小,决定是否需传送该信源符号。例如,可规定某一可容许值 ε,当差值小于它时可不传送。对于连续函数或相关性很强的信源序列,常有一串很长的符号可以不传送,只需传送这串符号的个数,这样能大幅压缩码率。这类方法一般按信宿的要求设计,也就是失真应能满足信宿需求。

5.4.5 变换编码

变换是一个广泛的概念。在通信系统中,常希望对信号进行变换以达到某一目的。信源编码实际上是一种变换,使之能在信道中更有效地传送。这里讨论的变换是数学意义上的一一对应变换。**变换编码**就是变换后的信号的样值能更有效地编码,也就是通过变换消除或减弱信源符号间的相关性,再将变换后的样值进行标量量化,或采用对于独立信源符号的编码方法,以达到压缩码率的目的。

首先讨论变换的一般原理,即连续函数的变换。

设有函数 $f(t), 0<t<T$

$$\int_0^T f^2(t)\mathrm{d}t < \infty \tag{5-4-19}$$

该函数是希尔伯特空间 $L^2(0,T)$的一个矢量,其维数是可数无限,它的坐标系可用一完备正交函数系表征。

设有一个完备正交归一函数系 $\phi(i,t), i=0,1,2,\cdots$。正交性就是

$$\int_0^T \phi(i,t)\phi(j,t)\mathrm{d}t = 0, \quad i \neq j \tag{5-4-20}$$

归一性就是

$$\int_0^T \phi^2(i,t)\mathrm{d}t = 1 \tag{5-4-21}$$

则可将 $f(t)$ 展开为

$$f(t) = \sum_{i=0}^{\infty} a_i \phi(i,t) \tag{5-4-22}$$

其中，a_i 是待定系数，可用有限项逼近时的均方误差最小准则求得，即

$$D_n = \int_0^T \left[f(t) - \sum_{i=0}^{n-1} a_i \phi(i,t) \right]^2 \mathrm{d}t \tag{5-4-23}$$

$$\frac{\partial D_n}{\partial a_i} = \int_0^T -2\left[f(t) - \sum_{i=0}^{n-1} a_i \phi(i,t) \right] \phi(i,t)\mathrm{d}t$$

利用函数 $\phi(i,t)$ 的正交归一性及式(5-4-22)、式(5-4-23)，可得

$$a_i = \int_0^T f(t)\phi(i,t)\mathrm{d}t \tag{5-4-24}$$

如果

$$\lim_{n\to\infty} D_n \to 0$$

则称上述正交函数系是**完备**的，此时式(5-4-23)才成立；否则就是不完备的，式(5-4-24)也就不成立。

与欧氏空间类比，式(5-4-23)实际上是将函数矢量分解为各坐标分量，式(5-4-24)相当于内积运算，将函数 $f(t)$ 投影到 $\phi(i,t)$ 上。

上述变换可将函数 $f(t)$ 变换为一系列离散的系数 a_i，已给这些系数，就可用式(5-4-23)恢复函数 $f(t)$ 而不产生误差，所以这种变换是可逆的。如果只取有限个系数，恢复时就会产生误差。

我们熟悉的傅氏变换具有正交归一性函数系，但从消除相关性的意义上说，傅氏变换不是一种很好的变换。要有效地消除相关性，正交函数系必须根据信源的相关函数选择。

按均方误差最小准则推算，有一种正交变换称为 **K-L 变换**（Karhunen-Loeve transform），可使变换后的随机变量之间互不相关。一般认为，K-L 变换是压缩编码的最佳变换，评价其他变换时，常与其进行比较。K-L 变换的最大缺点是计算复杂，除了测定相关函数和求解积分方程外，变换时的运算也十分复杂，尚无快速算法可用。

以上变换在时间上连续的信源输出 $x(t)$ 中取一段 $(0,T)$ 进行积分运算，得到一系列系数 a_i，$i=0,1,2,\cdots$，截取有限个 n，即 $i=0,1,2,\cdots,n-1$，并对各 a_i 进行量化，达到信源编码的目的。这种方法在实际编码时较少应用，因为积分运算一般是比较困难的，而且除了量化各系数时会引入失真外，截取有限个系数也会引入失真。要保持失真在某一限度内，可能量化级数要有一定的增加，使码率有所上升。

另一种方法是先对信源输出 $x(t)$ 取样，得到一系列离散值 $x(i)$，$i=0,1,2,\cdots$，然后取 N 个样值形成一个 N 维矢量，对该矢量用矩阵进行变换，成为另一域内的 N 维矢量，以消除或减弱矢量内各分量的相关性。再对后一个分量进行标量量化或对矢量进行矢量量化以完成信源编码。此时的变换已不用积分运算而是矩阵运算。若变换所用的矩

阵选择恰当，就可达到压缩码率的目的。用矩阵来变换常称为**离散变换**。

其实取样也是一种将连续函数变换为时间上离散的一系列值的变换。此时变换所用的正交函数是单元脉冲函数 $\delta(t-i,\tau)$，$i=0,1,\cdots,\tau$ 是取样间隔。单元脉冲函数系的正交性和完备性是明显的，但这里已不是截取一段 $(0,T)$ 信源输出，而是连续进行取样运算。要使变换能一一对应，即能无失真地恢复原来的连续函数，信源输出必须是限频的。若其最高频率是 f_{m}，则取样间隔 τ 必须小于 $1/2f_{\mathrm{m}}$，才能使变换可逆，否则将引入失真。实际连续信源常是限频的，尤其是对于信宿来说，频率大于一定值的含量，信宿已不感兴趣或已不能感受，语音和图像对人耳与人眼都会出现这种情况，所以常能满足限频的要求。这样既能避免积分运算，也不会引入额外失真，因此实际上常采用离散变换。

还有很多离散变换，如正反变换矩阵都相同的离散哈尔变换和离散沃尔什变换；由有限维正交矢量系导出的广泛用于电视信号编码的斜变换和多重变换；可将信号分割为多个窄带以消除或减弱信号样值间相关性的子带编码和小波变换等。在实际应用中，需要根据信源特性选择变换方法以达到消除相关性、压缩码率的目的。另外，还可以根据一些参数比较各种变换方法间的性能优劣，如反映编码效率的编码增益、反映编码质量的块效应系数等。当信源的统计特性很难确知时，可用各种变换分别对信源进行变换编码，然后用实验或计算机仿真进行参数计算。

视频编码

本章小结

本章从信源编码的模型出发，介绍了信源编码的目的，引出了信息传输速率和编码效率的概念，重点论述了无失真信源编码定理，从而引出了几种最佳编码方法，并简单介绍了限失真编码定理。

编码的定义：分组码、变长码、非奇异码、唯一可译码、即时码、非延长码。

唯一可译码存在的充分和必要条件，克劳夫特不等式：$\sum_{i=1}^{n} m^{-K_i} \leqslant 1$

编码效率：$\eta=\dfrac{H_L(\boldsymbol{X})}{\overline{K}}$

无失真信源编码定理(香农第一编码定理)：

定长编码定理：$\dfrac{K_L}{L}\log m \geqslant H_L(\boldsymbol{X})+\varepsilon$

变长编码定理：$\dfrac{LH_L(\boldsymbol{X})}{\log m} \leqslant \overline{K}_L < \dfrac{LH_L(\boldsymbol{X})}{\log m}+1$

限失真信源编码定理(香农第三编码定理)：$R(D) \leqslant \overline{K} < R(D)+\varepsilon$

简介几种常用信源编码方法：香农编码、哈夫曼(Huffman)编码、算术编码、矢量量化编码、预测编码、变换编码。

习题

5-1 将某六进制信源进行二进制编码如表5-8所示，试问：

表 5-8 习题 5-1 表

消息	概率	C_1	C_2	C_3	C_4	C_5	C_6
u_1	1/2	000	0	0	0	1	01
u_2	1/4	001	01	10	10	000	001
u_3	1/16	010	011	110	1101	001	100
u_4	1/16	011	0111	1110	1100	010	101
u_5	1/16	100	01111	11110	1001	110	110
u_6	1/16	101	011111	111110	1111	110	111

(1) 这些码中哪些是唯一可译码?

(2) 哪些码是非延长码(即时码)?

(3) 对所有唯一可译码求出其平均码长和编码效率。

5-2 已知信源的各个消息分别为字母 A、B、C、D,现用二进制码元对消息字母进行信源编码,$A\to(x_0,y_0)$,$B\to(x_0,y_1)$,$C\to(x_1,y_0)$,$D\to(x_1,y_1)$,每个二进制码元的长度为 5ms。

(1) 若各个字母等概率出现,计算无扰离散信道上的平均信息传输速率。

(2) 若各个字母的出现概率分别为 $P(A)=1/5$,$P(B)=1/4$,$P(C)=1/4$,$P(D)=3/10$,计算无扰离散信道上的平均信息传输速率。

(3) 若字母消息改用四进制码元作为信源编码,码元幅度分别为 0、1V、2V、3V,码元长度为 10ms,计算(1)、(2)两种情况下的平均信息传输速率。

5-3 设信道的基本符号集合 $A=\{a_1,a_2,a_3,a_4,a_5\}$,其时间长度分别为 $t_1=1$,$t_2=2$,$t_3=3$,$t_4=4$,$t_5=5$(个码元时间)。将这样的信道基本符号编成消息序列,且不能出现(a_1,a_1),(a_2,a_2),(a_1,a_2),(a_2,a_1)4 种符号相连的情况。

(1) 若信源的消息集合为$\{x_1,x_2,\cdots,x_7\}$,它们出现的概率分别为 $P(x_1)=1/2$,$P(x_2)=1/4$,$P(x_3)=1/8$,$P(x_4)=1/16$,$P(x_5)=1/32$,$P(x_6)=P(x_7)=1/64$。试按最佳编码原则利用上述信道传输这些消息时的信息传输速率。

(2) 求上述信源编码的编码效率。

5-4 若消息符号、对应概率分布和二进制编码如下:

消息符号:	u_0	u_1	u_2	u_3
概率:	1/2	1/4	1/8	1/8
编码:	0	10	110	111

(1) 求消息符号熵。

(2) 求每个消息符号所需的平均二进制码个数。

(3) 若各消息符号间相互独立,求编码后对应的二进制码序列中出现"0"和"1"的无条件概率 p_0 和 p_1,以及相邻码间的条件概率 $p(1|1)$、$p(0|1)$、$p(1|0)$和 $p(0|0)$。

5-5 某信源有 8 个符号$\{u_1,u_2,\cdots,u_8\}$,概率分别为 1/2、1/4、1/8、1/16、1/32、1/64、1/128、1/128,编成这样的码:000,001,010,011,100,101,110,111。

(1) 求信源的符号熵 $H(U)$。

(2) 求出现一个“1”或一个“0”的概率。

(3) 求这种码的编码效率。

(4) 求相应的香农码。

(5) 求该码的编码效率。

5-6 设无记忆二元信源的概率为 $p_0=0.005, p_1=0.995$。信源输出 $N=100$ 的二元序列。在长为 $N=100$ 的信源序列中只对含有3个或小于3个“0”的各信源序列构成一一对应的一组定长码。

(1) 求码字所需的最小长度。

(2) 考虑没有给予编码的信源序列出现的概率,该定长码引起的错误概率是多少?

5-7 已知符号集合 $\{x_1, x_2, x_3, \cdots\}$ 为无限离散消息集合,它们出现的概率分别为 $p(x_1)=1/2, p(x_2)=1/4, \cdots, p(x_i)=1/2^i, \cdots$。

(1) 用香农编码方法写出各个符号消息的码字。

(2) 计算码字的平均信息传输速率。

(3) 计算信源编码效率。

5-8 某信源有6个符号,概率分别为3/8、1/6、1/8、1/8、1/8、1/12,试求三进制码元(0,1,2)的哈夫曼码,并求出编码效率。

5-9 若某一信源有 N 个符号,并且每个符号均等概率出现,对此信源用哈夫曼二元编码,当 $N=2^i$ 和 $N=2^i+1$(i 为正整数)时,每个码字的长度是多少?平均码长是多少?

5-10 设有离散无记忆信源 $P(X)=\{0.37, 0.25, 0.18, 0.10, 0.07, 0.03\}$。

(1) 求该信源符号熵 $H(X)$。

(2) 用哈夫曼编码编成二元变长码,计算其编码效率。

(3) 要求译码错误小于 10^{-3},采用定长二元码要达到(2)中哈夫曼编码的效率,需要多少个信源符号一起编?

5-11 信源符号 X 有6种字母,概率分别为0.32,0.22,0.18,0.16,0.08,0.04。

(1) 求符号熵 $H(X)$。

(2) 用香农编码编成二进制变长码,计算其编码效率。

(3) 用哈夫曼编码编成二进制变长码,计算其编码效率。

(4) 用哈夫曼编码编成三进制变长码,计算其编码效率。

(5) 若用逐个信源符号来编定长二进制码,要求不出译码差错,求所需要的每个符号的平均信息率和编码效率。

(6) 当译码差错小于 10^{-3} 的定长二进制码达到(3)中哈夫曼的效率时,需要多少个信源符号一起编?

5-12 已知一信源包含8个消息符号,其出现的概率为 $P(X)=\{0.1, 0.18, 0.4, 0.05, 0.06, 0.1, 0.07, 0.04\}$。

(1) 该信源每秒发出1个符号,求该信源的熵及信息传输速率。

(2) 对这8个符号进行哈夫曼编码,写出相应码字,并求出编码效率。

(3) 采用香农编码，写出相应码字，并求出编码效率。

5-13 某信源有 9 个符号，概率分别为 1/4、1/4、1/8、1/8、1/16、1/16、1/16、1/32、1/32，用三进制符号(a,b,c)编码。

(1) 编出哈夫曼码，并求出编码效率。

(2) 若要求符号 c 后不能紧跟另一个 c，编出一种有效码，其编码效率是多少？

5-14 一信源可能发出的数字有 1、2、3、4、5、6、7，对应的概率分别为 $p(1)=p(2)=1/3$，$p(3)=p(4)=1/9$，$p(5)=p(6)=p(7)=1/27$，在二进制或三进制无噪信道中传输，二进制信道中传输一个码字需要 1.8 元，三进制信道中传输一个码字需要 2.7 元。

(1) 编出二进制符号的哈夫曼码，求其编码效率。

(2) 编出三进制符号的哈夫曼码，求其编码效率。

(3) 根据(1)和(2)的结果，确定在哪种信道中传输花费较小。

5-15 有二元独立序列，已知 $p_0=0.9$，$p_1=0.1$，求此序列的符号熵。当用哈夫曼编码时，用 3 个二元符号合成一个新符号，求这种符号的平均代码长度和编码效率。设输入二元符号的速率为每秒 100 个，要求 3 分钟内溢出和取空的概率均小于 0.01，求所需的信道码率(bit/s)和存储器容量(比特数)。若规定信道码率为 50bit/s，存储器容量将如何选择？

5-16 离散无记忆信源发出 a、b 两种符号，其概率分布为 1/4、3/4。若信源输出的序列为 babba，对其进行算术编码并计算编码效率。

5-17 在电视信号中，亮度信号的黑色电平为 0，白色电平为 L。用均匀分割量化其样值，要求峰功率信扰比大于 50dB，求每样值所需的量化比特数。

第6章 信道编码

信道编码是以信息在信道上的正确传输为目标的编码，它可分为两个层次：一是如何正确接收载有信息的信号，二是如何避免少量差错信号对信息内容的影响。"通信原理"课程内容侧重于前者，例如，在数字基带信号传输中讨论的编码，主要目标或是消除直流分量，或是改造信号频谱以适应信道特性，或是便于在信号流中提取时钟频率，或是实现数字信号的透明传输。还有的是为了压缩占用带宽、抑制码间干扰，如部分响应系统。这个层次上的码，如曼彻斯特码、AMI码、HDB_3码、$nBmB$码、部分响应系统中的相关编码等，一般称为线路编码(line code)，有时也混称为信道编码。然而，从信息论角度来看，信道编码是指第二层次的编码，即差错控制编码，包括各种形式的纠错、检错码，统称为纠错编码。一般来说，线路编码也有一定的纠检错能力，例如，当码型违背了约定的编码规则时就可判定为差错，但这毕竟不是线路码的主旨，而且这些码的纠检错能力也极其有限，不足以承担差错控制任务。本书讨论的信道编码是指纠错编码。

6.1 有扰离散信道的编码定理

6.1.1 差错和差错控制系统分类

1. 差错符号、差错比特

纠错码总要以有形的形式传送，其承载信息比特的基本单位"码元"或称"符号"(symbol)就是有形的信号，如基带脉冲、数字调制波形等。一旦大的畸变引起符号差错，必然导致它携带的信息比特发生差错。信号差错与信息差错既有联系又有区别，分别用差错符号、差错比特来描述。通常所说的符号差错概率(误码元率)是指信号差错概率，而误比特率是指信息差错概率。

对于二进制传输系统，符号差错等效于比特差错；然而对于多进制系统，一个符号差错到底对应多少比特差错，却难以确定。表6-1是两种八电平编码方法——自然二进制码和反射二进制码的比较，反射二进制码也称格雷码或循环二进制码。当符号从量级3畸变为量级4而产生一个符号差错时，自然二进制码产生3bit差错而反射二进制码只产生1bit差错；若符号电平从量级3畸变为6时，符号差错仍然算一个，但两种编码分别对应2bit和3bit的差错。可见，符号差错率与比特差错率之间的关系并不是固定的，需根据具体差错及编码方式确定。对于高斯信道，最可能的符号差错是畸变一个量级的差错，显然这时反射二进制码优于自然二进制码，因反射二进制码相邻量级码字间只有1bit的差异。

表6-1 两种八电平编码方法比较

量　级	自然二进制码	反射二进制码
0	000	000
1	001	001
2	010	011
3	011	010
4	100	110

续表

量级	自然二进制码	反射二进制码
5	101	111
6	110	101
7	111	100

为了定量描述信号的差错，定义收码、发码之“差”为差错图样(error pattern)：

$$\text{差错图样}\ \boldsymbol{E}=\text{发码}\ \boldsymbol{C}-\text{收码}\ \boldsymbol{R}(\text{模}\ M) \tag{6-1-1}$$

例如，对于八进制($M=8$)码元，当发码为 $\boldsymbol{C}=(0,2,5,4,7,5,2)$ 而收码变为 $\boldsymbol{R}=(0,1,5,4,7,5,4)$ 时，差错图样就是 $\boldsymbol{E}=\boldsymbol{C}-\boldsymbol{R}=(0,1,0,0,0,0,6)$。

将最常用的二进制码当作特例来研究，其差错图样等于收码与发码的模 2 加：

$$\boldsymbol{E}=\boldsymbol{C}\oplus\boldsymbol{R}\quad \text{或}\quad \boldsymbol{C}=\boldsymbol{R}\oplus\boldsymbol{E} \tag{6-1-2}$$

此时差错图样中的“1”既是符号差错，也是比特差错，差错的个数称作汉明距离。

对于收信者而言，收码 $\boldsymbol{R}$ 是已知的，只要设法找出差错图样 $\boldsymbol{E}$，就可以利用式(6-1-1)估算出发码 $\boldsymbol{C}$。

2. 差错图样类型

若差错图样上各码位的取值与前后位置无关，与时间也无关，即差错始终以相等的概率独立发生于各码字、各码元、各比特，则称此类差错为随机差错。加性高斯白噪声(AWGN)信道是典型的随机差错信道，根据该信道输入、输出信号的量化情况，建立二元对称信道(BSC)、离散无记忆信道(DMC)等编码信道模型，这些模型均以常数概率为参数描述差错发生规律。通信工程中，对绞线、同轴电缆、光纤、微波、卫星、深空通信等信道均可视作随机差错信道。

前后相关、成堆出现的差错称为突发差错。突发差错总是以差错码元开头并以差错码元结尾，头尾之间并非都是差错码元，码元差错概率会超过某个额定值。通信系统中的突发差错多由突发噪声引起，如雷电、强脉冲、电火花、时变信道的衰落、移动中信号的多径与快衰落等。存储系统中的突发差错通常由磁带、磁盘、磁片物理介质的缺陷，读写头的抖动，接触不良等导致。

与随机差错一样，突发差错也有数学模型，其中最简单实用的是双状态一阶马尔可夫链模型，也称吉尔伯特(Gilbert)模型或 Gi 模型，如图 6-1 所示。吉尔伯特模型有好(G)、坏(B)两种状态，任一时刻信道均处于两种状态之一。设信道处于 B 状态时误码概率 P_{be} 很大，信道处于 G 状态时误码概率与 P_{be} 相比可忽略不计，进入状态 B 就意味着突发差错产生，从进入状态 B 到离开的全过程就是一个完整的突发差错。信道在状态 B 和状态 G 之间转移，两个方向转移的概率分别为 P_{gb} 和 P_{bg}，而保持在原状态的概率分别为 $1-P_{gb}$ 和 $1-P_{bg}$，于是用 3 个参数就可以定义一个吉尔伯特模型：状态转移概率 P_{gb}、P_{bg} 及状态 B 时的误码率 P_{be}。可以通过数学计算得出吉尔伯特模型代表的编码信道的

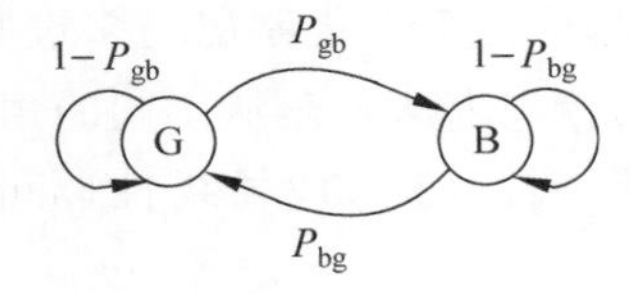

图 6-1 吉尔伯特模型

平均误码率

$$P_{e}=P_{be}\frac{P_{gb}}{P_{gb}+P_{bg}} \tag{6-1-3}$$

利用吉尔伯特模型还可以算出码长 n 的码组内产生长度为 $b(\geqslant 2)$ 的实发差错的概率[12]。

突发差错信道还可以采用更复杂的模型，如多状态、高阶马尔可夫链等，但由于这种信道的复杂性，要考虑突发差错发生的概率、频度、突发长度的数字特征、突发持续阶段的误码特点、差错图案等，所以通用复杂模型的意义不大，工程上有实用价值的模型均是针对具体信道的，例如，一个移动信道的模型须用几十个参数描述。

3. *差错编码分类*

从不同角度、不同侧面可以对差错编码进行不同的分类。

(1) 按照功能可将差错编码分为两类：一类用于发现差错，称为检错码；另一类要求能自动纠正差错，称为纠错码。纠错码与检错码在理论上没有本质区别，只是应用场合不同，而侧重的性能参数不同。本书以后提到的纠错编码自然包括检错码在内。

(2) 按照对信息序列的处理方法，可分为分组码和卷积码两种。分组码(block code)将信息序列分为 k 位一组后独立编解码，分组间互相无关。卷积码(convolutional code)也先将信息序列分组，不同的是编解码运算不仅与本组信息有关，还与前面若干组有关。

(3) 按照码元与原始信息位的关系，可分为线性码与非线性码。线性码的所有码元均是原始信息元的线性组合，编码器不带反馈回路。非线性码的码元并不都是信息元的线性组合，还与前面已编的码元有关，编码器可能含反馈回路。由于非线性码的分析比较困难，早期使用的纠错码多为线性码，但如今发现的很多好码都是非线性码。

从另一角度看，假设 $\boldsymbol{C}_i$、$\boldsymbol{C}_j$ 是某(n,k)分组码的两个码字，α_1、α_2 是码元字符集中的任意两个元素，那么当且仅当 $\alpha_1\boldsymbol{C}_i+\alpha_2\boldsymbol{C}_j$ 也是码字时，才称该码是线性的，或称群码。

(4) 按照适用的差错类型可分为纠随机差错码和纠突发差错码两种，也有介于中间的纠随机/突发差错码。纠随机差错码用于随机差错信道，其纠错能力用码组或码段内允许的独立差错的个数衡量。纠突发差错码针对突发差错设计，其纠错能力主要用可纠突发差错的最大长度衡量。

(5) 按照构码理论可分为代数码、几何码、算术码、组合码等。代数码的理论基础是近世代数，几何码的理论基础是投影几何，算术码的理论基础是数论、高等算术，组合码的理论基础是排列组合和数论，需使用同余、拉丁方阵、阿达玛矩阵等数学方法。

除上述分类外，观察问题的角度不同，就有不同的分类方法。例如，按照每个码元的取值，可分为二进制码与多进制码；按照码字之间的关系，可分为循环码和非循环码。不同的分类方法只是从不同的角度抓住码的某一特性进行归类而已，并不能说明某个码的全部特性。例如，某线性码可能同时是分组码、循环码、纠突发差错码、代数码、二进制码。

4. 差错控制系统分类

从系统的角度，运用纠/检错码进行差错控制的基本方式大致分为三类：前向纠错(forword error correction，FEC)、反馈重发(automatic repeat request，ARQ)和混合纠错(hybrid error correction，HEC)。

1) 前向纠错

发端信息经纠错编码后进行传送，接收端通过纠错译码自动纠正传递过程中的差错。所谓“前向”是指纠错过程在接收端独立进行，不存在差错信息的反馈。这种方式的优点是不需要反向信道，时延小，实时性强，既适用于点对点通信，又适用于点对多点组播或广播式通信。缺点是译码设备比较复杂，选用的纠错码必须与信道特性相匹配，为获得较好的纠错性能必须插入较多的校验元，而导致码率降低。最关键的一点在于：前向纠错的纠错能力是有限的，当差错数大于纠错能力时，接收端发生错译却意识不到错译的发生，收信者无法判断译出的码是纠错后的正确码还是误判的码。是否适合采用前向纠错取决于纠错码的纠错能力、差错特性、误码率及信息内容对差错的容忍程度。数据通信网要求误码率小于 10^{-9}，一般不采用前向纠错方案；语音、图像通信对实时性和容错能力要求高，基本上都采用前向纠错。随着编码理论和大规模集成电路技术的发展，性能优良的实用编译码方法不断出现而实现成本不断降低，前向纠错的应用已从语音、图像扩展到计算机存储系统、磁盘光盘、激光唱机等。

2) 反馈重发

发送端发送检错码如循环冗余校验码(CRC)，接收端通过检测接收码是否符合编码规律判断该码是否存在差错。如判定码组有错，则通过反向信道通知发送端重发该码，如此反复，直到接收端认为正确接收为止。围绕如何重发、由谁重发等，反馈重发系统可采用不同的重发策略。比如，等待式系统的接收端以单帧、单码组为单位向发送端反馈ACK或NAK信息，以决定是发下一条信息还是重发上一条；连续式系统则为帧或码字编上顺序号后连续发送，接收端对所有帧的正确与否按顺序号给出反馈回音。重发可以在通信网各交换节点间逐一进行，也可像高速通信网那样将反馈重发的任务转移给网络边缘的终端设备完成。

反馈重发的优点是编译码设备简单，在同样冗余度下检错码的检错能力比纠错码的纠错能力高得多。通过反馈重发可大大降低整个系统的误码率，早期最成功的例子是分组交换数据网，它用 10^{-6} 误码率的PCM物理信道构建出符合数据通信要求的 10^{-9} 误码率的数据网。目前，反馈重发方式已广泛应用于其他数据通信网，如计算机局域网、分组交换网、7号信令网等。反馈重发的缺点是需要一条反馈信道来传输回音，并要求发送和接收端装备大容量的存储器及复杂的控制设备。反馈重发是一种自适应系统，由于反馈重发的次数与信道干扰密切相关，当信道误码率很高时，重发过于频繁而使效率大大降低，甚至使系统阻塞。此外，被传输信息的连贯性和实时性也较差。特别是光纤通信出现后，信道的高速度使节点的反馈重发处理成为真正的瓶颈。因此从帧中继到ATM再到MPLS，现代高速网络不再采用反馈重发，而仅在节点处做检错运算。如果发现分组(或帧、包、信元等)有错，网络简单地将它们丢弃了事，而将协商重发的任务移交给终端处理。

3）混合纠错

混合纠错是前向纠错与反馈重发的结合，发送端发送的码兼有检错和纠错两种能力。接收端译码器收到码字后首先检验错误情况。如果差错不超过码的纠错能力，则自动进行纠错。如果判断码的差错数量已超出码的纠错能力，则接收端通过反馈信道传给发送端一个要求重发的信息。混合纠错方式的性能及优缺点介于前向纠错和反馈重发之间，误码率低，设备不是很复杂，实时性和连贯性较好，在移动通信和卫星通信中得到了应用。

6.1.2 矢量空间与码空间

最基本的纠错码是(n,k)分组码，也称块码(block code)，是把信息流分为k个符号一组的独立块后，编成由n个码元(symbol)组成的码字(codeword)。码字可以视作一个n重矢量，n个码元正是n个矢量元素，这样就可以从矢量空间的角度分析和理解分组码。

设有n重有序元素的集合$\mathbf{V}=\{\boldsymbol{v}_i\}$，$\boldsymbol{v}_i=(v_{i0},v_{i1},\cdots,v_{ij},\cdots,v_{i(n-1)})$，$v_{ij}\in F$，其中$F$表示码元所在的数域，对于二进制码，$F$代表二元域。若满足条件：

① $\mathbf{V}$中矢量元素在矢量加运算下构成加群；

② $\mathbf{V}$中矢量元素与数域F元素的标乘封闭在$\mathbf{V}$中，即$\forall a\in F$和$\boldsymbol{v}_i\in\mathbf{V}$，$\exists a\boldsymbol{v}_i\in\mathbf{V}$（数学符号$\forall$表示“对所有”，$\exists$表示“存在”）；

③ 分配律、结合率成立，即$\forall a、b\in F$和$\boldsymbol{v}_i、\boldsymbol{v}_j\in\mathbf{V}$，$\exists\ a(\boldsymbol{v}_i+\boldsymbol{v}_j)=a\boldsymbol{v}_i+a\boldsymbol{v}_j$，$(a+b)\boldsymbol{v}_i=a\boldsymbol{v}_i+b\boldsymbol{v}_i$，$(a\,b)\boldsymbol{v}_i=a(b\boldsymbol{v}_i)$；

则称集合$\mathbf{V}$是数域F上的n维**矢量空间**，或称n维**线性空间**，n维矢量又称n**重**(n-tuples)。码字因此有了另一个名字，即**码矢**。码字、码矢、n重及下面要提到的码多项式，本质上表达的内容相同，只是从不同角度、使用不同数学工具时叫法不同而已。

码矢的运算法则遵从矢量运算法则，即对于矢量$\boldsymbol{v}_i=(v_{i0},v_{i1},\cdots,v_{ij},\cdots,v_{i(n-1)})$、$\boldsymbol{v}_j=(v_{j0},v_{j1},\cdots,v_{j(n-1)})$及标量$a\in F$(数域)，定义

① 矢量加：$\boldsymbol{v}_i+\boldsymbol{v}_j=(v_{i0}+v_{j0},v_{i1}+v_{j1},\cdots,v_{i(n-1)}+v_{j(n-1)})$，所得结果仍为矢量。

② 标乘(标量乘矢量)：$a\boldsymbol{v}_i=(a\,v_{i0},a\,v_{i1},\cdots,av_{i(n-1)})$，所得结果为矢量。

③ 点积或内积(矢量乘矢量)：$\boldsymbol{v}_i\cdot\boldsymbol{v}_j=v_{i0}v_{j0}+v_{i1}v_{j1}+\cdots+v_{i(n-1)}v_{j(n-1)}$，所得结果为标量。

矢量空间各元素间可能相关，也可能无关。对于域F上的若干矢量$\boldsymbol{v}_1,\boldsymbol{v}_2,\cdots,\boldsymbol{v}_i$及$\boldsymbol{v}_k$，若满足

$$\boldsymbol{v}_k=a_1\boldsymbol{v}_1+a_2\boldsymbol{v}_2+a_3\boldsymbol{v}_3+\cdots+a_i\boldsymbol{v}_i\quad(a_i\in F)$$

则称$\boldsymbol{v}_k$是$\boldsymbol{v}_1,\boldsymbol{v}_2,\cdots,\boldsymbol{v}_i$的**线性组合**。若满足

$$a_1\boldsymbol{v}_1+a_2\boldsymbol{v}_2+a_3\boldsymbol{v}_3+\cdots+a_i\boldsymbol{v}_i=\mathbf{0}\quad(a_i\in F\text{且不全为零})\tag{6-1-4}$$

则称矢量$\boldsymbol{v}_1,\boldsymbol{v}_2,\cdots,\boldsymbol{v}_i$ **线性相关**。若$\boldsymbol{v}_1,\boldsymbol{v}_2,\cdots,\boldsymbol{v}_i$线性相关，就可以通过移项将其中任

一矢量表示为其他矢量的线性组合，这就意味着该矢量并不独立；反之，如果式(6-1-4)的条件不成立，则称这些矢量**线性无关**或**线性独立**。当一组矢量线性无关时，这组矢量中的任意一个都不可能用其他矢量的线性组合代替。

如果存在一组线性无关的矢量$\boldsymbol{v}_1,\boldsymbol{v}_2,\cdots,\boldsymbol{v}_n$，这些矢量的线性组合的集合就构成了一个矢量空间$\boldsymbol{V}$，而这组矢量$\boldsymbol{v}_1,\boldsymbol{v}_2,\cdots,\boldsymbol{v}_n$就是这个矢量空间的**基底**。$n$维矢量空间应包含$n$个基底，可以说，$n$个基底"张成"$n$维矢量空间$\boldsymbol{V}_n$。以最简单、最常用的直角坐标系为例，二维平面中的任意点可用矢量(x,y)表示，其中$x,y\in\mathbf{R}$(实数域)。我们可以认为二维空间是由线性无关的两个矢量(1,0)和(0,1)作为基底张成的，空间的任一矢量可由这两个基底线性组合而成：$(x,y)=x(1,0)+y(0,1)$。我们也可以换一组基底，认为该二维空间是由两矢量(-1,0)和(0,-1)作为基底张成的，它也可以组合出任意矢量：$(x,y)=-x(-1,0)-y(0,-1)$。可见，**基底不是唯一的**。将矢量元素中包含一个1而其余为0的那组基底称为**自然基底**，自然基底在线性无关前提下任意缩放或旋转后仍是基底。

若矢量空间$\boldsymbol{V}$的一个元素子集$\boldsymbol{V}_s$也能构成一个矢量空间，则称$\boldsymbol{V}_s$是$\boldsymbol{V}$的子空间。

例 6-1 二元域GF(2)上三维矢量空间$\boldsymbol{V}$的三个自然基底是(100)、(010)、(001)，如图6-2所示。若以其中一个或两个为基底，也能构成矢量空间，它们是三维矢量空间的子空间。例如

以(100)为基底$\xrightarrow{\text{张成}}$一维三重子空间$\boldsymbol{V}_1$，含$2^1=2$个元素，即$\boldsymbol{V}_1=\{(000),(100)\}$

以(010)(001)为基底$\xrightarrow{\text{张成}}$二维三重子空间$\boldsymbol{V}_2$，含$2^2=4$个元素，即$\boldsymbol{V}_2=\{(000),(001),(010),(011)\}$

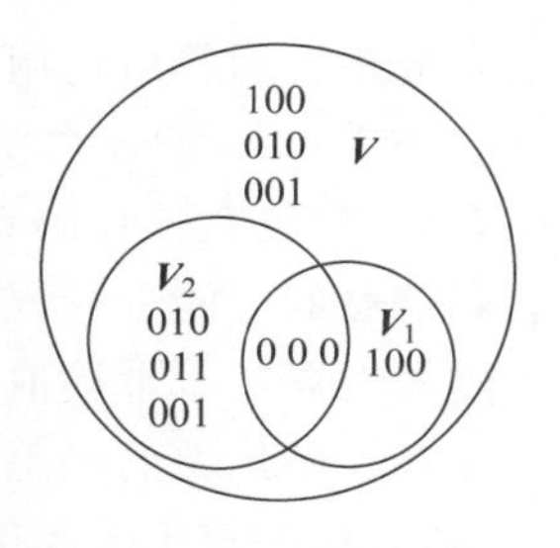

图 6-2 三维三重空间及子空间

每个矢量空间或子空间中必然包含零矢量，这是由于数域F含有零元素，任何基底乘以标量0后都是零矢量。**构成矢量的有序元素的个数称为"重"数，张成矢量空间的基底的个数称为"维"数**。一般情况下由n个n重的基张成n维矢量空间$\boldsymbol{V}_n$，维数和重数是一致的，但引入子空间后情况就不同了。例如，二维平面的点一般是用二重矢量表示的，但若将这个二维平面看作一个三维空间的子空间，那么平面上矢量就应与三维空间其余部分的矢量一样，用一个三重矢量来表达，这意味着子空间的引入可使维数和重数不一样。从概念上讲，维数不可能大于重数，当维数小于重数时就说明这是一个子空间。

若两矢量点积为零，即$\boldsymbol{v}_1\cdot\boldsymbol{v}_2=\mathbf{0}$，则称$\boldsymbol{v}_1$和$\boldsymbol{v}_2$正交。若某矢量空间中的任意元素与另一矢量空间中的任意元素正交，则称这两个矢量空间正交。**若两个矢量空间的基底正交，则这两个矢量空间一定正交**。正交的两个子空间$\boldsymbol{V}_1$、$\boldsymbol{V}_2$互为**对偶空间**(Dual Space)，其中一个空间是另一个空间的**零空间**(null space，也称零化空间)。在例6-1中，基底(100)与基底(010)、(001)正交，因此子空间$\boldsymbol{V}_1$和$\boldsymbol{V}_2$一定正交，它们是对偶空间。

码字$\boldsymbol{c}_i$是n个码元的有序排列，是n维n重矢量空间$\boldsymbol{V}_n$的元素之一。然而，矢量

空间 $\boldsymbol{V}_n$ 的元素并不一定是码字。以二进制码为例，k 位二进制信息有 2^k 种组合，如果一个信息组合对应一个码字，那么只有 2^k 种码字，而 n 重码矢所在的 n 维 n 重矢量空间 $\boldsymbol{V}_n$ 应包含 2^n 种 n 重矢量，显然，还存在 2^n-2^k 种 n 重矢量并不是码字。为了便于区分，将码字 $\boldsymbol{c}_i$ 写作$(c_{i0},c_{i1},\cdots,c_{i(n-1)})$，将码字的集合写作 $\boldsymbol{C}$，称为**码集**。码集不一定能构成 $\boldsymbol{V}_n$ 的一个子空间，但对于线性分组码而言，码集 $\boldsymbol{C}$ 一定是 $\boldsymbol{V}_n$ 的一个子空间。

对于一般的 q 进制(n,k)分组码，编码前的 k 位信息有 q^k 种组合，属于 q 元域上 k 维 k 重矢量空间；n 位的码字最多可有 q^n 种组合，属于 q 元域上 n 维 n 重矢量空间，通常 $q^n \gg q^k$。分组编码的任务是在 n 维 n 重矢量空间的 q^n 种可能组合中选择其中的 q^k 个，**构成一个码空间**，其元素就是许用码的**码集**。

因此分组编码的任务如下。

(1) 选择一个 k 维 n 重子空间作为码空间。

(2) 确定由 k 维 k 重信息空间到 k 维 n 重码空间的映射方法。

码空间的不同选择方法，以及信息组与码组的不同映射算法，就构成了不同的分组码。

6.1.3 随机编码

编码性能的分析有两个基本途径。一是针对具体一种码或一类码进行数学或计算机仿真分析。通常可运用代数、几何、数论、图论等理论求取解析结果，如渐近公式、性能限等，或者利用计算机作穷尽分析找出最优码。这条途径适用于特定对象，而且限于简单的短码，对复杂的长码就无能为力了。二是不涉及具体编码，而是运用概率统计方法对编码信号的性能进行统计分析。最典型的方法是计算统计平均，因为是平均，总有一部分码的性能优于平均值，而另一部分劣于平均值。因此只要求出统计平均，就可断言必然存在一些优秀的编码，其性能优于平均值。用这种方法无法得知最优码的具体编码方式，却能得知最优码的优越程度，对指导编码技术具有重要的理论价值。

设想有一个 q 元入、Q 元出的 DMC 离散无记忆信道，如图 6-3 所示，其输入字符集为 $X=\{x_0,x_1,\cdots,x_{q-1}\}$，输出字符集为 $Y=\{y_0,y_1,\cdots,y_{Q-1}\}$，转移概率为$\{P(y_j|x_i)\}$。再考虑一个$(N,K)$分组码编码器，该编码器介于信源输出和 DMC 信道输入之间，对 K 个 q 进制符号组成的消息组 $\boldsymbol{m}=(m_0,m_1,\cdots,m_{K-1})$ 进行编码，生成由 N 个 q 进制符号（也称码元）组成的码字 $\boldsymbol{c}=(c_0,c_1,\cdots,c_{N-1})$，其中 $c_0,\cdots,c_{N-1}\in X$。设有一个由 N 重矢量构成的 N 维矢量空间，任何码字 $\boldsymbol{c}$ 位于空间中的一点，对应一个 N 重矢量。假设消息组与码字成一一对应的映射关系，由于消息组 $\boldsymbol{m}$ 的 K 个 q 进制信息元总共可有 q^K 种组合，所以码集中只能有 q^K 个码字，然而 q 进制 N 维矢量空间共有 q^N 个点，显然码集对应的 q^K 点只是矢量空间全部 q^N 个点的一个子集。从 N 维矢量空间中选一个 q^K 点的子集有多种选法，在下面分组码章节中我们将详细论述借助近世代数理论寻找具体"最佳"子集的方法，本节并不在意寻找具体的好码，而是从随机的角度，根据统计规律分析问题，并通过随机编码（随机地选择码集）找出其性能限。

在随机编码情况下不存在固定的码集，允许 K 重消息组 $\boldsymbol{m}$ 逐个、随机地对应整个

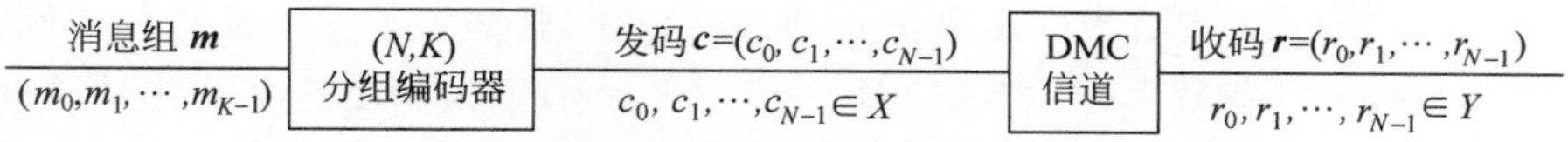

图 6-3 分组编码与随机编码

N 维矢量空间的任意一点。一个消息组有 q^N 种选择，在第一组选定的条件下两个消息组有 $q^N\cdot q^N$ 种选择，在前两组选定的条件下三个消息组有 $q^N\cdot q^N\cdot q^N$ 种选择……以此类推，q^K 个消息组共有$(q^N)q^K$ 种选法。为简化书写，令 $M=q^K$，于是最终随机选定的码集有 q^{NM} 种。在所有 q^{NM} 个可选择的码集中，必然有的码集"好"些(码字间距大，差错概率 P_e 小)，有的码集"差"些。代数编码的任务是找出其中的好码，而随机编码的任务是找出统计规律，求出平均差错概率 $\bar{P}_e$ 及其上下界。

码集点数 $M=q^K$ 占 N 维矢量空间总点数 q^N 的比例为

$$F=q^K/q^N=q^{-(N-K)} \tag{6-1-5}$$

显然，当 K 和 N 的差值拉大即冗余的空间点数增加时，平均而言码字的分布将变得稀疏，码字间的平均距离将变大，平均差错概率 $\bar{P}_e$ 将变小。现在提出这样一个问题：当 $F\to 0$ 即$(N-K)\to\infty$时，能否使平均差错概率 $\bar{P}_e\to 0$？

假如码集是随机地从 q^{NM} 个候选码集中选取的，那么其中第 m 个码集(记作$\{\boldsymbol{c}\}_m$)被随机选中的概率为

$$P(\{\boldsymbol{c}\}_m)=q^{-NM} \tag{6-1-6}$$

假设与这种选择对应的条件差错概率为 $P_e(\{\boldsymbol{c}\}_m)$，那么全部码集的平均差错概率为

$$\bar{P}_e=\sum_{m=1}^{q^{NM}}P_e(\{\boldsymbol{c}\}_m)\,P(\{\boldsymbol{c}\}_m)=q^{-NM}\sum_{m=1}^{q^{NM}}P_e(\{\boldsymbol{c}\}_m) \tag{6-1-7}$$

显然，必定存在某些码集的差错概率大于平均值，即 $P_e(\{\boldsymbol{c}\}_m)>\bar{P}_e$，也必定存在某些码集的差错概率小于平均值。合乎逻辑的结论是，如果算出了 $\bar{P}_e$ 的上边界，必然有一批码集的 $P_e(\{\boldsymbol{c}\}_m)$小于这个上边界；如果能证明 $F\to 0$ 时 $\bar{P}_e\to 0$，就必然存在一批码集的 $P_e(\{\boldsymbol{c}\}_m)\to 0$，那时就可以得出结论，差错概率趋于零的好码一定存在。

加拉格(Gallager)在 1965 年推导了 $\bar{P}_e$ 的上边界，并证明这个上边界是按指数规律收敛的。其推导过程如下：

设 N 维矢量空间 X^N 中某码集$\{\boldsymbol{c}\}_m$ 的某码字为 $\boldsymbol{c}_k=(c_{k0},c_{k1},\cdots,c_{k(N-1)})$，其中各码元 $c_{k0},c_{k1},\cdots,c_{k(N-1)}\in X$，$\boldsymbol{c}_k\in X^N$。经 DMC 信道传输后接收码字为 $\boldsymbol{r}=(r_0,r_1,\cdots,r_{N-1})$，其中 $r_0r_1\cdots r_{N-1}\in Y$，$\boldsymbol{r}\in Y^N$。$\boldsymbol{r}$ 未必等于 $\boldsymbol{c}_k$，接收端由 $\boldsymbol{r}$ 译出 $\boldsymbol{c}_k$ 的差错概率为

$$P_e(\boldsymbol{c}_k)=\sum_{r\in Y^N}p(\boldsymbol{r}\mid\boldsymbol{c}_k)I_k(\boldsymbol{r}) \tag{6-1-8}$$

其中，$I_k(\boldsymbol{r})$是示性函数，定义为

$$I_k(\boldsymbol{r})=\begin{cases}0, & \forall i\neq k, p(\boldsymbol{r}\mid\boldsymbol{c}_k)>p(\boldsymbol{r}\mid\boldsymbol{c}_i) \quad (6\text{-}1\text{-}9a)\\ 1, & \forall i\neq k, p(\boldsymbol{r}\mid\boldsymbol{c}_k)\leqslant p(\boldsymbol{r}\mid\boldsymbol{c}_i) \quad (6\text{-}1\text{-}9b)\end{cases}$$

示性函数 $I_k(\boldsymbol{r})$ 的意思是：当发出码字 $\boldsymbol{c}_k$ 而收到 $\boldsymbol{r}$ 的概率大于发出任意其他码字 $\boldsymbol{c}_i$ 而收到 $\boldsymbol{r}$ 的概率（$\boldsymbol{c}_k$ 具有最大先验概率）时，令 $I_k(\boldsymbol{r})=0$，因为满足这个条件时通过最优译码可以无差错地正确译码，其概率不应计入差错概率；当发出码字 $\boldsymbol{c}_k$ 而收到 $\boldsymbol{r}$ 的概率小于或等于发出其他任意码字 $\boldsymbol{c}_i$ 而收到 $\boldsymbol{r}$ 的概率时，令 $I_k(\boldsymbol{r})=1$，因为这种情况下将发生译码差错，应计入总的差错概率。示性函数 $I_k(\boldsymbol{r})$ 必定满足不等式

$$I_k(\boldsymbol{r}) \leqslant \left[\frac{\sum_{i\neq k} p(\boldsymbol{r}\mid \boldsymbol{c}_i)^{\frac{1}{1+\rho}}}{p(\boldsymbol{r}\mid \boldsymbol{c}_k)^{\frac{1}{1+\rho}}}\right]^{\rho} \tag{6-1-10}$$

这是因为当满足式(6-1-9a)时，式(6-1-10)左边等于 0，而由于概率的非负性右边总是大于或等于 0；当满足式(6-1-9b)时，式(6-1-10)左边等于 1，而右边至少有一个 $p(\boldsymbol{r}\mid\boldsymbol{c}_i)\geqslant p(\boldsymbol{r}\mid\boldsymbol{c}_k)$，即分子大于或等于分母，从而整个式子大于或等于 1。式中，ρ 是人为加入的修正因子，$0\leqslant\rho\leqslant 1$。

将式(6-1-10)代入式(6-1-8)，得

$$\begin{aligned}P_{\mathrm{e}}(\boldsymbol{c}_k) &\leqslant \sum_{\boldsymbol{r}\in Y^N} p(\boldsymbol{r}\mid \boldsymbol{c}_k)\left[\frac{\sum_{i\neq k} p(\boldsymbol{r}\mid \boldsymbol{c}_i)^{\frac{1}{1+\rho}}}{p(\boldsymbol{r}\mid \boldsymbol{c}_k)^{\frac{1}{1+\rho}}}\right]^{\rho} \\ &= \sum_{\boldsymbol{r}\in Y^N} p(\boldsymbol{r}\mid \boldsymbol{c}_k)^{\frac{1}{1+\rho}}\left[\sum_{i\neq k} p(\boldsymbol{r}\mid \boldsymbol{c}_i)^{\frac{1}{1+\rho}}\right]^{\rho}\end{aligned} \tag{6-1-11}$$

不等式(6-1-11)称为 Gallager 界，它指出了发送某一码字 $\boldsymbol{c}_k$ 时的误码概率上界。

6.1.4 信道编码定理

为找到有扰信道差错概率的规律，可在不等式(6-1-11)的两边对所有码字取平均。由于码字及码集均为等概率分布，因此求得的平均值就是全体码字的平均差错概率 $\overline{P}_{\mathrm{e}}$，即有

$$\begin{aligned}\overline{P}_{\mathrm{e}} &\leqslant E\left\{\sum_{\boldsymbol{r}\in Y^N} p(\boldsymbol{r}\mid \boldsymbol{c}_k)^{\frac{1}{1+\rho}}\left[\sum_{i\neq k} p(\boldsymbol{r}\mid \boldsymbol{c}_i)^{\frac{1}{1+\rho}}\right]^{\rho}\right\} \\ &= \sum_{\boldsymbol{r}\in Y^N} E\left\{p(\boldsymbol{r}\mid \boldsymbol{c}_k)^{\frac{1}{1+\rho}}\left[\sum_{i\neq k} p(\boldsymbol{r}\mid \boldsymbol{c}_i)^{\frac{1}{1+\rho}}\right]^{\rho}\right\}\end{aligned} \tag{6-1-12}$$

各码字互相独立时，总的平均等于各项的平均，式(6-1-12)可变为

$$\overline{P}_{\mathrm{e}} \leqslant \sum_{\boldsymbol{r}\in Y^N} E\left[p(\boldsymbol{r}\mid \boldsymbol{c}_k)^{\frac{1}{1+\rho}}\right]\left\{E\left[\sum_{i\neq k} p(\boldsymbol{r}\mid \boldsymbol{c}_i)^{\frac{1}{1+\rho}}\right]^{\rho}\right\} \tag{6-1-13}$$

又由于各码字等概率，式(6-1-13)的第一项

$$E\left[p(\boldsymbol{r}\mid \boldsymbol{c}_k)^{\frac{1}{1+\rho}}\right]=E\left[p(\boldsymbol{r}\mid \boldsymbol{c}_i)^{\frac{1}{1+\rho}}\right]=\sum_{\boldsymbol{c}} p(\boldsymbol{c})p(\boldsymbol{r}\mid \boldsymbol{c})^{\frac{1}{1+\rho}}$$

其中，$\sum_{\boldsymbol{c}}$ 表示对某码集所有码字的函数求和。利用 Jensen 不等式，函数运算后取平均一定小于或等于求平均后的函数运算，即

$$E[f(x)] \leqslant f[E(x)] \tag{6-1-14}$$

式(6-1-13)变为

$$\begin{aligned}\bar{P}_{\mathrm{e}} &\leqslant \sum_{\boldsymbol{r}\in Y^N}\left\{\left[\sum_{\boldsymbol{c}} p(\boldsymbol{c})p(\boldsymbol{r}\mid\boldsymbol{c})^{\frac{1}{1+\rho}}\right]\left[\sum_{i\neq k}\sum_{\boldsymbol{c}} p(\boldsymbol{c})p(\boldsymbol{r}\mid\boldsymbol{c})^{\frac{1}{1+\rho}}\right]^{\rho}\right\}\\ &= \sum_{\boldsymbol{r}\in Y^N}\left\{\left[\sum_{\boldsymbol{c}} p(\boldsymbol{c})p(\boldsymbol{r}\mid\boldsymbol{c})^{\frac{1}{1+\rho}}\right]\left[(M-1)\sum_{\boldsymbol{c}} p(\boldsymbol{c})p(\boldsymbol{r}\mid\boldsymbol{c})^{\frac{1}{1+\rho}}\right]^{\rho}\right\}\\ &= (M-1)^{\rho}\sum_{\boldsymbol{r}\in Y^N}\left\{\left[\sum_{\boldsymbol{c}} p(\boldsymbol{c})p(\boldsymbol{r}\mid\boldsymbol{c})^{\frac{1}{1+\rho}}\right]^{1+\rho}\right\}\end{aligned} \tag{6-1-15}$$

式中,$M=q^K$。由于信道无记忆,码字概率等于组成该码字的各码元概率之积,有

$$p(\boldsymbol{c})=\prod_{i=1}^{N} p(c_i) \quad 及 \quad p(\boldsymbol{r}\mid\boldsymbol{c})=\prod_{i=1}^{N} p(r_i\mid c_i)$$

所以式(6-1-15)变为

$$\begin{aligned}\bar{P}_{\mathrm{e}} &\leqslant (M-1)^{\rho}\sum_{r_1}\cdots\sum_{r_N}\left[\sum_{c_1}\cdots\sum_{c_N} p(c_1)p(r_1\mid c_1)\cdots p(c_N)p(r_N\mid c_N)^{\frac{1}{1+\rho}}\right]^{1+\rho}\\ &< M^{\rho}\left\{\sum_{r_1}\left[\sum_{c_1} p(c_1)p(r_1\mid c_1)^{\frac{1}{1+\rho}}\right]^{1+\rho}\right\}\cdots\left\{\sum_{r_N}\left[\sum_{c_N} p(c_N)p(r_N\mid c_N)^{\frac{1}{1+\rho}}\right]^{1+\rho}\right\}\\ &= M^{\rho}\left\{\sum_{r}\left[\sum_{c} p(c)p(r\mid c)^{\frac{1}{1+\rho}}\right]^{1+\rho}\right\}^{N}\end{aligned} \tag{6-1-16}$$

式中,$\boldsymbol{c}\in X=\{x_0,x_1,\cdots,x_{q-1}\}$及$\boldsymbol{r}\in Y=\{y_0,y_1,\cdots,y_{Q-1}\}$分别代表信道发送和接收的码元符号,仅与信道有关,而与如何编码无关,换言之,$\bar{P}_{\mathrm{e}}$ 的上界仅与信道有关,而与编码方式无关。式(6-1-16)可写作

$$\begin{aligned}\bar{P}_{\mathrm{e}} &\leqslant M^{\rho}\left\{\sum_{i=0}^{Q-1}\left[\sum_{j=0}^{q-1} p(x_j)p(y_i\mid x_j)^{\frac{1}{1+\rho}}\right]^{1+\rho}\right\}^{N}\\ &= \exp\left\{\rho\ln M + N\ln\sum_{i=0}^{Q-1}\left[\sum_{j=0}^{q-1} p(x_j)p(y_i\mid x_j)^{\frac{1}{1+\rho}}\right]^{1+\rho}\right\}\\ &= \exp\left\{-N\left\{-\rho\frac{\ln M}{N}-\ln\sum_{i=0}^{Q-1}\left[\sum_{j=0}^{q-1} p(x_j)p(y_i\mid x_j)^{\frac{1}{1+\rho}}\right]^{1+\rho}\right\}\right\}\end{aligned} \tag{6-1-17}$$

定义码率为

$$R=(\ln M)/N \tag{6-1-18}$$

式中,$M=q^K$ 是可能的信息组合数,每信息组的发生概率为 $1/M$,$\ln M=-\ln(1/M)$是以奈特(nat)为单位的信息量,它与通常信息量单位比特(bit)的关系是 1nat=1.443bit; N 为每个码字的码元数; R 表示每个码元携带的信息量,所以称为码率,单位为每符号奈特(nat/symbol)。

又定义函数

$$E_0(\rho,\boldsymbol{P}_x)=-\ln\sum_{i=0}^{Q-1}\left[\sum_{j=0}^{q-1} p(x_j)p(y_i\mid x_j)^{\frac{1}{1+\rho}}\right]^{1+\rho},\quad 0\leqslant\rho\leqslant 1 \tag{6-1-19}$$

式中，$E_0(\rho,\boldsymbol{P}_x)$是以修正因子$\rho$及输入符号概率矢量$\boldsymbol{P}_x$为自变量，与信道容量有关系的一个函数。当$\boldsymbol{P}_x$一定时，$E_0(\rho,\boldsymbol{P}_x)$和$\rho$的关系如图6-4所示。从图中可知，当$\rho$由0变到1时，$E_0(\rho,\boldsymbol{P}_x)$是单调上升的凸函数，其值由$E_0(0,\boldsymbol{P}_x)=0$变到最大值$E_0(1,\boldsymbol{P}_x)$。将式(6-1-18)、式(6-1-19)代入式(6-1-17)，可得

$$\begin{aligned}\bar{P}_e &< \exp\{-N[-\rho R+E_0(\rho,\boldsymbol{P}_x)]\} \\ &< \exp\{-N\{\max_{\rho}\max_{\boldsymbol{P}_x}[-\rho R+E_0(\rho,\boldsymbol{P}_x)]\}\} \\ &< \exp\{-NE(R)\}\end{aligned} \tag{6-1-20}$$

式中，$E(R)$定义为

$$E(R)=\max_{\rho}\max_{\boldsymbol{P}_x}[-\rho R+E_0(\rho,\boldsymbol{P}_x)] \tag{6-1-21}$$

$E(R)$处于负指数位置，其值越大，$\bar{P}_e$越小，即可靠性越高，所以称$E(R)$为**可靠性函数**，也称误差指数。从式(6-1-21)和式(6-1-19)中可以看到，$E(R)$实际上与R、ρ、$\boldsymbol{P}_x$及信道转移函数$\{P(y_j|x_i)\}$都有关。但一般假设$\boldsymbol{P}_x$是等概率分布，将信道特性和ρ作为参变量，而突出$E(R)$是码率R的函数。$E(R)$-R关系曲线显然与各参变量的取值有关，先逐一研究一下单参数的影响。

如果保持最优输入符号概率矢量$\boldsymbol{P}_x$不变（一般为等概率分布），则在区间$0\leqslant\rho\leqslant1$上能使$E(R)$最大的极值点位置满足ρ的偏导数为零这一条件，即

$$\frac{\partial E(R)}{\partial\rho}=\frac{\partial[-\rho R+E_0(\rho,\boldsymbol{P}_x)]}{\partial\rho}=-R+\frac{\partial E_0(\rho,\boldsymbol{P}_x)}{\partial\rho}=0$$

此时的码率R应为

$$R=\frac{\partial E_0(\rho,\boldsymbol{P}_x)}{\partial\rho} \tag{6-1-22}$$

也就是说，在选择的ρ值满足式(6-1-21)最大的同时，应令R等于图6-4中$E_0(\rho,\boldsymbol{P}_x)$-$\rho$曲线在$\rho$处的斜率。$\rho$不同，$R$也应不同，满足该条件的$R$-$\rho$关系曲线如图6-5所示。我们看到，在$\rho=0$时，$R$等于$E_0(\rho,\boldsymbol{P}_x)$-$\rho$曲线在$\rho=0$处的斜率，其值正是信道容量$C$（证明略）；而在$\rho=1$时，$R$等于曲线在$\rho=1$处的斜率，即$R=R_0$（一般$R_0\ll C$），定义$R_0$为**临界速率**。或者反过来看，当$R=C$时应有$\rho=0$，当$0<R<R_0$时应有$\rho=1$，当$R_0<R<C$时$\rho$的取值由图6-5的$R$-$\rho$曲线决定。

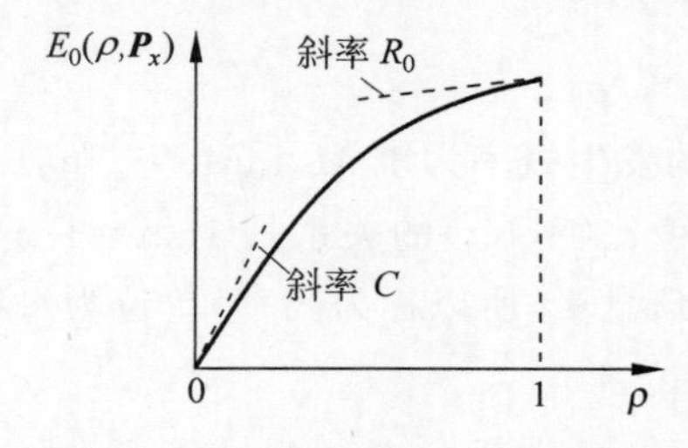

图6-4 $E_0(\rho,\boldsymbol{P}_x)$和$\rho$的关系曲线

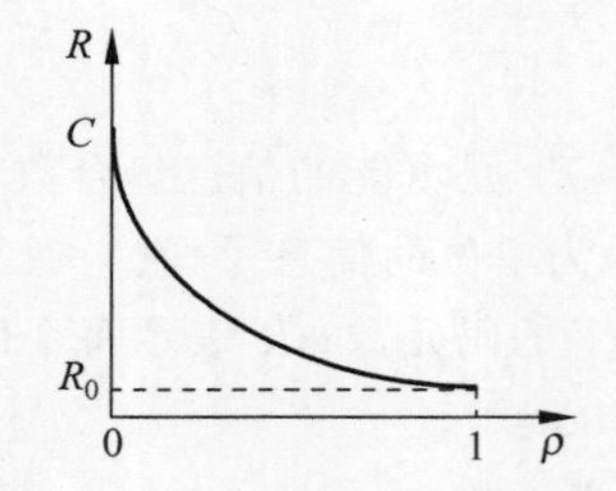

图6-5 R和ρ的关系曲线

若以ρ为参变量，则式(6-1-21)对R求偏导得

$$\frac{\partial E(R)}{\partial R}=-\rho \tag{6-1-23}$$

可见 $E(R)$-R 关系曲线必定以 $-\rho$ 为斜率。根据以上分析，当 $R=C$ 时，应有 $\rho=0$，即斜率为零；当 $0<R<R_0$ 时，应有 $\rho=1$，即斜率为 -1；当 $R_0<R<C$ 时，斜率由 -1 变到 0，据此可画出 $E(R)$-R 曲线，如图 6-6 所示。从图中看，R 位于 $[0,R_0]$ 区间时 $E(R)$-R 曲线是斜率为 -1（$-45°$）的直线，$E(R)$ 反比于 R；而当 $R=C$ 时，$E(R)=0$，即可靠性为零。

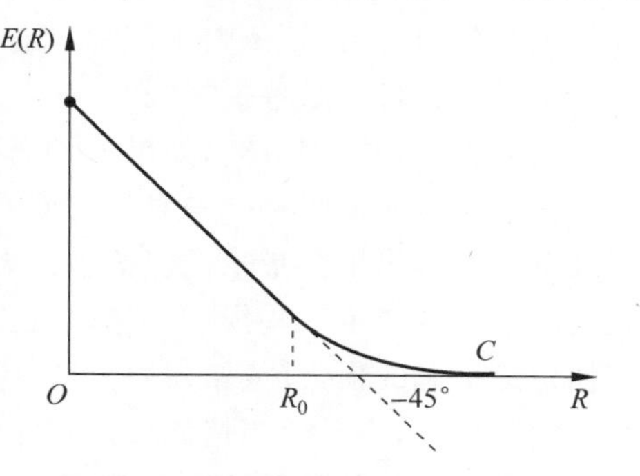

图 6-6　$E(R)$ 和 R 的关系曲线

式(6-1-20)左边的 $\bar{P}_{\mathrm{e}}$ 是平均差错概率。既然是平均值，必然有的优于它，有的劣于它。所以随机码中总有某些码集，其差错概率 P_{e} 小于平均差错概率 $\bar{P}_{\mathrm{e}}$。于是可以断言：一定存在某种编码方式，满足

$$P_{\mathrm{e}}<\mathrm{e}^{-NE(R)} \tag{6-1-24}$$

式(6-1-24)即为有扰离散信道的**信道编码定理**。其内涵为：只要 R 小于信道容量 C，就存在一种信道码（及解码器），能够以所要求的任意小的差错概率实现可靠的通信。

后来费诺(Fano)推导了一个 Fano 不等式，并利用它推出了**信道编码逆定理**，即信道容量 C 是可靠通信系统传信率 R 的上边界，如果 $R>C$，就不可能存在能使差错概率任意小的编码。

这两个定理常被写在一起统称为有扰或噪声信道的信道编码定理。

6.1.5　联合信源信道编码定理

在阐述和证明了信道编码定理后，可知要在任意信道中进行数据传输，信息传输率必须小于信道容量（$R<C$），才能可靠地传输数据。再回顾第 5 章中讨论的对信源进行数据压缩的问题，无失真信源编码定理指出，要进行无失真数据压缩，必须满足编码速率大于信源熵（$R'>H$）。联合这两个定理，就会提出这样的问题：若信源通过信道传输，要实现有效和可靠（无错误）地传输，$H<C$ 是充分和必要条件。

由无失真信源编码定理和信道编码定理可以看出，要有效和可靠地传输信息，可将通信系统设计为两部分的组合，即信源编码和信道编码。首先，通过信源编码，用尽可能少的信道符号来表达信源，也就是用最有效的方式表达信源数据，尽可能减少编码后数据的冗余度。然后，针对信道，对信源编码后的数据独立地设计信道编码，也就是适当增加一些冗余度，用于纠正和克服信道中的错误和干扰。这两部分编码应分别独立考虑。

这种分两部分编码的方法在实际通信系统设计中具有重要意义。近代大多数通信系统都是数字通信系统，相比模拟通信系统它具有许多优点。在实际数字通信系统中，通常信道是共用的数字信道，一般为二元信道。语音、图像和数据都用同一通信信道来传输。因此，可先将语音、图像等信源输出信号数字化，再针对各自信源的不同特点，进行不同的数据压缩，用最有效的二元码来表达这些不同的信源。而对于共同传输的数字

信道来说,输入端只是一系列二元码,信道编码只需针对信道特性进行,无须考虑不同信源的不同特性,通过信道编码纠正信道中出现的错误。采用这种分开两部分的编码方法可以有效而可靠地传输信息。这样可以大幅降低通信系统的复杂度。

这种分两步编码的处理方法,其信源压缩编码只与信源有关,不依赖于信道;而信道编码只与信道有关,不依赖于信源。这种方法的处理效果是否与一步编码一样好?分两步处理是否会带来某些损失呢?

由数据处理定理可知,如果处理采用的是一一对应的变换,就不会增加新的信息损失。无失真信源编码是一一对应的变换,无论编码还是译码,都是一一对应的映射,因此无失真信源编码不会带来任何信息损失。信源通过两步编码后送入信道,信道输出端接收到的信息会产生一些损失(失真),这是由信道引起的。而通过信道编码(满足 $R<C$),可使信道引起的损失(或错误)尽可能少。因此,分两步处理不会增加信息损失。

由此可见,当且仅当信源极限熵小于信道容量时,可在信道上能无错误地传输平稳遍历信源。这就是**信源信道编码定理**(source-channel coding theorem)。由于两步编码(数据压缩编码和数据传输编码)方法满足 $H<R$ 和 $R<C$,所以其与一步编码方法的处理效果一样好。

如果将信道编码定理与限失真信源编码定理结合起来,可得到信息传输的另一个主要结论:若通过信道传送信源输出的消息,如果信道的容量 $C>R(D)$,则在信源和信道处进行足够复杂的处理后,总能以保真度 $D+e$ 再现信源的消息。如果 $C<R(D)$,则不管如何处理,信道的接收端总有不能以保真度 D 再现信源的消息。

在给定信源 X 和允许失真度 D 后,可以求得信源的信息失真函数 $R(D)$。若信源通过某信道传输,信道的容量满足 $C>R(D)$,那么根据限失真信源编码定理,可以先对给定的信源 X 进行信源压缩编码,使编码后的信息传输率 $R'\geqslant R(D)$,且编码的平均失真度 $d(C)<D$,这时 R' 必须满足 $C>R'\geqslant R(D)$。然后将压缩后的信源通过信道传输,由于上式左半边不等式存在,根据信道编码定理,存在一种信道编码,使压缩后的信源通过信道传输后,错误概率趋于零。因此在接收再现信源消息时,总的失真或错误不会超过允许失真 D。这意味着失真是由信源压缩造成的,而信道传输不会造成新的失真或错误。反之,若 $C<R(D)$,即不能保证信源压缩后的信息传输率 $R'<C$,则信道编码定理不成立。故信道引起的失真或错误无法避免,使接收端再现信源的消息时,总的失真或错误大于 D。

由此可见,可将通信系统中信源编码和信道编码的功能完全分开,信源编码所用的码只对于给定的信源和保真度准则是最佳的,并不涉及信道的具体性质。同样信道编码的应用也可不考虑信源的具体性质。这样构成的通信系统首先通过信源编码器,从长的信源符号序列中去除冗余度或不必要的精度,只留下保真度准则确定的最少、最主要的信息。然后由信道编码器重新加入特殊形式的冗余度,以提高信道传输的抗干扰性。这种系统的优点是设计简单、通用性强,可以分别形成标准。例如,针对各种不同信源(如文本、语音、静止图像、活动图像等数据)压缩的研究形成了数据压缩理论与技术;而针对信道编码问题的研究又形成了另一独立的分支——纠错码理论。

当然，这种信源信道分开编码的方式有时也存在缺点，由于没有综合考虑信源和信道的特性，不能充分利用信源编码和信道编码的各自优势，因而不是最佳的。例如，无线传输系统的速率较低，要求信源编码的压缩比较高，就会导致传输信号对差错十分敏感。同时，无线信道的传输环境十分恶劣，能提供的带宽冗余度又很小，在这种条件下，需要将信源编码和信道编码综合考虑。这就是联合编码的基本思路。

近年来，人们对联合信源信道编码进行了大量研究，证明了信源与信道编码联合考虑比分两步的方法更有效，且在变信道下的传输速率可接近理论极限。因此联合信源信道编码在实际通信系统中得到了广泛应用，研究的内容主要包括下列几方面。

(1) 信源信道编码器的联合设计，该法侧重于在发送端根据信源和信道的统计特性进行设计，包括基于信道优化的信源编码和基于信源优化的信道编码。

(2) 信源信道联合解码器设计，该法侧重于在接收端分析并利用信源编码器输出的残存冗余信息来阻止传输比特差错的传播，也可作为先验知识用于信道译码器软输出译码的边信息。

(3) 信源信道码率分配研究，是在给定信道码率条件下信源和信道编码率的最优化分配策略，但总比特率一定。若信源编码速率增加，有损压缩造成的失真就可减小；若信道编码速率减小，则信道编码冗余量减少，信道噪声引起的失真就会增大。实际编码时根据系统总体性能的要求在信源和信道编码之间合理地分配。

例如，宽带无线通信中，若采用频分复用将整个宽带分割为若干个子信道，则各个子信道可能具有不同的传输特性，可将信源的总比特数或能量自适应地分配到各个子信道，以保证各子信道的误码率相同，这就是基于信道优化的信源编码。又如，多媒体码流中不同位置的比特发生错误，对信源的影响效果是不同的，因此可对不同位置的比特采取不同等级的错误保护，称为不等错误保护(UEP)，也称自适应纠错技术，即根据数据的重要性不同，信道编译码可采用不同等级的纠错保护策略，重要的数据分配较多的纠错比特，不太重要的数据分配较少的纠错比特，使重要信息具有更强的错误保护能力，以便在不增加总体传输速率的情况下，兼顾有效性和可靠性，保证系统的传输质量。例如，图像编码时可将图像分为两部分，一是对图像识别起重要作用的粗糙信息，二是用于提高图像质量的细节信息，再对这两部分采用不等差错保护技术。这就是基于信源优化的信道编码。

6.2 纠错编译码的基本原理与分析方法

6.2.1 纠错编码的基本思路

本节试图通过两种方式论述差错控制与纠错编码的基本原理，一种思路源自式(6-1-24)的信道编码定理，另一种思路则源自两个基本概念。两种思路只是从两个角度看同一个问题，必将殊途同归，结论也应该是吻合的。

第一种思路是从信道编码定理的公式出发，不强调物理意义，只是从数学角度分析如何使不等式左边的 P_e 减小。P_e 是负指数函数，从数值看减小 P_e 可通过增大码长 N

或增大可靠性函数$E(R)$两种途径。而增大$E(R)$可通过加大信道容量C或减小码率R两种途径，因为由图6-7可以看出：

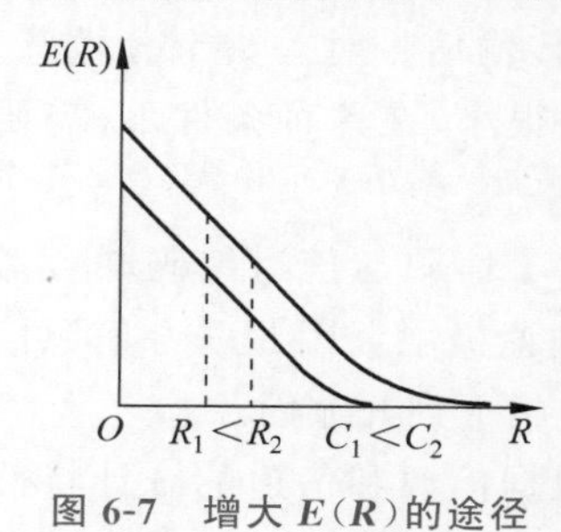

图6-7 增大$E(R)$的途径

对于同样的码率R，信道容量大，其可靠性函数$E(R)$也大；若信道容量C不变，码率减小时，其可靠性函数$E(R)$增大。鉴于以上分析，可采取以下措施减小差错概率P_e。

1. 增大信道容量C

根据香农公式，信道容量C与带宽W、信号平均功率P_{av}和噪声谱密度N_0有关。为此可采取以下措施。

(1) 扩展带宽。如开发新的宽带媒体，有线通信从明线(150kHz)、对称电缆(600kHz)、同轴电缆(1GHz)到光纤(25THz)，无线从中波、短波、超短波到毫米波、微米波。又如，采取信道均衡措施，如加感、时/频域的自适应均衡器等。

(2) 增大功率。如增大发送功率、天线增益，将无方向的漫射改为方向性强的波束或点波束，分集接收等。

(3) 降低噪声。如采用低噪声器件、滤波、屏蔽、接地、低温运行等。

在纠错编码技术发展之前，通信系统设计者主要通过增大C增大R，或等效地在R不变的前提下提高通信可靠性。

2. 减小码率R

对于二进制(N,K)分组码，码率为$R=K/N$；对于Q进制(N,K)分组码(K个Q元符号编为N个Q元符号)，码率为$R=K\log_2 Q/N$，所以降低码率的方法如下。

(1) Q、N不变而减小K，这意味着降低信息源速率，每秒少传一些信息。

(2) Q、K不变而增大N，这意味着提高符号速率(波特率)，占用更大带宽。

(3) N、K不变而减小Q，这意味着减小信道的输入、输出符号集，在发送功率固定时增大信号间的区分度，从而提高可靠性。

在通信容量C不变时减小R，等效于增大$C-R$，即通过增大信道容量的冗余度换取可靠性。20世纪50年代到70年代的主要纠错编码方法都是以这种冗余度为基础的。

3. 增大码长N

保持信道容量C和码率R(K/N之比)不变，加大码长N并没有增大信道容量的冗余度，这时利用的是随机编码的特点：随着N的增大，矢量空间元素$\boldsymbol{X}^N$以指数量级增大，从统计角度而言码字间距离也将加大，从而提高可靠性。另外，码长N越大，实际差错概率越符合统计规律。例如，投掷一个硬币，记录其正面向上的比例，理论值应为0.5，如果比例降到0.4以下或0.6以上，就算差错，则投掷10次统计的比例较投掷100万次统计的比例，其差错概率大得多。可以判定，投掷100万次而正面向上的比例在[0.4,0.6]区间之外的概率几乎为零，增大码长N的作用与增加投掷次数的作用类似。增大码长N带来好处的同时也要付出代价，那就是N越大，编解码算法越复杂，编解码器也越昂贵。所以虽然香农早在1948年就已提出增大N的途径，但20世纪70年代前由于器件水平不允许编解码器做得太复杂，实用的纠错码主要靠牺牲功率和带宽效率获得可靠性。20世纪80年代后随着VLSI的发展，编解码器做得越来越复杂，很多编解码算法可在ASIC或数字信号处理专用芯片DSP上实现，因此码长允许设计得很长。当前，通过增大码长N提高可靠性已成为纠错编码的主要途径之一，它本质上是以设备的复杂度换取可靠性，从这个意义上说，妨碍数字通信系统性能提高的真正限制因素是设备的复杂性。

另一个途径是从概念上分析纠错编码的基本原理，可将纠错能力的获取路径归结为两条，一是利用冗余度，二是使噪声均化(随机化、概率化)。

冗余度是在信息流中插入冗余比特形成的，这些冗余比特与信息比特之间存在特定的相关性。这样即使在传输过程中个别信息受损，也可以利用相关性从其他未受损的冗余比特中推测受损比特的原貌，保证信息的可靠性。举例来说，如果用2bit表示4种意义，那么无论如何也不能发现差错，如有一信息01误为00，根本无法判断是传输过程中的01误为00，还是原本发送的就是00。但是如用3bit表示4种意义，就可能发现差错，因为3bit的8种组合可表示8种意义，用它代表4种意义后尚剩4种冗余组合，如果传输差错使收到的3bit组合恰为4种冗余组合之一，就可判断一定有差错比特发生。至于加多少冗余、加什么相关性最好，这正是纠错编码技术所要解决的问题，但必须有冗余，这是纠错编码的基础。

为传输这些冗余比特，必然要动如下冗余的资源。

(1) 时间。如1比特重复发几次，或一段消息重复发几遍，或根据接收端的反馈重发受损信息组，像ARQ(automatic repeat request)系统那样。

(2) 频带。插入冗余比特后传输效率下降，若要保持有用信息的速率不变，最直接的方法是增大符号传递速率(波特率)，结果就占用了更大的带宽。如采用二进制(8,4)分组码而保持频带利用率等于每赫兹每秒1符号不变，则编码后的符号速率增大一倍，所占带宽也增大一倍。

(3) 功率。采用多进制符号，如用一个八进制ASK符号代替一个四进制ASK符号来传送2bit信息，可腾出位置另传1冗余比特。但为了维持信号集各点之间的距离不变，八进制ASK符号的平均功率必须大于四进制时，这就是动用冗余的功率资源来传输冗余比特。

(4) 设备复杂度。增大码长N，采用网格编码调制(TCM)，是在功率、带宽受限信道中实施纠错编码的有效方法，代价是算法的复杂度提高，并需动用设备资源。

噪声均化是使差错随机化，以便更符合编码定理的条件，从而得到符合编码定理的结果。噪声均化的基本思想是设法将危害较大、较为集中的噪声干扰分摊，使不可恢复的信息损失最小。这是因为噪声干扰的危害大小不仅与噪声总量有关，还与它们的分布有关。举例来说，二进制(7,4)汉明码能纠一个差错，假设噪声在14码元(两码字)上产生2个差错，那么差错的不同分布将产生不同后果。如果2个差错集中在前7码元(同一码字)上，该码字将出错。如果差错分散在前、后两个码字，每码字承受一个差错，则每码字差错的个数都未超出其纠错能力范围，这两个码字将全部正确解码。由此可见，集中的噪声干扰（称之为突发差错）的危害甚于分散的噪声干扰（称之为随机差错）。噪声均化正是将差错均匀分摊给各码字，达到提高总体差错控制能力的目的。

噪声均化的方法主要有三种。

(1) 增大码长 N。前面已从编码公式的角度提到过这种方法，这里通过一个具体例子来理解。设某BSC信道误码概率 $P_e=0.01$，假如编码后的纠错能力为10%，即长度为 N 的码字中，只要差错码元个数小于或等于 N 的10%，就可以通过译码加以纠正。先设码长 $N=10$，码字中误码多于1位时就会产生译码差错，差错概率为

$$P=1-\sum_{m=0}^{1}C_{10}^{m}P_e^m(1-P_e)^{10-m}=4.27\times10^{-3}$$

如果保持码率 R 不变，将码长增大到 $N=40$，那么当码字中误码多于4位时才会产生译码差错，差错的概率为

$$P=1-\sum_{m=0}^{4}C_{40}^{m}P_e^m(1-P_e)^{40-m}=4.92\times10^{-5}$$

从以上例子中看到，当码长由10增大到40时，译码差错的概率下降了两个数量级。增大码长可使译码误差减小的原因在于：码长越大，每个码字中误码的比例越接近统计平均值，换言之，噪声按平均值均摊到各码字上。而如果真的均摊了，译码就不会发生任何差错，因为信道的差错概率（$P_e=1\%$）远小于编码后的纠错能力（10%）。

(2) 卷积。上面分组码的例子都是将单个码字作为孤立的独立单元，编码过程加入的冗余度、相关性局限于单个码字内，而码字之间是彼此无关的。后来卷积码的出现改变了这种状况，卷积码在一定约束长度内的若干码字之间也加进了相关性，译码时不是根据单个码字，而是一串码字进行判定。再加上适当的编译码方法，就能使噪声分摊到码字序列而不是一个码字上，达到噪声均化的目的。

(3) 交织（或称交错）。交织是应对突发差错的有效措施。突发噪声使码流产生集中的不可纠正的差错，若能采取某种措施，对编码器输出的码流与信道上的符号流进行顺序上的变换，则信道噪声造成的符号流中的突发差错，可能被均化而转换为码流上随机、可纠正的差错。加入交织器的传输系统如图6-8所示。

数据入 → 编码器 — 交织器 — 信道 — 去交织 — 译码器 → 数据出

图6-8　加入交织器的传输系统

交织的效果取决于信道噪声的特点和交织方式。最简单的交织器是一个 $n\times m$ 的存储阵列，码流按行输入后按列输出。图6-9是一个适用于码长 $N=7$ 的 5×7 行列交织器的示意图，从图中看到，码流的顺序1,2,…,7,8…经交织器后变为1,8,15,22,29,2,9…。现假设信道中产生了5个连续的差错，如果不交织，这5个差错集中在1个或2个码字上，很可能不可纠错。若采用交织方法，则去交织后差错分摊在5个码字上，每码字仅一个。

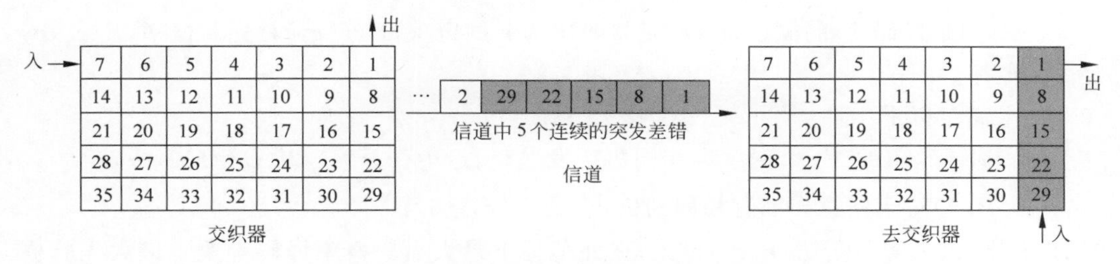

图 6-9　5×7 行列交织器工作原理示意图

6.2.2　译码方法——最优译码与最大似然译码

译码器的任务是从受损的信息序列中尽可能正确地恢复出原信息。作为译码器的输入，译码算法的已知条件如下。

(1) 实际接收到的码字序列$\{\boldsymbol{r}\}$，$\boldsymbol{r}=(r_1,r_2,\cdots,r_N)$。

(2) 发送端采用的编码算法和该算法产生的码集X^N，满足$\boldsymbol{c}_i=(c_{i1},c_{i2},\cdots,c_{iN})\in X^N$。

(3) 信道模型及信道参数。

其中，(1)、(2)是必要条件，(3)尽管可为译码提供准确的算法依据，但因实践中很多信道参数难以得到，因此早期的译码算法并不直接使用。现代信号处理为信道的盲估计提供了各种方法，利用信道参数的译码算法变得越来越多。

译码器译码时，先根据接收序列$\{\boldsymbol{r}\}$解得发送码字序列$\{\boldsymbol{c}_i\}$的估值序列$\{\hat{\boldsymbol{c}}_i\}$，再进行编码的逆过程，从码字估值序列$\{\hat{\boldsymbol{c}}_i\}$还原出消息序列$\{\hat{\boldsymbol{m}}_i\}$，如图 6-10 所示。上述由$\{\boldsymbol{r}\}\to\{\hat{\boldsymbol{c}}_i\}\to\{\hat{\boldsymbol{m}}_i\}$的过程是从功能角度描述的，具体实现时可综合到译码算法中一次完成。由于从$\{\hat{\boldsymbol{c}}_i\}$可唯一地解得$\{\hat{\boldsymbol{m}}_i\}$，所以还原的消息正确与否取决于$\{\hat{\boldsymbol{c}}_i\}$是否等于$\{\boldsymbol{c}_i\}$。

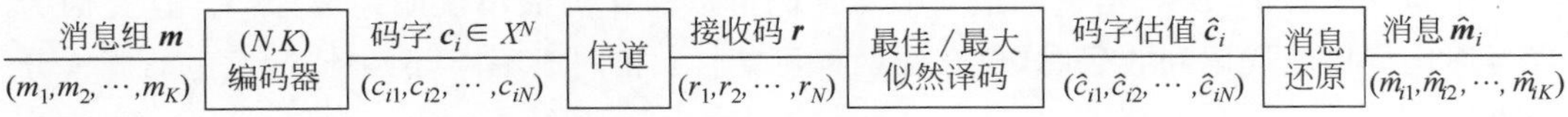

消息组 $\boldsymbol{m}$ $(m_1,m_2,\cdots,m_K)$ → (N,K)编码器 → 码字 $\boldsymbol{c}_i\in X^N$ $(c_{i1},c_{i2},\cdots,c_{iN})$ → 信道 → 接收码 $\boldsymbol{r}$ $(r_1,r_2,\cdots,r_N)$ → 最佳/最大似然译码 → 码字估值 $\hat{\boldsymbol{c}}_i$ $(\hat{c}_{i1},\hat{c}_{i2},\cdots,\hat{c}_{iN})$ → 消息还原 → 消息 $\hat{\boldsymbol{m}}_i$ $(\hat{m}_{i1},\hat{m}_{i2},\cdots,\hat{m}_{iK})$

图 6-10　译码过程

译码器要在已知$\boldsymbol{r}$的条件下找出可能性最大的发码$\boldsymbol{c}_i$，作为译码估值$\hat{\boldsymbol{c}}_i$，即令

$$\hat{\boldsymbol{c}}_i=\max P(\boldsymbol{c}_i/\boldsymbol{r}) \tag{6-2-1}$$

这种译码方法称为**最佳译码**，也称**最大后验概率译码**(maximum aposteriori，MAP)，它是一种通过经验与归纳由收码推测发码的方法，是最优的译码算法。但在实际译码时，定量地找出后验概率值是很困难的。比如在 BSC 信道或 DMC 信道模型中，只告诉信道的前向(发→收)转移概率(先验概率)，并没有告诉信道的后向(收→发)转移概率(后验概率)。在已知$\boldsymbol{r}$的条件下使先验概率最大的译码算法称为**最大似然译码**(maximum likelihood decoding，MLD)，即令

$$\hat{\boldsymbol{c}}_i=\max P(\boldsymbol{r}\mid\boldsymbol{c}_i) \tag{6-2-2}$$

$P(\boldsymbol{r}|\boldsymbol{c}_i)$也称**似然函数**。利用贝叶斯公式可建立先验概率与后验概率之间的联系：

$$P(\boldsymbol{c}_i\mid\boldsymbol{r})=\frac{P(\boldsymbol{c}_i)P(\boldsymbol{r}\mid\boldsymbol{c}_i)}{P(\boldsymbol{r})},\quad i=1,2,\cdots,2^K \tag{6-2-3}$$

式中，$P(\boldsymbol{c}_i)$是发码$\boldsymbol{c}_i$的概率，$P(\boldsymbol{r})$是接收码为$\boldsymbol{r}$的概率，$P(\boldsymbol{r}|\boldsymbol{c}_i)$是先验概率，$P(\boldsymbol{c}_i|\boldsymbol{r})$是后验概率。

如果满足以下条件：

(1) 构成码集的2^K个码字以相同概率发送，满足$P(\boldsymbol{c}_i)=1/2^K, i=1,2,\cdots,2^K$。

(2) $P(\boldsymbol{r})$对于任意$\boldsymbol{r}$都有相同的值，满足$P(\boldsymbol{r})=1/2^N$。

则$P(\boldsymbol{c}_i|\boldsymbol{r})$最大等效于$P(\boldsymbol{r}|\boldsymbol{c}_i)$最大，在此前提下最大后验概率译码等效于最大先验概率译码，或者说最佳译码等效于最大似然译码。理论上，可以通过信源编码算法的改进及扰码、交织的采用使发码$\boldsymbol{c}_i$等概率化，令信道对称均衡，使收码$\boldsymbol{r}$也等概率化，从而可用最大似然译码替代最佳译码。实践中尽管不能做到$\boldsymbol{c}_i$、$\boldsymbol{r}$两者的完全等概率，但最大似然译码仍是可行的最有效、最常用方法。

对于无记忆信道，码字的似然函数$P(\boldsymbol{r}/\boldsymbol{c}_i)$等于组成该码字的各码元的似然函数之积（联合概率），码字的最大似然就是各码元似然函数之积的最大化，即若$\boldsymbol{r}=(r_1,r_2,\cdots,r_N)$，$\boldsymbol{c}_i=(c_{i1},c_{i2},\cdots,c_{iN})$，则

$$\max P(\boldsymbol{r}\mid\boldsymbol{c}_i)=\max\prod_{j=1}^{N}P(r_j\mid c_{ij}) \tag{6-2-4}$$

为将乘法运算简化为加法运算，取似然函数的对数，称作**对数似然函数**。由于对数的单调性，似然函数最大时对数似然函数也最大。于是，码字对数似然函数最大化等效于各码元对数似然函数之和的最大化，即

$$\max \log P(\boldsymbol{r}\mid\boldsymbol{c}_i)=\max\sum_{j=1}^{N}\log P(r_j\mid c_{ij}) \tag{6-2-5}$$

上式的对数可以e为底（自然对数），也可以2或10为底。

作为一个特例，BSC信道的最大似然译码可以简化为**最小汉明距离译码**。这是因为当当逐比特比较发码和收码时，仅存在两种可能性：相同或不同，两种情况发生的概率分别为

$$P(r_j\mid c_{ij})=\begin{cases}p, & c_{ij}\neq r_j\\ 1-p, & c_{ij}=r_j\end{cases} \tag{6-2-6}$$

如果$\boldsymbol{r}$中有d个码元与$\boldsymbol{c}_i$的码元不同，则$\boldsymbol{r}$与$\boldsymbol{c}_i$的汉明距离为d。显然，d代表$\boldsymbol{c}_i$在BSC信道传输过程中的码元差错个数，也就是$\boldsymbol{r}$与$\boldsymbol{c}_i$模2加后的重量，即

$$d=\mathrm{dis}(\boldsymbol{r},\boldsymbol{c}_i)=W(\boldsymbol{r}\oplus\boldsymbol{c}_i)=\sum_{j=1}^{N}r_j\oplus c_{ij} \tag{6-2-7}$$

此时的似然函数为

$$P(\boldsymbol{r}\mid\boldsymbol{c}_i)=\prod_{j=1}^{N}P(r_j/c_{ij})=p^d(1-p)^{N-d}=\left(\frac{p}{1-p}\right)^d(1-p)^N \tag{6-2-8}$$

$(1-p)^N$是常数，而$p/(1-p)\ll 1$。d越大，似然函数$P(\boldsymbol{r}|\boldsymbol{c}_i)$越小，因此求最大似然函数$\max P(\boldsymbol{r}/\boldsymbol{c}_i)$的问题转化为求最小汉明距离$\min d$的问题。

汉明距离译码是一种硬判决译码。只要在接收端将发码$\boldsymbol{r}$与收码$\boldsymbol{c}_i$的各码元逐一

进行比较，选择其中汉明距离最小的码字作为译码估值 $\hat{\boldsymbol{c}}_i$。由于 BSC 信道是对称的，只要发送的码字独立、等概率，汉明距离译码就是最佳译码。

6.3 线性分组码

(n,k)分组码是将信息流分为一串前后独立的 k 位信息组，再将每组信息元映射为由 n 个码元组成的码字(codeword)。k 信息元组可写为矢量$(m_{k-1},\cdots,m_1,m_0)$或矩阵$[m_{k-1},\cdots,m_1,m_0]$的形式，码字可写为$(c_{n-1},\cdots,c_1,c_0)$或$[c_{n-1},\cdots,c_1,c_0]$。为叙述方便，以下认为码矢、码字、码组是同义词，对 n 重矢量、$1\times n$ 矩阵、行矢量等的数学表达也不作严格区分。信息元和码元都属于信号范畴，以符号(symbol)为基本单位。二进制时一码元符号正好对应 1bit 信息，多进制时必须对符号和比特严加区分。

在 6.1.3 节已经提到过，k 信息元的 q^k 种组合对应 q 进制 n 维 n 重矢量空间后构成码集 $\boldsymbol{C}$，由于 $q^k<q^n$，码集仅是一个子集。随机编码并未强调这个子集是怎样的子集，而实际编码却要求这个子集是特殊的子集，子集具有的特性越多，则码的特性也越多。于是人们会问：

(1) 码集 $\boldsymbol{C}$ 能否构成 n 维 n 重矢量空间的一个 k 维 n 重子空间?

(2) 如何寻找最佳的码空间?

(3) q^k 个信息元组以什么算法一一对应映射到码空间?

一般分组码的码集未必能构成 n 维 n 重矢量空间的 k 维 n 重子空间，但若被称为**线性**分组码，则其码集一定正好是 k 维 n 重子空间。因为构造线性分组码的方法就是构造子空间的方法：在 n 维 n 重空间的 n 个基底中选取其中 k 个作为码空间的基底，由这 k 个基底线性组合张成的空间就是 k 维 n 重码空间。因此(n,k)线性分组码的 q^k 个码字既是码集，又是码空间，而一般分组码只能是码集。

对于二元(n,k)分组码，编码前 k 个符号携带 k 比特信息(传信率 1bit/symbol)，编码后需 n 个符号才能传送 k 比特信息(传信率 k/n bit/symbol)。由式(6-1-18)可知，码率 $R_c=k/n$；对于 q 元(n,k)分组码，码率 $R_c=(k\log_2 q)/n$。码率 R_c 体现了传信率的大小，从另一角度看也表明了编码效率。

6.3.1 线性分组码的生成矩阵和校验矩阵

线性分组码码空间 $\boldsymbol{C}$ 是由 k 个线性无关的基底 $\boldsymbol{g}_{k-1},\cdots,\boldsymbol{g}_1,\boldsymbol{g}_0$ 张成的 k 维 n 重子空间，码空间的所有元素(码字)都可写为 k 个基底的线性组合：

$$\boldsymbol{c}=m_{k-1}\boldsymbol{g}_{k-1}+\cdots+m_1\boldsymbol{g}_1+m_0\boldsymbol{g}_0 \tag{6-3-1}$$

这种线性组合特性正是线性分组码名称的来历。显然，研究线性分组码的关键是研究基底、子空间和映射规则，可将码空间与映射关系画为图 6-11 所示的图形。

用 $\boldsymbol{g}_i$ 表示第 i 个基底并写为 $1\times n$ 矩阵的形式：

$$\boldsymbol{g}_i=[g_{i(n-1)},g_{i(n-2)},\cdots g_{i1},g_{i0}] \tag{6-3-2}$$

再将 k 个基底排列成 k 行 n 列的 $\boldsymbol{G}$ 矩阵：

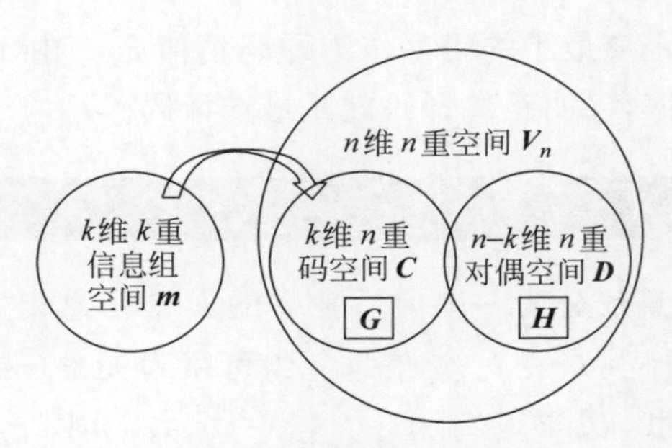

图 6-11　码空间与映射

$$G=[g_{k-1}\cdots g_1\ g_0]^{\mathrm{T}}=\begin{bmatrix} g_{(k-1)(n-1)} & \cdots & g_{(k-1)1} & g_{(k-1)0} \\ \vdots & \ddots & \vdots & \vdots \\ g_{1(n-1)} & \cdots & g_{11} & g_{10} \\ g_{0(n-1)} & \cdots & g_{01} & g_{00} \end{bmatrix} \tag{6-3-3}$$

对照式(6-3-1),得

$$c=[c_{n-1},\cdots,c_1,c_0]=m_{k-1}g_{k-1}+\cdots m_i g_i+m_1 g_1+m_0 g_0=mG \tag{6-3-4}$$

其中,$m=[m_{k-1},\cdots,m_1,m_0]$是$(1\times k)$信息元矩阵;$g_i=[g_{i(n-1)},\cdots,g_{i1},g_{i0}]$,$i=0,1,\cdots,k-1$是$G$中第$i$行的行矢量,也是张成码空间的第$i$个基底,同时也是码空间元素(码字)之一。由于$k$个基底即$G$的$k$个行矢量线性无关,因此矩阵$G$的秩一定等于$k$。当信息元确定后,码字仅由$G$矩阵决定,因此称这个$k\times n$矩阵$G$为该$(n,k)$线性分组码的**生成矩阵**。

基底不是唯一的,生成矩阵就不是唯一的。事实上,将k个基底线性组合后产生另一组k个矢量,只要满足线性无关的条件,依然可以作为基底张成一个码空间。不同的基底可能生成同一码集,但因编码涉及码集和映射两个因素,码集相同而映射方法不同也不能说是同样的码。

基底的线性组合等效于生成矩阵G的行运算,可以产生一组新的基底。可以利用这一点使生成的矩阵具有如下"**系统形式**":

$$G=[I_k \mid P]=\left[\begin{array}{cccc:cccc} 1 & 0 & \cdots & 0 & p_{(k-1)(n-k-1)} & \cdots & p_{(k-1)1} & p_{(k-1)0} \\ 0 & 1 & \cdots & 0 & \vdots & \ddots & \vdots & \vdots \\ \vdots & \vdots & \ddots & \vdots & p_{1(n-k-1)} & \cdots & p_{11} & p_{10} \\ 0 & 0 & 0 & 1 & p_{0(n-k-1)} & \cdots & p_{01} & p_{00} \end{array}\right] \tag{6-3-5}$$

其中,P为$k\times(n-k)$矩阵,I_k为$k\times k$单位矩阵,从而保证了矩阵的秩为k。

信息组m乘以系统形式的生成矩阵G后所得的码字,其前k位由单位矩阵I_k决定,一定与信息组各码元相同,而其余$n-k$位是k个信息位的线性组合,称为冗余比特或一致校验位。这种将信息组原封不动搬到码字前k位的码叫作**系统码**,其码字具有如下形式:

$$c=(c_{n-1},\cdots,c_{n-k},c_{n-k-1},\cdots,c_0)=(m_{k-1},\cdots m_1,m_0,c_{n-k-1},\cdots,c_0) \tag{6-3-6}$$

反之,不具备系统特性的码叫作**非系统码**。非系统码与系统码并无本质区别,它的生成矩阵可通过行运算转变为系统形式，这个过程叫作系统化。系统化不改变码集，只改变映射规则。

与任意一个(n,k)分组线性码的码空间$\boldsymbol{C}$相对应，一定存在一个对偶空间$\boldsymbol{D}$。事实上，码空间基底数k只是n维n重空间全部n个基底的一部分，若能找出另外$n-k$个基底，也就找到了对偶空间$\boldsymbol{D}$。既然用k个基底能产生一个(n,k)分组线性码，用$n-k$个基底也能产生包含2^{n-k}个码字的$(n,n-k)$分组线性码，称$(n,n-k)$码是(n,k)码的对偶码。将$\boldsymbol{D}$空间的$n-k$个基底排列起来，可构成一个$(n-k)\times n$矩阵，将这个矩阵称作码空间$\boldsymbol{C}$的**校验矩阵$\boldsymbol{H}$**，而它正是$(n,n-k)$对偶码的生成矩阵，它的每一行是对偶码的一个码字。$\boldsymbol{C}$和$\boldsymbol{D}$的对偶是相互的，$\boldsymbol{G}$是$\boldsymbol{C}$的生成矩阵，又是$\boldsymbol{D}$的校验矩阵，而$\boldsymbol{H}$是$\boldsymbol{D}$的生成矩阵，又是$\boldsymbol{C}$的校验矩阵(见图6-11)。

由于$\boldsymbol{C}$的基底与$\boldsymbol{D}$的基底正交，空间$\boldsymbol{C}$与空间$\boldsymbol{D}$也正交，它们互为零空间，因此，(n,k)线性码的任意码字$\boldsymbol{c}$一定正交于其对偶码的任意一个码字，也必定正交于校验矩阵$\boldsymbol{H}$的任意一个行矢量，即

$$\boldsymbol{c}\boldsymbol{H}^{\mathrm{T}}=\boldsymbol{0} \tag{6-3-7}$$

式中，$\boldsymbol{0}$代表零矩阵，它是$[1\times n]\times[n\times(n-k)]=1\times(n-k)$全零矢量。式(6-3-7)可用于检验一个$n$重矢量是否为码字：若等式成立(得零矢量)，则该$n$重矢量必为码字，否则必定不是码字。

由于生成矩阵的每个行矢量都是一个码字，因此必有

$$\boldsymbol{G}\boldsymbol{H}^{\mathrm{T}}=\boldsymbol{0} \tag{6-3-8}$$

其中，$\boldsymbol{0}$代表$[k\times n]\times[n\times(n-k)]=k\times(n-k)$的零矩阵。

对于生成矩阵符合式(6-3-5)的系统码，其校验矩阵也是规则的，必为

$$\boldsymbol{H}=[-\boldsymbol{P}^{\mathrm{T}} \vdots \boldsymbol{I}_{n-k}] \tag{6-3-9}$$

式中的负号在二进制码情况下可省略，因为模2减法和模2加法是等同的。

验证$\boldsymbol{H}$的方法是看其行矢量是否与$\boldsymbol{G}$的行矢量正交，即式(6-3-8)是否成立。此处

$$\boldsymbol{G}\boldsymbol{H}^{\mathrm{T}}=[\boldsymbol{I}_k \vdots \boldsymbol{P}][-\boldsymbol{P}^{\mathrm{T}} \vdots \boldsymbol{I}_{n-k}]^{\mathrm{T}}=[\boldsymbol{I}_k\ \boldsymbol{P}]+[\boldsymbol{P}\ \boldsymbol{I}_{n-k}]=[\boldsymbol{P}]+[\boldsymbol{P}]=\boldsymbol{0} \tag{6-3-10}$$

式中，两个相同矩阵模2加后为全零矩阵。这就证明了$\boldsymbol{H}$确是校验矩阵。

例6-2　一个(6,3)线性分组码的生成矩阵$\boldsymbol{G}=\begin{bmatrix}1&1&1&0&1&0\\1&1&0&0&0&1\\0&1&1&1&0&1\end{bmatrix}\begin{matrix}①\\②\\③\end{matrix}$。

(1) 计算码集，列出信息组与码字的映射关系。

(2) 将该码系统化处理后，计算系统码码集，并列出映射关系。

(3) 计算系统码的校验矩阵$\boldsymbol{H}$。若收码$\boldsymbol{r}=[100110]$，检验其是否为码字。

(4) 根据系统码生成矩阵，画出编码器电原理图。

解：(1) 由式(6-3-4)，$\boldsymbol{c}=m_2[111010]+m_1[110001]+m_0[011101]$。

令$[m_2\ m_1\ m_0]=000,\cdots,111$，代入得到码集和映射关系如表6-2前2列所示。

表 6-2　码集与映射关系

信　息	码　字	系统码字
000	000000	000000
001	011101	001011
010	110001	010110
011	101100	011101
100	111010	100111
101	100111	101100
110	001011	110001
111	010110	111010

(2) 对 $\boldsymbol{G}$ 作行运算，原①③行相加作为第 1 行，原①②③行相加作为第 2 行，原①②行相加作为第 3 行，得系统化后的生成矩阵 $\boldsymbol{G}_{\mathrm{s}}=\begin{bmatrix}1&0&0&1&1&1\\0&1&0&1&1&0\\0&0&1&0&1&1\end{bmatrix}\begin{matrix}①+③\\①+②+③\\①+②\end{matrix}$。

于是系统码 $\boldsymbol{c}=m_2[100111]+m_1[010110]+m_0[001011]$，令$[m_2\ m_1\ m_0]=000,\cdots,111$，代入得到码集和映射关系如表 6-2 第 3 列所示。对比表 6-2 的第 2、3 两列，证实系统化前后的码集未变，但映射关系变了。

(3) $\boldsymbol{G}=\left(\begin{array}{ccc:ccc}1&0&0&1&1&1\\0&1&0&1&1&0\\0&0&1&0&1&1\end{array}\right)=[\boldsymbol{I}_3\ \vdots\ \boldsymbol{P}]$，$\boldsymbol{H}=[\boldsymbol{P}^{\mathrm{T}}\ \vdots\ \boldsymbol{I}_{n-k}]=\left(\begin{array}{ccc:ccc}1&1&0&1&0&0\\1&1&1&0&1&0\\1&0&1&0&0&1\end{array}\right)$。

可见，3 个基底(100111)、(010110)、(001011)张成了码空间 $\boldsymbol{C}$，另 3 个基底(110100)、(111010)、(101001)张成了对偶码空间 $\boldsymbol{D}$。

$\boldsymbol{rH}^{\mathrm{T}}=[100110]\left(\begin{array}{ccc:ccc}1&1&0&1&0&0\\1&1&1&0&1&0\\1&0&1&0&0&1\end{array}\right)^{\mathrm{T}}=[001]\neq\boldsymbol{0}$，可断定 $\boldsymbol{r}$ 不是码字。

(4) $\boldsymbol{c}=(c_5c_4c_3\ c_2c_1c_0)=(m_2m_1m_0c_2c_1c_0)=m_2[100111]+m_1[010110]+m_0[001011]$。

得线性方程组：$\begin{cases}c_5=m_2\\c_4=m_1\\c_3=m_0\\c_2=m_2+m_1\\c_1=m_2+m_1+m_0\\c_0=m_2+m_0\end{cases}$

据此可画出电原理图，如图 6-12 所示。

■

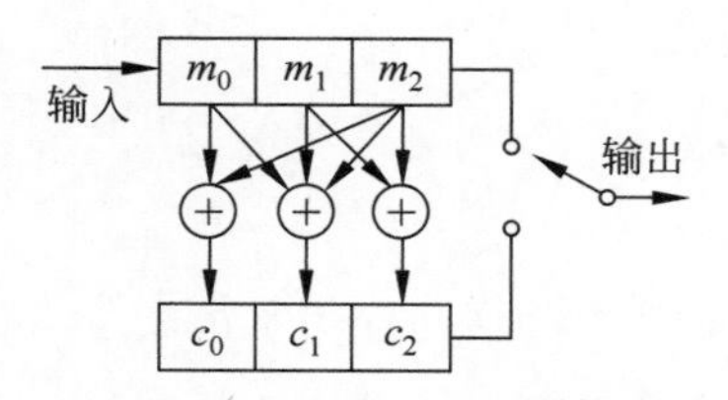

图 6-12 二元(6,3)线性分组码编码器电原理图

6.3.2 伴随式与标准阵列译码

码字 $\boldsymbol{C}=(c_{n-1},\cdots,c_1,c_0)$ 在传输过程中受到各种干扰,接收端的收码 $\boldsymbol{R}=(r_{n-1},\cdots,r_1,r_0)$ 不一定等于发码 $\boldsymbol{C}$,两者间的差异就是差错。差错是多样化的,定义差错的式样为**差错图案** $\boldsymbol{E}$,即

$$\boldsymbol{E}=(e_{n-1},\cdots,e_1,e_0)=\boldsymbol{R}-\boldsymbol{C}=(r_{n-1}-c_{n-1},\cdots,r_1-c_1,r_0-c_0) \tag{6-3-11}$$

对于二进制码,模 2 减等同模 2 加,因此有

$$\boldsymbol{E}=\boldsymbol{R}+\boldsymbol{C} \quad 及 \quad \boldsymbol{R}=\boldsymbol{C}+\boldsymbol{E} \mod 2 \tag{6-3-12}$$

利用码字与校验矩阵的正交性 $\boldsymbol{CH}^{\mathrm{T}}=\boldsymbol{0}$ 可检验收码 $\boldsymbol{R}$ 是否有错,即

$$\begin{aligned}\boldsymbol{RH}^{\mathrm{T}}&=(\boldsymbol{C}+\boldsymbol{E})\boldsymbol{H}^{\mathrm{T}}=\boldsymbol{CH}^{\mathrm{T}}+\boldsymbol{EH}^{\mathrm{T}}\\&=\boldsymbol{0}+\boldsymbol{EH}^{\mathrm{T}}=\boldsymbol{EH}^{\mathrm{T}}\begin{cases}=0, & 收码无误\\ \neq 0, & 收码有误\end{cases}\end{aligned} \tag{6-3-13}$$

定义 $\boldsymbol{RH}^{\mathrm{T}}$ 的运算结果为伴随式 $\boldsymbol{S}$:

$$\boldsymbol{S}=(s_{n-k-1},\cdots,s_1,s_0)=\boldsymbol{RH}^{\mathrm{T}}=\boldsymbol{EH}^{\mathrm{T}} \tag{6-3-14}$$

可见虽然 $\boldsymbol{R}$ 本身与发码有关,但乘以 $\boldsymbol{H}^{\mathrm{T}}$ 后的伴随式 $\boldsymbol{RH}^{\mathrm{T}}=\boldsymbol{S}=\boldsymbol{EH}^{\mathrm{T}}$ 仅与差错图案 $\boldsymbol{E}$ 有关,只反映信道对码字造成的干扰而与发什么码 $\boldsymbol{C}$ 无关。于是可以先利用收码 $\boldsymbol{R}$ 和已知的 $\boldsymbol{H}$ 算出伴随式 $\boldsymbol{S}$,再利用 $\boldsymbol{S}$ 算出差错图案 $\boldsymbol{E}$。这种思路下的编译码过程如图 6-13 所示,在此过程中,$\boldsymbol{RH}^{\mathrm{T}}$ 和 $\boldsymbol{R}+\boldsymbol{E}$ 的计算都是确定性的,而由 $\boldsymbol{S}$ 计算 $\boldsymbol{E}$ 却具有随机性。这是因为伴随式 $\boldsymbol{S}$ 是一个$(n-k)$重矢量,二进制时只有 2^{n-k} 种可能的组合,而差错图案 $\boldsymbol{E}$ 是 n 重矢量,有 2^n 种可能的组合,因此 $\boldsymbol{S}$ 与 $\boldsymbol{E}$ 不存在一一对应关系。

m → [编码 $\boldsymbol{mG}$] → $\boldsymbol{C}$ ⊕ ($\boldsymbol{E}$) → $\boldsymbol{R}$ → [计算 $\boldsymbol{RH}^{\mathrm{T}}=\boldsymbol{S}$] → [计算 $\boldsymbol{E}$] → [$\hat{\boldsymbol{C}}=\boldsymbol{R}+\boldsymbol{E}$] → 输出

图 6-13 编译码过程

可以通过解线性方程求解 $\boldsymbol{E}$。由式(6-3-14)得

$$\begin{aligned}\boldsymbol{S}&=(s_{n-k-1},\cdots,s_1,s_0)=\boldsymbol{EH}^{\mathrm{T}}\\&=(e_{n-1},\cdots e_1,e_0)\begin{bmatrix}h_{(n-k-1)(n-1)} & \cdots & h_{(n-k-1)1} & h_{(n-k-1)0}\\ \vdots & \ddots & \vdots & \vdots\\ h_{1(n-1)} & \cdots & h_{11} & h_{10}\\ h_{0(n-1)} & \cdots & h_{01} & h_{00}\end{bmatrix}^{\mathrm{T}}\end{aligned} \tag{6-3-15}$$

展开为线性方程组形式

$$\begin{cases} s_{n-k-1}=e_{n-1}h_{(n-k-1)(n-1)}+\cdots+e_1h_{(n-k-1)1}+e_0h_{(n-k-1)0} \\ \vdots \\ s_1=e_{n-1}h_{1(n-1)}+\cdots+e_1h_{11}+e_0h_{10} \\ s_0=e_{n-1}h_{0(n-1)}+\cdots+e_1h_{01}+e_0h_{00} \end{cases} \tag{6-3-16}$$

式中有 n 个未知数 $e_{n-1},\cdots,e_1,e_0$，却只有 $n-k$ 个方程。在有理数或实数域中，少一个方程就可导致无限个解，而在二元域中，少一个方程导致两个解，少两个方程导致四个解，以此类推，少 $n-(n-k)=k$ 个方程导致每个未知数有 2^k 个解。因此，对应每个确定的 $\boldsymbol{S}$，差错图案 $\boldsymbol{E}$ 有 2^k 个解，但最终解只能取其中一个，究竟取哪一个好呢？最简单合理的处理方法叫作**概率译码**，它以 2^k 个解的重量（$\boldsymbol{E}$ 中 1 的个数）为依据，选择其中最轻者作为 $\boldsymbol{E}$ 的估值。这种算法的理论根据是：若 BSC 信道的差错概率是 p，则长度 n 的码中错一位（$\boldsymbol{E}$ 中有一个 1）的概率是 $p(1-p)^{n-1}$，错两位的概率是 $p^2(1-p)^{n-2}$……以此类推。由于 $p\ll 1$，必有 $p(1-p)^{n-1}\gg p^2(1-p)^{n-2}\gg\cdots\gg p^{n-1}(1-p)\gg p^n$，所以重量最小的 $\boldsymbol{E}$ 意味着正确译码的概率最大。由于 $\boldsymbol{E}=\boldsymbol{R}+\boldsymbol{C}$，$\boldsymbol{E}$ 重量最小就是 $\boldsymbol{R}$ 与 $\boldsymbol{C}$ 的汉明距离最小，所以二进制的概率译码实际上是最小汉明距离译码，也就是最大似然译码。

上述概率译码，每接收一个码字就要解一次线性方程，运算量大。好在伴随式的数量是有限的 2^{n-k} 个，如果 $n-k$ 不太大，可以换一种思路来解这个问题：预先解出 $\boldsymbol{S}$ 不同取值时的方程组，按最大概率译码 2^k 取 1 后将各种 $\boldsymbol{S}$ 取值下的输出列成一个码表。这样实时译码时就不必再去解方程，而只要查一下码表就可以，其实质是通过增大存储、查询量减小实时计算量。以下是构造标准阵列译码表的一般方法。

第一步：用概率译码确定各伴随式对应的差错图案。将 $\boldsymbol{S}$ 的可能取值逐一代入方程组(6-3-16)，每个 $\boldsymbol{S}$ 都对应 $\boldsymbol{E}$ 的 2^k 个解，取其中重量最小者为 $\boldsymbol{E}$ 的估值。$\boldsymbol{S}$ 有 2^{n-k} 种取值，因此需要解 2^{n-k} 次方程组。这里很可能出现一种情况：$\boldsymbol{E}$ 的 2^k 个解中有两个或两个以上并列重量最小，到底取哪个？若出现这种情况实际上就找不出最优解了，所以重要的是不让此类问题发生，这正是后面将介绍的完备码的思路。

第二步：确定标准阵列译码表的第一行和第一列。鉴于接收码 $\boldsymbol{R}$ 有 2^n 种可能的取值，伴随式 $\boldsymbol{S}$ 有 2^{n-k} 种可能的取值，码字 $\boldsymbol{C}$ 有 2^k 种可能的取值，所以将译码表设计为 2^{n-k} 行、2^k 列。在第一行的 2^k 格放置 2^k 个码字 $\boldsymbol{C}_i\ (i=0,\cdots,2^k-1)$，它们就是无差错时的接收码，此时伴随式 $\boldsymbol{S}_0=(0,0,\cdots,0)$，差错图案 $\boldsymbol{E}_0=(0,0,\cdots,0)$，$\boldsymbol{R}=\boldsymbol{C}+\boldsymbol{E}_0=\boldsymbol{C}$，即收码等于发码。再在第一列的 2^{n-k} 格放置 $\boldsymbol{S}$ 的 2^{n-k} 可能取值对应的线性方程组最轻解，这些解按概率大小排列，重量小者在先，重量大者在后。第一列的首位一定存放全零伴随式 $\boldsymbol{S}_0$ 对应的全零差错图案 $\boldsymbol{E}_0$，译码正确概率为 $(1-p)^n$；接下的第 2 到第 $n+1$ 位填上所有重量为 1 的差错图案 (10…00)，(01…00)，…，(00…01)，共 n 个，这些差错图案对应 n 个伴随式值 $\boldsymbol{S}_1\sim\boldsymbol{S}_n$，译码正确概率为 $p(1-p)^{n-1}$；如果此时第一列还有多余的格子，即 $(1+n)<2^{n-k}$，再在后面格中填入带 2 个差错的图案 (11…00)，(011…00)，…，(00…011)，(101…00)，…，最多 C_n^2 个。如所占行数 $(1+n+C_n^2)$ 仍小于 2^{n-k}，再列出带 3 个差错的图案，以此类推，直到填满为止。

第三步：在码表的第 j 行、第 i 列填入 $\boldsymbol{C}_i+\boldsymbol{E}_j$（表 6-3）。显然标准阵列译码表同一行的每列中包含同一个差错图案，同一列的每行中包含同一个码字，表中元素的总数为 2^n（行数 2^{n-k} ×列数 2^k）。

表 6-3　标准阵列译码表

	解线性方程组							
$\boldsymbol{S}_0$	⇒	$\boldsymbol{E}_0$	$\boldsymbol{E}_0+\boldsymbol{C}_0=0+0=0$	$\boldsymbol{E}_0+\boldsymbol{C}_1=\boldsymbol{C}_1$	…	$\boldsymbol{E}_0+\boldsymbol{C}_i=\boldsymbol{C}_i$	…	$\boldsymbol{E}_0+\boldsymbol{C}_{2^k-1}=\boldsymbol{C}_{2^k-1}$
$\boldsymbol{S}_1$	⇒	$\boldsymbol{E}_1$	$\boldsymbol{E}_1+\boldsymbol{C}_0=\boldsymbol{E}_1$	$\boldsymbol{E}_1+\boldsymbol{C}_1$	…	$\boldsymbol{E}_1+\boldsymbol{C}_i$	…	$\boldsymbol{E}_1+\boldsymbol{C}_{2^k-1}$
	⋮		⋮	⋮	…	⋮	…	⋮
$\boldsymbol{S}_j$	⇒	$\boldsymbol{E}_j$	$\boldsymbol{E}_j+\boldsymbol{C}_0=\boldsymbol{E}_j$	$\boldsymbol{E}_j+\boldsymbol{C}_1$	…	$\boldsymbol{E}_j+\boldsymbol{C}_i$	…	$\boldsymbol{E}_j+\boldsymbol{C}_{2^k-1}$
	⋮		⋮	⋮	…	⋮	…	⋮
$\boldsymbol{S}_{2^{n-k}-1}$	⇒	$\boldsymbol{E}_{2^{n-k}-1}$	$\boldsymbol{E}_{2^{n-k}-1}+\boldsymbol{C}_0=\boldsymbol{E}_{2^{n-k}-1}$	$\boldsymbol{E}_{2^{n-k}-1}+\boldsymbol{C}_1$	…	$\boldsymbol{E}_{2^{n-k}-1}+\boldsymbol{C}_i$	…	$\boldsymbol{E}_{2^{n-k}-1}+\boldsymbol{C}_{2^k-1}$

接收码可能是 n 维 n 重空间的任一点，而码集 $\boldsymbol{C}$ 是接收码集合 $\boldsymbol{R}$ 的子集。从群的角度看，$(\boldsymbol{C},*)\subset(\boldsymbol{R},*)$，$\boldsymbol{E}_j\in\boldsymbol{R}$ 而 $\boldsymbol{C}_i\in\boldsymbol{C}$。将群 $\boldsymbol{R}$ 的元素 $\boldsymbol{E}_j$ 与群 $\boldsymbol{C}$ 中的每个元素 $\boldsymbol{C}_i$（$i=0,\cdots,2^k-1$）作左（右）运算，所得的等价类称作左（右）**陪集**，陪集各元素所含的共同元素 E_j 称作**陪集首**。根据这样的定义，表 6-3 的每一行都是某个 $\boldsymbol{E}_j$ 与码集 $\boldsymbol{C}$ 各元素模 2 运算的结果，因此每一行就是一个陪集，陪集首是 $\boldsymbol{E}_j$，每个陪集对应同一个伴随式。数学上已有证明：**两个陪集要么相等，要么不相交**。换言之，只要第一列不存在相同的元素，也就是 2^{n-k} 个陪集首各不相同，就可以保证 2^{n-k} 个陪集互不相交，不存在重复元素。于是可断定，码表所列的 2^n 个元素正是接收码所在 n 维 n 重空间 $\boldsymbol{R}$ 的全部元素，所有收码 $\boldsymbol{R}$ 都可以在表中找到对应项，无一重复，无一遗漏。

例 6-3　某(5,2)系统线性码的生成矩阵是 $\boldsymbol{G}=\begin{bmatrix}1&0&1&1&1\\0&1&1&0&1\end{bmatrix}$，设收码为 $\boldsymbol{R}=(10101)$，请先构造该码的标准阵列译码表，再译出发码的估值 $\hat{\boldsymbol{C}}$。

解：分别将信息组 $\boldsymbol{m}=(00),(01),(10),(11)$ 及已知的 $\boldsymbol{G}$ 代入式(6-3-4)，求得 4 个许用码字为 $\boldsymbol{C}_0=(00000)$，$\boldsymbol{C}_1=(10111)$，$\boldsymbol{C}_2=(01101)$，$\boldsymbol{C}_3=(11010)$。

由式(6-3-9)，求得校验矩阵为

$$\boldsymbol{H}=[\boldsymbol{P}^{\mathrm{T}}\ \vdots\ \boldsymbol{I}_3]=\begin{bmatrix}1&1&1&0&0\\1&0&0&1&0\\1&1&0&0&1\end{bmatrix}=\begin{bmatrix}h_{24}&h_{23}&h_{22}&h_{21}&h_{20}\\h_{14}&h_{13}&h_{12}&h_{11}&h_{10}\\h_{04}&h_{03}&h_{02}&h_{01}&h_{00}\end{bmatrix}$$

由式(6-3-16)列出方程组

$$\begin{cases}s_2=e_4h_{24}+e_3h_{23}+e_2h_{22}+e_1h_{21}+e_0h_{20}=e_4+e_3+e_2\\s_1=e_4h_{14}+e_3h_{13}+e_2h_{12}+e_1h_{11}+e_0h_{10}=e_4+e_1\\s_0=e_4h_{04}+e_3h_{03}+e_2h_{02}+e_1h_{01}+e_0h_{00}=e_4+e_3+e_0\end{cases}$$

伴随式有 $2^{n-k}=2^3=8$ 种组合，而差错图案除了代表无差错的全零图案外，代表一个差错的图案有 $\mathrm{C}_5^1=5$ 种，代表两个差错的图案有 $\mathrm{C}_5^2=10$ 种。要将 8 个伴随式对应到 8 个最轻的差错图案，无疑先应选择正确译码概率最大的全零差错图案和 5 种一个差错的图案。剩下的两个伴随式，不得不在10种两个差错的图案中选取。先将 $\boldsymbol{E}_j=(00000)$，(10000)，(01000)，(00100)，(00010)，(00001)代入上面的线性方程组，解得对应的 S_j 分别为(000)，(111)，(101)，(100)，(010)，(001)。剩下的两个伴随式为(011)，(110)，每个有 2^k 种解，对应 2^k 个差错图案。本例伴随式(011)的 2^2 个解（差错图案）是(00011)，(10100)，(01110)，(11001)，其中(00011)和(10100)并列最小重量，只能选择其中之一作为解，如选择前者(00011)。但若选后者，从译码正确概率角度看是一样的，这种非唯一性正是这种译码方法的缺陷。同理，可选择本题伴随式(110)对应的最轻差错图案之一(00110)。至此，根据4个码字和8个差错图案，可列出标准阵列译码表，如表6-4所示。

表 6-4 例 6-3(5,2)线性码的标准阵列译码表

$S_0=000$	$E_0+C_0=00000$	$C_1=10111$	$C_2=01101$	$C_3=11010$
$S_1=111$	$\boldsymbol{E}_1=10000$	00111	11101	01010
$S_2=101$	$\boldsymbol{E}_2=01000$	11111	00101	10010
$S_3=100$	$\boldsymbol{E}_3=00100$	10011	01001	11110
$S_4=010$	$\boldsymbol{E}_4=00010$	10101	01111	11000
$S_5=001$	$\boldsymbol{E}_5=00001$	10110	01100	11011
$S_6=011$	$\boldsymbol{E}_6=00011$	10100	01110	11001
$S_7=110$	$\boldsymbol{E}_7=00110$	10001	01011	11100

若收码 $\boldsymbol{R}=(10101)$，译码方法包括以下三种。

(1) 直接对码表进行行、列二维搜索找到(10101)，其所在列的子集头为(10111)，因此取译码输出为(10111)。

(2) 先计算伴随式 $\boldsymbol{RH}^{\mathrm{T}}=(10101)\cdot\boldsymbol{H}^{\mathrm{T}}=(010)=\boldsymbol{S}_4$，确定 $\boldsymbol{S}_4$ 所在行，再沿着行对码表进行一维搜索找到(10101)，最后顺着所在列向上找出码字(10111)。

(3) 先计算伴随式 $\boldsymbol{RH}^{\mathrm{T}}=(010)=\boldsymbol{S}_4$ 并确定 $\boldsymbol{S}_4$ 对应的陪集首（差错图案）$\boldsymbol{E}_4=(00010)$，再将陪集首与收码相加得到码字 $\boldsymbol{C}=\boldsymbol{R}+\boldsymbol{E}_4=(10101)+(00010)=(10111)$。

从方法(1)到方法(3)，查表时间缩短而运算量增大，可针对不同情况选用。

■

进一步分析，本题(5,2)码码集的4个码字中，除全零码外最轻码的重量 $d_{\min}=3$，下节会讲到其纠错能力 $t=1$。上面已经看到，在制定标准阵列译码表的过程中，由 $\boldsymbol{S}$ 决定差错图案 $\boldsymbol{E}$ 时只有前6行真正体现了最大似然译码准则，而第7、8行差错图案的选择不具有唯一性。比如，第7行可有(00011)、(10100)两个选择，如果制作码表当初选的 $\boldsymbol{E}_6$ 不是(00011)而是(10100)，那么码表第7行的4个元素应为10100、00011、11001、01110。设接收码 $\boldsymbol{R}=10100$，若制表时选 $\boldsymbol{E}_6=(00011)$，则译码输出 $\boldsymbol{C}=10111$；若制表时选 $\boldsymbol{E}_6=(10100)$，则译码输出 $\boldsymbol{C}=00000$，两种情况下收码 $\boldsymbol{R}$ 和译码 $\boldsymbol{C}$ 的汉明距离都是2，因此正确译码的概率也是一样的，区分不出哪个更好。产生这种结果的原因之一在于，前6行差错图案的重量不大于1，在 $t=1$ 纠错能力范围之内，而第7、8行差错图案的重量已大于1，超出了纠错能力范围。由此我们想到，伴随式的个数 2^{n-k} 应与 n、k 及纠错能力 t 形成一定的数量关系，这就引出了线性分组码纠检错能力分析和完备码的概念。

6.3.3 码距、纠错能力、MDC码及重量谱

在6.1.3随机编码一节中已提到，N 重码矢 $\boldsymbol{c}=(c_{n-1},c_{n-2},\cdots,c_1,c_0)$ 可与 N 维矢量空间 X^N 中的一个点对应，全体码字对应的点构成矢量空间中的一个子集。发码一定在这个子集中，传输无误时的收码也一定位于该子集中。当出现差错时，接收的 N 重矢量有两种可能：一是变为对应子集外空间某一点，另一种是仍然对应该子集，却对应到该子集的另一点上。前一种情况下我们尚能发现对应点不在子集上，从而判断出差错的存在，而当后一种情况发生时，我们根本无法判断是传输发生差错，还是原本发送的就是另一个码字。图6-14是码距、最小距离与纠检错能力关系的示意图，图中黑点代表码集点，灰色点代表 N 维空间非码集点。码集各码字间的距离是不同的，比如码字 $\boldsymbol{C}_1$、$\boldsymbol{C}_2$、$\boldsymbol{C}_3$ 间的码距分别是3、5、7。正如木桶最短边决定木桶容量一样，码距最小者决定码的特性，称之为最小距离 $d_{\min}$，这里 $d_{\min}=3$。如果 $\boldsymbol{C}_1$ 的接收码位朝 $\boldsymbol{C}_2$ 的方向错1，尽管变得离 $\boldsymbol{C}_1$ 远1而离 $\boldsymbol{C}_2$ 近1，由于最近码仍是 $\boldsymbol{C}_1$，按最大似然译码仍然译为 $\boldsymbol{C}_1$ 从而使差错可纠；如果 $\boldsymbol{C}_1$ 的接收码位朝 $\boldsymbol{C}_2$ 的方向错2，接收端可以察觉到有差错发生，但从概率角度出发认为发码是 $\boldsymbol{C}_2$ 的可能性最大，此时若进行检错，尚能有效发现差错，若进行纠错，就会译码输出 $\boldsymbol{C}_2$ 而产生一个译码差错；再进一步，如果 $\boldsymbol{C}_1$ 的接收码位朝 $\boldsymbol{C}_2$ 的方向错3，则接收码就是 $\boldsymbol{C}_2$，译码系统会认为接收端准确无误地收到了发送端发来的 $\boldsymbol{C}_2$，不会认为收到的 $\boldsymbol{C}_2$ 是发送 $\boldsymbol{C}_1$ 而错3位导致的，换言之，此时根本检不出任何差错。对于图6-14所示的码集，纠错能力是1而检错能力是2，这个观察结果可以推广到一般情况。

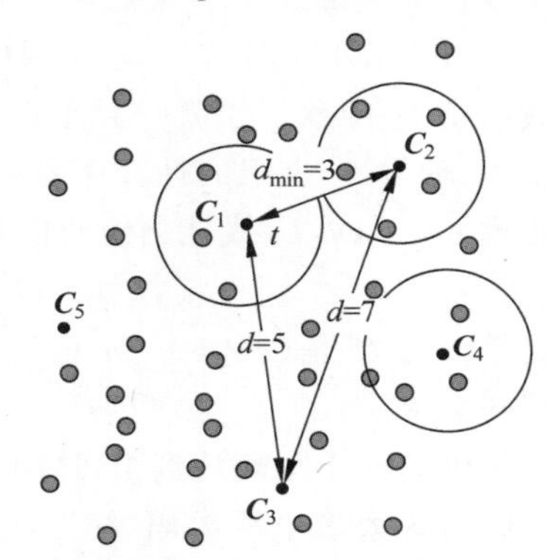

图6-14 码距、最小距离与纠检错能力关系

定理6-1 对于所有最小距离为 $d_{\min}$ 的线性分组码，其检错能力为 $(d_{\min}-1)$，纠错能力 t 为

$$t=\operatorname{int}\left[\frac{d_{\min}-1}{2}\right] \tag{6-3-17}$$

最小距离 $d_{\min}$ 表明码集中各码字差异的程度，差异越大，越容易区分，抗干扰能力自然越强，因此成为衡量分组码性能最重要的指标之一。估算最小距离是纠错码设计的必要步骤，最原始的方法是逐一计算两两码字间距离，找出其中的最小者。含 2^k 个码字的码集需计算 $2^k(2^k-1)/2$ 个距离后才能找出 $d_{\min}$，费时太多，实际应用中还有一些更好更快的方法。

定理6-2 线性分组码的最小距离等于码集中非零码字的最小重量

$$d_{\min}=\min\{w(\boldsymbol{C}_i)\},\quad \boldsymbol{C}_i\in\boldsymbol{C}\text{ 及 }\boldsymbol{C}_i\neq\boldsymbol{0} \tag{6-3-18}$$

式中，符号 $w(\boldsymbol{C}_i)$ 表示 $\boldsymbol{C}_i$ 重量(1的个数)。这里利用了群的封闭性，由于分组码是群码，任意两码字之和仍是码字，即 $\boldsymbol{C}_j\oplus\boldsymbol{C}_k=\boldsymbol{C}_i\in\boldsymbol{C}$，因此任意两码字间的汉明距离其实必

是另一码字的重量，表示为 $d(\boldsymbol{C}_j,\boldsymbol{C}_k)=w(\boldsymbol{C}_j\oplus\boldsymbol{C}_k)=w(\boldsymbol{C}_i)$，$\min\{d(\boldsymbol{C}_j,\boldsymbol{C}_k)\}=\min\{w(\boldsymbol{C}_i)\}$。

于是最小距离问题转化为寻找最轻码字问题，含 2^k 个码字的码集仅需计算 2^k 次。

定理 6-3 (n,k)线性分组码最小距离等于 $d_{\min}$ 的必要条件是：校验矩阵 $\boldsymbol{H}$ 中有$(d_{\min}-1)$列线性无关。

定理 6-3 的简要说明如下：因 $\boldsymbol{H}$ 是$(n-k)\times n$ 矩阵，其 n 列可表示为 $\boldsymbol{H}=[\boldsymbol{h}_{n-1},\cdots,\boldsymbol{h}_1,\boldsymbol{h}_0]$，其中 $\boldsymbol{h}_{n-1},\cdots,\boldsymbol{h}_0$ 是列矢量。对于任意码字 $\boldsymbol{C}=[c_{n-1},\cdots,c_1,c_0]$，都有

$$\begin{aligned}\boldsymbol{CH}^{\mathrm{T}}&=[c_{n-1},\cdots,c_1,c_0][\boldsymbol{h}_{n-1},\cdots,\boldsymbol{h}_1,\boldsymbol{h}_0]^{\mathrm{T}}\\&=c_{n-1}\boldsymbol{h}_{n-1}^{\mathrm{T}}+\cdots+c_1\boldsymbol{h}_1^{\mathrm{T}}+c_0\boldsymbol{h}_0^{\mathrm{T}}=\mathbf{0}\end{aligned}\tag{6-3-19}$$

如果码的最小距离即码中“1”的个数为 $d_{\min}$，则上式作为系数的码元 $c_{n-1},\cdots,c_1,c_0$ 中，至少有 $d_{\min}$ 个为非零元素，式(6-3-19)最少有 $d_{\min}$ 个非零项。换言之，至少 $d_{\min}$ 个列矢量之和才能线性组合出零，少一列即$(d_{\min}-1)$列也不能线性组合出零，所以$(d_{\min}-1)$列必定是线性无关的。

定理 6-3 指出了计算 $d_{\min}$ 上限的另一种方法：计算校验矩阵 $\boldsymbol{H}$ 的秩(等于线性无关的列数)，则 $\boldsymbol{H}$ 的秩加 1 就是最小距离 $d_{\min}$ 的上限。计算矩阵秩的运算量一般比逐个计算码重少，使 $d_{\min}$ 上限的计算更容易，同时，据此还可推出另一个有用的结论。

定理 6-4 (n,k)线性分组码的最小距离必定小于或等于$(n-k+1)$

$$d_{\min}\leqslant(n-k+1)\tag{6-3-20}$$

这是因为 $\boldsymbol{H}$ 是$(n-k)\times n$ 矩阵，该矩阵的秩最大(满秩)时也不会超过$(n-k)$，再结合定理 6-3，必有$(d_{\min}-1)\leqslant(n-k)$，于是不难得出定理 6-4。

若某码的最小距离达到了可能取得的最大值，即 $d_{\min}=(n-k+1)$，则称该(n,k)线性分组码为**极大最小距离码**，缩写为 **MDC 码**(maximized disdance code)。显然，当 n,k 确定之后，MDC 码达到了纠错能力的极限，是给定条件下纠错能力最强的码，自然也是我们设计纠错码所追求的目标。然而在二进制码中，除了将一位信息重复 n 次的$(n,1)$码外不存在其他二进制的 MDC 码。但如果是非二进制，则极大最小距离码是存在的，如 RS(Reed-Solomon)码就是 MDC 码。

至此已从概念上说明了码的纠错能力取决于码的最小距离，但还需说明另一点，码的总体纠错能力不仅仅与 $d_{\min}$ 有关。纠错能力 t 只是说明距离 t 的差错一定能纠正，并非说距离大于 t 的差错一定不能纠正。事实上，如果有 2^k 个码字，就存在 $2^k(2^k-1)/2$ 个距离，这些距离并不都是相等的。例如，图 6-14 中的最小距离 $d_{\min}=3$、纠错能力 $t=1$ 是由码 $\boldsymbol{C}_2\,\boldsymbol{C}_1$ 的距离决定的，只要 $\boldsymbol{C}_2$ 朝 $\boldsymbol{C}_1$ 方向偏差大于 1，就会出现译码差错；然而若 $\boldsymbol{C}_2$ 朝 $\boldsymbol{C}_3$ 方向偏差 3，译码时仍可正确地判断为 $\boldsymbol{C}_2$ 而非 $\boldsymbol{C}_3$。可见，总体、平均的纠错能力不但与最小距离有关，而且与其余码距或者说码字的重量分布特性有关。将码距(码重)的分布特性称为**距离(重量)谱**，其中的最小重量就是 $d_{\min}$。正如信息论中各符号等概率时熵最大一样，从概念上我们可以推测：当所有码距相等时(重量谱为线谱)，码的性能应该最好；或者退一步，当各码距相差不大时(重量谱为窄谱)，码的性能应该较好。事实证明确是如此，在同样的 $d_{\min}$ 条件下，窄谱的码一般比宽谱的码更优。纠错码重量谱的研

究具有理论与现实意义，不仅是计算各种译码差错概率的主要依据，也是研究码结构、改善码集内部关系，从而发现新的好码的重要工具。但目前除了少数几类码(如汉明码、极长码等)的重量分布已知外，还有很多码的重量分布尚未明确，对于大部分码而言距离分布与性能之间确切的定量关系也尚在进一步研究中，特别是当 n 和 k 较大时，得出码重分布是非常困难的。

重量谱可以用如下多项式表示，称为**重量算子**：

$$A(x)=A_0+A_1x+A_2x^2+A_3x^3+\cdots+A_nx^n=\sum_{i=1}^{n}A_ix^i \tag{6-3-21}$$

式(6-3-21)的含义是：在码长为 n 的码集中，包含重量为 0 的码字 A_0 个(线性码一定包含一个重量为 0 的全 0 码)，重量为 1 的码字 A_1 个……重量为 n 的码字 A_n 个。

例如，(7,4)汉明码的 $A(x)=1+7x^3+7x^4+x^7$，系数集是 $\{A_i\}=\{1,0,0,7,7,0,0,1\}$，说明在 $2^4=16$ 个码字中，除了一个全 0 码、一个全 1 码外，有 7 个重量为 3 的码字和 7 个重量为 4 的码字，重量谱是窄谱。重量算子除常数项(全 0 码)外，最低次非零项的次数就是最小距离 $d_{\min}$，上述(7,4)汉明码重量算子中非零最低次项的次数是 3，因此 $d_{\min}=3$。

6.3.4 完备码

二元 (n,k) 线性分组码的 n 个码元中，无一差错的图案有 C_n^0 个，一个差错的图案有 C_n^1 个……t 个差错的图案有 C_n^t 个。另外，(n,k) 分组码有 2^{n-k} 个伴随式，假如该码的纠错能力是 t，则对于任意一个重量小于或等于 t 的差错图案，都应有一个伴随式与之对应，即伴随式的数量应满足条件

$$2^{n-k}\geqslant C_n^0+C_n^1+C_n^2+\cdots+C_n^t=\sum_{i=0}^{t}C_n^i \tag{6-3-22}$$

上式称为**汉明限**，任一个纠 t 码都应满足上述条件。

如果某码能使上式的等号成立，即该码的伴随式数量恰好与不大于 t 个差错的图案数量相等，相当于在标准阵列中能将所有重量不大于 t 的差错图案选作陪集首，而没有一个陪集首的重量大于 t，这时校验位得到了最充分的利用。将满足方程

$$2^{n-k}=\sum_{i=0}^{t}C_n^i \tag{6-3-23}$$

的二元 (n,k) 线性分组码称为**完备码**(perfect code)。

从多维矢量空间的角度看完备码(参见图 6-14)，假定我们围绕每个码字 $\boldsymbol{C}_i$ 放置一个半径为 t 的球，每个球内包含与该码字汉明距离小于或等于 t 的所有收码 $\boldsymbol{R}$ 的集合，这样在半径为 $t=\text{int}[(d_{\min}-1)/2]$ 的球内，接收码字总数为 $\sum\limits_{i=0}^{t}C_n^i$。因为有 2^k 个可能发送的码字，所以有 2^k 个不重叠的半径为 t 的球。包含在 2^k 个球中的码字总数不会超过 2^n 个可能的接收码字。于是一个纠 t 差错的码必然满足不等式

$$2^k\sum_{i=0}^{t}C_n^i\leqslant 2^n \quad 即 \quad 2^{n-k}\geqslant\sum_{i=0}^{t}C_n^i \tag{6-3-24}$$

如果满足式(6-3-23)完备码的条件，所有的收码都落在 2^k 个球内，而没有一个码落在球外，这就是完备码。完备码具有下述特性：围绕 2^k 个码字、汉明距离为 $t=\text{int}[(d_{\min}-1)/2]$ 的所有球都是不相交的，每个接收码字都落在这些球中，因此接收码与发送码的距离至多为 t，这时所有重量 $\leqslant t$ 的差错图案都能用最佳(最小距离)译码器得到纠正，而所有重量 $\geqslant t+1$ 的差错图案都无法纠正。完备码并不多见，迄今发现的完备码有 $t=1$ 的汉明码，$t=3$ 的高莱码，以及长度 n 为奇数、由两个码字组成、满足 $d_{\min}=n$ 的二进制码，还有三进制 $t=3$ 的(11,6)码。

1. 汉明(Hamming)码

汉明码是纠错能力 $t=1$ 的一类码的统称，二进制汉明码 n 和 k 服从以下规律

$$(n,k)=(2^m-1,2^m-1-m) \tag{6-3-25}$$

其中，$m=n-k$，当 $m=3,4,5,6,7,8,\cdots$ 时，有(7,4)，(15,11)，(31,26)，(63,57)，(127,120)，(255,247)，…汉明码。汉明码是完备码，因为它满足式(6-3-23)

$$\sum_{i=0}^{1}C_n^i=1+n=1+(2^m-1)=2^m=2^{n-k}$$

汉明码的校验矩阵 $\boldsymbol{H}$ 具有特殊的性质，因此可用相对简单的方法构建该码。前面介绍过，一个(n,k)码的校验矩阵有 $n-k$ 行和 n 列，二进制时 $n-k$ 个码元所能组成的列矢量总数(全零矢量除外)为 $2^{n-k}-1$，恰好与校验矩阵的列数 $n=2^m-1$ 相等。只要排列所有列，通过列置换将矩阵 $\boldsymbol{H}$ 转换为系统形式，就可以进一步得到相应的生成矩阵 $\boldsymbol{G}$。

例 6-4 构造一个 $m=3$ 的二元(7,4)汉明码。

解：所谓构造就是求一个(7,4)汉明码的生成矩阵，可先利用汉明码的特性构造一个校验矩阵 $\boldsymbol{H}$，再通过列置换将其变为系统形式

$$\boldsymbol{H}=\begin{bmatrix}0&0&0&1&1&1&1\\0&1&1&0&0&1&1\\1&0&1&0&1&0&1\end{bmatrix}\xrightarrow{\text{列置换}}\left[\begin{array}{cccc:ccc}1&1&1&0&1&0&0\\0&1&1&1&0&1&0\\1&1&0&1&0&0&1\end{array}\right]=[\boldsymbol{P}^{\mathrm{T}}\ \vdots\ \boldsymbol{I}_3]$$

由式(6-3-5)、式(6-3-9)得生成矩阵 $\boldsymbol{G}$ 为

$$\boldsymbol{G}=[\boldsymbol{I}_4\ \vdots\ \boldsymbol{P}]=\left[\begin{array}{cccc:ccc}1&0&0&0&1&0&1\\0&1&0&0&1&1&1\\0&0&1&0&1&1&0\\0&0&0&1&0&1&1\end{array}\right]$$

由于生成矩阵 $\boldsymbol{G}$ 中包含单位阵 $\boldsymbol{I}_4$，矩阵的秩是 4，所以矩阵 $\boldsymbol{G}$ 的 4 行是 4 个线性无关的基底，可以张成一个包含 $2^4=16$ 码字的码空间。

■

必须指出，完备码是标准阵列最规则因而译码最简单的码，但并不一定是纠错能力最强的码。完备码强调了 n、k、t 的关系，保证 $d_{\min}$ 至少等于 $3(t=1)$，但并未强调 $d_{\min}$ 的最大化，即达到极大最小距离码 MDC $d_{\min}=n-k+1$ 的程度。例如，$m=6$ 时的(63,

57)汉明码,$d_{\min}$ 最大可达 7,纠错能力 t 可达 3,然而所有汉明码的设计纠错能力仅为 $t=1$。

(n,k)汉明码码字的重量分布规律已揭示,可用一个称为**重量估值算式**(weight enumerating polynomial)的 z 的多项式来表达,z^i 项的系数 A_i 表示重量为 i 的码字的数量,即

$$A(z)=\sum_{i=0}^{n} A_i z^i=\frac{1}{n+1}\left[(1+z)^n+n(1+z)^{(n-1)/2}(1-z)^{(n+1)/2}\right] \tag{6-3-26}$$

将等式右边展开即可得到 A_i。

二进制汉明码的概念也可扩展到多进制,推出 GF(q)域上的汉明码。在 q 进制中,一个码元上的差错位置可以有$(q-1)$种,n 个码元上的差错位置有 $n(q-1)$种。而$(n-k)$个校验位可以表达 q^{n-k} 种不同的含义,由汉明码定义,它应该恰好等于所有单个差错图案加上 1(无差错),即 $q^{n-k}=n(q-1)+1$。令 $n-k=m$,则 q 进制汉明码的 n、k 应服从 $n=(q^m-1)/(q-1)$ 及 $k=(q^m-1)/(q-1)-m$。

2. 高莱(Golay)码

高莱码是二进制(23,12)线性码,其最小距离 $d_{\min}=7$,纠错能力 $t=3$。由于满足式(6-3-23),即 $2^{23-12}=2048=1+C_{23}^1+C_{23}^2+C_{23}^3$,因此它也是完备码。在(23,12)码上添加一个奇偶位,即得二进制线性(24,12)扩展高莱码,其最小距离 $d_{\min}=8$。

6.3.5 循环码

循环码是线性分组码的一个子类,它满足下列循环移位特性:码集 $\boldsymbol{C}$ 中任意一个码字的循环移位仍是码字。一般(n,k)线性分组码的 k 个基底之间不存在规则的联系,因此需用 k 个基底组成生成矩阵来产生一个码。对于循环码,既然码字的循环移位仍是码字,而基底也是码字,那么基底的循环移位也可是基底。事实确是如此,张成循环码空间的 k 个基底是由同一个基底循环 k 次得到的,因此用一个生成多项式对应一个基底就足以表达码的结构,无须借助生成矩阵。

任一码字 $\boldsymbol{C}=[c_{n-1},c_{n-2},\cdots,c_1,c_0]$ 都可与一个不大于 $n-1$ 次的**码多项式** $C(x)$ 对应。码多项式 $C(x)$定义为

$$C(x)=c_{n-1}x^{n-1}+c_{n-2}x^{n-2}+\cdots+c_1x+c_0 \tag{6-3-27}$$

对于二进制码,$c_i\in\{0,1\}$,$i=0,1,\cdots,n-1$。

根据循环码的定义,码字的循环移位可表示为

$$(c_{n-1},c_{n-2},\cdots,c_1,c_0)\xrightarrow{\text{循环移一位}}(c_{n-2},\cdots,c_1,c_0,c_{n-1}) \tag{6-3-28}$$

与之对应的多项式的变化为

$$\begin{aligned}C_0(x)&=c_{n-1}x^{n-1}+c_{n-2}x^{n-2}+\cdots+c_1x+c_0\xrightarrow{\text{循环移一位}}C_1(x)\\&=c_{n-2}x^{n-1}+c_{n-3}x^{n-2}+\cdots+c_0x+c_{n-1}\end{aligned}$$

比较循环移位的前后,可用如下多项式的运算表达循环移位

$$\left.\begin{array}{lll} \text{移 1 位:} & C_1(x)=xC_0(x) & \bmod(x^n+1) \\ \text{移 2 位:} & C_2(x)=xC_1(x)=x^2C_0(x) & \bmod(x^n+1) \\ \vdots & & \\ \text{移 } n-1 \text{ 位:} & C_{n-1}(x)=xC_{n-2}(x)=x^{n-1}C_0(x) & \bmod(x^n+1) \end{array}\right\} \quad (6\text{-}3\text{-}29)$$

码字 $C_0(x)$在循环移位 n 次后回到 $C_0(x)$原位。

码集包含 2^k 个码字,而一个码字的移位最多能得到 n 个码字,因此“循环码码字的循环移位仍是码字”并不意味着循环码集可以从一个码字循环而得。换一个角度看,循环码是线性分组码的一种,也满足码空间的封闭性,即码字的线性组合仍是码字。对式(6-3-29)中各码进行线性组合,结果仍是码字

$$\begin{aligned} C(x)&=a_0C_0(x)+a_1xC_0(x)+a_2x^2C_0(x)\cdots+a_{n-1}x^{n-1}C_0(x) \\ &=(a_0+a_1x+a_2x^2+\cdots+a_{n-1}x^{n-1})C_0(x) \\ &=A(x)C_0(x)\bmod(x^n+1) \end{aligned} \quad (6\text{-}3\text{-}30)$$

其中,$C_0(x)$是一个码多项式,而 $A(x)$是次数不大于 $n-1$ 的任意多项式,$a_i\in\{0,1\}$,$i=0,\cdots,n-1$。作为特殊情况,若选择 $C_0(x)$是$(n-k)$次码多项式,$A(x)$是$(k-1)$次任意信息多项式(k 个系数对应 k 个信息元),那么在 $C_0(x)$不变的情况下 $A(x)$系数的 2^k 种组合恰好能产生 2^k 个码字,此时的 $C_0(x)$起到了生成多项式的作用,且 $C_0(x)$是 $C(x)$的因式。

问题是,这样产生的 2^k 个码字能否构成循环码码集?$(n-k)$次码多项式是否存在、如何寻找?完整的数学解释需要近世代数理论,这里只引用一些结论,那就是二元域上次数小于 n 的多项式在模 2 加、模(x^n+1)乘法运算下构成一个交换环,从多项式环的性质出发,又有下列结论(证明略)。

(1) (n,k)循环码的码多项式是模(x^n+1)乘运算下多项式交换环的一个主理想子环,反之,多项式交换环的一个主理想子环一定可以产生一个循环码。主理想子环中的所有码多项式都可以由其中一个元素(码多项式)的倍式组成,这个元素称为该主理想子环的生成元,或对应循环码的生成多项式。生成多项式不是唯一的,但总有一个是次数最低的。

(2) (n,k)循环码中,存在唯一的次数最低即$(n-k)$次的首一码多项式 $g(x)$,即

$$g(x)=x^{n-k}+g_{n-k-1}x^{n-k-1}+\cdots+g_2x^2+g_1x+1 \quad (6\text{-}3\text{-}31)$$

使所有码多项式都是 $g(x)$的倍式,即 $C(x)=m(x)g(x)$,且所有小于 n 次的 $g(x)$的倍式都是码多项式。这里所说的首一,是指多项式最高次项的系数为“1”。

(3) (n,k)循环码的生成多项式 $g(x)$一定是(x^n+1)的因子,即 $g(x)\mid(x^n+1)$,这里的“|”表示整除,或写作$(x^n+1)=g(x)h(x)$。相反,如果 $g(x)$是(x^n+1)的$(n-k)$次因子,则 $g(x)$一定是(n,k)循环码的生成多项式。

以上面三个结论为基础,可以得出构造(n,k)循环码的步骤。

(1) 对(x^n+1)进行因式分解,找出其$(n-k)$次因式。

(2) 以$(n-k)$次因式为生成多项式 $g(x)$,与信息多项式 $m(x)$相乘,即得到码多项式

$$C(x)=m(x)g(x) \tag{6-3-32}$$

因 $m(x)$ 不高于 $(k-1)$ 次，$C(x)$ 的次数不会高于 $(k-1)+(n-k)=(n-1)$ 次。

可通过下列方式验证所得码的循环性：令 $C_1(x)=x\,C(x)=xm(x)g(x)\bmod(x^n+1)$，由于 $g(x)$ 本身也是码多项式（次数最低），而 $xm(x)$ 是不高于 k 次的多项式，由式(6-3-30)可知，$C_1(x)$ 一定是码字，即码字的循环移位也是码字，所以确实是循环码。

例 6-5 构造一个长度 $n=7$ 的循环码。

解：(1) 对 (x^7+1) 进行因式分解，得 $x^7+1=(x+1)(x^3+x^2+1)(x^3+x+1)$，因此 (x^7+1) 有如下因式。

1 次因式 1 种：$(x+1)$

3 次因式 2 种：(x^3+x^2+1) 或 (x^3+x+1)

4 次因式 2 种：$(x+1)(x^3+x^2+1)=x^4+x^2+x+1$ 或 $(x+1)(x^3+x+1)=x^4+x^3+x^2+1$

6 次因式 1 种：$(x^3+x^2+1)(x^3+x+1)=x^6+x^5+x^4+x^3+x^2+x+1$

(2) 若以 (x^7+1) 的某 $(n-k)$ 次因式作为 (n,k) 循环码生成多项式，本题可选的因式次数有 1、3、4、6。在 $n=7$ 的情况下，若选 $n-k=1$ 的因式，从上面因式分解看只有 $(x+1)$ 一种，可生成(7,6)循环码。若选 $n-k=3$，可取 (x^3+x^2+1) 或 (x^3+x+1) 之一，生成(7,4)循环码。以此类推，还可产生(7,3)，(7,1) 循环码，但不存在(7,5)，(7,2) 循环码。

表 6-5 (7,3)循环码码集

信息矢量 $m(m_2\ m_1\ m_0)$	码矢 $(c_6c_5c_4c_3c_2c_1c_0)$
000	0000000
001	0011101
010	0111010
011	0100111
100	1110100
101	1101001
110	1001110
111	1010011

例如，要构成(7,3)循环码，$(n-k)=4$ 的因式有 $(x+1)(x^3+x+1)$ 或 $(x+1)(x^3+x^2+1)$ 两个，任选其中一个作生成多项式，都可以产生一个循环码集。假如选 $g(x)=(x+1)(x^3+x+1)=(x^4+x^3+x^2+1)$ 为生成多项式，则码多项式为 $C(x)=m(x)g(x)=(m_2x^2+m_1x+m_0)(x^4+x^3+x^2+1)$。当输入信息 $m=(011)$ 时，$m(x)=(x+1)$，$C(x)=(x+1)(x^4+x^3+x^2+1)=x^5+x^2+x^1+1$ 对应码矢 $\boldsymbol{C}=(0100111)$。依次将输入信息 $\boldsymbol{m}=(000),\cdots,(111)$ 代入，可得全部码矢，如表 6-5 所示。观察全部码矢可知，最低次的首一码多项式的确是唯一的，对应码矢(0011101)，次数 $(n-k)=4$，正是该码生成多项式 $g(x)$，码集符合循环码规则，是由 7 个码矢构成的一个循环环加上全零码矢组成的。

■

多项式 x^n+1 因式分解取出 $g(x)$ 后，剩下的因式可组合为 $h(x)$

$$x^n+1=\prod_i f_i(x)=g(x)h(x) \tag{6-3-33}$$

若 $g(x)$ 是循环码的生成多项式，那么 $h(x)$ 就是循环码的校验多项式，这是因为所有码多项式 $C(x)$ 与 $h(x)$ 作模 (x^n+1) 运算后都为 0，而非码字与 $h(x)$ 的乘积必不为 0。

$$C(x)h(x)=m(x)g(x)h(x)$$
$$=m(x)(x^n+1)=0 \bmod(x^n+1) \quad (6\text{-}3\text{-}34)$$

例如,例 6-5 中 $x^7+1=(x+1)(x^3+x^2+1)(x^3+x+1)$,若取 $g(x)=(x^3+x^2+1)$,则有 $h(x)=(x+1)(x^3+x+1)$;若取 $g(x)=(x+1)(x^3+x+1)$,则有 $h(x)=(x^3+x^2+1)$。循环码生成多项式未必是不能再继续分解的最小多项式,$g(x)$ 和 $h(x)$ 的地位是对等的:若 $g(x)$ 是 $(n.k)$ 循环码的生成多项式,$h(x)$ 就是该循环码的校验多项式;若 $h(x)$ 是 $(n,n-k)$ 循环码的生成多项式,则 $g(x)$ 就是该码的校验多项式,$g(x)$ 和 $h(x)$ 最高次项幂次之和一定等于码长 n。称 $g(x)$ 生成的 (n,k) 循环码和 $h(x)$ 生成的 $(n,n-k)$ 循环码互为**对偶码**,码空间互为**对偶空间**,或称零空间(null space)。

从表 6-5 中看到,所得循环码并非系统码。如果希望循环码是系统的,即系统循环码,那就要求码字的前 k 位原封不动照搬信息位,而后面 $(n-k)$ 位为校验位,也就是说,希望码多项式具有如下形式:

$$C(x)=x^{n-k}m(x)+r(x) \quad (6\text{-}3\text{-}35)$$

其中,$r(x)$ 是与码字中 $(n-k)$ 个校验元对应的 $(n-k-1)$ 次多项式。对等式两边取模 $g(x)$,左边 $C(x)\bmod g(x)=m(x)\ g(x)\bmod g(x)=0$,因此必有右边也等于 0:

$$[x^{n-k}m(x)+r(x)] \bmod g(x)=x^{n-k}m(x)\bmod g(x)+r(x)\bmod g(x)=0$$

其中,$r(x)$ 幂次低于 $g(x)$,$r(x)\bmod g(x)=r(x)$,欲使右边等于 0,即出现二元域 $r(x)+r(x)=0$,必须

$$x^{n-k}m(x)\bmod g(x)=r(x) \quad (6\text{-}3\text{-}36)$$

于是获得了一种产生系统循环码的方法,具体步骤如下。

(1) 将信息多项式 $m(x)$ 预乘 x^{n-k},即右移 $(n-k)$ 位。

(2) 将 $x^{n-k}m(x)$ 除以 $g(x)$,得余式 $r(x)$。

(3) 得系统循环码的码多项式:$C(x)=x^{n-k}m(x)+r(x)$。

例 6-6 (7,3)循环码生成多项式是 $g(x)=x^4+x^3+x^2+1$,用式(6-3-35)产生系统循环码。

解:以输入信息 $\boldsymbol{m}=(011)$ 即 $m(x)=(x+1)$ 为例。

(1) $x^{n-k}m(x)=x^4(x+1)=x^5+x^4$。

(2) (x^5+x^4) 除以 $(x^4+x^3+x^2+1)$,得余式 (x^3+x)。

(3) $C(x)=x^{n-k}m(x)+r(x)=(x^5+x^4)+(x^3+x)$,对应码矢(0111010)。

依次将(000)…(111)代入,可得全部码矢,如表 6-6 所示。将此表与表 6-5 对比可知,码集未变而映射规则变了,表 6-6 满足系统循环码的要求。

表 6-6 (7,3)系统循环码码集

信息矢量 $m(m_2\ m_1\ m_0)$	码矢 $c(c_6c_5c_4c_3c_2c_1c_0)$
000	0000000
001	0011101
010	0100111
011	0111010
100	1001110
101	1010011
110	1101001
111	1110100

循环码编码可根据式(6-3-32)用乘法电路实现,也可根据式(6-3-35)用除法电路实现,乘、除法电路的复杂度是相同的。除法电路由一组带反馈

的移存器构成，图 6-15 是本例系统循环码的编码电路，对 $g(x)=x^4+x^3+x^2+1$ 的除法体现在移存器的反馈上，对应 $g(x)$ 系数为"1"的项，有一根反馈线接到移存器对应位置，从左到右分别对应 1、x、x^2、x^3 和 x^4；系数为"0"的项，如 $g(x)$ 一次项 x 的系数就不接反馈线。正常做除法时，消息 $m(x)$ 应从除法器的最左端（对应 $g(x)$ 常数项 1）进入。如消息 $m(x)$ 右移一位，则应从 $g(x)$ 一次项 x 的位置进入，相当于做 $x\,m(x)$ 运算后再做除法。本题 $m(x)$ 从 $x^{n-k}=x^4$ 的位置进入，相当于做 $x^4m(x)$ 运算后再除以 $g(x)$。每编一个码需 $n=7$ 拍（时钟周期）。前 4 拍时开关 k_1、k_2 位于位置 1，3 个信息元（先 m_2，再 m_1、m_0）依次输入除法器做 $x^4m(x)/g(x)$ 运算，同时作为码元输出。第 3 拍完成时，除法器移存器中的数据就是余式系数。后 4 拍停止信息元输入，开关 k_1、k_2 移向位置 2，移存器断开反馈线后不再起除法器作用，仅起一般移存器作用，其中的数据分 4 拍依次移出，作为循环码第 4～7 校验位码元。

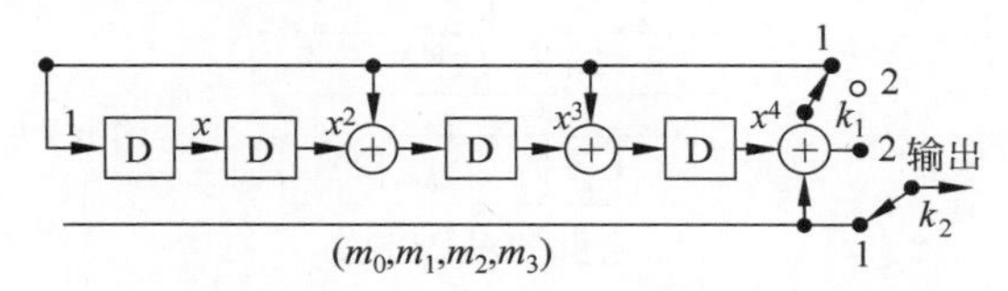

图 6-15　用除法器实现(7,3)循环码编码器

循环码将生成矩阵简化为生成多项式，从而将与编码矩阵对应的硬件阵列（平面型）简化为带反馈的移存器（直线型）。针对循环码的特点，也出现了许多有效的译码算法，如捕错译码、大数逻辑译码等，限于篇幅，这里不再讨论。

一种纠错码可以兼具许多特点，循环特征仅为其中之一。前面讲到的汉明码也可以兼具循环特征，这类码就叫作循环汉明码，其分组长度是 $n=2^m-1$，校验位是 $n-k=m$，而任何码字的循环依然是码字。同样，兼具循环特征的高莱码叫作循环高莱码，如用生成多项式 $g(x)=x^{11}+x^9+x^7+x^6+x^5+x+1$ 产生的线性(23,12)高莱码就是循环高莱码。当前实用的线性分组码几乎都是循环码，如用作帧或分组校验的循环冗余校验码。在循环码基础上发展起来的 BCH 码、RS 码、法尔码等，除循环特性外又兼具另外一些特点，在无线信道与计算机存储系统中得到了广泛应用。

6.4 卷积码

分组码以孤立码块为单位编译码，从信息论的角度看，信息流分割为孤立块后丧失了分组间的相关信息，信息流分割得越碎（码字越短），损失的信息必然越多。从另一角度看，编码定理已指出分组码长 n 越大越好，但译码运算量随 n 指数上升又限制了 n 的进一步增大。于是考虑，在码长 n 有限时，能否将有限个分组前后相关的信息添加到码字中，从而等效地增加码长？译码时能否利用前面已译码及前后相关性得到更准确的译码？这些想法推动了埃利斯（Elias，1955）最早提出的卷积码的产生。

6.4.1 卷积码的基本概念和描述方法

卷积码是一个有限记忆系统，它与分组码类似，也是先将信息序列分割为长度为 k 的多个分组，不同的是某一时刻的编码输出不仅取决于本时刻的分组，而且取决于本时刻以前的 L 个分组。称 $L+1$ 为**约束长度**，并将卷积码写为(n,k,L)形式以突出卷积码最重要的3个参数。卷积编码原理示意如图 6-16(a)所示，(n,k,L)卷积编码器的一般结构如图 6-16(b)所示。

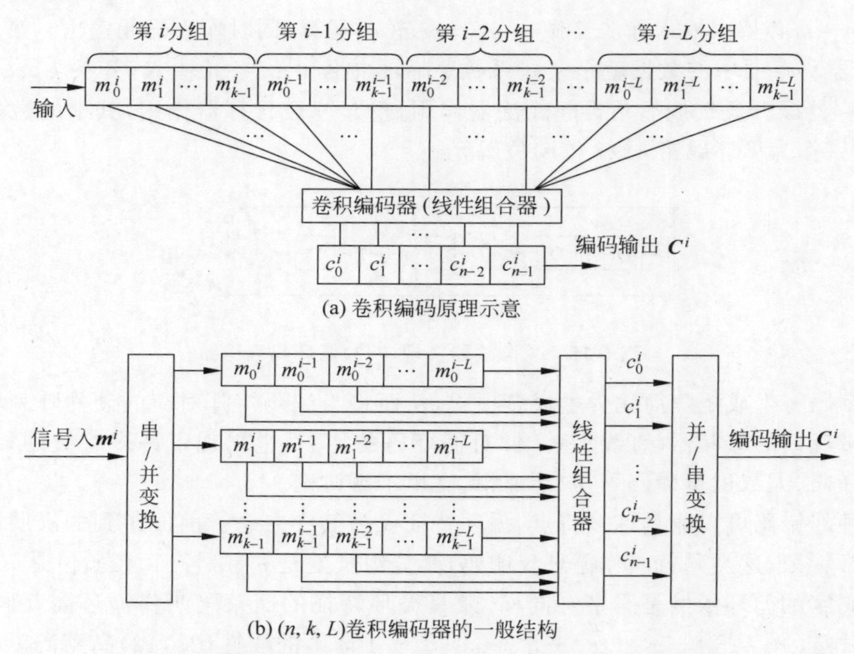

图 6-16 卷积编码原理及(n,k,L)卷积编码器的一般结构

由图 6-16 可知，卷积码将信息序列串/并变换后存入由 k 个 $L+1$ 级移存器构成的 $k\times(L+1)$阵列，其中最左列存放当前输入的信息组，后面各列分别存放前 1，前 2，…，前 L 时刻的输入。按一定规则对阵列中的数据进行线性组合，编出当前时刻的各码元 $c_j^i, j=0,\cdots,n-1$，最后并/串变换合成当前码字后输出。

图 6-16(b)记忆阵列中的每一存储单元都有一条连线将数据送至线性组合器，但实际上是否需要连线取决于线性组合的系数。二进制码线性组合的系数只能是“0”或“1”，系数为“1”表示该位参与线性组合，系数为“0”则表示该项在线性组合中不起作用，对应存储单元就不需要像系数为“1”时那样有连线接到线性组合器。每个码元都需要 $k\times(L+1)$个系数来描述组合规则，而一个码字有 n 个码元，所以需要 $k\times n\times(L+1)$个系数来描述卷积码。如何以简练明白的形式表达这些系数是值得研究的：如果采用一维排列，将面对长度 $k\times n\times(L+1)$的数据串；如果采用二维 $k\times n$ 矩阵，这样的矩阵应有$(L+1)$个，分别代表$(L+1)$个时刻，而时刻实际是第三维；如果仅用一个矩阵表示全部线性组合关系，显然必须将第三维时间参数引入二维 $k\times n$ 矩阵。下面通过一个具体例

子说明卷积码的表达方法。

例 6-7 某二进制(3,2,1)卷积编码器如图 6-17 所示。若本时刻($i=0$)的输入信息比特组是 $\boldsymbol{m}^0=(m_0^0,m_1^0)=(01)$,上一时刻(用正整数 1 表示时延 1)的输入是 $\boldsymbol{m}^1=(m_0^1,m_1^1)=(10)$,试用矩阵表示该编码器,并计算输出码字 $\boldsymbol{C}^i$。

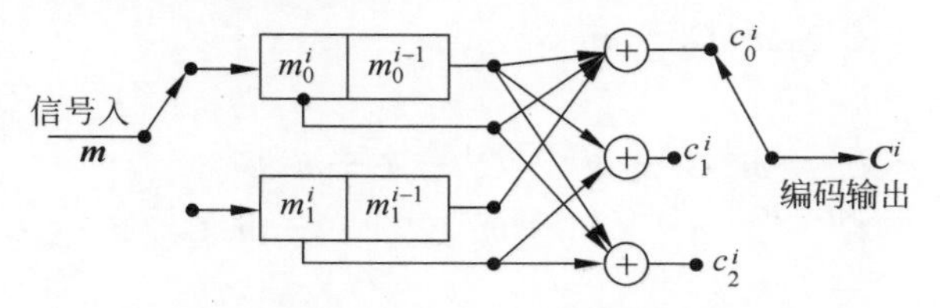

图 6-17 二进制(3,2,1)卷积编码器

解:本题编码器记忆阵列为 $k=2$ 行、$L+1=2$ 列、编码输出 $n=3$ 个码元。用 g_{pq}^l 表示记忆阵列第 p 行($p=0,1$)、第 l 列($l=0,1$)对第 q($q=0,1,2$)个码元的影响。令参与组合(有连线接到模 2 加法器)者的系数 $g_{pq}^l=1$,否则 $g_{pq}^l=0$。由图中的接线可以得到 $n\times k\times(L+1)=3\times2\times2$ 个系数,即

$$g_{00}^0=1,\quad g_{00}^1=1,\quad g_{01}^0=0,\quad g_{01}^1=1,\quad g_{02}^0=1,\quad g_{02}^1=1$$

$$g_{10}^0=0,\quad g_{10}^1=1,\quad g_{11}^0=1,\quad g_{11}^1=0,\quad g_{12}^0=1,\quad g_{12}^1=0$$

由题意,存储矩阵内容按列计是本时刻输入 $\boldsymbol{m}^0=(m_0^0,m_1^0)=(01)$ 与上时刻输入 $\boldsymbol{m}^1=(m_0^1,m_1^1)=(10)$,用 k 行 n 列(2×3)系数矩阵 $\boldsymbol{G}^0=\begin{bmatrix}g_{00}^0 & g_{01}^0 & g_{02}^0\\ g_{10}^0 & g_{11}^0 & g_{12}^0\end{bmatrix}=\begin{bmatrix}1&0&1\\0&1&1\end{bmatrix}$ 及 $\boldsymbol{G}^1=\begin{bmatrix}g_{00}^1 & g_{01}^1 & g_{02}^1\\ g_{10}^1 & g_{11}^1 & g_{12}^1\end{bmatrix}=\begin{bmatrix}1&1&1\\1&0&0\end{bmatrix}$ 分别描述本时刻和上时刻的输入对编码输出的影响,从而得出本时刻编码输出为

$$\begin{aligned}\boldsymbol{C}^0&=(c_0^0,c_1^0,c_2^0)=\boldsymbol{m}^0\boldsymbol{G}^0+\boldsymbol{m}^1\boldsymbol{G}^1=(01)\begin{bmatrix}1&0&1\\0&1&1\end{bmatrix}+(10)\begin{bmatrix}1&1&1\\1&0&0\end{bmatrix}\\&=(011)+(111)=(100)\end{aligned}$$

■

上例中,系数矩阵 $\boldsymbol{G}^0$、$\boldsymbol{G}^1$ 的设定具有一般性。对于一个(n,k,L)卷积码,以时刻 i 为基准,将 i 之前的第 l 个信息组 $\boldsymbol{m}^l=(m_0^{i-l},m_1^{i-l},\cdots,m_{k-1}^{i-l})$ 对时刻 i 的输出码字 $\boldsymbol{C}^i$ 的影响用一个 $k\times n$ **生成子矩阵** $\boldsymbol{G}^l$ 表示

$$\boldsymbol{G}^l=\begin{bmatrix}g_{00}^l & g_{01}^l & \cdots & g_{0(n-1)}^l\\ g_{10}^l & g_{11}^l & \cdots & g_{1(n-1)}^l\\ \vdots & \vdots & \ddots & \vdots\\ g_{(k-1)0}^l & g_{(k-1)1}^l & \cdots & g_{(k-1)(n-1)}^l\end{bmatrix}\tag{6-4-1}$$

矩阵元素 g_{pq}^l 表示图 6-16(b)记忆阵列第 p 输入行($p=0,1,\cdots,k-1$)、第 l 时延列($l=0,1,\cdots,L$)对第 q 个($q=0,1,\cdots,n-1$)输出码元的影响,$g_{pq}^l\in(0,1)$。

设编码器的初始状态为零（记忆阵列全体清零），随着时刻 i 的递推和 k 比特信息组 $(\boldsymbol{m}^0, \boldsymbol{m}^1, \cdots, \boldsymbol{m}^L, \boldsymbol{m}^{L+1}, \cdots)$ 源源不断地输入，码字 $(\boldsymbol{C}^0, \boldsymbol{C}^1, \cdots, \boldsymbol{C}^L, \boldsymbol{C}^{L+1}, \cdots)$ 不断地输出。

$$
\begin{array}{lll}
\text{在时刻} & i=0 & \boldsymbol{C}^0=\boldsymbol{m}^0\boldsymbol{G}^0 \\
& i=1 & \boldsymbol{C}^1=\boldsymbol{m}^1\boldsymbol{G}^0+\boldsymbol{m}^0\boldsymbol{G}^1 \\
& \vdots & \vdots \\
& i=L & \boldsymbol{C}^L=\boldsymbol{m}^L\boldsymbol{G}^0+\boldsymbol{m}^{L-1}\boldsymbol{G}^1+\cdots+\boldsymbol{m}^0\boldsymbol{G}^L \\
& i=L+1 & \boldsymbol{C}^{L+1}=\boldsymbol{m}^{L+1}\boldsymbol{G}^0+\boldsymbol{m}^L\boldsymbol{G}^1+\cdots+\boldsymbol{m}^1\boldsymbol{G}^L \\
& \vdots & \vdots
\end{array}
$$

或等效地写为如下半（单边）无限矩阵的形式

$$
\boldsymbol{C}=(\boldsymbol{C}^0\ \boldsymbol{C}^1\ \boldsymbol{C}^2\cdots)=\boldsymbol{m}\boldsymbol{G}_\infty
$$

$$
=(\boldsymbol{m}^0\ \boldsymbol{m}^1\ \boldsymbol{m}^2\cdots)\begin{bmatrix}
\boldsymbol{G}^0 & \boldsymbol{G}^1 & \cdots & \boldsymbol{G}^L & 0 & 0 & 0 \\
0 & \boldsymbol{G}^0 & \boldsymbol{G}^1 & \cdots & \boldsymbol{G}^L & 0 & 0 \\
0 & 0 & \boldsymbol{G}^0 & \boldsymbol{G}^1 & \cdots & \boldsymbol{G}^L & 0 \\
0 & 0 & 0 & \ddots & \ddots & \cdots & \ddots
\end{bmatrix} \tag{6-4-2}
$$

定义 $\boldsymbol{G}_\infty$ 为卷积码的**生成矩阵**，它是半无限的，因为输入的信息序列本身是半无限的，于是任意时刻 i 的输出码字可用如下数学式表示

$$
\boldsymbol{C}^i=\sum_{l=0}^{L}\boldsymbol{m}^{i-l}\boldsymbol{G}^l \tag{6-4-3}
$$

上式可视作无限长矩阵序列 $\boldsymbol{m}^i$ 与有限长矩阵序列 $\boldsymbol{G}^l$ 的卷积运算 $\boldsymbol{m}^i * \boldsymbol{G}^l$，这就是卷积码名称的来历。

$(L+1)$ 个子矩阵 $\boldsymbol{G}^l$ 实质上是 $\boldsymbol{G}$ 在时间轴上的展开，前后两个子矩阵 $\boldsymbol{G}^l$ 和 $\boldsymbol{G}^{l+1}$ 在同一位置上的两系数 g_{pq}^l 和 g_{pq}^{l+1} 分别表示前后两时刻 l 和 $l+1$ 时第 p 输入行对第 q 输出码元的影响，两时刻的时间差为一个时延 D，完全可以用多项式 $g_{pq}^l D^l + g_{pq}^{l+1}D^{l+1}$ 的形式表达。顺着这样的思路，可以用 D 的多项式代替时间轴，而将 $(L+1)$ 个子矩阵 $\boldsymbol{G}^l$ 合并为一个矩阵，即令

$$
\boldsymbol{G}(D)=\boldsymbol{G}^0+\boldsymbol{G}^1D+\cdots+\boldsymbol{G}^LD^L
$$

$$
=\begin{bmatrix}
g_{00}(D) & g_{01}(D) & \cdots & g_{0(n-1)}(D) \\
g_{10}(D) & g_{11}(D) & \cdots & g_{1(n-1)}(D) \\
\vdots & \vdots & \ddots & \vdots \\
g_{(k-1)0}(D) & g_{(k-1)1}(D) & \cdots & g_{(k-1)(n-1)}(D)
\end{bmatrix} \tag{6-4-4}
$$

$\boldsymbol{G}(D)$ 的每个元素都是多项式，通式为

$$
g_{pq}(D)=g_{pq}^0+g_{pq}^1D+g_{pq}^2D^2+\cdots+g_{pq}^LD^L=\sum_{l=0}^{L}g_{pq}^lD^l \tag{6-4-5}
$$

可将 (n,k) 卷积编码器类比为一个有 k 个输入、n 个输出的多端口网络，$k\times n$ 多项式矩阵 $\boldsymbol{G}(D)$ 的第 p 行、第 q 列元素 $g_{pq}(D)$ 描述了第 p 行输入对第 q 个输出码元的影

响，类似多端口网络第 p 输入端对第 q 输出端的影响，称为转移函数。借助网络分析或信号流图中的这个概念，通常将 $\boldsymbol{G}(D)$ 定义为**转移函数矩阵**。

一旦卷积编码器电路图给定，转移函数矩阵 $\boldsymbol{G}(D)$ 也就确定了，如例 6-7 中的 $\boldsymbol{G}(D)=\begin{bmatrix}1+D & D & 1+D\\ D & 1 & 1\end{bmatrix}$；反之，转移函数矩阵 $\boldsymbol{G}(D)$ 给定，卷积编码器的结构也就确定了，请看下面例子。

例 6-8 某二元(3,1,2)卷积码的转移函数矩阵为 $\boldsymbol{G}(D)=(1,1+D,1+D+D^2)$，试画出编码器结构图。

解：根据转移函数矩阵

$$g_{00}(D)=g_{00}^{0}+g_{00}^{1}D+g_{00}^{2}D^2=1$$

$$g_{01}(D)=g_{01}^{0}+g_{01}^{1}D+g_{01}^{2}D^2=1+D$$

$$g_{02}(D)=g_{02}^{0}+g_{02}^{1}D+g_{02}^{2}D^2=1+D+D^2$$

得

$$g_{00}^{0}=1, g_{00}^{1}=0, g_{00}^{2}=0$$

$$g_{01}^{0}=1, g_{01}^{1}=1, g_{01}^{2}=0$$

$$g_{02}^{0}=1, g_{02}^{1}=1, g_{02}^{2}=1$$

编码器应有一行($k=1$)、3 列($L+1=3$)的记忆阵列，记忆阵列在线性组合中的作用由系数决定，而系数来自转移函数矩阵中各转移函数的各次幂系数，根据系数可画出卷积编码器的结构，如图 6-18 所示。

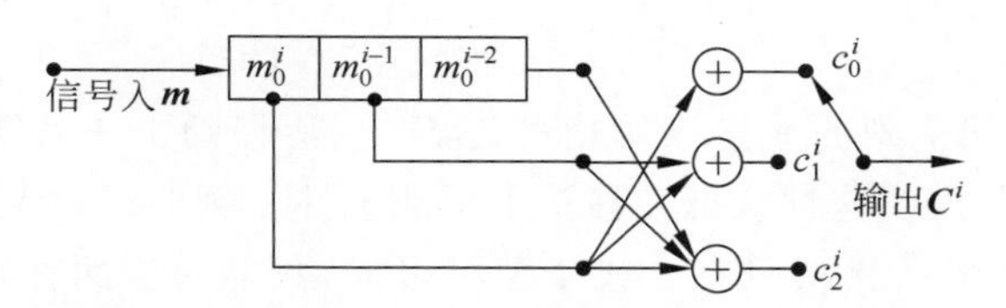

图 6-18 二元(3,1,2)卷积编码器的结构

以上转移函数矩阵 $\boldsymbol{G}(D)$ 的描述方法将矩阵、多项式与编码器结构的关系揭示得清清楚楚，但并未揭示卷积码的内在特性。在这点上，状态图和网格图可提供良好的描述。

从图 6-16(b)中看到，卷积编码器在 i 时刻编出的码字不仅取决于本时刻的输入信息组 $\boldsymbol{m}^i$，而且取决于 i 之前存入记忆阵列的 L 个信息组，即取决于记忆阵列的内容或者说编码器的状态，用函数形式表示为

$$\boldsymbol{C}^i=f(\boldsymbol{m}^i,\boldsymbol{m}^{i-1},\cdots,\boldsymbol{m}^{i-L})=f(\boldsymbol{m}^i,\boldsymbol{S}^i) \tag{6-4-6}$$

式中，$\boldsymbol{S}^i=h(\boldsymbol{m}^{i-1},\cdots,\boldsymbol{m}^{i-L})$，或写为

$$\boldsymbol{S}^{i+1}=h(\boldsymbol{m}^i,\boldsymbol{m}^{i-1},\cdots,\boldsymbol{m}^{i-L+1})=h(\boldsymbol{m}^i,\boldsymbol{S}^i) \tag{6-4-7}$$

式(6-5-6)、式(6-4-7)表明，本时刻输入信息组 $\boldsymbol{m}^i$ 和编码器状态 $\boldsymbol{S}^i$ 共同决定了编码输出 $\boldsymbol{C}^i$ 和下一状态 $\boldsymbol{S}^{i+1}$。由于编码器状态和信息组花样都是有限数量的，所以可用一个信息组 $\boldsymbol{m}$ 触发的状态转移图来描述一个卷积码。

例 6-9 同例 6-8 中的(3,1,2)卷积码，转移函数矩阵 $\boldsymbol{G}(D)=(1,1+D,1+D+$

D^2),编码器结构如图 6-18 所示。试用状态流图描述该码。假如输入信息序列是 10110…,输出码字是什么?

解:本题 $n=3,k=1,L=2$,记忆阵列为一行三列,其中第 1 列是本时刻 i 输入信息 m_0^i,第 2、3 列是记忆信息,即编码器状态,m_0^{i-1}、m_0^{i-2} 的 4 种组合决定了编码器的 4 个状态。输入 m_0^i 和状态 m_0^{i-1}、m_0^{i-2} 又共同决定了编码输出和编码器的下一状态,将各种可能的情况汇总列于表 6-7 中。

表 6-7　编码器的不同状态与输入输出

(a) 编码器状态的定义

状态	$m_0^{i-1}m_0^{i-2}$
S_0	0 0
S_1	0 1
S_2	1 0
S_3	1 1

(b) 不同状态与输入时编出的码字

状态	输入	
	$m_0^i=0$	$m_0^i=1$
S_0	000	111
S_1	001	110
S_2	011	100
S_3	010	101

(c) 不同状态 S^i 与输入时的下一状态 S^{i+1}

状态	输入	
	$m_0^i=0$	$m_0^i=1$
S_0	S_0	S_2
S_1	S_0	S_2
S_2	S_1	S_3
S_3	S_1	S_3

比表更简练和直观的方法是采用**编码矩阵**和**状态流图**。编码矩阵

$$\boldsymbol{C}=\begin{matrix} & \begin{matrix} S_0 & S_1 & S_2 & S_3 \end{matrix} \\ \begin{matrix} S_0 \\ S_1 \\ S_2 \\ S_3 \end{matrix} & \begin{bmatrix} 000 & . & 111 & . \\ 001 & . & 110 & . \\ . & 011 & . & 100 \\ . & 010 & . & 101 \end{bmatrix} \end{matrix}$$

编码矩阵第 i 行第 j 列的元素表示由状态 S_{i-1} 转移到下一状态 S_{j-1} 时发送的码字,若矩阵元素是“.”,说明这种状态转移是不可能事件。例如,从状态 S_0 转移到下一状态 S_1 就不可能,因为输入比特只有 0 或 1 两种可能,只能对应两种转移,从表 6-7(c)中看出,状态 S_0 只能转移到状态 S_0 或 S_2。

图 6-19 是(3,1,2)卷积码状态流图,圆圈代表状态,箭头代表转移,与箭头对应的标注,如 0/010,表示输入信息 0 时编出码字 010。每个状态都发出两个箭头,对应输入分别为 0、1 两种情况下的转移路径。假如输入信息序列是 10110…,从状态流图可以容易地找到输入/输出和状态的转移。可从状态 S_0 出发,根据输入找到相应的箭头,随箭头在状态流图上移动,得到以下结果,如图 6-19 中粗线所示。

$$S_0 \xrightarrow{1/111} S_2 \xrightarrow{0/011} S_1 \xrightarrow{1/110} S_2 \xrightarrow{1/100} S_3 \xrightarrow{0/010} S_1 \cdots$$

从上例中看到,编码矩阵明晰地揭示了状态转移规律,而状态图则为利用信号流图的数学工具奠定了基础。但美中不足的是,状态图缺少一根时间轴,不能记录状态转移的轨迹。**网格图**(也称格栅图、格子图、篱笆图)弥补了这个缺点,它以状态为纵轴,以时间(单位为码字周期 T)为横轴,将状态转移沿时间轴展开,从而使编码历程跃然纸上。网格图有助于发现卷积码的性能特征,有助于译码算法的推导,是借助计算机分析研究卷积码的得力工具。

网格图分为两部分：一部分是对编码器的描述，告诉人们从本时刻的各状态可以转移到下一时刻的哪些状态，伴随转移的输入信息/输出码字是什么；另一部分是对编码过程的记录，一根半无限的水平线（纵轴上的常数）标志某一个状态，一个箭头代表一次转移，每隔时间 T（相当于图 6-16（b）移存器的一位时延 D）转移一次，转移的轨迹称为**路径**。两部分可以画在一起，也可单独画，比如，在描述卷积编码器本身而不涉及具体编码时，只需第一部分网格图就够了。当状态很多、转移线很密时，网格图上难以标全伴随所有转移的输入/输出码字信息，此时，对照编码矩阵可看得更清楚。

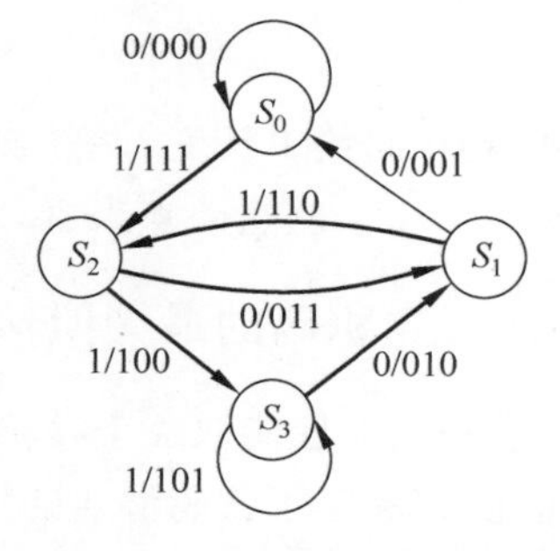

图 6-19 （3,1,2）卷积码状态流图

例 6-10 同例 6-8 中的（3,1,2）卷积码，编码器结构如图 6-18 所示，试用网格图描述该码。假如输入信息序列是 10110…，输出码字是什么？

解：参见例 6-9 所得的编码矩阵和状态流图，可得图 6-20 所示的网格图和编码轨迹图。

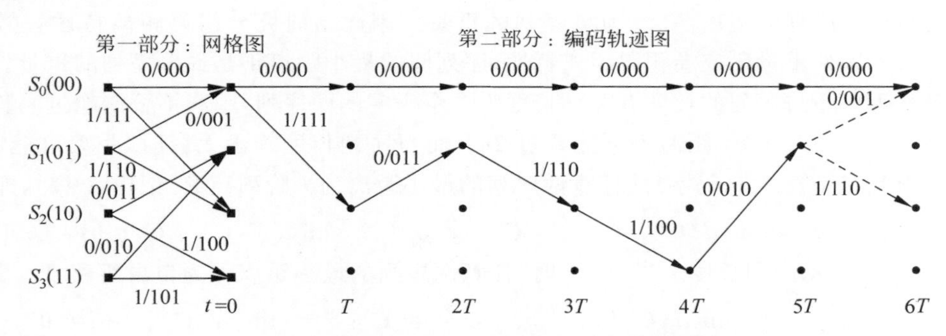

图 6-20 （3,1,2）卷积码网格图和编码轨迹图

由图 6-20 看到，当输入 5 位信息 10110 时，输出码字和状态转移为

$$S_0 \xrightarrow{1/111} S_2 \xrightarrow{0/011} S_1 \xrightarrow{1/110} S_2 \xrightarrow{1/100} S_3 \xrightarrow{0/010} S_1$$

如果继续输入第 6 位信息，信息为 0 或 1 时，状态将分别转移到 S_0 或 S_2，而不可能转移到 S_1 或 S_3。网格图顶上的一条路径代表输入全 0 信息/输出全 0 码字时的路径，这条路径在卷积码分析时常被用作参考路径。

上例中，从某一状态出发只能转移到 4 个状态中的 2 个，可能进入每个状态的分支路径也只有两条，由此可见，网格图中的编码路径并不是随意的。推广为一般结论，从 (n,k) 卷积码网格图每个状态发出的转移路径可有 2^k 条。

对于无限长的信息序列，每个 k 位信息组产生一个 n 位的码字，与分组码一样。但对于有限长的信息，如**单个数据**帧的信息，情况就不同了。设信息序列长度为 M 个 k 位分组，由于记忆效应，编码器输出 M 个码字后将继续输出 L 个码字，才能将记忆阵列中的内容完全移出，导致**卷积码码率**下降为

$$R_c = \frac{kM}{n(M+L)} \tag{6-4-8}$$

可见,卷积码约束长度 $L+1$ 越长,信息组数 M 越短,则编码效率越低,而当 $M\to\infty$ 时,码率 $R_c = k/n$。从这一点来看,对于短的突发信息,卷积码约束长度也应设计得短一些。

6.4.2 卷积码的最大似然译码——维特比算法

卷积码的性能取决于卷积码距离特性和译码算法,其中距离特性是卷积码自身本质的属性,它决定了该码潜在的纠错能力,而译码算法决定如何将潜在纠错能力转化为实际纠错能力。为此,了解卷积码距离特性是必要的。

描述距离特性的最有效方法是利用网格图。设序列 $\boldsymbol{C}^{(1)}$、$\boldsymbol{C}^{(2)}$ 是同一时刻从同一状态出发的任意两个不同的二进制码字序列,一般设从 0 时刻从 0 状态出发。**序列距离**定义为两序列 $\boldsymbol{C}^{(1)}$ 和 $\boldsymbol{C}^{(2)}$ 在对应时刻的码字的汉明距离之和,即两序列模 2 加后的重量。由于线性卷积码的封闭性,若 $\boldsymbol{C}^{(1)} \oplus \boldsymbol{C}^{(2)} = \boldsymbol{C}$,则 $\boldsymbol{C}$ 也是一个码字序列,有以下关系式

$$d(\boldsymbol{C}^{(1)}, \boldsymbol{C}^{(2)}) = W(\boldsymbol{C}^{(1)} \oplus \boldsymbol{C}^{(2)}) = W(\boldsymbol{C}) = W(\boldsymbol{C} \oplus \boldsymbol{0}) = d(\boldsymbol{C}, \boldsymbol{0}) \tag{6-4-9}$$

其含义是:任意两序列间的距离等于将其模 2 加后所得序列的汉明重量,又一定等于某一序列与全零序列的距离,等效为该序列的重量。因此与研究分组码距离特性一样,可以通过研究序列重量研究卷积码距离特性,序列间的最小距离正是最轻序列的重量。

序列距离还与序列的长度有关。长度为一个码字的两序列,距离不可能超过码长 n;两个码字长度的两序列,距离不可能超过 $2n$;而当序列长度趋于无穷时,距离可能趋于无穷。为此定义长度 l(码字)的任意两序列的最小距离为 l 阶**列距离**,记作 $d_c(l)$,即

$$d_c(l) = \min\{d(\boldsymbol{C}^{(1)}, \boldsymbol{C}^{(2)})_l : \boldsymbol{C}^{(1)} \neq \boldsymbol{C}^{(2)}\} = \min\{W(\boldsymbol{C})_l : \boldsymbol{C} \neq \boldsymbol{0}\} \tag{6-4-10}$$

式中,下标 l 表示序列长度。当 $l\to\infty$ 时,任意两序列的最小距离称为**自由距离** d_f,即

$$d_f = \lim_{l\to\infty} d_c(l) = \min\{d(\boldsymbol{C}^{(1)}, \boldsymbol{C}^{(2)})_\infty : \boldsymbol{C}^{(1)} \neq \boldsymbol{C}^{(2)}\} = \min\{W(\boldsymbol{C})_\infty : \boldsymbol{C} \neq \boldsymbol{0}\} \tag{6-4-11}$$

也有人直接将自由距离称为最小距离,写作 d_m。根据定义,自由距离在网格图上就是 0 时刻从 0 状态与全零路径分叉($\boldsymbol{C}\neq\boldsymbol{0}$),经若干分支后又回到全零路径(与全零序列距离不再继续增大)的所有路径中,重量最轻(与全零序列距离最近)的那条路径的重量。

例 6-11 同例 6-8 中的(3,1,2)卷积码,编码器结构如图 6-18 所示。试计算该码的自由距离 d_f。

解:分析 0 时刻从 0 状态与全零路径分叉后又回到全零路径的所有可能路径,如图 6-21 所示,其中伴随每个转移所标的数字是对应码字与全零码的距离。图中,0 时刻分叉后的第一次转移只有一条非零分支,列距离 $d_c(1)=3$。第二次转移后(时刻 $2T$)有 $S_0S_2S_1$ 和 $S_0S_2S_3$ 两条路径,重量分别为 $d[(111011),(000000)]=5$ 和 $d[(111100),(000000)]=4$,选其中小者为列距离,得 $d_c(2)=4$。以此类推,可得各阶列距离如图底部所标。比较各值,发现 l 在$[4,\infty]$范围内列距离不变,即得自由距离 $d_f = \lim_{l\to\infty} d_c(l) = 6$,而具有该自由距离的路径有两条。

(1) $S_0 S_2 S_1 S_0 S_0 \cdots \qquad \lim\limits_{l\to\infty} d_c(l) = W(111,011,001,000,000\cdots) = 6$

(2) $S_0 S_2 S_3\ S_1 S_0 S_0 \cdots \qquad \lim\limits_{l\to\infty} d_c(l) = W(111,100,010,001,000\cdots) = 6$

列距离不再增加的原因在于,序列一旦重新与全零序列汇合,后面重合部分与全零序列的距离永远为零,整个序列的重量也就不再增加。

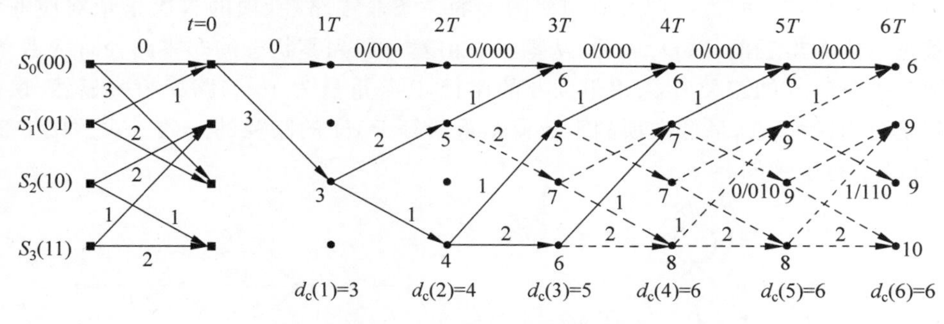

图 6-21 (3,1,2)卷积码的自由距离 d_f

分组码的纠错能力取决于码的最小距离,分组码的最大似然译码实际上就是最小距离译码,这些准则同样适用于卷积码,不同之处仅在于,分组码考虑的是孤立码字间的距离,而卷积码考虑的是码字序列间的距离。既然序列距离决定卷积码性能,衡量序列距离最主要的参数——自由距离 d_f 就成了卷积码的主要性能指标。卷积码自由距离 d_f 的计算有很多方法,简单的卷积码(如上例)可以直接在网格图上推得;稍微复杂一些的卷积码可采用信号流图法,它也最具理论价值;而最实用的方法还是靠编程利用计算机来搜索。

信号流图可用于计算任意一个以支路为基础线性累积的物理量。如果希望这个量不是以"积"而是以"和"的形式累积,可将这个物理量写作某个基底的幂次。图 6-19 的状态流图实际上是一种信号流图,一个状态对应一个节点,一次转移对应一条支路,两状态间一条路径的重量对应信号流图两节点间一条路径的增益,而两节点间的生成函数(或称转移函数)$T(D)$代表所有路径增益之和。解信号流图可以利用 Mason 的增益公式,也可根据有向图列出线性状态方程,从而将解图转化为解方程,还可通过图论中的等效变化解图。若由信号流图法解得 $T(D)$,则不仅可知自由距离,还有助于从理论上分析卷积码的差错控制能力。下面举例说明 $T(D)$和 d_f 的关系,求解 $T(D)$的详细方法请见有关书籍。

例 6-12 同例 6-9 中的(3,1,2)卷积码,其状态流图如图 6-19 所示。试用信号流图法计算生成函数 $T(D)$,并得出该码的自由距离 d_f。

解:由于自由距离是由零状态出发又回到零状态的最轻序列的重量,可将零状态拆为两个节点,一个为发点,一个为收点,如图 6-22(a)所示。将每次转移的码重作为分支增益放在 D 的指数上,以便以"和"而非"积"的方式累积。比如,从状态 S_0 转移到 S_2 对应码字(111)的重量为 3,就将分支增益定为 D^3,以此类推。这样沿任意一条由发点到收点的路径都有一个对应的路径增益,增益最小的路径就是最轻路径,生成的函数 $T(D)$就是所有路径增益之和。利用图 6-22(b)的等效变化,将 6-22(a)的流图变为最简形式后求

得 $T(D)$，如图 6-22(c) 所示。根据化简的结果，得到生成函数 $T(D)$，再用长除法将其展开

$$T(D)=\frac{2D^6-D^8}{1-D^2-2D^4+D^6}=2D^6+D^8+5D^{10}+\cdots$$

生成函数 $T(D)$ 的每一项对应网格图上的一条非零路径，项的幂次指示对应非零路径的重量。因此本题的 $T(D)$ 表明，从零状态出发又回到零状态的非零路径有无数条，其中有两条重量为 6 的路径，1 条重量为 8 的路径，5 条重量为 10 的路径……显然，最低幂次 6 就是自由距离 d_f，最低次项的系数就是重量等于 d_f 的路径的条数。对照图 6-21 可知，计算结果是正确的。

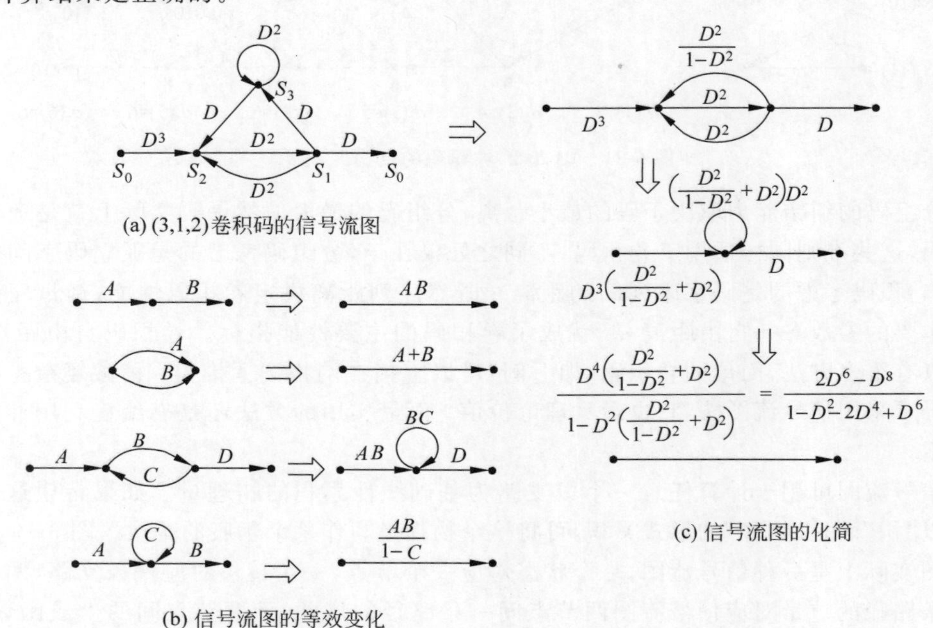

图 6-22　用信号流图化简法计算生成函数 $T(D)$

上例的生成函数虽然是针对具体问题计算的，但其结果具有一般性。对于给定的信号流图，解出的生成函数 $T(D)$ 均可写为以下形式

$$T(D)=\sum_{d=d_f}^{\infty}A_dD^d \tag{6-4-12}$$

其中，d 次项系数 A_d 代表重量为 d、从零状态出发又回到零状态的非零路径的条数，上例的具体数据是 $A_6=2, A_8=1, A_{10}=5, \cdots$。

某些卷积码表现出一种特别的性质，称作恶性差错传播。具有这种特性的卷积码用于二进制对称信道，就可能因有限数量的信道差错而引起无限数量的译码差错。这种码可从它的状态图看出。它含有一条从某个非零状态返回同一状态的零距离的路径，这意味着可以沿着这条零距离路径环绕无限多次，而并不增加与全零路径之间的距离。但是，如果这条自环对应传送“1”时，则译码器将产生无穷多个差错。因此，在实际应用中

应注意识别并避免恶性卷积码。需指出的是，系统卷积码一定是非恶性的，但系统卷积码通常不是性能最优的码。

对于编码器编出的任意码字序列，在网格图上一定可以找到一条连续的路径与之对应。但在译码端，一旦传输、存储过程中出现差错，输入译码器的接收码字在网格图上就找不出对应的连续路径，而只是若干似是而非、断断续续的路由可供作译码参考。而译码输出的码字流必须对应一条连续路径，否则肯定是译码差错。卷积码最小距离译码的思路是：以断续的接收码流为基础，逐个计算它与其他所有可能出现的连续网格图路径的距离，选出最小距离作为译码估值输出。在二进制硬判决译码情况下，最小距离就是最小汉明距离；在二维调制(PSK、QAM)和软判决情况下，最小距离一般是指最小欧氏(Euclidean)距离。这种以序列为基础的译码称为**序列译码**，在编码理论发展过程中曾出现过多种序列译码方法，如 Wozencraft 和 Reiffen 于 1961 年提出的序列译码算法，这种算法后来由范诺(Aano，1963 年)进行了修改和完善，现在称为范诺算法，以及齐盖吉洛(Ziganzirov，1966 年)和杰林克(Jelinek，1969 年)设计出的堆栈算法等，但这些都不是最佳译码。

卷积码本质上是一个有限状态机，它的最佳译码器应该与有记忆信号的最佳解调器类似，是一个最大似然序列估计器。所以，卷积码的译码就是要搜遍网格图，找出最可能的序列。根据译码器之前的解调器执行的是软判决还是硬判决，搜寻网格图时所用的相似性量度可以是汉明距离，也可以是欧氏距离，这种最小距离准则的译码算法称为卷积码的**最大似然译码**。在加性高斯白噪声、$p\ll 1/2$ 的二进制对称信道中，这种算法的差错概率最小，因此也是最佳译码。当前最流行的卷积码译码算法是维特比(Viterbi)于 1967 年提出的维特比算法。该算法提出两年后，小村(Omura)指出，维特比算法等价于在一个加权图上求最短路径。1973 年福尼(Forney)证明，维特比算法实质上是卷积码的最大似然译码。由于具有最优的特性和相对适中的复杂度，维特比算法在 $K\leqslant 10$ 的卷积码译码中成为应用最普遍的算法。下面结合具体例子说明维特比算法的执行过程。

例 6-13 同例 6-8 中的(3,1,2)卷积码，其网格图如图 6-23(a)所示。设发送的码字序列为 $\boldsymbol{C}=(000,111,011,001,000,000,\cdots)$，传输时发生两位差错，接收的码字序列为 $\boldsymbol{R}=(110,111,011,001,000,000,\cdots)$，试用维特比算法译码。

解：(1) 为了便于编程实现，用数组表示图 6-23(a)网格图结构，4 个状态分别为 1、2、3、4：

$p(1,1)=1,\boldsymbol{c}(1,1)=000,p(1,2)=2,\boldsymbol{c}(1,2)=001$

$p(2,1)=3,\boldsymbol{c}(2,1)=011,p(2,2)=4,\boldsymbol{c}(2,2)=010$

$p(3,1)=1,\boldsymbol{c}(3,1)=111,p(3,2)=2,\boldsymbol{c}(3,2)=110$

$p(4,1)=3,\boldsymbol{c}(4,1)=100,p(4,2)=4,\boldsymbol{c}(4,2)=101$

其中，$p(4,1)=3$，$p(4,2)=4$ 表示到达第 4 状态的第 1、第 2 个前状态(predecessor)分别为状态 3 和 4，对应的码字分别为 $\boldsymbol{c}(4,1)=100$ 和 $\boldsymbol{c}(4,2)=101$，其他类推。

(2) 计算第 l 时刻接收码 $\boldsymbol{R}_l$ 相对于各码字的相似度，称作**分支量度**(branch metric，BM)。在软判决情况下，BM 一般是指欧氏距离。在二进制硬判决情况下，BM 即汉明距离

$$\mathrm{BM}^l(i,j)=W[\boldsymbol{c}(i,j)\oplus \boldsymbol{R}_l] \tag{6-4-13}$$

其中,$BM^l(i,j)$表示第 l 时刻接收码 $\boldsymbol{R}_l$ 与到达第 i 状态的第 j 个转移对应的码字的距离。本题中 $\boldsymbol{R}_1=110$,$\boldsymbol{R}_2=111$,$\boldsymbol{R}_3=011$,$\boldsymbol{R}_4=001$,$\boldsymbol{R}_5=000$,…,时刻 3 的分支量度(见图 6-23(b))分别为 $BM^3(1,1)=W[\boldsymbol{c}(1,1)\oplus\boldsymbol{R}_3]=W[000\oplus 011]=2$,$BM^3(1,2)=1$,$BM^3(2,1)=0$,$BM^3(2,2)=1$,$BM^3(3,1)=1$,$BM^3(3,2)=2$,$BM^3(4,1)=3$,$BM^3(4,2)=2$。

(3) 计算第 l 时刻到达状态 i 的最大似然路径的相似度,即**路径量度**(path metric, PM)。$PM^l(i)$是将上一时刻的路径量度 PM^{l-1} 与本时刻分支量度 BM 累加后选择其中相似度最大的一个,对于二进制硬判决就是选汉明距离最小的一个

$$PM^l(i)=\min_j\{PM^{l-1}[p(i,j)]+BM^l(i,j)\} \tag{6-4-14}$$

初始时,除全零状态的 $PM^0(1)=0$ 外,将其余状态的 $PM^0(i)$,$i\neq 0$ 均置为∞。

图 6-23(b)中,时刻 3 到达状态 1 的路径可以来自状态 1 和 2 两处,这两处前时刻的路径量度分别为 $PM^2(1)=5$ 和 $PM^2(2)=2$,本时刻的分支量度分别为 $BM^3(1,1)=2$ 和 $BM^3(1,2)=1$,因此时刻 3 状态 1 的路径量度

$PM^3(1)=\min\{PM^2[p(1,1)]+BM^3(1,1),PM^2[p(1,2)]+BM^3(1,2)\}=\min\{5+2,2+1\}=3$

以上计算路径量度的过程实际上是挑选到达状态 1 的最大似然路径的过程。有两条路径可达,一条与接收码的汉明距离为 5+2,另一条的汉明距离为 2+1,距离越小,似然度越大,所以取 $PM^3(1)=3$ 隐含了路径 $S_1\to S_3\to S_2\to S_1$ 为到达状态 1 的最大似然路径。同理,到达其他各状态最大似然路径的 PM 分别为

$$PM^3(2)=\min\{2+0,3+1\}=2$$

$$PM^3(3)=\min\{5+1,2+2\}=4$$

$$PM^3(4)=\min\{2+3,3+2\}=5$$

再将时刻 3 各状态的 PM 进行比较,显然到达状态 2 的路径为最似然路径。

(4) 译码输出并更新第 l 时刻、状态 i 对应的留存路径(survivor)$S^l(i)$。留存路径是与最大似然路径对应的码字序列,每个状态一个,长度为 D。每时刻留存路径按以下步骤更新一次:①设到达状态 i 的最大似然路径的前状态是 j,则将 j 状态前时刻的留存路径作为本时刻本状态 i 的留存路径,即 $S^l(i)=S^{l-1}(j)$。②选择具有最小(最似然)PM 状态的留存路径最左边(D 时刻之前进入)的码字作为译码输出。③将各状态留存路径最左边的码字从各移存器移出,再将到达各状态的最大似然路径在时刻 l 对应的码字从右面移入留存路径 $S^l(i)$。

比如,图 6-23(b)中,时刻 $l=3$ 到达状态 2 的最大似然路径来自状态 3,而前时刻状态 3 的留存路径是 $S^2(3)=000,000,000,111$(长度 $D=4$)。比较各状态的 $PM^3(i)$,发现状态 2 是最大似然路径,其前时刻在状态 3,于是取 $S^2(3)$最左边的码字 000 作为译码输出。接着,将 $S^2(2)$最左边(最旧)的码字 000 移出,将时刻 3 到达状态 2 的转移对应的码字 011 从右边移入,得更新后状态 2 的留存路径 $S^3(2)=000,000,111,011$。同理可得 $S^3(1)$、$S^3(3)$、$S^3(4)$。

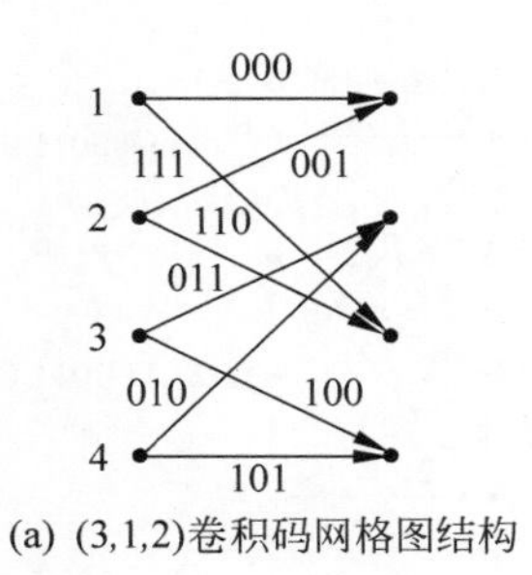

(a) (3,1,2)卷积码网格图结构

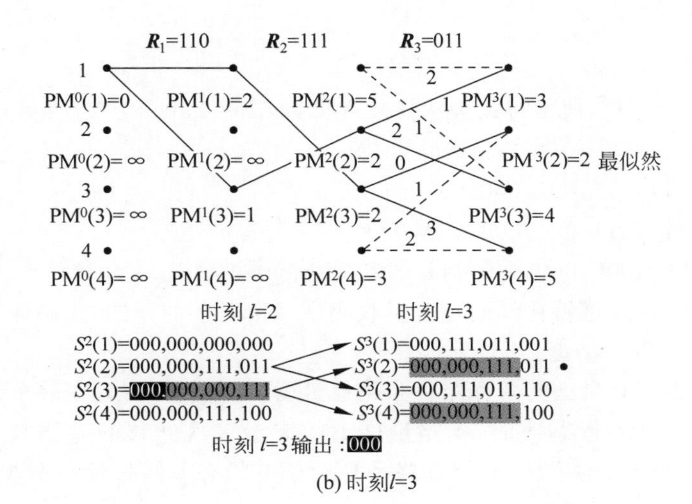

(b) 时刻l=3

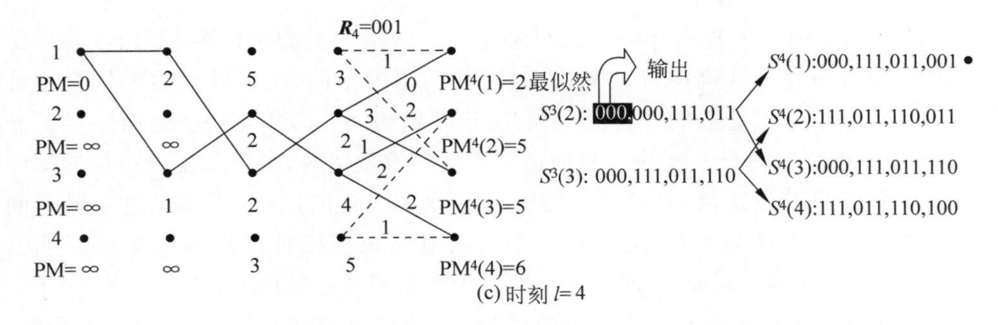

(c) 时刻 l= 4

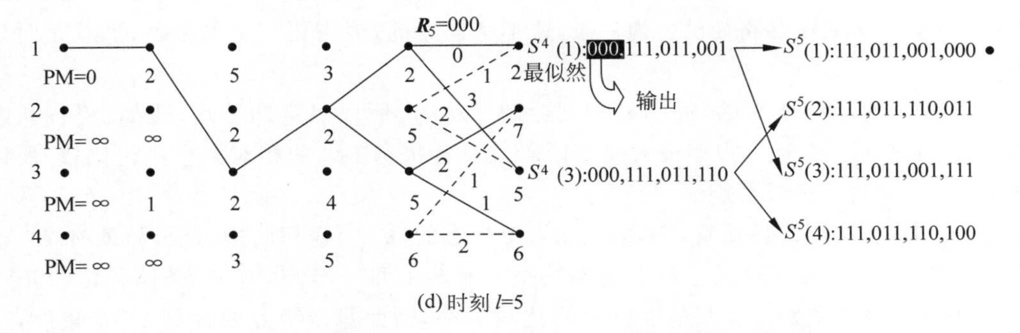

(d) 时刻 l=5

图 6-23　不同时刻的 $BM^l(i,j)$、$PM^l(i)$、$S^l(i)$和网格图

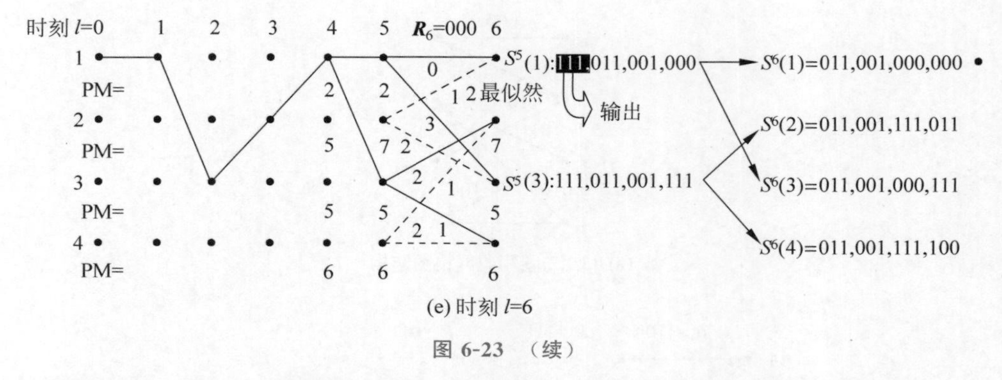

(e) 时刻 l=6

图 6-23 （续）

重复步骤(2)～(4)，使维特比算法持续下去，如图 6-23(c)～(e)所示。

最后结果为

发码：000,111,011,001,000,000,…

收码：110,111,011,001,000,000,…

译码：000,000,000,000,000,111,011,001,000,000…

可见，经时延 $D=4$ 后，维特比译码克服了收码中一个码字的差错，正确译码输出。

从上例可得出以下结论。

(1) 每个状态都有自己的留存路径和路径量度，但最后只有其中一个被采纳，作为译码估值序列的输出。在硬判决时，支路量度 BM 表示一次转移的差错数，路径量度 PM 表示一条路径上差错数的累计，而留存路径是到达该状态差错累计数最少的那条路径对应的码字序列片断(长度 D)。

(2) 引入适当时延能提高译码器的纠错能力。网格图上的正确路径只有一条，虽然它与其他的路径量度 PM 都在持续增大，但增大的原因不同，统计特性也不同。正确路径的 PM 是由码字差错造成的，增大速率取决于差错概率；而其他路径是由路径差异造成的，PM 持续增大且上升速度快。当信道中产生突发差错时，会导致正确路径的 PM 突然增大并暂时超过其他路径，但只要突发差错长度在一定限度内，那么经过一段时间后正确路径的 PM 就会恢复为最小。因此，引入时延是根据统计特性而不是逐码字去判定，可提高译码正确率。时延 D 的长度一般取为卷积码状态数的 5 倍。

(3) 各状态的留存路径有合为一条的趋势。比较图 6-23(c)和图 6-23(e)可看到，时刻 $l=0$ 到 $l=4$ 的留存路径已合为一条，这不是偶然的，但需要一定的条件，那就是时延足够。

(4) PM 是单调增大的，如不处理则会趋于无穷，所以要定期处理，比如，将各状态 PM 同时减去同一个数。由于最大似然译码仅对各状态 PM 的相对大小进行比较，所以同时减一个数对算法没影响。

一般来说，若用维特比算法对具有 2^M 个状态的(n,k)卷积码进行译码，就有 2^M 个路径量度和 2^M 条留存路径。对于网格图每一时刻的每一节点，有 2^k 条路径汇合于该点，其中每条路径都要计算其量度并最后比较大小，因此每个节点要计算 2^k 个量度，这样在执行每一级的译码时，计算量将随 k 和 M 成指数级增加，这就将维特比算法的应用

局限于 k 和 M 值较小的场合。

以上例子是**硬判决维特比算法**。**软判决维特比算法**的步骤与硬判决完全一样，不同只在于似然度 BM 的定义，上例中的似然度是汉明距离，而软判决似然度是欧氏距离。图 6-24 表示 8-PSK 调制下似然度 BM 的计算。

图 6-24 8-PSK 调制下似然度 BM 的计算

接收点 R 与信号点 P_1 的欧氏距离的平方为

$$(I_1-I)^2+(Q_1-Q)^2$$
$$=(I_1^2+Q_1^2)+(I^2+Q^2)-2(II_1+QQ_1)$$

同理，R 与信号点 P_0 的欧氏距离的平方为

$$(I_0-I)^2+(Q_0-Q)^2=(I_0^2+Q_0^2)+(I^2+Q^2)-2(II_0+QQ_0)$$

由于$(I_1^2+Q_1^2)=({I_0}^2+{Q_0}^2)$，上面前两项$(I_i^2+Q_i^2)+(I^2+Q^2)$在比大小时不起作用，而第三项 II_i+QQ_i 越大，欧氏距离的平方越小，说明接收点越靠近该 i 点，所以定义接收点与第 i 个信号点的支路量度 BM 为

$$\mathrm{BM}=II_i+QQ_i$$

维特比算法中只要用以上定义的 BM 代替汉明距离的 BM 作为相似度，PM 是 BM 的累计，并取 PM 最大者（而不像汉明距离时取最小者）为最似然路径，算法的其余部分都相同。

纠错码基本思想

纠错码发展应用

本章小结

误码率是数字通信系统最重要的质量指标之一，从数字通信诞生之日起，信道编码的研究就没有停止过。开拓性的理论基础是香农的信息论，指出信道传输信息的能力是有限的，并给出了三个定理和一个公式。香农的有扰离散信道编码定理指出，只要码率 R 小于信道容量 C，总存在一种信道编码，可以以任意小的差错概率实现可靠的通信。信道编码定理指出了减小误码率的两大方向：增大冗余度 $C-R$ 及增加码长 n。多年来，信道编码的研究正是沿着这两个方向展开的。分组码是最常用的纠错码，其基本思路是利用冗余度，包括耗费更多的频带、时间或功率资源来提高传输质量。从一般分组码到循环码、BCH 码、RS 码，研究重点在于如何最高效率地利用冗余度，采用何种编译码方案可以提高编译码质量或便于工程实现。另一种思路是增加码长，也就是使差错的发生完全随机化。与分组码齐头并进的卷积码、后来的级联码及 LDPC 等都是遵循这条思路，码长增加的直接结果是编译码器复杂度的增加。

作为编译码的分析手段，早期分组码主要基于近世代数，码的内在结构可描述得非常清楚，分析硬判决译码非常有效。但从卷积码开始，由于码的结构过于复杂，加上现代

译码大多是软判决译码，所以码结构和性能更适合用网格图、二分图等图形来描述。在本章内容的介绍过程中，读者可能已经体验到这种变化。

空时码 STC 是随第 4 代移动通信和 MIMO 技术发展起来的，除了利用频带、时间、功率、信号集等冗余资源编码外，空时码将可利用资源扩展到空间维度，是编码技术的又一次突破，当然也要付出设备和运算复杂度的代价。因此可以得出结论：阻碍通信质量进一步提高的根本因素是运算和设备的复杂度。随着大规模集成电路和信号处理技术的发展，信道编码技术也会继续发展。

习题

6-1 写出构成二元域上四维四重矢量空间的全部矢量元素，并找出其中一个二维子空间及其相应的对偶子空间。

6-2 若 $\boldsymbol{s}_1$ 和 $\boldsymbol{s}_2$ 是矢量空间 $\boldsymbol{V}$ 的两个子空间，证明 $\boldsymbol{s}_1$ 和 $\boldsymbol{s}_2$ 的交也是 $\boldsymbol{V}$ 的子空间。

6-3 某系统(8,4) 码，其 4 位校验位 $v_i(i=0,1,\cdots,3)$与 4 位信息位 $u_i(i=0,1,\cdots,3)$的关系为

$$\begin{cases} v_0 = u_1 + u_2 + u_3 \\ v_1 = u_0 + u_1 + u_2 \\ v_2 = u_0 + u_1 + u_3 \\ v_3 = u_0 + u_2 + u_3 \end{cases}$$

求该码的生成矩阵、校验矩阵及该码的最小距离，并画出该编码器硬件逻辑连接图。

6-4 列出本章例 6-4 中(7,4)汉明码的标准阵列译码表。若收码 $R=(0010100,0111000,1110010)$，由标准阵列译码表判断发码。

6-5 某线性二进制码的生成矩阵为

$$\boldsymbol{G}=\begin{bmatrix} 0 & 0 & 1 & 1 & 1 & 0 & 1 \\ 0 & 1 & 0 & 0 & 1 & 1 & 1 \\ 1 & 0 & 0 & 1 & 1 & 1 & 0 \end{bmatrix}$$

(1) 用系统码$[\boldsymbol{I} \vdots \boldsymbol{P}]$的形式表示 $\boldsymbol{G}$。

(2) 计算该码的校验矩阵 $\boldsymbol{H}$。

(3) 列出该码的伴随式表。

(4) 计算该码的最小距离。

(5) 证明：与信息序列 101 对应的码字正交于 $\boldsymbol{H}$。

6-6 设计一个(15,11)系统汉明码的生成矩阵 $\boldsymbol{G}$，再设计一个由 $g(x)=1+x+x^4$ 生成的系统(15,11)循环汉明码的编码器。

6-7 根据例 6-5 的数据设计一个(7,3) 循环码。

(1) 列出所有码字并证明其循环性。

(2) 写出系统形式的生成矩阵。

6-8 计算(7,4)系统循环汉明码最小重量的可纠差错图案及对应的伴随式。

6-9 证明二进制[23,12,7]Golay码是完备码。

6-10 某帧所含信息是(00001101011000010101100),循环冗余校验码的生成多项式是CRC-ITU-T规定的$g(x)=x^{16}+x^{12}+x^{5}+1$。附加在信息位后的循环冗余校验码是什么?

6-11 证明:由CRC-ITU-T生成多项式$g(x)=x^{16}+x^{12}+x^{5}+1$生成的码字的重量一定是偶数。

6-12 生成某(2,1,3)卷积码的转移函数矩阵是$\boldsymbol{G}(D)=[1+D^2,1+D+D^2+D^3]$。

(1) 画出编码器的结构图。

(2) 画出编码器的状态图。

(3) 求该码的自由距离d_f。

6-13 某码率为1/2、约束长度为3的二进制卷积码,其编码器如图6-25所示。

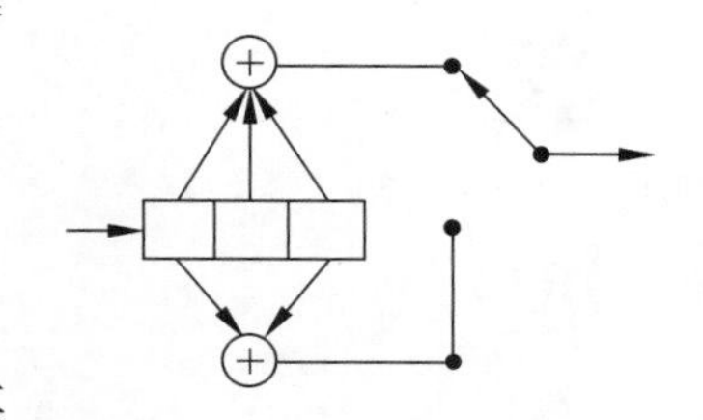

图6-25 习题6-13图

(1) 画出该码的状态图和网格图。

(2) 求该码的转移函数$T(D)$,据此指出自由距离。

6-14 某卷积码$\boldsymbol{G}_0=[1\ 0\ 0]$,$\boldsymbol{G}_1=[1\ 0\ 1]$,$\boldsymbol{G}_2=[1\ 1\ 1]$。

(1) 画出该码的编码器。

(2) 画出该码的状态图和网格图。

(3) 求该码的转移函数和自由距离。

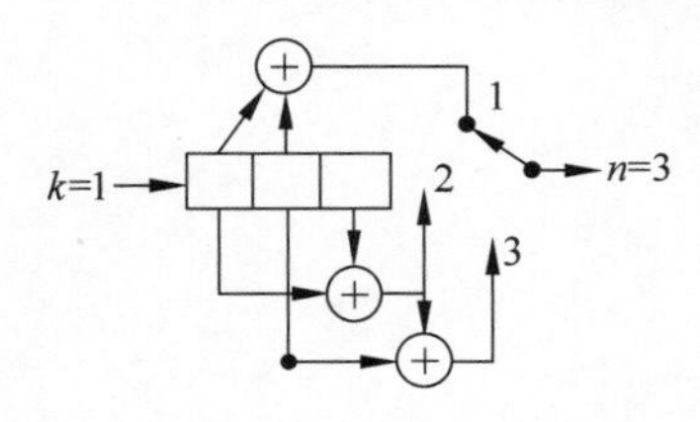

图6-26 习题6-15图

6-15 某(3,1)卷积码的框图如图6-26所示。

(1) 画出该码的状态图。

(2) 求该码的转移函数$T(D)$。

(3) 求该码的自由距离d_f,在格栅图上画出相应路径(与全0码字相距d_f的路径)。

(4) 对4位信息比特(x_1,x_2,x_3,x_4)和紧接的2位0比特卷积编码后,以$p=0.1$的差错概率通过BSC信道传送到接收端。已知接收序列是(111 111 111 111 111 111),试用维特比算法找出最大似然的发送数据序列。

第7章 加密编码

信息(如语言、文字、数据、图像等)需要利用通信网络传送和交换,需要利用计算机处理和存储。一部分信息由于其重要性,在一定时间内必须严加保密,严格限制其利用范围。利用密码对各类电子信息进行加密,以保证其在处理、存储、传送和交换过程中不被泄露,是迄今为止对电子信息实施保护、保证信息安全的唯一有效措施。在信息爆炸时代,信息安全不仅广泛渗透到人民日常生活中的方方面面,也是一个国家在军事、外交等方面的重要保证。如今人们日常出行已不再依靠钱包钥匙,更多的是手机支付、电子公交卡、密码锁等,5G 时代的到来更是通信领域一个翻天覆地的变化。然而随着信息技术的高速发展,信息安全面临的威胁也越来越大,信息安全涉及的范围和深度越广越深,人们对信息安全的要求也就更加苛刻。

作为通信领域的工程技术人员,应对加密编码有所了解。本章在介绍加密编码基本概念的基础上,着重介绍密码学发展史上三个具有里程碑作用的加密算法,即经典密码学中对称密钥算法的代表——数据加密标准(Digital Encryption Standard,DES)算法、公开密钥算法的代表——RSA(Rivest-Shamir-Adleman)算法,以及量子密码。

7.1 加密编码的基础知识

7.1.1 加密编码中的基本概念

人们希望将重要信息通过某种变换转换为秘密形式的信息。转换方法可以分为两大类:一类是隐写术,隐蔽信息载体——信号的存在,古代常用;另一类是编码术,对载荷信息的信号进行各种变换,使其不被非授权者理解。在利用现代通信工具的条件下,隐写术受到很大限制,但编码术却以计算机为工具取得了很大的发展。对真实数据施加变化的过程通常称为**加密** $\boldsymbol{E_K}$,加密前的真实数据称为**明文** $\boldsymbol{M}$,加密后输出的数据称为**密文** $\boldsymbol{C}$。从密文恢复出明文的过程称为**解密** $\boldsymbol{D_K}$。加密实际上是从明文到密文的函数变换,变换过程中使用的参数称为**密钥** $\boldsymbol{K}$。完成加密和解密的算法称为**密码体制**。

一方面人们要将自己的信号隐蔽起来,另一方面则想将别人的隐蔽信息挖掘出来,于是产生了密码设计的逆科学——密码分析。密码分析研究如何将密文转换为明文,将密文转换为明文的过程称为**破译**。破译也是进行函数变换,变换过程中使用的参数也称为密钥。对于某一明文及由其产生的密文,加密时使用的密钥与解密时使用的密钥可以相同(单密钥),也可以不同(双密钥)。后面将详细介绍。

对于密码体制的安全性,常用的评估方法包括以下三种。

(1) 计算安全性(computational security)。这种方法是指攻破一个密码体制所需的计算量远远超出攻击者目前所能调用的全部计算资源水平,则称该密码体制具有计算安全性。

(2) 可证明安全性(provable security)。这种方法是将密码系统的安全性归结为某个经过深入研究的数学难题(如大整数素因式分解和计算离散对数等),数学难题被证明求解困难,则称该密码体制具有可证明安全性。

(3) 无条件安全性(unconditional security)。这种方法是指攻击者即使拥有无限的计算资源，也无法破译一个密码体制，则称该密码体制具有无条件安全性。

密码体制必须满足三个基本要求。

（1）对于所有的密钥，加密和解密都必须迅速有效。

（2）体制必须容易使用。

（3）体制的安全性必须只依赖密钥的保密性，而不依赖算法 E 或 D 的保密性。

要求（1）对于计算机系统是十分重要的，在进行数据传输时通常需要进行加密和解密。如果它们的运算速度过于缓慢，就会成为整个计算机网络的薄弱环节。还有存储量（程序的长度、数据分组长度、高速缓存大小）、实现平台（硬件、软件、芯片）、运行模式等因素，均需综合考虑。

要求（2）意味着编码人员应能方便地找到具有逆变换的密钥加以解密。

要求（3）意味着加密算法和解密算法都应该很强，能使破译者仅知道加密算法但不足以破译密码。这项要求是完全必要的，因为算法要交给公众使用，破译者也会知道。因而，无论什么人，只要根据特定的密钥 K，都可以用 E_K 进行加密变换，用 D_K 进行解密变换。与此同时，却不容许相反的情况成立，也就是知道 E_K 和 D_K 后不容许导出密钥 K。只有这样，才能阻止密码分析人员破译密码。

密码体制要具有**保密性**和**真实性**。保密性要求密码分析人员无法从截获的密文中解出明文。保密性只要求对变换 D_K（解密密钥）加以保密，只要不影响 D_K 的保密，变换 E_K 可以公之于众，如图 7-1(a)所示。

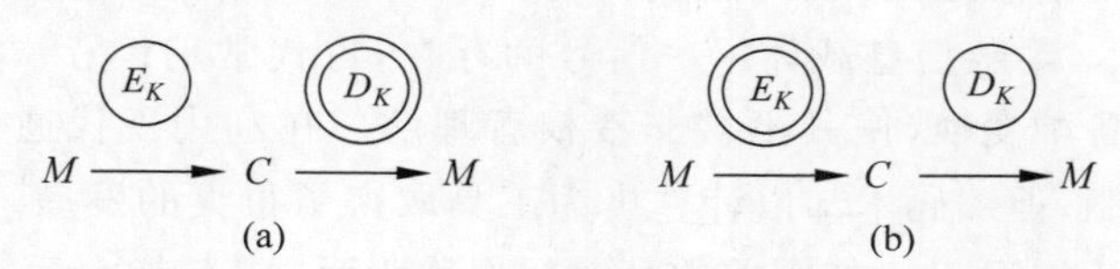

图 7-1　加解密变换

数据的真实性要求密码分析人员无法用虚假的密文 C' 代替真实密文 C 而不被觉察。真实性只要求变换 E_K（加密密钥）保密，变换 D_K 可公之于众，如图 7-1(b)所示。

密码体制可分为**对称（单密钥）体制**和**非对称（双密钥）体制**。在对称体制中，加密密钥和解密密钥相同或者很容易相互推导。由于我们假定加密方法是众所周知的，所以这就意味着变换 E_K 和 D_K 很容易互相推导。因此，如果对 E_K 和 D_K 都保密，则保密性和真实性就都有了保障。但这种体制中 E_K 和 D_K 只要暴露其中一个，另一个也就暴露了。所以，对称密码体制必须同时满足保密性和真实性的要求。

对称体制用于加密私人文件十分方便。每个用户 A 都用自己的秘密变换 E_K 和 D_K，加密解密文件，如果其他用户无法得到 E_K 和 D_K，就能保障 A 的数据的保密性和真实性。在用于保护计算机网络中信息的传输时，发送者和接收者公用秘密的通信密钥，它通过保密信道分配给发、收双方。大量数据在加密后以密文形式由非保密信道传输。如果密码分析人员无法根据截获的密文破译出明文，那么只要通信双方诚实可靠、互相信赖，他们就能在通信中既保障保密性又保障真实性。

直到 20 世纪 70 年代中期，所有密码体制都是对称密码体制。因此，对称（单密钥）

体制通常也称**传统(或经典)体制**。最有代表性的传统密码体制是美国政府发布的数据加密标准(Data Encryption Standard,DES),将在7.2节中详细介绍。

非对称(双密钥)密码体制的加密密钥和解密密钥中至少有一个在计算时不能被另一个导出。因此,在变换 E_K 或 D_K 中一个公开不影响另一个的保密。

在非对称密码体制中,通过保护两个不同的变换分别获得保密性和真实性。保护 D_K 获得保密性,保护 E_K 获得真实性。公开密钥体制即为这种,如图7-2(a)所示。用户B通过保密自己的解密密钥来保障所接收信息的保密性,但不能保障真实性,因为任何知道B的加密密钥的人都可以将虚假消息发给他。而图7-2(b)中用户A通过保密自己的解密密钥保障所发送信息的真实性。但任何知道A的加密密钥的人都可以破译消息,保密性得不到保障。

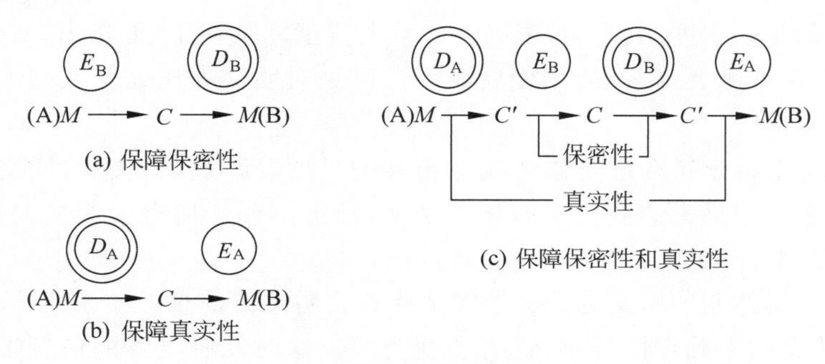

图7-2 保密性和真实性

为同时实现保密性和真实性,发送者和接收者必须各自运用两组变换。如图7-2(c)所示,设A把消息 M 发送给B,他先使用自己的秘密解码变换 D_A,再用B的公开加密变换 E_B 对消息加密,将密文发送至B。B用自己的秘密解码变换 D_B 和A的公开加密变换 E_A 两次解密后得到明文M。由公开变换不能简单地推导秘密变换是公开密钥体制和传统体制的主要区别。最有代表性的公开密钥密码体制是7.3节中要介绍的RSA算法。

公开密钥真实性系统可用于识别企图进入绝密地区(如计算机房、核反应堆房等地)的人员身份。具体做法是,中央控制当局用其秘密变换为所有允许进入该地区的人员建立密码标识卡(无法伪造)。卡上的密文含有姓名、声调、指纹、允许进入的地区和可以进入的时间等信息,中央控制当局的公开变换则分发到进行出入控制的所有关口。任何想出入受控地区的人员都必须通过一个专用设施。在那里他的识别信息如声调、指纹等被取样,而存储在个人标识卡上的加密信息则被解密,然后对两者进行核实检查,辨明真伪。还可以利用公开密钥的真实性来实现数字签名,在电子邮件和电子资金传送领域内得到应用。

根据加密明文数据时加密单位的不同,可将密码分为分组密码和序列密码两大类。设 M 为密码消息,将 M 分为等长的连续区组 $M_1, M_2, \cdots$,并用同一密钥 K 为各区组加密,即

$$C = E_k(M) = E_k(M_1)E_k(M_2)\cdots$$

则称这种密码为**分组密码**。分组的长度一般是几个字符。

若将 M 分为连续的字符或位 $m_1, m_2, \cdots$,并用密钥序列 $K = k_1 k_2 \cdots$ 的第 i 个元素 k_i 为 m_i 加密,即

$$C = E_k(M) = E_{k_1}(m_1) E_{k_2}(m_2) \cdots$$

则称该密码为**序列密码**。这种密码的安全性在于密钥序列的性质和产生方法。后面要介绍的 DES 和 RSA 密码体制都是采用分组密码。

7.1.2 加密编码中的熵概念

密码学和信息论一样,都是将信源作是符号(文字、语言等)的集合,并且按一定的概率产生离散符号序列。第 2 章中介绍的冗余度的概念也可用于密码学,用于衡量破译某一种密码体制的难易程度。香农对密码学的重大贡献之一在于,他指出,冗余度越小,相关性越小,不确定度越大,破译的难度就越大。可见对明文先压缩其冗余度,再加密,可提高密文的保密性。

香农在理论上提出了衡量密码体制保密性的尺度,即截获密文后,明文在多大程度上仍然无法确定。如果无论截获了多长的密文,都得不到任何有关明文的信息,就说这种密码体制是绝对安全的。

所有实际密码体制的密文总是会暴露某些有关明文的信息。在一般情况下,被截获的密文越长,明文的不确定性越小,最后会变为零。这时就有足够的信息唯一地决定明文,于是这种密码体制就在理论上可破译了。

但是理论上可破译,并不能说明这些密码体制不安全,因为将明文计算出来的时空需求也许会超过实际可供使用的资源。因此,重要的不是密码体制的绝对安全性,而是它在计算上的安全性。

可将密码系统的安全问题与噪声信道问题进行类比。噪声相当于加密变换,接收的失真消息相当于密文,密码分析人员则可类比噪声信道中的计算者,应用熵的概念来分析。熵代表了消息的不确定性,其值表示如果消息被噪声通道改变或隐藏在密文中,那么必须知道多少位才能算出正确消息。例如,如果密码分析人员知道密文块“ZSJP7K”对应的明文要么是“MALE”,要么是“FEMALE”,那么其不确定性仅为一位。为了确定明文,密码分析人员只要区分明文的两种可能值的一位就行了。但是若上述密文块对应一个工资值,则其不确定性就不止一位了。如果知道只有 N 种不同的工资额,那么它不会超过 $\log_2 N$ 位。

随机变量的不确定性可通过给予附加信息而降低。正如前面介绍过的条件熵一定小于无条件熵。例如,令 X 是 32 位二进制整数且所有值的出现概率相等,则 X 的熵 $H(X) = 32\text{bit}$。假设已经知道 X 是偶数,那么熵就减少了一位,因为 X 的最低位肯定是零。

对于给定的 Y,X 的条件熵 $H(X|Y)$

$$H(X \mid Y) = -\sum_{i,j} p(x_i, y_j) \log_2 p(x_i \mid y_j)$$

称为**疑义度**。在密码学中,将用到以下两种疑义度。

(1) 对于给定密文,密钥的疑义度可表示为

$$H(K \mid C) = -\sum_{j} p(c_j) \sum_{i} p(k_i \mid c_j) \log_2 p(k_i \mid c_j) \tag{7-1-1}$$

(2) 对于给定密文,明文的疑义度可表示为

$$H(M \mid C) = -\sum_{j} p(c_j) \sum_{i} p(m_i \mid c_j) \log_2 p(m_i \mid c_j) \tag{7-1-2}$$

设明文熵为 $H(M)$,密钥熵为 $H(K)$,从密文破译来看,密码分析人员的任务是从截获的密文中提取有关明文的信息

$$I(M;C) = H(M) - H(M \mid C) \tag{7-1-3}$$

或从密文中提取有关密钥的信息

$$I(K;C) = H(K) - H(K \mid C) \tag{7-1-4}$$

对于合法的接收者,在已知密钥和密文的条件下提取明文信息,由加密变换的可逆性知

$$H(M \mid C,K) = 0 \tag{7-1-5}$$

因而此时有

$$I(M;C,K) = H(M) - H(M \mid C,K) = H(M) \tag{7-1-6}$$

从式(7-1-3)和式(7-1-4)可知,$H(M|C)$和 $H(K|C)$越大,窃听者能从密文提取出有关明文和密钥的信息越小。

因为

$$\begin{aligned} H(K \mid C) + H(M \mid K,C) &= H(M \mid C) + H(K \mid M,C) \text{(}M\text{ 和 }K\text{ 交换)} \\ &\geqslant H(M \mid C) \quad \text{(熵值 }H(K \mid M,C)\text{ 总是大于或等于零)} \end{aligned}$$

根据式(7-1-5),上式得

$$H(K \mid C) \geqslant H(M \mid C) \tag{7-1-7}$$

即已知密文后,密钥的疑义度总是大于或等于明文的疑义度。可以这样理解,由于可能存在多种密钥将一个明文消息 M 加密为相同的密文消息 C,即满足

$$C = E_K(M)$$

的 K 值不止一个。但用同一个密钥对不同明文加密而得到相同的密文则较困难。

又因为 $H(K) \geqslant H(K|C)$,由式(7-1-7)得 $H(K) \geqslant H(M|C)$,则

$$I(M;C) = H(M) - H(M \mid C) \geqslant H(M) - H(K) \tag{7-1-8}$$

式(7-1-8)表明,保密系统的密钥量越少,密钥熵 $H(K)$越小,其密文中含有的关于明文的信息量 $I(M;C)$就越大。至于密码分析者能否有效地提取,则是另外的问题了。作为系统设计者,自然要选择足够多的密钥量。

7.2 数据加密标准 DES

1977 年 7 月,美国国家标准局公布了采纳 IBM 公司设计的方案作为非机密数据的正式数据加密标准 DES。DES 密码是一种采用传统加密方法的区组密码,它的算法是对称的,既可用于加密,又可用于解密。

7.2.1 换位和替代密码

根据加密时对明文数据处理方式的不同，可将密码分为**换位密码**和**替代密码**两类。换位密码是对数据中的字符或更小的单位（如位）重新组织，但并不改变它们本身。替代密码与此相反，它改变数据中的字符，但不改变它们之间的相对位置。

现代编码术所用的基本方法仍然是换位和替代，但其侧重点不同。传统方法中都使用简单的算法，依靠增加密钥长度提高安全性。现在则是将加密算法做得尽可能复杂，使密码分析人员即使获得大量密文，也无法破译出有意义的明文。

换位和替代密码可使用简单的硬件来实现。图7-3中的硬件可实现换位（简称P盒）加密，其输出信息序列即为输入信息序列的一个重排列。n 位P盒的输入与输出有 $n!$ 种不同的连接方法，要判明P盒输入的第 i 位对应输出的第几位并不困难，只要将第 i 位置1，其余各位都置0送入P盒的输入端，看输出端的哪一位为1即可。

图7-4表示替代盒（简称S盒），其输出信息序列是输入信息序列的替代。S盒由三级构成，第一级将输入的二进制数转换为十进制数（n 位的二进制数可以转换为 2^n 个十进制数）；第二级是一个换位盒（P盒），用于十进制数的换位，形成一个排列（有 $2^n!$ 种可能的排列）；第三级再将排列的结果转换为二进制数输出。

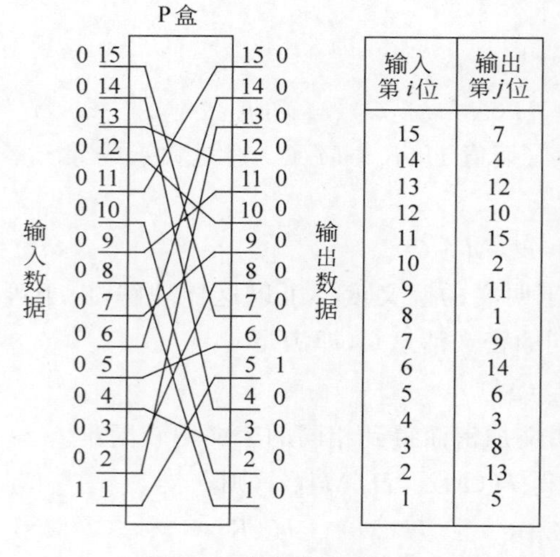

输入第i位	输出第j位
15	7
14	4
13	12
12	10
11	15
10	2
9	11
8	1
7	9
6	14
5	6
4	3
3	8
2	13
1	5

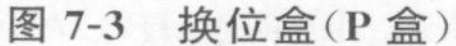

图7-3 换位盒（P盒）

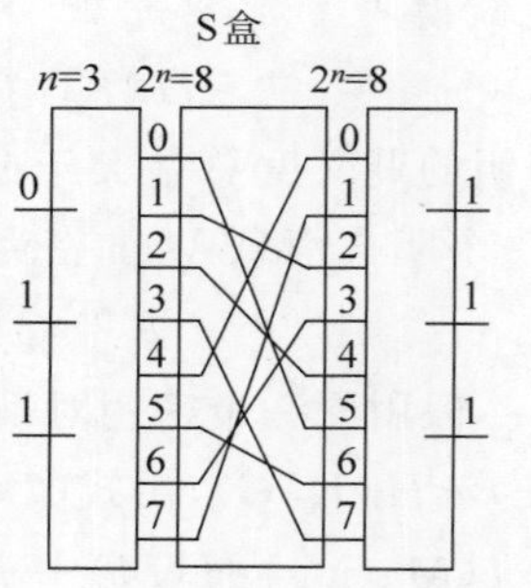

输入	输出
000	101
001	010
010	100
011	111
100	000
101	110
110	011
111	001

图7-4 替代盒（S盒）

S盒比P盒复杂，因此位数较多的S盒很难实现。但位数相同时，S盒的输入输出对应关系比P盒多，因而有较高的安全性。例如，$n=4$ 时，P盒的输入输出对应关系只有 $4!=24$ 种，S盒却有 $2^4!=16!=2\times10^{13}$ 种。

单独使用P盒或位数较少的S盒，都不能获得较高的安全性，因为人们可以比较容易地检测出它们的输入输出对应关系。但若两者结合使用，则可以大大提高安全性。图7-5表示由15位的P盒与5个并置的3位S盒组成的7层硬件密码产生器。设P盒和S盒输入输出的对应关系分别如图7-4和图7-5所示，并令输入信息的最低位为1，其余各位为0,则在该密码输出端将出现图示的信息。

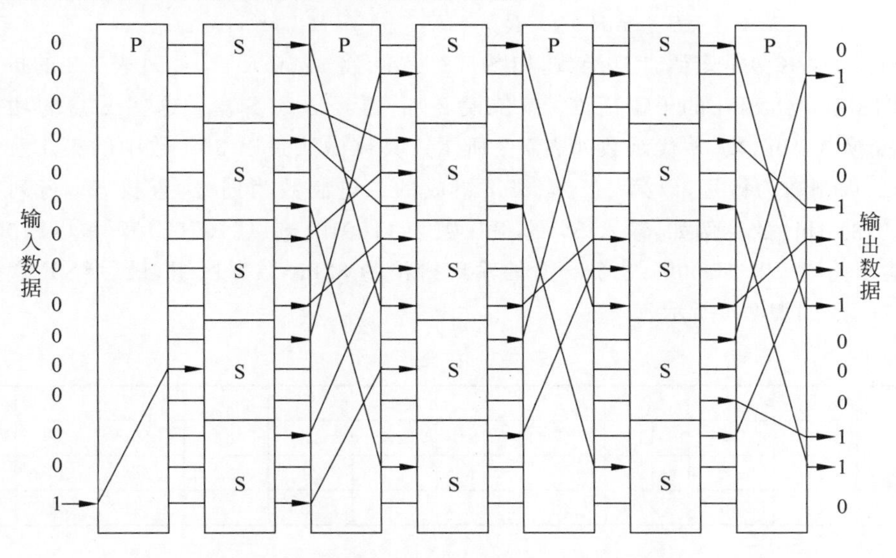

图7-5 P盒和S盒输入输出的对应关系

这里每层S盒由5个3位的S盒并联构成。理论上它也可以是唯一一个15位的S盒,但设备的第二级需要$2^{15}=32768$根交叉线,这在工艺上是无法实现的。因此,在P盒与S盒结合使用时,总是将S盒层分为若干位数较少的S盒,再将它们并置在一起。

7.2.2 DES密码算法

DES密码是在上述换位和替代密码的基础上发展而来的。图7-6为DES算法框图,将输入明文序列分为区组,每组64bit。首先将64bit进行IP初始置换。IP初始置换表如表7-1所示,即将输入的第58位置换到第1位输出,第50位换到第2位……以此类推,第7位换到最后一位。

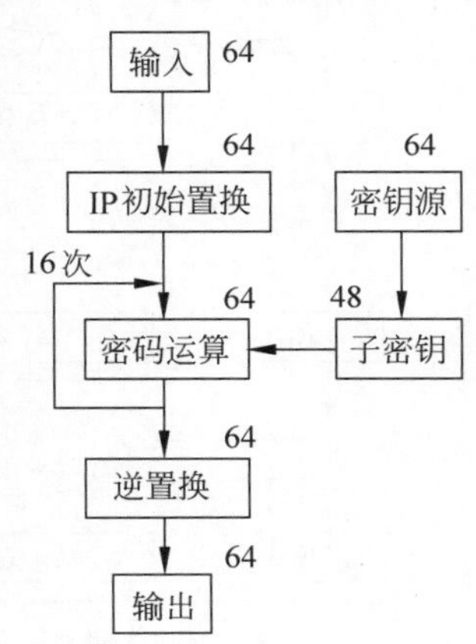

图7-6 DES算法框图

表7-1 IP初始置换表

58	50	42	34	26	18	10	2	60	52	44	36	28	20	12	4
62	54	46	38	30	22	14	6	64	56	48	40	32	24	16	8
57	49	41	33	25	17	9	1	59	51	43	35	27	19	11	3
61	53	45	37	29	21	13	5	63	55	47	39	31	23	15	7

其次进行密码运算,即密钥控制下的16步非线性变换,如图7-7所示。先将64bit分为L_0和R_0左右两组,各32bit,迭代运算如下:

$$L_1=R_0,\quad R_1=L_0\oplus f(R_0,K_1)$$
$$L_2=R_1,\quad R_2=L_1\oplus f(R_1,K_2)$$

$$\vdots$$

$$L_{16}=R_{15}, \quad R_{16}=L_{15} \oplus f(R_{15}, K_{16})$$

其中，$f(R_{i-1}, K_i)$是密码计算函数，如图7-8所示，将32bit R_{i-1}经过表7-2的扩充函数E变为48bit，与48bit的子密钥K_i按位模2加，再经8个S盒。这些S盒的功能是将6bit数变换为4bit数，替代函数如表7-3所示。具体做法是以6bit数中的第1和第6bit组成的二进制数为行号，以第2、3、4、5bit组成的二进制数为列号，查找S_i，行列交叉处即要输出的4bit数。例如，输入S_1的6bit数为110010，则以“10”(2)为行，以“1001”(9)为列，输出为12，即“1100”。8个S盒的输出拼接为32bit数据区组，最后经P盒换位输出，换位函数如表7-4所示。

表7-2　扩充函数E

32	1	2	3	4	5	4	5	6	7	8	9
8	9	10	11	12	13	12	13	14	15	16	17
16	17	18	19	20	21	20	21	22	23	24	25
24	25	26	27	28	29	28	29	30	31	32	1

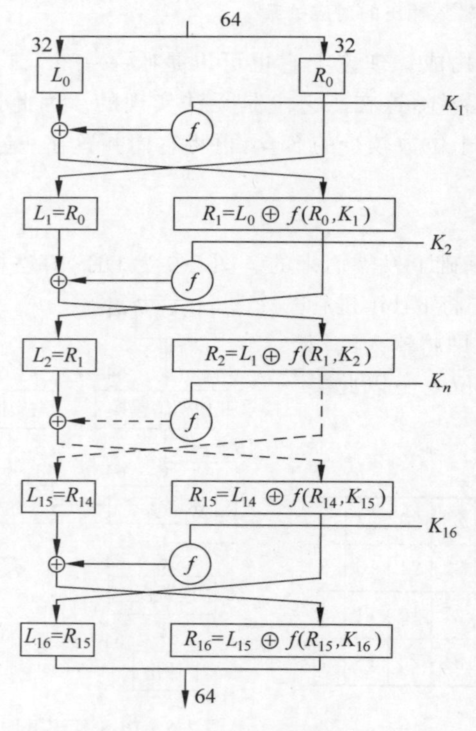

图7-7　密码运算

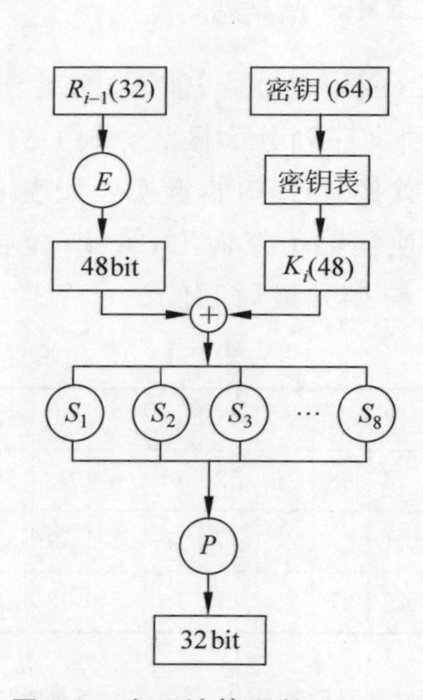

图7-8　密码计算函数$f(\boldsymbol{R}, \boldsymbol{K})$

16个子密钥由同一个64bit的密钥源$K=k_1k_2\cdots k_{64}$循环移位产生。密钥源中56bit是随机的，所有8的倍数位$k_8, k_{16}, \cdots, k_{64}$为奇偶校验而设。图7-9为计算子密钥的流程图，首先对64bit的密钥源进行第一次置换选择，使其变为56bit，置换选择规则如

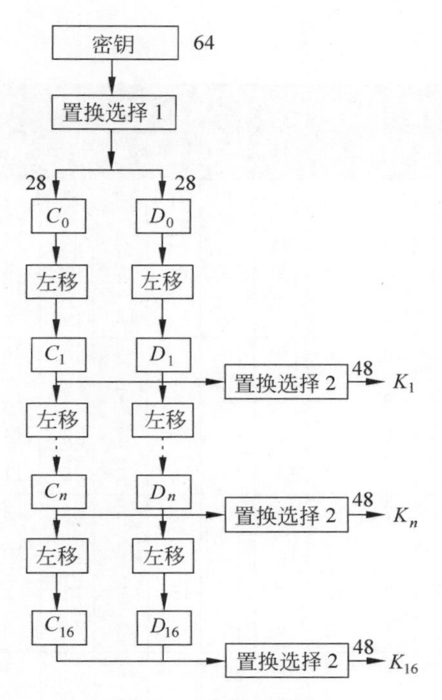

图 7-9 密钥表计算

表 7-5 所示。其次将 56bit 分存到两个 28bit 的寄存器 C_0 和 D_0 中。除了寄存器(C_0,D_0)外,还有 16 对寄存器,即(C_1,D_1),…,(C_{16},D_{16}),每个寄存器都是 28bit。加密时,寄存器(C_{i+1},D_{i+1})中的内容是将 C_i 和 D_i 中的内容分别向左移 1~2 位得到的。这种移位方式按照循环移位寄存器方式进行,即从寄存器左边移出的比特又从右边补入寄存器的头一位。移位多少与寄存器的位置(序号)有关,如表 7-6 所示。即寄存器(C_0,D_0)的内容向左循环移 1 位,分别装入 C_1 和 D_1,而 C_1 和 D_1 的内容向左循环移 1 位分别装入 C_2 和 D_2,以此类推。经过 16 次的循环移位后,共移了 28 位,保证了 $C_{16}=C_0$,$D_{16}=D_0$。由 C_i 和 D_i 的输出拼接成的 56bit 再经第二次置换选择,就得到了 48bit 的子密钥 K_i,置换选择规则 2 如表 7-7 所示。

表 7-3 替代函数

替代函数	列																行
(S_i)	0	1	2	3	4	5	6	7	8	9	10	11	12	13	14	15	
S_1	14	4	13	1	2	15	11	8	3	10	6	12	5	9	0	7	0
	0	15	7	4	14	2	13	1	10	6	12	11	9	5	3	8	1
	4	1	14	8	13	6	2	11	15	12	9	7	3	10	5	0	2
	15	12	8	2	4	9	1	7	5	11	3	14	10	0	6	13	3
S_2	15	1	8	14	6	11	3	4	9	7	5	13	12	0	5	10	0
	3	13	4	7	15	2	8	15	12	0	1	10	6	9	11	5	1
	0	14	8	11	10	4	13	1	5	8	12	6	9	3	2	15	2
	13	8	10	1	3	15	4	2	11	6	7	12	0	5	14	9	3

续表

替代函数（S_i）	列																行
	0	1	2	3	4	5	6	7	8	9	10	11	12	13	14	15	
S_3	10	0	9	14	6	3	15	5	1	13	12	7	11	4	2	8	0
	13	7	0	9	3	4	6	10	2	8	5	14	12	11	15	1	1
	13	6	4	9	8	15	3	0	11	1	2	12	5	10	14	7	2
	1	10	13	0	6	9	8	7	4	15	14	3	11	5	2	12	3
S_4	7	13	14	3	0	6	9	10	1	2	8	5	11	12	4	15	0
	13	8	11	5	6	15	0	3	4	7	2	12	1	10	14	9	1
	10	6	9	0	12	11	7	13	15	1	3	14	5	2	8	4	2
	3	15	0	6	10	1	13	8	9	4	5	11	12	4	2	14	3
S_5	2	12	4	1	7	10	11	6	8	5	3	15	13	0	14	9	0
	14	11	2	12	4	7	13	1	5	0	15	10	3	9	8	6	1
	4	2	1	11	10	13	7	8	15	9	12	5	6	3	0	14	2
	11	8	12	7	1	14	2	13	6	15	0	9	10	4	5	3	3
S_6	12	1	10	15	9	2	6	8	0	13	3	4	14	7	5	11	0
	10	15	4	2	7	12	9	5	6	1	13	14	0	11	3	8	1
	9	14	15	5	2	8	12	3	7	0	4	10	1	13	11	6	2
	4	3	2	12	9	5	15	10	11	14	1	7	6	0	8	13	3
S_7	4	11	2	14	15	0	8	13	3	12	9	7	5	10	6	1	0
	13	0	11	7	4	9	1	10	14	3	5	12	2	15	8	6	1
	1	4	11	13	12	3	7	14	10	15	6	8	0	5	9	2	2
	6	11	13	8	1	4	10	7	9	5	0	15	14	2	3	12	3
S_8	13	2	8	4	6	15	11	1	10	9	3	14	5	0	12	7	0
	1	15	13	8	10	3	7	4	12	5	6	11	0	14	9	2	1
	7	11	4	1	9	12	14	2	0	6	10	13	15	3	5	8	2
	2	1	14	7	4	10	8	13	15	12	9	0	3	5	6	11	3

表 7-4　换位函数 P

16	7	20	21	29	12	28	17	1	15	23	26	5	18	31	10
2	8	24	14	32	27	3	9	19	13	30	6	22	11	4	25

表 7-5　置换选择规则 1

57	49	41	33	25	17	9	1	58	50	42	34	26	18
10	2	59	51	43	35	27	19	11	3	60	52	44	36
63	55	47	39	31	23	15	7	62	54	46	38	30	22
14	6	61	53	45	37	29	21	13	5	28	20	12	4

表 7-6 寄存器的移位数

寄存器序号(i)	1	2	3	4	5	6	7	8	9	10	11	12	13	14	15	16
左移位数	1	1	2	2	2	2	2	2	1	2	2	2	2	2	2	1

表 7-7 置换选择规则 2

14	17	11	24	1	5	3	28	15	6	21	10
23	19	12	4	26	8	16	7	27	20	13	2
41	52	31	37	47	55	30	40	51	45	33	48
44	49	39	56	34	53	46	42	50	36	29	32

经过16次密码运算后，必须再进行逆初始置换，即初始置换的逆变换。这样就保证了加密和解密是可逆的，可以共用同一个程序或硬件，只是所用子密钥的顺序相反而已。如加密时采用 $K_1, K_2, \cdots, K_{16}$，则解密时就用 $K_{16}, K_{15}, \cdots, K_1$。逆初始置换规则如表7-8所示。

表 7-8 逆初始置换规则

40	8	48	16	56	24	64	32	39	7	47	15	55	23	63	31
38	6	46	14	54	22	62	30	37	5	45	13	53	21	61	29
36	4	44	12	52	20	60	28	35	3	43	11	51	19	59	27
34	2	42	10	50	18	58	26	33	1	41	9	49	17	57	25

7.2.3 DES密码的安全性

DES的出现是密码学史上的一个创举。以前的设计者对密码体制及其设计细节都是严加保密的，而DES算法则公开发表，任人测试、研究和分析，无须通过许可就可制作DES的芯片和以DES为基础的保密设备。DES的安全性完全依赖于所用的密钥。

在对DES安全性的批评意见中，较为一致的看法是DES的密钥短了些，IBM最初向NSA(美国国家安全局)提交的建议方案采用112比特密钥，但公布的DES标准采用64比特密钥。有人认为，NSA故意限制DES的密钥长度，以保证自己能够破译，而其他预算经费较少的单位无法破译。DES的密钥量为 $2^{56} \approx 7.2\times10^{16}$ 个。有人则认为，56比特已足够长，选择长的密钥会使成本提高、运行速度降低。若要对DES进行密钥搜索破译，分析者在得到一组明文-密文对的条件下，可用不同的密钥对明文进行加密，直至得到的密文与已知的明文-密文对中的相符，就可确定所用的密钥了。密钥搜索所需的时间取决于密钥的空间和执行一次加密所需的时间。假设DES加密操作需时 $100\mu s$(一般微处理器能实现)，则搜索整个密钥空间需时 7.2×10^{15} 秒，约 2.28×10^{8} 年。若用最快的LSI器件，DES加密操作时间可降至 $5\mu s$，也要约 1.1×10^{4} 年才能穷尽密钥。

但是由于最新的两个破译法——差分和线性密码分析法的出现及计算机技术的发

展，1993年破译DES的费用为100万美元，需时3.5小时。RSA数据安全公司为破译DES提供了10000美元奖金。现已被DESCHALL小组经过近4个月的努力，通过Internet搜索了3×10^{16}个密钥，找出了DES的密钥，恢复出了明文。1998年5月美国EFF(Electronic Frontier Foundation)宣布，他们使用一台价值20万美元的计算机改装成的专用解密机，历经56小时破译了采用56比特密钥的DES。因此在现有条件下已完全可以破译56比特密钥的DES。据报道，美国国家标准和技术协会正在征集新的称之为AES(Advanced Encryption Standard)的加密标准，新算法可能采用128比特密钥。

自DES正式成为美国标准以来，已有许多公司设计并推出了实现DES算法的产品。有的设计了专用的LSI器件或芯片，有的用现成的微处理器实现。有的只限于实现DES算法，有的则可运行各种工作模式。对器件提供的物理保护也各不相同，从没有保护的单片到可防窜改的装置。美国国家安全局至少已认可了31种硬件和固件实现产品，每年平均批准3种。硬件实现的价格为1000美元左右，而完整加密机的价格为3000美元左右。这方面其他任何算法都无法与DES竞争。

为解决DES中的密钥长度问题，实现方面使用了多种变异，其中最出名的一种是三重DES，即用不同的密钥3次运行DES算法。密钥长度更长、更有效，由56位增加到112位或168位，具有更高的安全性，而且新一代因特网安全标准IPSEC协议集已将DES作为加密标准。但相比其他对称算法，DES的速度较慢，运行这个算法3次将使速度更慢，严重阻碍了实施。另外，基于DES算法的加/解密硬件目前已广泛应用于国内外卫星通信、网关服务器、机顶盒、视频传输，以及其他大量的数据传输业务，利用三重DES原系统不必做大的改动。所以对三重DES的研究仍有很大的现实意义。

7.3 公开密钥加密法

如果将上述加密算法用于电子邮件和电子资金传送，因为必须将密钥分配给许多通信者，就会显示出不足。密钥分配增加了暴露报文或截获者获得报文的危险性，提出公开密钥加密法(PKC)，使用两个不同密钥来减小上述危险性：一个公开作为加密密钥，另一个用户专用，作为解密密钥。通信双方无须事先交换密钥就可进行保密通信。而要根据公开的公钥或密文分析前后明文或秘密密钥，在计算上是不可能的。若以公开密钥作为加密密钥，以用户专用密钥作为解密密钥，则可实现多个用户加密的消息只由一个用户解读；反之，以用户专用密钥作为加密密钥，而以公开密钥作为解密密钥，则可实现一个用户加密的消息由多个用户解读。前者可用于保密通信，后者可用于数字签名。

PKC算法的成功在于加密函数的**单向性**，即求逆函数的困难性。即使知道加密函数，也不可能导出解密函数(加密函数的逆函数)。

PKC使用特殊的数学函数，称为**单向窍门函数** $y=F(x)$。它满足以下特性：①对于自变量x的任意给定值，容易计算$y=F(x)$的值。②对于值域中的任意y值，即使已知F，若不知F的某种特殊性质，则不可能求解其对应的x值；若已知这种特殊性质，就容易计算出x值。因此这种特殊性质是重要的，称为F的“窍门”(trapdoor)。在密码体制中，使用者构造出有关单向函数F及其逆函数F^{-1}。单向函数实际上就是加密密钥，可公开。它的逆函数就是解密密钥，不公开。只知道公开加密函数的人要破译密码体制求解逆函数 F^{-1}，在计算上是不可能的。而预定的接收者则可用窍门信息(解密密钥 K)简单地求解 $x=F_K^{-1}(y)$。

7.3.1　公开密钥密码体制

在公开密钥密码体制中，用户 A 要公布其加密密钥(e 和 n 两个数)。图 7-10 所示即为这种加密体制。B 要将一报文传给 A，首先用用户 A 的公开加密密钥对明文 M 加密，将密文 C 传给用户 A。用户 A 用自己的秘密解密密钥对密文 C 解密，即可得到明文 M。其他人由于不知道用户 A 的解密密钥，即使得到密文也无法解读。图 7-10 中 e 和 n 为加密密钥，d 和 n 为解密密钥，均为正整数。

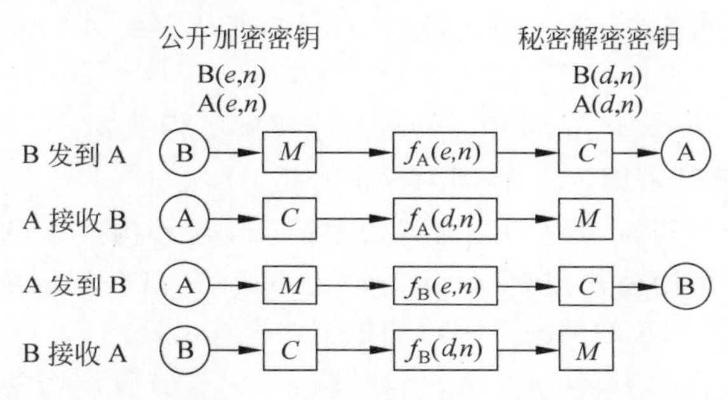

图 7-10　使用公开密钥密码体制的加密、解密方法

公开密钥密码体制还可用于电子邮件和电子资金传送领域的报文签名。这种签名能使发送者确认接收者的合法性。如图 7-11 所示，用户 B 用自己的秘密解密密钥对明文 M 进行加密，得到密文 S，这代表发送者 B 的签名，因为别人无法制造出这样的密文 S。B 再用接收者 A 的公开加密密钥进行加密，得到双重加密的密文 C，发送给用户 A。A 收到双重密文 C 后，先用自己的秘密解密密钥进行解密，得到一次密文 S，再用用户 B 的公开加密密钥解出原始明文 M。若不是 B 签发的密文，用用户 B 的公开加密密钥是解不开密文 S 的。

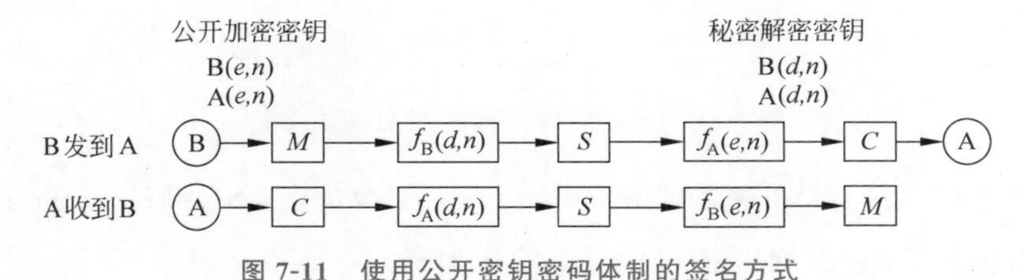

图 7-11　使用公开密钥密码体制的签名方式

7.3.2　RSA 密码体制

RSA 体制基于 PKC 算法由美国麻省理工学院(MIT)的研究小组提出，该体制的名称由 3 位作者(Rivest、Shamir 和 Adleman)英文名字的第一个字母拼合而成。该体制的理论基础是数论中的下述论断：求得两个大素数(如大到 100 位)的乘积在计算机上很容

易实现，但要分解两个大素数的乘积（由乘积求它的两个素因子）在计算上几乎不可能实现，即为单向函数。

RSA体制的加密过程通过e、d、n 3个数实现。

加密时：$y=x^e(\bmod n)$

解密时：$x=y^d(\bmod n)$

上面同余方程（方程两边余数相等）的意思是，加密时将明文x自乘e次，再除以模数n，余数便是密文y；解密时将密文y自乘d次，再除以n，余数便是明文x。

在设计过程中，需要两个密钥，一个公开密钥(e,n)，一个秘密密钥(d,n)。具体做法如下。

(1) 选取两个很大的素数p和q，令模数$n=p\times q$。

(2) 求n的欧拉函数$\Phi(n)=(p-1)\times(q-1)$，并从2至$[\Phi(n)-1]$中任选一个数作为加密指数e。

(3) 解同余方程$(e\times d)(\bmod \Phi(n))=1$，求得解密指数$d$。

(4) (e,n)即为公开密钥，(d,n)即为秘密密钥。

某用户可将加密密钥(e,n)公开，而解密密钥(d,n)和构成n的两个因子p、q是保密的。其他任何人都可用公开密钥(e,n)与该用户通信，只有掌握解密密钥的人才能解密，其他人在不知道p和q的情况下不可能根据e推算出d。

例7-1 在RSA算法中，令$p=3,q=17$，取$e=5$，试计算解密密钥d并加密$M=2$。

解：$n=p\times q=51$

$\Phi(n)=(p-1)\times(q-1)=32$

$(5\times d)\bmod 32=1$，可解得$d=13$

于是 $y=x^e \bmod n=2^5 \bmod 51=32$

验算 $y^d \bmod n=32^{13} \bmod 51=2=x$

若需发送的报文内容是用英文或其他文字表示的，则可先将文字转换为等效的数字，再进行加密运算。

RSA体制在用于数字签名时，发送者为A，接收者为B，具体做法如图7-12所示。

$$M_i \xrightarrow{(d_A,n_A)} S_i \xrightarrow{(e_B,n_B)} S \xrightarrow{(d_B,n_B)} S_i \xrightarrow{(e_A,n_A)} M_i$$

图7-12 RSA体制用于数字签名具体做法

(1) 发送者A用自己的秘密解密密钥(d_A,n_A)计算签名：$S_i=M_i^{d_A} \bmod n_A$

(2) 用接收者的公开加密密钥(e_B,n_B)再次加密：$S=S_i^{e_B} \bmod n_B$。

(3) 接收者用自己的秘密解密密钥(d_B,n_B)计算：$S_i=S^{d_B} \bmod n_B$。

(4) 查发送者的公开密钥(e_A,n_A)，计算：$M_i=S_i^{e_A} \bmod n_A$，恢复出发送者的签名，认证密文的来源。

例7-2 用户A发送给用户B一份密文，用户A用首字母$B=02$来签署密文。用户A知道3个密钥：自己的公开加密密钥、秘密解密密钥和接收者的公开加密密钥。

	A	B
公开密钥(e,n)	(7,123)	(13,51)
秘密密钥(d,n)	(23,123)	

A计算自己的签名：$S_i=M_i^{d_A} \bmod n_A=(02)^{23}(\bmod 123)=8388608(\bmod 123)=8$

再次加密签名：$S=S_i^{e_B} \bmod n_B=8^{13}(\bmod 51)=549755813888(\bmod 51)=26$

接收者B必须恢复出$02=B$，认证自己接收的密文。接收者也知道3个密钥：两个公开加密密钥和自己的秘密解密密钥。

	A	B
公开密钥(e,n)	(7,123)	(13,51)
秘密密钥(d,n)		(5,51)

用户B用自己的秘密解密密钥一次解密：

$$S_i=S^{d_B} \bmod n_B=26^5(\bmod 51)=11881376(\bmod 51)=8$$

再用用户A的公开密钥解密：

$$M_i=S_i^{e_A} \bmod n_A=8^7(\bmod 123)=2097153(\bmod 123)=2$$

结果$M_i=2$，就是$B=02$，可以确认密文的发送者是A，用户B能够确信这点，是因为只有用户A具有秘密的解密密钥(d_A,n_A)，能生成用自己的公开密钥(e_A,n_A)能够解密的密文。

在RSA体制中，由于不能由模n简单地求得$\Phi(n)$，也无法简单地由e推算d，因而e和n可以公开，而不会泄露$\Phi(n)$和d。机密核心在于秘密密钥d，一旦d失窃，别人也就窃得了相应的被加密信息。因此，必须对秘密密钥d采取防窃措施。

一个现代密码体制必须能经得住训练有素的密码分析家借助计算机寻找秘密密钥的攻击或用某些其他方法试破密文的攻击。在RSA体制中，如果密码分析家(知道公开密钥e和n)能将n分解为p和q，就可以计算出$\Phi(n)$，接着找出秘密密钥分量d。

例如，公开密钥为(5,51)，$n=51$的因数只有3和17。这样小的n很容易被分解并找出秘密密钥(d,n)。当前的技术发展使分解算法和计算能力不断提高，计算所需的硬件费用不断下降，110位十进制数字早已能分解。表7-9给出以NSF算法破译RSA体制与穷搜索密钥法破译单密钥体制的等价密钥长度。因此目前要使用RSA，需要选用足够大的整数n。

表7-9 等价密钥长度

单密钥体制/bit	RSA体制/bit
56	384
64	512
80	768
112	1792
128	2304

512bit(154位)、664bit(200位)已有实用产品，也有人想用1024bit的模，若以每秒可进行100万步的计算资源分解664bit的大整数，需要完成10^{23}步，即要用1000年。据研究，1024bit模在今后10年内足够安全，而150位数将在21世纪被分解。目前512bit模短期内仍十分安全，但大素数分解工作在网上大协作已构成对512bit模RSA的严重威胁，可能很快要采用768bit甚至1024bit的模。

RSA 算法的硬件实现速度很慢，最快也只有 DES 的 1/1000，512bit 模下的 VLSI 硬件实现速度只有 64kbit/s。目前计划开发 512bit RSA 达 1Mbit/s 的芯片。RSA 的软件实现速度只有 DES 软件实现的 1/100，在速度上 RSA 无法与对称密钥体制相比，因而 RSA 体制多用于密钥交换和认证。512bit RSA 的软件实现速度可达 11kbit/s。

7.3.3 公开密码体制的优缺点

在传统的密码体制中，由于加密密钥和解密密钥可以简单地互导，因此密钥必须先经由安全通道分发给通信双方，才能利用公开通道建立安全通信，因而密钥分配问题是传统密码体制的薄弱环节。公开密钥密码体制不存在这个问题，所以特别适合在计算机网络中建立分散于各地的用户之间的秘密通信联系。

与传统密码体制相比，公开密码体制的优点如下。

(1) 减少了密钥数量。这对于多用户的商用密码通信系统和计算机通信网络具有十分重要的意义。如前所述，在 n 个用户的密码系统中，采用传统密码体制，需要 $n(n-1)/2$ 个密钥。采用公钥密码体制，只需要 n 对密钥，而真正需要严加保管的只有用户自己的秘密密钥。

(2) 彻底解决了经特殊保密的密钥信道分送密钥的难题，消除了密钥分送过程中被窃的可能性，大大提高了密码体制的安全性。

(3) 便于实现数字签名，圆满解决了对发方和收方的证实问题，彻底解决了发、收双方就传送内容可能发生的争端，为商业广泛应用创造了条件。

目前，公钥密码体制的缺点也是显然的，它的工作基础是利用了单向函数的单向性，一般来说加密和解密要经过较复杂的计算过程，而传统密码体制算法较简单，可通过大规模集成电路实现。因此，公钥密码体制的信息加密和解密工作速率远低于传统密码体制。但由于公钥密码体制彻底解决了传统体制在密钥分送和保存方面的巨大困难，且能实现加密信息的电子签名，显示了美好的发展前景，可以预见，随着密码学的进一步发展，公钥密码体制一定会得到广泛应用。

随着加密技术的不断发展，近期呈现下列几种趋势。

(1) 私用密钥加密技术与公开密钥加密技术相结合。鉴于两种密码体制加密的特点，在实际应用中可以采用折中方案，即结合使用 DES/IDEA 和 RSA，以 DES 为"内核"，RSA 为"外壳"，对于网络中传输的数据可用 DES 或 IDEA 加密，而加密用的密钥则用 RSA 加密传送，此方案既保证了数据安全，又提高了加密和解密的速度。

(2) 寻求新算法。跳出以常见的迭代为基础的构造思路，脱离基于某些数学问题复杂性的构造方法。如基于密钥的公开密钥体制，采用随机性原理构造加解密变换，并将其全部运算控制隐匿于密钥中，密钥长度可变。它通过选取一定长度的分割构造大的搜索空间，从而实现一次非线性变换。此种加密算法加密强度高、速度快、计算开销低。

(3) 加密最终将被集成到系统和网络中。例如，IPv6 协议已有了内置加密的支持，在硬件方面，Intel 公司正研制一种加密协处理器，它可以集成到微机的主板上。

7.4 量子密码

香农在1949年发表的论文中，从信息论的角度讨论密码系统，指出完全不可破译的密码系统只有“一次一密”密码系统。在“一次一密”密码系统中，要求使用的对称密钥长度始终和明文一样长，且是完全随机的。这样的密码系统之所以具有无条件安全性，是因为使用同一密钥得到的密文只出现一次，在不知道明文的情况下任何算法都无法破解出密钥；且由于该密钥只使用一次，即使得到了密钥，对其他未破译的密文来说也是无用的。虽然“一次一密”密码系统安全性很高，但现实中并不实用。主要是其对密钥的消耗太大，通信双方必须在进行保密通信前通过安全的手段共享一个与明文等长的密钥，这本身与保密传输同样长的明文一样困难。

因此，现代密码学中使用的密码系统都是利用较短的密钥，通过复杂的算法加密较长的明文，换言之，如果通过部分明、密文获得了密钥，那么将对其他密文造成致命的威胁。而由于任何情况下都存在穷尽密钥搜索算法，因此现代密码系统中无论是对称还是非对称密码系统，都只具有计算安全性，只能保证密钥在一定时间内的安全性。美国科学家皮特.休尔(Shor)提出了“量子算法”，它利用量子计算机的并行性，可以快速分解出大数的质因子，这意味着以大数因式分解算法为根基的密码体系在量子计算机面前不堪一击，“Shor 算法”就是针对 RSA 方法的有效破译算法。

针对这一情况，研究者提出了新一代的密码系统——量子密码系统，借助量子物理原理设计出理论上可以满足“一次一密”密码系统要求的密码协议，具有理论上的无条件安全性。20世纪80年代，随着物理学与信息论的融合发展，诞生了量子信息论(quantum information theory)。在量子信息论中，量子是指最小的不可分割的基本单位，简单来讲，就是电子、光子等微观粒子，量子是传输过程中信息的载体，量子信息是指量子态表示的信息，量子态是根据某个实验测量确定的系统状态。量子比特(quantum bit)是量子信息的基本存储单元。由于量子信息的存储、传输等均受到物理学规律的限制，因此量子密码在原理设计上是从量子力学的原理出发，以物理原理保障信息安全。量子密码学以量子力学为基础，是多领域的交叉学科，其丰富的内容涵盖了线性代数、抽象代数、算子理论、拓扑学、计算复杂性理论等。

7.4.1 量子密码的物理基础

量子力学的特性是量子信息的物理基础，主要包括量子纠缠、量子不可克隆、量子叠加性和相干性等，而量子不可克隆定理和海森堡测不准原理(Heisenberg uncertainty principle)构成了量子密码学的物理基础。由于量子密码是基于量子力学属性，因此要攻破量子密码协议就意味着必须否定量子力学定律，所以量子密码学是看似更安全的密码技术。

(1) 海森堡测不准原理。该原理由德国物理学家海森堡(Werner Heisenberg)于1927年提出，它是量子力学的一个基本原理。微观世界的粒子有许多共轭量，比如，位置和速度、时间和能量就是两对共轭量，当对其中任何一个物理量进行测量时都不可避免地对另一个产生干扰。经过一番推理计算，海森堡得出：在位置被测定的一瞬，即当光子被电子偏转时，电子的动量会发生一个不连续的变化，因此，在确知电子位置的瞬间，关于它的动量就只能知道相应于其不连续变化的大小。于是，位置测定得越准确，动量的测定就越不准确，反之亦然。类似的不确定性关系式也存在于时间和能量、角动量和角度等物理量之间。

(2) 量子不可克隆定理。Wootters 和 Zurek 曾于 1982 年在论文《单量子态不可克隆》中提出，量子力学中不存在这样一种物理过程，在精确复制一个未知量子态时，使每个复制态与初始量子态完全相同。这就是量子不可克隆定理的最初表述。Wootters 和 Zurek 证明了量子力学的线性特性禁止这种复制。

量子不可克隆定理是海森堡测不准原理的推论。在量子力学中，对于非正交的两个量子状态不可克隆，在不知道量子状态的情况下复制单个量子是不可能的。这与经典计算机中的电子比特不同。在经典计算机中，信息可以被任意精确地复制。在量子世界中，要复制单个量子只能先做测量，而测量必然会在某种程度上改变量子的状态，从而导致量子误码率(QBER)异常增加。通信双方密切监测量子误码率的异常增加，从而判断有无被窃听。一旦发现被窃听，立即摒弃，重新进行通信。所以，根据量子力学的海森堡测不准原理和量子不可克隆定理，任何窃听者都会被发现，从而保证传输信息的绝对安全。

7.4.2 量子密码的应用

近年来，国际上科技界和工业界均对量子密码技术显示出了极大的兴趣，该技术已被引入计算机科学和物理学的最新前沿知识，并逐渐走向实际应用。量子密码技术主要应用于以下几方面。

1. 量子密钥分发

量子密钥分发(quantum key distribution，QKD)是指两个或者多个通信者在公开的量子信道上利用量子效应或原理来产生并分享一个随机、安全的密钥信息的过程。量子密钥分发是目前量子密码的主要应用，也是最成熟的技术之一。量子密钥分发只用于产生和分发密钥，并不传输任何实质信息。密钥可用于经典加密算法，加密过的信息可以在标准信道中传输。

量子密钥分发协议已被证明是安全的。该协议在理论和实验上都实现了重大突破，并已进入实践阶段。如 1984 年由查理斯·贝内特(Charles Bennett)与吉勒·布拉萨(Gilles Brassard)提出的 BB84 协议、1992 年由查理斯·贝内特(Charles Bennett)提出的 B92 协议、1991 年由阿图尔·艾克特(Artur Eckert)提出的 E91 协议等，都是较早提出的应用广泛的量子密钥分发协议。随着研究的不断深入，人们以单光子态、相干态、纠缠态、压缩态等为载体先后提出了多种量子密钥分发协议。

世界上第一个量子密钥分发原型样机于 1989 年研制成功，它的工作距离仅为 32 厘米。2023 年 5 月，中国科学家实现光纤中 1002 千米点对点远距离量子密钥分发，创下了光纤无中继量子密钥分发距离的世界纪录。

2. 量子数字签名

数字签名在保护数据完整性、认证性和不可否认性等方面发挥着重要作用，是数据传输过程中保证信息安全的核心技术之一。量子数字签名（quantum digital signatures，QDS）是以量子的手段传递数字信息从而实现签名效果。依托量子力学原理的独特优势，量子数字签名已成为量子密码理论研究的一个重要分支，并得到密码学界的广泛关注。不同于经典数字签名，量子数字签名是在量子密钥分发的基础上进行研究的，理论和实验都发展迅猛的量子密钥分发为量子数字签名提供了强有力的支持。

2001年8月，上海交通大学的曾贵华教授（Zeng）等提出了第一个量子签名协议，即著名的Zeng协议，该协议可实现无条件安全性。除此之外，还包括仲裁量子签名协议、量子有序多重签名协议、量子群签名协议、量子盲签名协议、量子代理签名协议等。这些协议中有基于普通三用户的量子签名协议，也有适用于量子网络的多用户量子签名协议，更有需要借助他人的仲裁或受控量子签名协议。针对多种应用场景，各种量子签名协议的性质叠加协议也相继提出。

由于量子数字签名在信息传递时可以保证信息的不可伪造性、不可否认性及可传递性，从而被广泛应用于量子通信网络。在当今盛行的网络购物中独具优势，用户、商家、银行三者之间的收付款和派发货认证无疑是量子数字签名的最优应用模型。

3. 量子秘密共享

量子秘密共享（quantum secret sharing，QSS）是利用量子密码学知识来解决多方参与共同管理秘密的问题，是量子密码学的主要研究方向之一。秘密共享是将秘密信息分为n部分，将每部分的秘密信息分发给不同的参与者进行管理，要求至少得知其中的t（$t \leqslant n$）部分，才可以重构信息。就如同一扇门用两把锁，两把钥匙分别交由两个人保管，两人必须同时到场才能打开门。利用秘密共享可对核心秘密进行分散管理，以起到降低窃取风险和容忍部分攻击及错误的作用。保证重要信息需经多个密钥所有者共同确认才能打开，适用于机密等级高的安全系统。1999年，量子秘密共享协议由Hillery、Buzek和Berthiaume正式提出，称为HBB协议。秘密共享协议在密钥协商、安全多方计算、数字签名、转账系统和投票系统中得到广泛应用。

除了以上这些应用，其他研究分支也很多，如量子身份认证（quantum identity authentication，QIA）、量子比特承诺（quantum bit commitment，QBC）、量子安全直接通信（quantum secure direct communication，QSDC）、量子不经意传输（quantum oblivious transfer，QOT）、量子多方安全计算（quantum multiparty secure computations，QMSC）、量子指纹（quantum fingerprint，QF）、量子博弈（quantum games，QG）、量子信息隐藏（quantum data hiding，QDH）等。

虽然目前量子技术取得了一些进展，但人们对量子的概念还是一知半解，可以说量子对于大众来说还是一个全新概念。在技术实现层面也存在诸多挑战，比如，制备理想的单光子源、单光子探测器、量子中继器及随机数发生器等。所以想要将量子技术应用于日常生活仍然需要较长的时间，但随着量子物理及计算机科学的不断发展，相信量子密码会得到更广泛的应用。

信息安全

本章小结

加密编码中，相关性越小，不确定度越大，破译的难度就越大。

完成加密和解密的算法称为密码体制。加、解密过程包括加密 E_K、解密 D_K、明文 M、密文 C、密钥 K 等基本要素。

密码体制的安全性在于计算上是否安全和是否可能。密码体制要具有保密性和真实性。

密码体制可分为对称（单密钥）体制和非对称（双密钥）体制。对称体制的加密和解密密钥相同或容易相互推导。最有代表性的传统密码体制是美国政府发布的数据加密标准（DES）。非对称（双密钥）密码体制的加密和解密密钥中至少有一个在计算上不能被另一个导出，一个的公开不会影响另一个的保密。公开密钥体制就是这种，最有代表性的公开密钥密码体制是 RSA 体制。

量子密码在原理设计上从量子力学的原理出发，以物理原理保障信息安全，因而具有理论上的无条件安全性。

习题

7-1 用置换盒

3	5	6	1	2	8	7	4

对字 SECURITY 进行移位。

7-2 若已知 DES 体制中 8 个 S 盒之一的 S 盒选择压缩函数如表 7-10 所示。

表 7-10 习题 7-2 表

行号	列号															
	0	1	2	3	4	5	6	7	8	9	10	11	12	13	14	15
0	14	4	13	1	2	15	11	8	3	10	6	12	5	9	0	7
1	0	15	7	4	14	2	13	1	10	6	12	11	9	5	3	8
2	4	1	14	8	13	6	2	11	15	12	9	7	3	10	5	0
3	5	12	8	2	4	9	1	7	5	11	2	14	10	0	6	13

假设输入 S 盒的输入矢量为 $\boldsymbol{X}=(x_0x_1\cdots x_5)=(010011)$，试求通过选择压缩函数 S 变换后的输出矢量。

7-3 对于下面每种情况求 d，并给出 $(e\times d)(\text{mod})=1$。

① $p=5, q=11, e=3$。

② $p=3, q=41, e=23$。

③ $p=5, q=23, e=59$。

④ $p=47, q=59, e=17$。

7-4 用公开密钥 $(e,n)=(5,51)$ 对报文 ABE、DEAD 用 $A=01, B=02, \cdots$ 进行加密。

7-5 用秘密密钥 $(d,n)=(13,51)$ 对报文 4,1,5,1 解密。

7-6 用公开密钥$(e,n)=(3,55)$对报文 BID HIGH 用 $01=A$，$02=B$，…进行加密。

7-7 用秘密密钥$(d,n)=(5,51)$对报文 4，20，1，4，20，5，4 解密。

7-8 用$(d_B,n_B)=(7,39)$和$(e_A,n_A)=(5,21)$签署报文 ED。

7-9 用$(d_A,n_A)=(5,21)$和$(e_B,n_B)=(5,51)$验证签名的数值 17，1 是发送者(N,A)的字首。

7-10 为什么说量子密码是未来唯一安全的密码技术？

第8章 网络信息理论简介

前面各章讨论的都是只有一个输入信源和一个输出信源的单用户通信系统。随着空间通信和计算机网络通信技术的发展，实际的通信系统，如卫星通信系统、计算机网络、电话交换网等，其信道的输入端和输出端涉及两个或两个以上的信源和信宿，构成了多用户通信系统。信息论的研究也从单用户通信系统发展到网络通信系统。本章将对网络信息论进行初步介绍和讨论，包括网络信道的分类、信道容量和网络中相关信源的信源编码等内容。

8.1 概论

香农于1961年发表的论文 *Two-way Communication Channels*（《双向通信信道》）首次将信息论方法引入通信网信息传输问题的研究，该论文研究了处于不同地理位置的两个信源、两个信宿组成的最小通信网中的信息传输问题，在理论上引入了不少新的概念，但当时并未引起广泛的重视。

20世纪70年代，随着卫星通信和计算机网络通信的发展，通信网的拓扑结构趋于多样化，用基于单信源、单信宿的信息理论已无法分析通信网的信源编码和信道容量等问题，这才使网络信息论研究得到重视。1971年Ahlswede提出了多径(multi-way)通信信道；1972年Liao提出了多址接入(multiple access)信道，给出了接入信道的信道容量区域；Cover提出了广播(broadcast)信道，引入了研究广播信道的一种编码方法；1973年Siepian和Wolf提出了相关信源(correlated information sources)编码，1975年Carteial提出了多端(multi-terminal)通信网络，同年Wolf提出了多用户(multi-user)通信信道，1977年IEEE Transactions on IT出版了有关多端信道编码的专集，同年Berger提出了多端信源编码。至此，用信息论方法研究通信网的问题全面展开。为区别于信息论的早期研究领域，将早先研究的领域称为点对点(point-to-point)信息理论，而将新领域称为多端(multi-terminal)信息理论或多用户信息理论或网络信息理论。

近年来，随着以计算机为中心的互联网迅速发展，以及卫星通信、光纤通信和移动通信的发展，通信的范围不断扩大，形成了全国性甚至全球性的通信网络。这些通信网都是复杂的信息流通系统，信息是在众多用户和多方向中流通的。与通信网类似的超大规模集成电路，在一块单片上就有数千万个电路和元件，这些电路与元件也构成了一个复杂的信息流通网络，它们内部之间的信息传输也可归纳为网络通信问题。甚至一台计算机内部，其各部分之间的彼此联系也形成了一个网络。怎样在这些网络通信系统中有效、可靠地传输信息，是网络信息论要研究的问题。完整的网络信息理论对于通信网和计算机网的设计具有广泛、重要的指导意义。

网络信息论研究包括以下主要内容。

(1) 网络信道的信道容量。这种信道的容量不能简单地用一个实数表示，可传输的信息率也不能用正实轴上的一个区间来表示，而需用多维空间中的一个区域来表示。

(2) 网络信道的信道编码定理。即证明在网络的信道容量范围内，一定有一种编码方式，能够可靠地传输信息。

(3) 相关信源的信源编码问题。研究相互关联的多个信源进行无失真和有失真编码时的可达速率区域。

20 世纪末期，网络信息理论蓬勃发展，针对各种具体的信源和信道发表了许多论文，得出了许多重要结论。多址接入信道的理论讨论比较完善，但具有反馈的多址接入信道的容量问题尚未解决。广播信道中对退化广播信道的研究较为深入，解决了一些特殊情况下的容量问题，而一般广播信道的容量问题尚未解决，一般中继信道容量问题和一般双向信道容量问题也未解决。而串扰信道的研究才刚开始。相关信源编码方面也还有许多问题尚未解决，如一般网络的相关信源编码、限失真下相关信源编码等问题。总之，网络信息论尚处于发展之中，尚未形成一套完整的理论，需要人们不断探索发现。尽管网络信息理论很复杂，即使将来能够提出这样的理论，也可能由于太复杂而难以实现，但这样的理论可以使通信设计者知晓实际网络与最优化网络的距离，也可以启发设计者获得一些提高通信系统性能的手段。

8.2 网络信道的分类

网络信道可分为下列几种典型类型。

1. 多址接入信道

多址接入信道(multiple access channel)是指有多个信道输入信号，但只有一个信道输出信号的信道，信道的多个输入端口可供多个信源同时接入。接入信道的各个信源在地理上是分散的，所以信源编码和信道编码都必须分散进行，如图 8-1 所示。

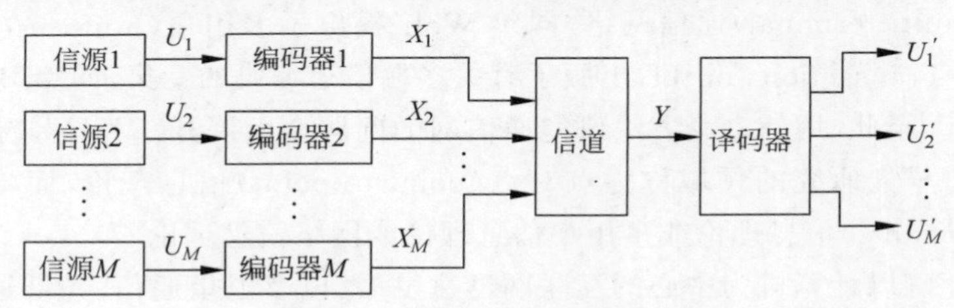

图 8-1　多址接入信道

例如，卫星通信系统中 M 个地面站同时与一个公用卫星通信的上行线路就是多址接入信道的实例。在通信工程中，多址接入通过采用时分、频分或码分等方法，将一个物理信道分成若干独立的子信道来实现。因此，各输入信号被局限在某种互不相交的子空间内，而使用信息论观点分析多址接入信道就没有这样的限制。

2. 广播信道

将多址接入信道中的信息流全部反向就得到了广播信道(broadcast channel)。它的特点是有单一输入端口和多个输出端口，如图 8-2 所示。多个不同信源的信息经过一个公用的编码器后送入信道。由于各输出端口在地理上是分散的，各输出端口处信号受干扰的情况也不相同，因此译码只能分散、独立地进行。与一般广播概念不同的是，各信宿要接收的信息并不一定相同。

例如，可将卫星与 M 个地面站的下行通信系统看作广播信道。中转卫星将来自各

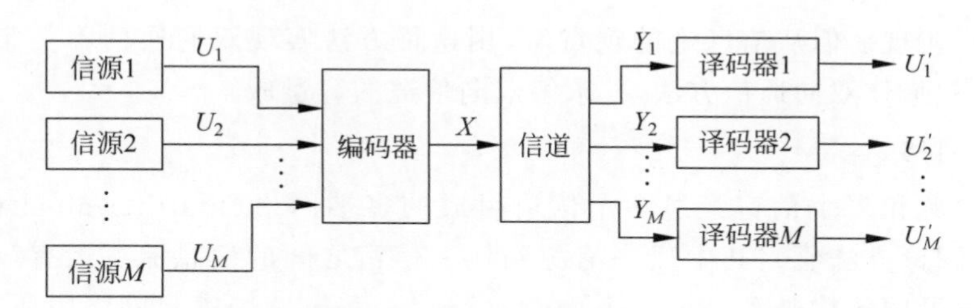

图 8-2 广播信道

地面站的信息经编码后统一发回地面，各地面站经过各自的译码器译出所需信息。在工程上，M 个信源以广播形式向 M 个信宿传送信息一般可采用时分方式，但时分方式不一定是最佳的。利用信息论方法的目的是研究这种信道传送信息的最佳方式及信道的容量域。

3. 中继信道

可将中继信道(relay channel)看作广播信道与多址接入信道的组合，是一对用户之间经过多种途径中转而进行的单向通信，如图 8-3 所示。它有一个输入信号 X 和一个输出信号 Y。输入信号以广播形式被同时送至中继点和终点。中继微波接力通信系统就属于这类模型，一对地面站可经一个或多个卫星中转或经地面通信转接而实现单向通信。

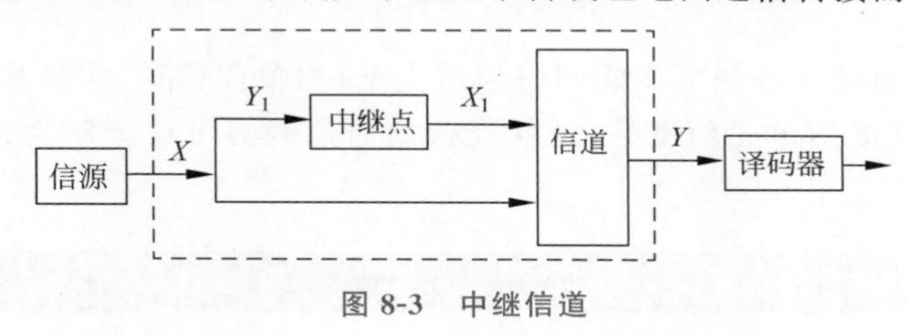

图 8-3 中继信道

4. 双向信道

双向信道(two-way channel)包括两个发送端和两个接收端，如图 8-4 所示。信源 1 发送信息到接收端 1，信源 2 发送信息到接收端 2。信源 1 和接收端 2 在一端，信源 1 可以利用接收端 2 提供的相关信息来优化调整发送策略；信源 2 和接收端 1 在另一端，信源 2 也可以利用接收端 1 提供的相关信息来优化调整发送策略。

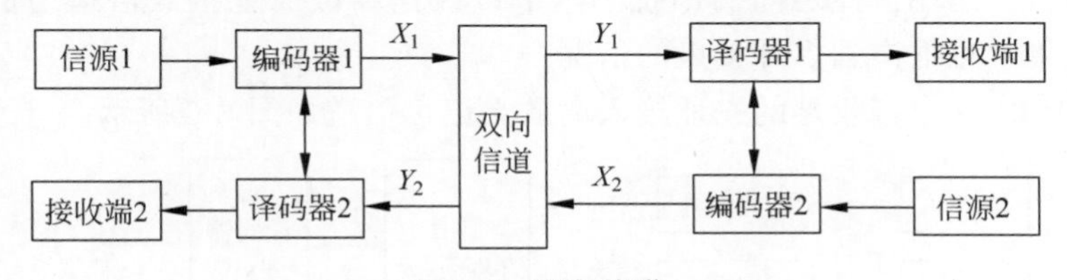

图 8-4 双向信道

许多实际信道本质上都是双向信道。如串扰信道，就是当信源 1 发送的信号经信道串至同一端接收 2 时形成的；又如反馈信道，其实是双向信道的一个特例，正向信道传送信息，反向信道将接收信号反馈给发送端。

在通信工程中，双向信道通过采用时分复用或频分复用方法将一个物理信道分成两个独立信道来实现。但从信息论的观点看，用这种方法实现双向通信不一定是最佳的。因此，需要寻找最佳双向通信方法，并求解双向信道的容量域。

5. 多端网络

由多个信源和多个信宿经过多个信道组成的多端网络(multiterminal network)系统，一般要用图论方法研究其中任一信源到任一信宿之间的信息流。设有 m 个信源、n 个信宿的信道可用转移概率 $p(y_1, y_2, \cdots, y_n | x_1, x_2, \cdots, x_m)$ 表示网络中所有噪声和干扰的影响，如图 8-5 所示。

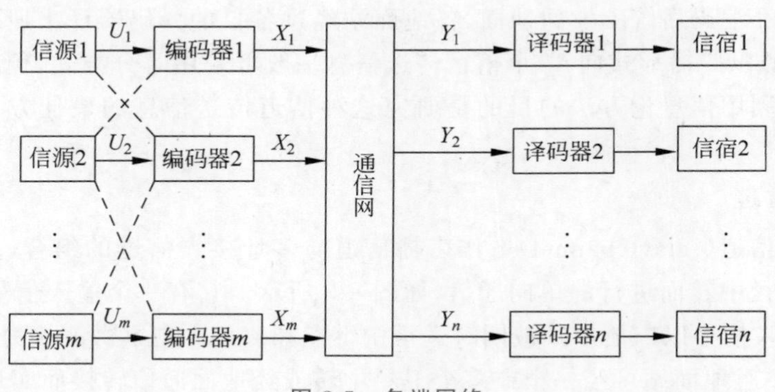

图 8-5　多端网络

为简化分析，可定义一些基本的网络信道类型，如单向信道、多址接入信道、广播信道、中继信道、带反馈的单向信道等，这样复杂的通信网络可被分解为多个上述基本类型，以便分析研究。

8.3 网络信道的信道容量域

8.3.1 离散多址接入信道

多址接入信道是理论上问题解决较完善的一类网络信道，其通信模型如图 8-1 所示。这类信道最典型的应用例子是卫星通信的上行线路。许多彼此独立的地面站同时将各自的消息发送到一个卫星接收器。为了信息的可靠传输，各发送者不但要克服信道噪声，还要克服各发送端彼此之间的串扰。本节以讨论离散二址接入信道为例，深入分析其容量，其结果不难推广到多址接入的情况。

两个发送端、一个接收端的二址接入离散无记忆信道如图 8-6 所示。

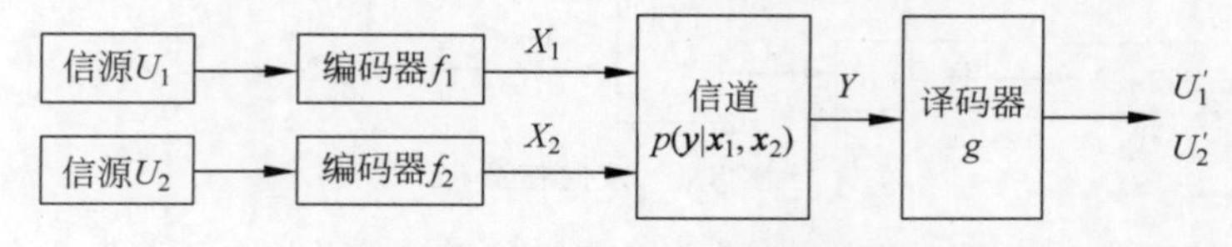

图 8-6　二址接入离散无记忆信道

输入信源空间 X_1 和 X_2，设信道编码采用码长为 N 的复合分组码$(2^{NR_1}, 2^{NR_2}, N)$，其中 2^{NR_1} 和 2^{NR_2} 分别是与长度为 N 的码字对应的两个信源中的消息数，即信源 1 的消

息集为 $M_1=(1,2,\cdots,2^{NR_1})$，信源 2 的消息集为 $M_2=(1,2,\cdots,2^{NR_2})$。在发送时，信道编码器 f_1 和 f_2 分别将两个信源消息映射为码字 $\boldsymbol{x}_1=(x_{11},x_{12},\cdots,x_{1n})\in X_1^N$ 和 $\boldsymbol{x}_2=(x_{21},x_{22},\cdots,x_{2n})\in X_2^N$。在接收端，信道传递输出为随机序列 $\boldsymbol{y}=(y_1,y_2,\cdots,y_n)\in Y^N$，译码器根据接收信号恢复信源的消息。信道特性用转移概率 $p(\boldsymbol{y}|\boldsymbol{x}_1,\boldsymbol{x}_2)$ 表示，当信道为离散无记忆时，满足

$$p(\boldsymbol{y}\mid\boldsymbol{x}_1,\boldsymbol{x}_2)=\prod_{i=1}^{n}p(y_i\mid x_{1i},x_{2i}) \tag{8-3-1}$$

编码函数为 $f_1:M_1\to X_1^N$，$f_2:M_2\to X_2^N$，译码函数为 $g=Y^N\to M_1\times M_2$。

由于信道噪声的影响，译码器的输出并不总与发送的消息一致，其平均差错概率为

$$P_e=\sum_{(s_1,s_2)\in(M_1,M_2)}p(s_1,s_2)p(g(Y^N)\neq(s_1,s_2)/\text{发}(s_1,s_2)) \tag{8-3-2}$$

若消息 s_1,s_2 分别等概率地取自 $(1,2,\cdots,2^{NR_1})$ 和 $(1,2,\cdots,2^{NR_2})$，则

$$P_e=\frac{1}{2^{N(R_1+R_2)}}\sum_{(s_1,s_2)\in(M_1,M_2)}p(g(Y^N)\neq(s_1,s_2)/\text{发}(s_1,s_2)) \tag{8-3-3}$$

此时信源 1 和信源 2 的信息速率为 R_1 和 R_2。信源的信息速率还不是信道传输信息的速率，但如果信道编码能使 $P_e\to0$，则 R_1 和 R_2 即为信源通过信道传输信息的速率。将存在信道编码，使 $P_e\to0$ 的速率对 (R_1,R_2) 称为可达速率对(achievable rate pair)，而所有可达速率对的集合称为信道的信道容量域。信道容量域的这种定义方法将信道编码和信道容量域联系在一起，对工程实现来说特别有吸引力。但这种定义方法并不能给实际信道中信道容量的计算带来捷径，这是因为寻找最佳信道编码对于多址接入信道来讲仍是一个困难的问题。迄今为止，香农提出的随机编码的概念仍然是在这一定义下计算信道容量的唯一方法。下列定理就利用随机编码的概念给出了二址接入信道的信道容量域。

定理 8-1 二址接入信道 $[X_1\times X_2,p(y|x_1,x_2),Y]$ 的容量区域由满足下述凸壳的闭包给定

$$\begin{aligned}C(P_1,P_2)=\{(R_1,R_2):&0\leqslant R_1\leqslant I(X_1;Y\mid X_2)\\&0\leqslant R_2\leqslant I(X_2;Y\mid X_1)\\&0\leqslant R_1+R_2\leqslant I(X_1,X_2;Y)\}\end{aligned} \tag{8-3-4}$$

其中，$p(x_1,x_2)=p_1(x_1)p_2(x_2)$，$C(P_1,P_2)$ 是在乘积空间 $X_1\times X_2$ 上对所有可能的输入概率分布求得的可达速率对 (R_1,R_2) 的集合。

对于某一特定的输入分布 $p_1(x_1)p_2(x_2)$，其可达速率域如图 8-7 所示。首先观察区域中的几个顶点。

B 点是相对于发送者 2 不传送任何信息时发送者 1 可达到的最大信息传输率。由式

$$\begin{aligned}I(X_1,X_2;Y)&=H(Y)-H(Y\mid X_1,X_2)\\&=I(X_1;Y\mid X_2)+I(X_2;Y)\end{aligned}$$

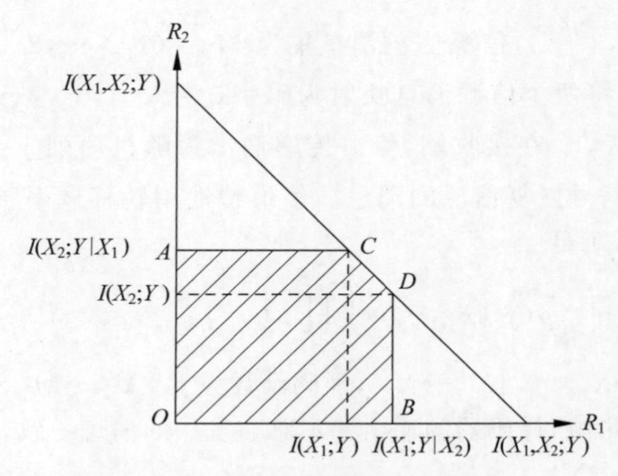

图 8-7 二址接入信道的可达速率域

$$= I(X_2;Y \mid X_1) + I(X_1;Y) \tag{8-3-5}$$

可得

$$I(X_1;Y \mid X_2) - I(X_1;Y) = I(X_2;Y \mid X_1) - I(X_2;Y) \geqslant 0 \tag{8-3-6}$$

可见,此时发送者 1 可传送的信息率大于单用户的情况。现在

$$C = \max R_1 = \max_{p_1(x_1)p_2(x_2)} I(X_1;Y \mid X_2) \tag{8-3-7}$$

对于任意分布 $p_1(x_1)p_2(x_2)$,有

$$\begin{aligned} I(X_1;Y \mid X_2) &= \sum_{X_2} p_2(x_2) I(X_1;Y \mid X_2 = x_2) \\ &\leqslant \max_{x_2} I(X_1;Y \mid X_2 = x_2) \end{aligned} \tag{8-3-8}$$

上式成立是因为平均值小于最大值。所以,式(8-3-8)的最大值在 $X_2 = x_2$ 时达到,x_2 是使 X_1 与 Y 之间的条件平均互信息达到极大值时的值,X_1 的概率分布选择是使其平均互信息达到极大值。因此,当 $X_2 = x_2$ 时,X_2 必定起到提高 X_1 的信息传输能力的作用。

D 点是相对于发送者 1 以最大信息传输率发送时,发送者 2 可达到的最大信息传输率。这个值是在信道中将 X_2 传送到 Y,而将 X_1 看作噪声而求得的。此时相当于 X_2 以信息率 $I(X_2;Y)$ 在单用户信道中传输的结果。因为 $I(X_2;Y) = I(X_1,X_2;Y) - I(X_1;Y \mid X_2)$,所以,当接收端知道 X_2 的码字也在发送时,就要在信道传输的结果中将 X_2 的码字"减"掉。

区域中的点 A、点 C 与点 B、点 D 有相似的含义。

由式(8-3-4)可知,给定某个输入分布 $p(x_1,x_2) = p_1(x_1)p_2(x_2)$,可得某区域 $C(P_1,P_2)$,不同的输入分布可得不同的区域。因此二址接入信道的容量区是所有可能 $C(P_1,P_2)$ 的凸闭包(closure of the convex hull),如图 8-7 所示,它是一个多边形的凸包。图中

$$\begin{aligned} C_1 &= \max_{p_1(x_1)p_2(x_2)} I(X_1;Y \mid X_2) \\ C_2 &= \max_{p_1(x_1)p_2(x_2)} I(X_2;Y \mid X_1) \end{aligned} \tag{8-3-9}$$

$$C_{12} = \max_{p_1(x_1)p_2(x_2)} I(X_1, X_2; Y)$$

很容易将上述结论推广到 T 个独立发送端的一般情况。已知条件概率 $p(y|x_1, x_2, \cdots, x_T)$，此时各发送端可达速率范围为

$$R_t \leqslant C_t = \max_{p_1(x), \cdots, p_T(x)} I(X_t; Y \mid X_1, \cdots, X_{t-1}, X_{t+1}, \cdots, X_T) \quad (t = 1, 2, \cdots, T) \tag{8-3-10}$$

例 8-1 二址独立的二元对称信道的容量区域。两个独立的二元对称信道，发送者为 X_1 和 X_2，接收端为 Y，如图 8-8 所示。

根据前面章节的知识，可计算得第一信道的信道容量 $C_1 = 1 - H(p_1)$，此时 $p_1(0) = p_1(1) = 1/2$，$p_2(0) + p_2(1) = 1$；第二信道的信道容量为 $C_2 = 1 - H(p_2)$，此时 $p_2(0) = p_2(1) = 1/2$，$p_1(0) + p_1(1) = 1$。因为这两个信道是互相独立的，所以没有彼此干扰，$C_{12} = C_1 + C_2 = 2 - H(p_1) - H(p_2)$，此时 $p_1(0) = p_1(1) = 1/2$，$p_2(0) = p_2(1) = 1/2$。它的信道容量区域如图 8-9 所示。

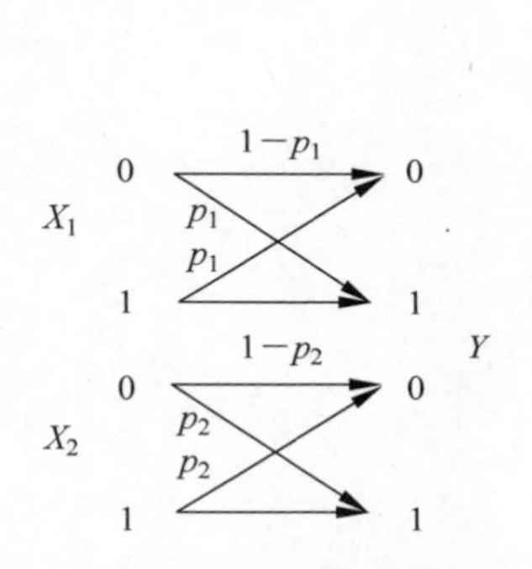

图 8-8 独立的二元对称信道

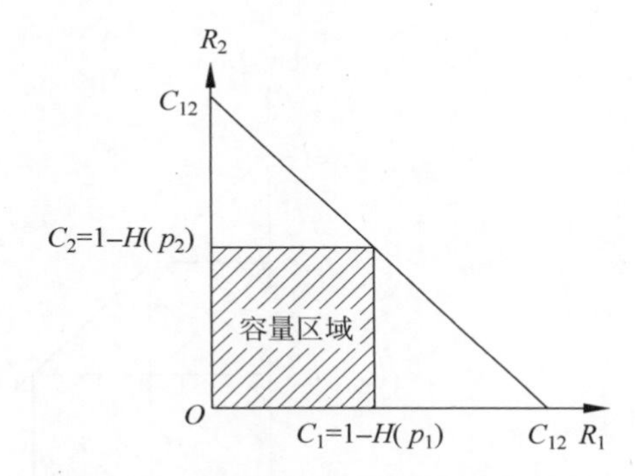

图 8-9 独立二元对称信道的容量区域

例 8-2 二址接入二元和信道的容量区域。设信道两个输入 X_1 和 X_2 均取值于$\{0, 1\}$；信道输出 Y 为两个输入的代数和，即 $Y = X_1 + X_2$，$Y \in \{0, 1, 2\}$。信道无干扰时，其转移概率 $p(y|x_1, x_2)$如表 8-1 所示。可用图 8-10 表示，该信道等价于一个有 4 个输入端、3 个输出端的无扰有损信道。

表 8-1 转移概率 $p(y|x_1, x_2)$

x_1, x_2	y		
	0	1	2
00	1	0	0
01	0	1	0
10	0	1	0
11	0	0	1

根据式(8-3-4)，二址接入信道的可达速率对(R_1, R_2)：$R_1 \leqslant I(X_1; Y|X_2)$，$R_2 \leqslant I(X_2; Y|X_1)$，$R_1 + R_2 \leqslant I(X_1, X_2; Y)$。由于 $H(Y|X_1, X_2) = 0$，所以 $I(X_1, X_2; Y) = H(Y) - H(Y|X_1, X_2) = H(Y)$；当 $X_2 = x_2$ 时，如图 8-11 所示，X_1 与 Y 是一一对应的

传输，即 $H(X_1|X_2,Y)=0$，所以 $I(X_1;Y|X_2)=H(X_1|X_2)-H(X_1|X_2,Y)=H(X_1)$；同理 $H(X_2|X_1,Y)=0$，所以 $I(X_2;Y|X_1)=H(X_2)$。据此可计算得

$C_1=\max\limits_{p_1(x_1)} H(X_1)=1$bit/符号，此时 $p_1(0)=p_1(1)=1/2, p_2(0)+p_2(1)=1$

$C_2=\max\limits_{p_2(x_2)} H(X_2)=1$bit/符号，此时 $p_2(0)=p_2(1)=1/2, p_1(0)+p_1(1)=1$

$C_{12}=\max\limits_{p_1(x_1)p_2(x_2)} H(Y)=1.5$bit/符号，此时 $p_1(0)=p_1(1)=p_2(0)=p_2(1)=1/2$。

二址二元和信道的容量区域如图 8-12 所示。

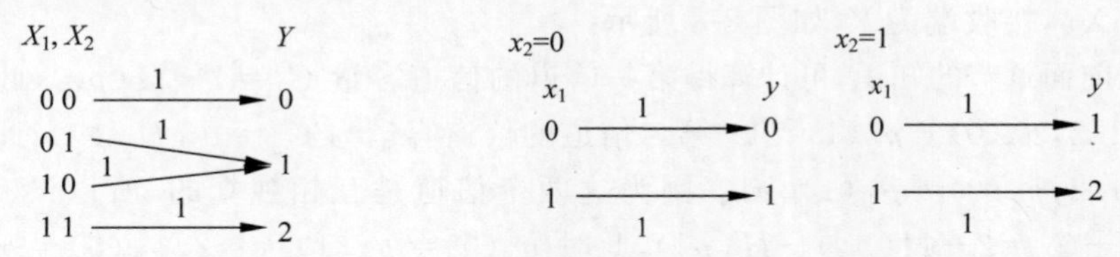

图 8-10　无扰二元和信道　　图 8-11　已知 X_2 时的无扰二元信道

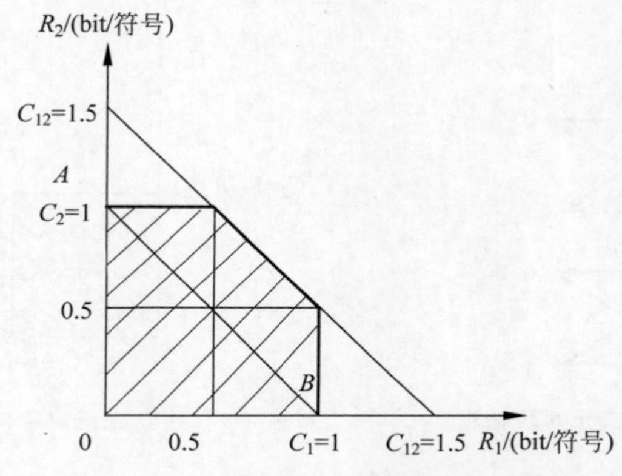

图 8-12　二址二元和信道的容量区域

8.3.2 高斯多址接入信道

高斯多址接入信道是多址接入信道的重要实例。在这个信道中，各信源发送的信号在接收端相加，并受加性高斯噪声（均值为零，方差为 σ_n^2）的干扰。即信道输出

$$Y=\sum_{i=1}^{m} X_i+Z$$

二址（$m=2$）时，设 X_1 和 X_2 均为取值于 $\{-\infty,\infty\}$ 的随机变量，概率密度分别为 $p_{x_1}(x_1)$ 和 $p_{x_2}(x_2)$，并且信号平均功率受限，分别为 $E[X_1^2]\leqslant P_{S_1}$，$E[X_2^2]\leqslant P_{S_2}$，信道干扰为高斯白噪声，其均值为零，方差为 σ_n^2。信道输出 $Y=X_1+X_2+Z$，因为输入信号 X_1、X_2 与 Z 相互独立，所以 $E[Y^2]=P_{S_1}+P_{S_2}+\sigma_n^2$。

前面介绍的关于离散多址接入信道的可达速率区域，同样可用于多址接入高斯信道。由条件式(8-3-4)、式(8-3-5)、式(8-3-6)可得，高斯二址接入信道的容量域为

$$R_1 \leqslant C_1 = \max_{p_{x_1}(x_1)p_{x_2}(x_2)} I(X_1;Y \mid X_2) = \frac{1}{2}\log\left(1+\frac{P_{S_1}}{\sigma_n^2}\right)$$

$$R_2 \leqslant C_2 = \max_{p_{x_1}(x_1)p_{x_2}(x_2)} I(X_2;Y \mid X_1) = \frac{1}{2}\log\left(1+\frac{P_{S_2}}{\sigma_n^2}\right) \tag{8-3-11}$$

$$R_1 + R_2 \leqslant C_{12} = \max_{p_{x_1}(x_1)p_{x_2}(x_2)} I(X_1,X_2;Y) = \frac{1}{2}\log\left(1+\frac{P_{S_1}+P_{S_2}}{\sigma_n^2}\right)$$

如图 8-13 所示，这个由所有可达速率对组成的凸包是一个凸五边形。在图 8-13 的容量域中，各顶点的物理含义与固定输入分布时离散多址接入信道中各角点的物理含义相似。B 点是发送者 1 可达到的最大信息传输率，D 点是在发送者 1 达到最大信息传输率的情况下，发送者 2 所能达到的信息传输率。

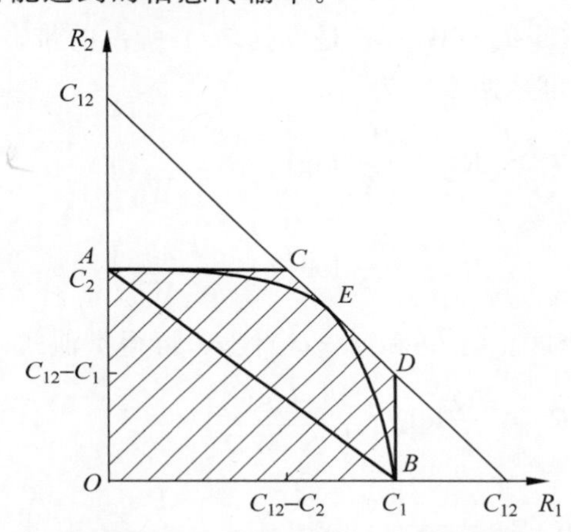

图 8-13 高斯二址接入信道的可达容量域

为了书写简便，定义 $C(x)=\frac{1}{2}\log(1+x)$。

在高斯信道情况下，可将译码分为两步：第一步，在接收端处将发送端 1 看作噪声的一部分，将发送端 2 的码字译出，若 $R_2 < C\left(\frac{P_{S_2}}{P_{S_1}+\sigma_n^2}\right)$，则译码错误概率可任意小。第二步，将已成功译出的发送端 2“减”去，若 $R_1 < C\left(\frac{P_{S_1}}{\sigma_n^2}\right)$，则发送端 1 的码字能成功被译出。所以，容量区域中各个角点的速率对是可达的。

但在实际应用的多址接入高斯信道中，采用不同的多址复用接入方式所能达到的速率区域是不同的。如经常采用的时分多路通信方式，就不是最佳方案。若两发送端各占一半的传送时间，那么可达容量区域只是图 8-13 中直线 AB 所围的三角区域，这种时分方式的容量区域变小很多。设在总传送时间 T 内，QT 用于传送 X_1，$(1-Q)T$ 用于传送 X_2，其中 $0\leqslant Q\leqslant 1$，那么在传送 X_1 时，$X_2\equiv 0$；在传送 X_2 时，$X_1\equiv 0$。若保持平均功率不变，则传送 X_1 时功率可提高到 $\frac{P_{S_1}}{Q}$，而 X_2 功率可提高到 $\frac{P_{S_2}}{1-Q}$。可得

$$R_1 \leqslant \frac{Q}{2}\log\left(1+\frac{P_{S_1}}{Q\sigma_n^2}\right) \tag{8-3-12}$$

$$R_2 \leqslant \frac{(1-Q)}{2}\log\left(1+\frac{P_{S_2}}{(1-Q)\sigma_n^2}\right)$$

Q 不同时，得到不同的(R_1,R_2)，式(8-3-12) 给出的可达速率区是图 8-13 中曲线 AEB 所围的区域。显然，除了 $Q=1$，$Q=0$ 和 $Q=P_{S_1}/(P_{S_1}+P_{S_2})$，即 B、A、E 三点外，其他情况都在容量界线(截角矩形) 之下。可见，在时分方式下，C、D 点对应的速率对是达不到的。

对于频分多路通信方式，每个发送者的传输速率依赖所允许传输的带宽。考虑信号功率分别为 P_{S_1} 和 P_{S_2} 的两个发送端，其所占带宽为 W_1 和 W_2。这两个带宽不重叠，且总带宽 $W=W_1+W_2$。令 $Q=W_1/W$ 是发送者 1 所占的带宽比，$(1-Q)=W_2/W$ 是发送者 2 所占的带宽比，可达速率对为

$$R_1 \leqslant \frac{W_1}{2}\log\left(1+\frac{P_{S_1}}{N_0W_1}\right) \tag{8-3-13}$$

$$R_2 \leqslant \frac{W_2}{2}\log\left(1+\frac{P_{S_2}}{N_0W_2}\right)$$

其中，N_0 为噪声功率谱密度。将 Q 和$(1-Q)$代入，可得类似式(8-3-12)的公式

$$R_1 \leqslant \frac{Q}{2}\log\left(1+\frac{P_{S_1}}{N_0WQ}\right) \tag{8-3-14}$$

$$R_2 \leqslant \frac{(1-Q)}{2}\log\left(1+\frac{P_{S_2}}{N_0W(1-Q)}\right)$$

因此，改变 W_1 和 W_2(Q 不同时)，式(8-3-14) 给出的可达速率区也是图 8-13 中曲线 AEB 所围的区域。

在相同的平均功率约束下，时分多址和频分多址可达到的信息传输速率均小于理论容量域给出的值。但适当设计时隙分配或带宽分配的比例，时分多址和频分多址都可使信息传输速率达到理论容量域所给的最大值。

码分多址技术中所有信道输入信号都占用信道的全部带宽和时间，各信号间不存在时隙分配或带宽分配问题。因此，码分多址的可达速率域与理论容量域一致。从这个意义上可认为码分多址是比较理想的方式。

8.3.3 广播信道

广播信道是具有一个输入端和多个输出端的信道。实际的电视广播和语音广播属于这类信道，卫星向各地面站通信的下行路线也属于广播信道。这类信道(简记为 BC)最早由 Cover(1972 年)提出，如图 8-2 所示。

广播信道研究的基本问题是找出容量区。但迄今为止，即使在只有两个接收端的情况下，一般的信道容量区域问题仍未得到解决。只是求得了一些特殊条件下的信道容量

区域。Cover(1972 年)、Artonk(1979 年)和 Gamal(1979 年)分别讨论了容量区域的若干内外界。Gamal 还求出了特殊条件下的容量区域,但对于一般离散无记忆广播信道,这个问题尚未解决。Bergmans(1973 年)、Gallager(1974 年)和 Komer-Marton(1977 年)解决了降价的广播信道容量区域问题。

最简单的广播信道只有两个接收端,其输入 X,符号集为$\{a_i\}$;输出为 Y 和 Z,符号集分别为$\{b_j\}$和$\{b'_j\}$。信道的传递概率为 $P(y,z|x)$。对于接收端 Y 来说,条件边缘概率 $P(y\mid x)=\sum_{Z}P(y,z\mid x)$;对于接收端 Z 来说,条件边缘概率 $P(z\mid x)=\sum_{Y}P(y,z\mid x)$。

所要研究的是,在一个信道中要向每个接收端发送不同的消息,而且每个接收端对应的信道传递矩阵不同。

例 8-3　法语和英语演讲者。假设有一位会讲法语和英语的演讲者,并假设这位演讲者每种语言的词汇量约有 2^{20} 个字(为了计算简便)。现有两位听者,他们中一位只能听懂法语,另一位只能听懂英语。他们虽听不懂对方国家的语言,但能识别出是法语还是英语。又假设演讲者每秒说一个单词(无论是法语,还是英语)。

如果所有时间内演讲者只讲法语,那么他每秒能传送 20bit 信息给接收者 1(法语听者),而不传送信息给接收者 2(英语听者)。同样,他每秒能传送 20bit 信息给接收者 2,而不传送任何信息给接收者 1。因此,在这种时间分割传送情况下,他能达到的速率对 $R_1+R_2=20\text{bit/s}$。

如果演讲者采用一半时间讲法语、一半时间讲英语的方式来传送信息,传送 100 个单词,将出现一半(50 个单词)是法语,另外 50 个单词是英语。当然,有很多方式在这 100 个单词中安排法语和英语的组织方式有多种。任选这些方式之一向两位听者传送信息。这样他每秒能传送 10bit 信息给法语听者,每秒又能传送 10bit 信息给英语听者,且每秒同时传送 1bit 公用信息给两位听者(识别是法语还是英语所得的信息)。在这种方式下,可达的总传输速率为 21bit/s,这是大于前面时间分割传送的情况,也是广播信道的一个具体实例,它不但分别向不同的接收者传送不同的信息,还向他们传输公用的信息。

8.4 网络中相关信源的信源编码

本节主要研究多个相关信源(correlated sources)的信源编码问题。在实际通信中,某个信宿或多个信宿常收到来自不同信源的编码信息。各信源产生的消息可能是独立的,也可能是相关的。当各个信源产生的消息彼此独立时,就可分别处理,这时多个信源编码问题就简化为几个单信源通信情况的信源编码问题。当各个信源产生的消息彼此相关时,各信源可采用两种不同的方法对消息进行编码,一种是各信源独立地对各自产生的消息进行编码,另一种是几个信源协同地对产生的消息进行编码。

8.4.1 相关信源编码

由于各个信源所处的作用位置不同,从而出现了各种相关信源编码模型。图 8-14 所示为两个相关信源和两个相关信宿的模型。信源 1 产生消息序列 $\boldsymbol{u}_1$,信源 2 产生消息序

列 $\boldsymbol{u}_2$，分别输入编码器 1 和编码器 2 进行编码，R_{ij} 是编码器 i 到译码器 j 的信息传输率。两个信源之间有联系，编码器对两个信源产生的消息进行协同编码。

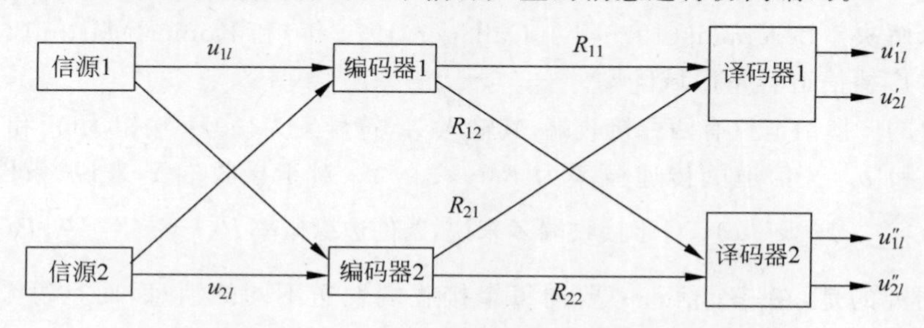

图 8-14　两个相关信源和两个相关信宿的模型

Slepian 和 Wolf 的分析研究表明，两个信源和两个译码器之间可有 16 种不同的连接方式，其中最有价值的一种方式如图 8-15 所示，它也是两个相关信源编码中最基本的结构。为了简便，设信源 1 和信源 2 均为离散无记忆信源，即

$$p(\boldsymbol{u}_i)=\prod_{l=1}^{L}p(u_{il}),\quad i=1,2 \tag{8-4-1}$$

信源 1 和信源 2 的联合分布可用 $p(u_{1l},u_{2l})$ 表示，由于信源 1 和信源 2 彼此独立，所以

$$p(u_{1l},u_{2l})=p(u_{1l})p(u_{2l}) \tag{8-4-2}$$

对两个信源输出的消息分别单独进行编码，独立传输，再通过一个译码器分别译出消息。

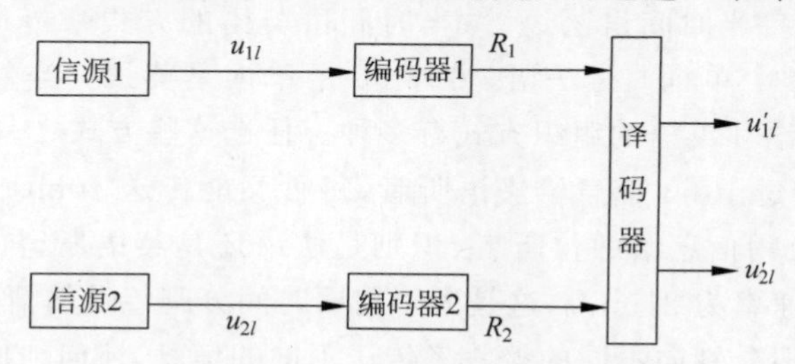

图 8-15　两个相关信源编码中最基本的结构

由第 2 章中的讨论可知，对于单个信源 U 进行编码，传输信息率需满足 $R>H(U)$，才能实现无失真编码；对于两个信源 U_1 和 U_2 进行联合编码，传输信息率需满足 $R>H(U_1,U_2)$，才能使译码错误概率任意小。现在对于两个信源分别处理，那么编码器 1 和编码器 2 应各选择多大的编码速率，才能实现无失真编码呢？显然，同时满足 $R_1>H(U_1)$，$R_2>H(U_2)$ 时，肯定能实现可靠传输。此时总的编码速率 $R=R_1+R_2=H(U_1)+H(U_2)$，如果信源 1 和信源 2 是相关的，则 $R=H(U_1)+H(U_2)\geqslant H(U_1,U_2)$。网络信源编码理论证明，只要保证编码信息率 $R>H(U_1,U_2)$，即使信源 1 和信源 2 独立进行编码，也能保证译码器可以以任意小的错误概率恢复两个信源的输出，实现无失真信息传输。

例 8-4　有两个独立信源 U_0 和 U_1，概率分布为 $\begin{bmatrix}U_0\\P\end{bmatrix}=\begin{bmatrix}0 & 1\\0.89 & 0.11\end{bmatrix}$，$\begin{bmatrix}U_1\\P\end{bmatrix}=$

$\begin{bmatrix}0 & 1\\0.5 & 0.5\end{bmatrix}$，设信源 U_2 是上述两个信源的模 2 加，即 $U_2=U_0\oplus U_1$，如图 8-16 所示。则可求得信源 U_2 的概率分布为 $\begin{bmatrix}U_2\\P\end{bmatrix}=\begin{bmatrix}0 & 1\\0.5 & 0.5\end{bmatrix}$，$H(U_1)=H(U_2)=1\text{bit}/$符号，$H(U_2/U_1)=H(U_0)=0.5\text{bit}/$符号。传输时 $R_1=H(U_1)=1\text{bit}/$符号，而此时 $R_2=H(U_2/U_1)=0.5\text{bit}/$符号。即在已知 U_1 的情况下，要确定 U_2 只需 0.5bit，而不是原来的 1bit。因为，U_1 与 U_2 具有关联性，已知 U_1 时，已经提供了关于 U_2 的信息量为 $I(U_2;U_1)=H(U_2)-H(U_2|U_1)=0.5\text{bit}/$符号，因而只需再获得 $H(U_2|U_1)$ 的信息量，$I(U_2;U_1)+H(U_2|U_1)=H(U_2)$，就能完全确定 U_2。由此可见，编码时只需保证 $R_1>H(U_1)$，$R_2>H(U_2|U_1)$，就能实现两个信源的无失真传输。这种由 U_1 提供的关于 U_2 的信息 $I(U_2;U_1)$，或者由 U_1 提供的关于 U_2 的信息，称为边信息(side information)。

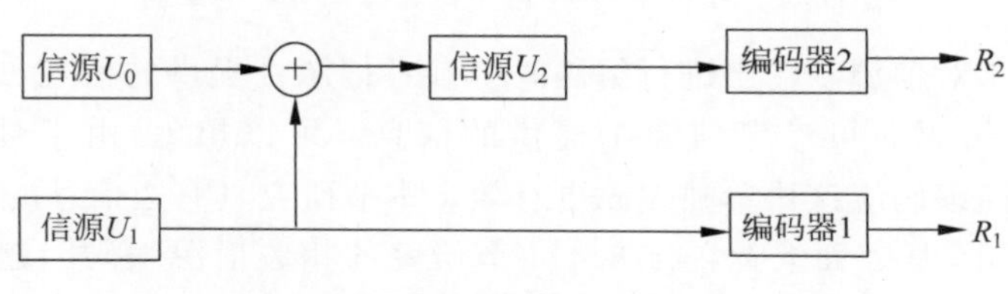

图 8-16 例 8-4 图

定理 8-2 相关信源编码定理：

对于任意离散无记忆信源 U_1 和 U_2，条件熵为 $H(U_1|U_2)$、$H(U_2|U_1)$，联合熵为 $H(U_1,U_2)$，对 n 次扩展信源进行信源编码，对于任意给定的 $\varepsilon>0$，只要码率同时满足

$$\begin{aligned}R_1 &\geqslant H(U_1 \mid U_2)\\R_2 &\geqslant H(U_2 \mid U_1)\\R_1+R_2 &\geqslant H(U_1,U_2)\end{aligned}\tag{8-4-3}$$

当 n 足够大时，平均译码错误概率 $P_e<\varepsilon$。

这个定理是网络信源编码理论的第一个结论，由 Slepian 和 Wolf 在 1973 年提出，因而该定理也称 Slepian-Wolf 定理。两个相关信源编码的可达速率域如图 8-17 阴影部分所示。该定理揭示了当两个信源统计相关时，如果译码器译码时能彼此提供译得的有关两个信源输出的结果，则两个编码器独立编码时不必保证最大信息速率，即 $H(U_1)$ 和 $H(U_2)$，就可实现任意可靠通信。不同的速率对 (R_1,R_2) 选择下，两个译码器彼此能提供的边信息不同，但只要在可达速率区域内，接收到的有关 U_1、U_2 的总信息量 $R>H(U_1,U_2)$，就足以确定 U_1 和 U_2。

定理 8-3 相关信源编码逆定理：

如果速率对 (R_1,R_2) 不满足式(8-4-3)，则无论 n 多大，都有平均译码错误概率 $P_e>\varepsilon$。

8.4.2 具有边信息的信源编码

若两个信源 U_1 和 U_2 之间统计相关，即式(8-4-2)不成立，且两个信源之间有相互通

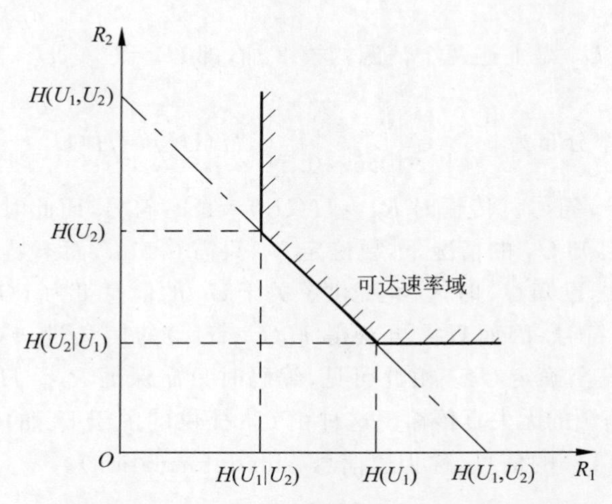

图 8-17　Slepian-Wolf 相关信源编码可达速率域

信联络。编码器 1 对信源 1 输出进行编码时可参考信源 2 提供的信息，或者编码器 2 对信源 2 输出进行编码时可参考信源 1 提供的信息。可以想象，由于具有边信息（side information），协同编码应该比单独编码更有效。本节研究具有边信息的信源编码问题。

如图 8-18 所示，从表面上看它与 8.4.1 节研究的相关信源编码问题相似，但是这两个问题的区别很大。这里译码器只是希望估计出信源 U_1 的输出，对信源 U_2 的数据进行编码，目的只是作为边信息辅助译码器恢复信源 U_1，而不需要保留信源 U_2 本身的信息。因此，信源 U_2 提供的边信息可以压缩到小于其自身的熵值，而信源 U_1 的数据可以很好地进行无失真压缩。

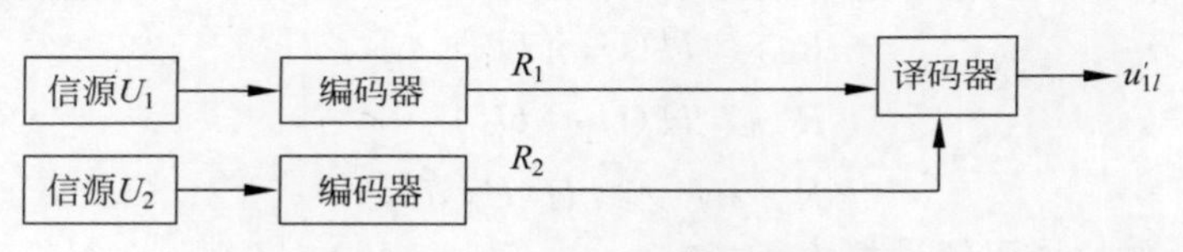

图 8-18　具有边信息的信源编码

可以证明，图 8-18 所示系统的可达速率域如图 8-19 所示。图中的双重斜线区与图 8-17 中相同，为两个编码器独立工作时所要求的速率区。所有斜线区是为恢复信源 U_1 输出必须提供的编码速率域。显然，$R_1=H(U_1)$ 和 $R_2=0$ 是可达的，$R_1=H(U_1|U_2)$ 和 $R_2=H(U_2)$ 也是可达的。当 $R_2<H(U_2)$ 时，译码器不能确定信源 U_2 的输出信息。

一种具有边信息的信源编码的简单模型如图 8-20 所示。由于 U_2 与 U_1 无关，U_2 可看作将 U_1 作为输入的虚拟信道的输出。U_2 编码器的输出可用辅助的随机变量 Z 描述。Z 是一个虚拟随机变量，它表示 U_2 经编码器后的单个符号输出。

从单符号的角度看，U_2 中每个符号是根据转移概率矩阵 $\boldsymbol{P}(z|U_2)$ 编码得到的 Z 的相应符号。随机变量 Z 的符号集的个数和转移矩阵是根据误码率最小选择的。译码器对 Z 进行译码，但 Z 不直接依赖于 U_1；而译码器对 U_1 的压缩数据流进行译码。基于这两种输入，译码器输出信源 U_1 的序列估值 u'_{1l}。

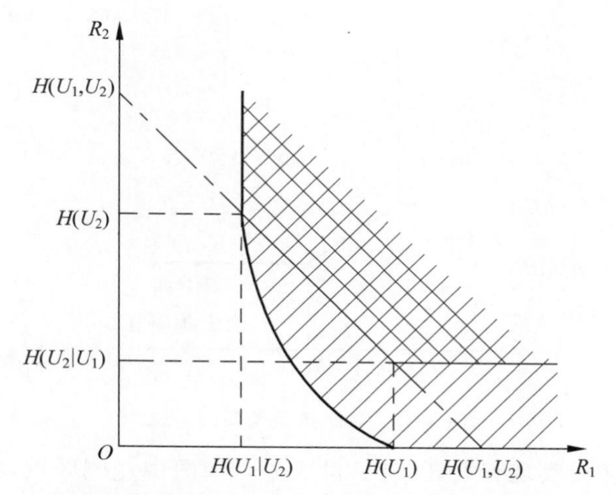

图 8-19　译码器只恢复信源 1 信息的相关信源编码可达速率域

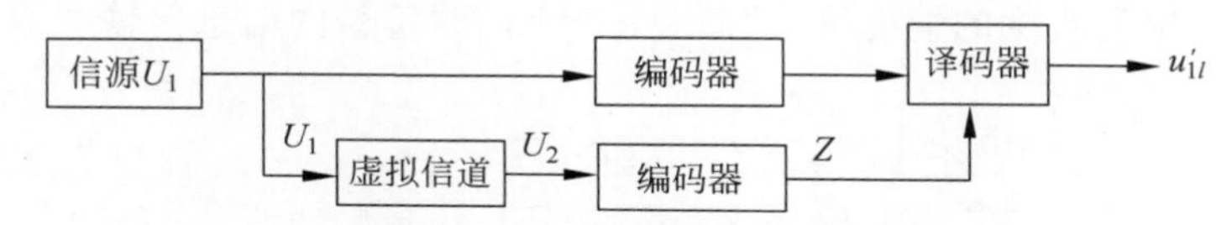

图 8-20　具有边信息的信源编码的简单模型

由图 8-20 可知，若 $R_2=0$，就相当于单用户通信，要做到无失真编码，必须满足 $R_1\geqslant H(U_1)$。若 $R_2\geqslant H(U_2)$，只需 $R_1\geqslant H(U_1|U_2)$，足以描述信源 U_1。又因为 $R_2\geqslant H(U_2)$能够精确地描述信源 U_2，故 $Z\approx U_2$。这样，$R_1\geqslant H(U_1|Z)$。一般情况下，若用 $R_2\geqslant I(U_2;Z)$近似描述信源 U_2，对于译码器来说，要重现信源 U_1，除了 U_1 传来的关于信源 U_1 的信息外，边信息 Z 也含有关于信源 U_1 的信息。因此，要无失真地再现信源 U_1，R_1 减小至 $R_1=H(U_1|Z)$就可以了。这一分析结果与下列定理是一致的。

定理 8-4　具有边信息信源编码定理：信源 U_1 以速率 R_1 编码，信源 U_2 以速率 R_2 编码，对于离散无记忆信源 U_1，若译码器含有来自信源 U_2 的边信息，则当且仅当

$$R_1\geqslant H(U_1\mid Z),\quad R_2\geqslant I(U_2;Z)$$

时，存在无失真信源编码，使其译码错误概率为任意小。其中 Z 为离散随机变量，它使 $U_1\to U_2\to Z$ 构成马氏链。

下面讨论在具有边信息且允许有一定失真度的情况下，描述信源所需的最小速率。

图 8-21 为多个信源编码的区域，图中 R_1、R_2 平面被划分为 4 个区域。其中阴影区中，R_1 和 R_2 都足够大，两个信源都可实现无失真信源编码。在其左侧和下方的两个区域中，一个信源的信息传输率较大，可以无失真地恢复原信源；另一个信源的信息传输率较小，尽管可利用信息传输率大的信源作为边信息，但仍为有失真信源编码。在其左下角的区域中，两个信源的信息传输率都很小，对这两个信源都需要进行有失真编码(数据压缩)。当然，在这个区域中，译码器可以利用两信源之间的依赖关系，减少再现信源引起的失真。但实现多个信源的有失真编码仍比较困难。

下面主要讨论图 8-21 的无失真和有失真编码区。即一个信源可以实现无失真编码，

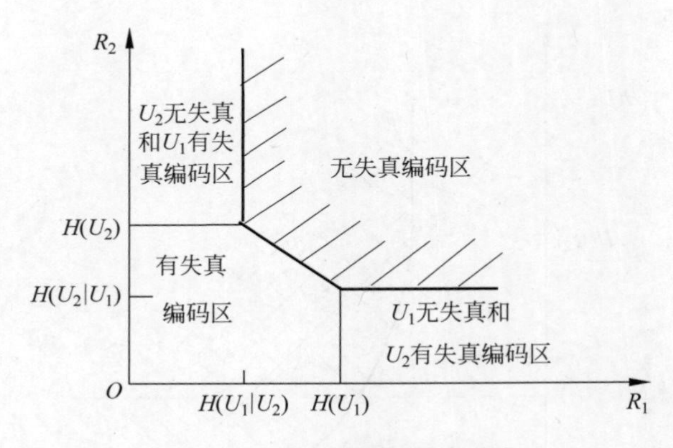

图 8-21　多个信源编码的区域

设为 U_2，另一个信源要实现有失真编码，设为 U_1，即图中左侧区域，U_2 作为 U_1 的边信息，方框图如图 8-22 所示，其单符号的简单模型如图 8-23 所示。所要研究的是，在具有边信息和允许一定失真度的情况下，信源 U_1 每个信源符号的信息传输率 R_1 是多少。

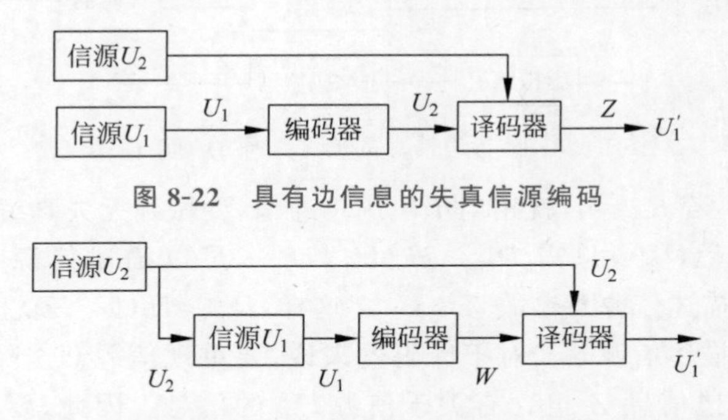

图 8-22　具有边信息的失真信源编码

图 8-23　单符号的具有边信息的失真信源编码简单模型

图 8-23 中，编码器的输出根据虚拟随机变量 W 描述，W 代表已压缩的数据流。W 和 U_2 都与信源 U_1 有关，译码器根据输入的 W 和 U_2，将它们映射为 U_1 的估值 $U_1'=g(W,U_2)$。

在具有边信息的情况下，定义达到失真 D 时的最小信息率为具有边信息的信息率失真函数，用 $R_{U_2}(D)$表示。因为有边信息的帮助，必有 $R_{U_2}(D)\leqslant R(D)$。若不允许失真，$R_{U_2}(0)$必须等于 $H(U_1|U_2)$。一般情况下，$R_{U_2}(D)$由下式给出

$$R_{U_2}(D)=\min_{p(w/u_1)}\min_{g}(I(U_1;W)-I(U_2;W))$$

其中，最小值是对所有函数 $g: U_2\times W\to U_1'$，以及条件概率函数 $p(w|u_1)$，$\|W\|\leqslant\|U_1\|+1$ 进行计算的。且满足

$$\sum_{U_1}\sum_{W}\sum_{U_2}p(u_1,u_2)p(w\mid u_1)d(u_1,g(u_2,w))\leqslant D$$

其中，$w\in W$，$p(w|u_1)$是平均失真度小于或等于 D 时的信道转移概率，译码函数 g 将 U_1 编码后的符号 W 和边信息 U_2 一起映射为输出符号 U_1。所以，$R_{U_2}(D)$是在所有 W 和 g 满足平均失真度小于或等于D 的情况下，求取极小值。当边信息给定时，允许失真

D 增加，信息率失真函数应减少。所以 $R_{U_2}(D)$ 是 D 的非递增凸函数。

定理 8-5 具有边信息的率失真信源编码定理：若译码器能从 U_2 获得不受限制的边信息，只要码长足够长，则存在具有失真为 D 的信源压缩编码，其信息传输率无限接近 $R_{U_2}(D)$。

定理 8-6 具有边信息的率失真信源编码逆定理：若译码器能从 U_2 获得边信息，对有限集、离散无记忆信源 U_2，若每个压缩分组码每个符号的平均失真度为 D，则信源 U_2 的信息率 R 满足

$$R \geqslant R_{U_2}(D)$$

本章小结

本章介绍了网络信息理论的基本思想和部分结论，介绍了几种典型的网络信道类型，讨论了多址接入信道和广播信道的容量区域。在分析相关信源编码的基础上，给出了具有边信息的信源编码定理。

网络信息论还未形成统一、系统的理论，是目前信息论中一个活跃的研究领域。显然，完整的网络信息理论对通信网络理论和计算机网络理论具有重要意义。

网络信道可分为下列几种典型类型：多址接入信道、广播信道、中继信道、双向信道、反馈信道、多用户网络信道等。

二址接入信道的容量区是一个多边形的凸包：

$$\begin{aligned} C(P_1,P_2)=\{(R_1,R_2):&0 \leqslant R_1 \leqslant I(X_1;Y \mid X_2) \\ &0 \leqslant R_2 \leqslant I(X_2;Y \mid X_1) \\ &0 \leqslant R_1+R_2 \leqslant I(X_1,X_2;Y)\} \end{aligned}$$

高斯多址接入信道是多址接入信道的重要实例：

$$R_1 \leqslant \frac{Q}{2}\log\left(1+\frac{P_{S_1}}{N_0 WQ}\right)$$

$$R_2 \leqslant \frac{(1-Q)}{2}\log\left(1+\frac{P_{S_2}}{N_0 W(1-Q)}\right)$$

对于任意离散无记忆信源 U_1 和 U_2，所有的可达速率对 (R_1,R_2) 满足

$$R_1 \geqslant H(U_1 \mid U_2)$$

$$R_2 \geqslant H(U_2 \mid U_1)$$

$$R_1+R_2 \geqslant H(U_1,U_2)$$

具有边信息的多个信源编码，其速率区 R_1,R_2 平面被划分为 4 个区域。

在具有边信息的情况下，达到失真 D 时的最小信息率，为具有边信息的信息率失真函数，用 $R_{U_2}(D)$ 表示：$R_{U_2}(D)=\min\limits_{p(w/u_1)} \min\limits_{g}(I(U_1;W)-I(U_2;W))$

习题

8-1 计算下列多址接入信道的信道容量。

(1) 模 2 相加的 MAC，$X_1 \in \{0,1\}$，$X_2 \in \{0,1\}$，$Y=X_1 \oplus X_2$。

(2) 乘法多址接入信道，$X_1 \in \{-1,1\}$，$X_2 \in \{-1,1\}$，$Y=X_1 \times X_2$。

8-2 已知如图 8-24 所示的协同多址接入信道。

(1) 假设 X_1，X_2 取于 $W_1 \in \{1,2,\cdots,2^{nR_1}\}$，$W_2 \in \{1,2,\cdots,2^{nR_2}\}$，所以码字 $x_1(W_1,W_2)$，$x_2(W_1,W_2)$依赖于 W_1，W_2 的标号，求其容量区域。

(2) 对于二端接入二元删除信道，即 $Y=X_1+X_2$，$X_i \in \{0,1\}$，计算该信道容量，并与无协同的情况进行比较。

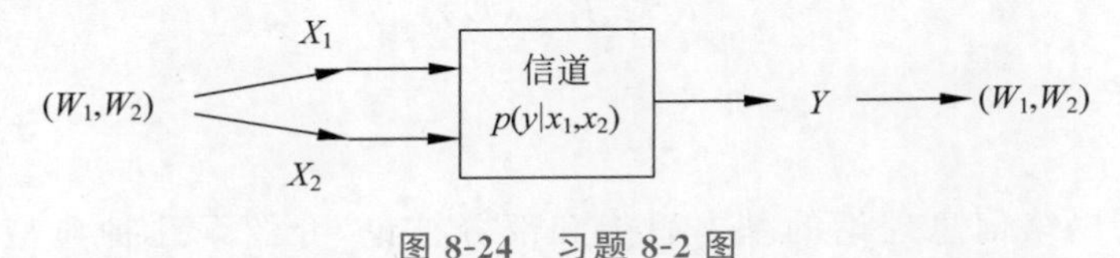

图 8-24 习题 8-2 图

8-3 已知二元接入信道的输入为 X_1 和 X_2，输出为 Y，信道转移概率如表 8-2 所示，试给出该信道的容量区域的下限。

表 8-2 习题 8-3 表

X_1	X_2	Y	
		0	1
0	0	$1-p$	p
0	1	1/2	1/2
1	0	1/2	1/2
1	1	p	$1-p$

8-4 考虑下列二址接入信道：X_1、X_2、Y 均取值于$\{0,1\}$，若$(X_1,X_2)=(0,0)$，则 $Y=0$；若$(X_1,X_2)=(0,1)$，则 $Y=1$；若$(X_1,X_2)=(1,0)$，则 $Y=1$；若$(X_1,X_2)=(1,1)$，则 $p(y=1|x_1=1,x_2=1)=p(y=0|x_1=1,x_2=1)=1/2$。试证明速率对$(R_1,R_2)$为(1,0)和(0,1)是可达的。

8-5 设有三址接入信道，其转移概率密度为

$$p_Y(y \mid x_1,x_2,x_3)=\frac{1}{\sqrt{2\pi}\sigma}\exp\left\{-\frac{(y-x_1-x_2-x_3)^2}{2\sigma^2}\right\}$$

并已知输入 X_1、X_2 和 X_3 均值为零，平均功率分别为 P_1、P_2 和 P_3。试求其容量区域的界限。

8-6 高斯加性广播信道如图 8-25 所示，信源 U_1 和 U_2 相互统计独立，编码器输出 $X=U_1+U_2$。设高斯加性信道 K_1 输出 Y_1，高斯噪声为 N_1；高斯加性信道 K_2 输出 Y_2，高斯噪声为 N_2'。又设 U_1 和 U_2 都是均值为零，平均功率分别为 P_1、P_2 的随机变量。噪声 $N_1 \sim N(0,\sigma_1^2)$，噪声 $N_2' \sim N(0,\sigma_2^2-\sigma_1^2)$。试计算此信道的容量区域。

8-7 设 S_1 和 Z 都是离散无记忆二元信源，S_1 和 Z 相互统计独立。令 $S_2=S_1 \oplus Z$(模 2 加)，又设 S_1 的传输速率为 R_1，S_2 的传输速率为 R_2。求 S_1 和 S_2 构成的可达速

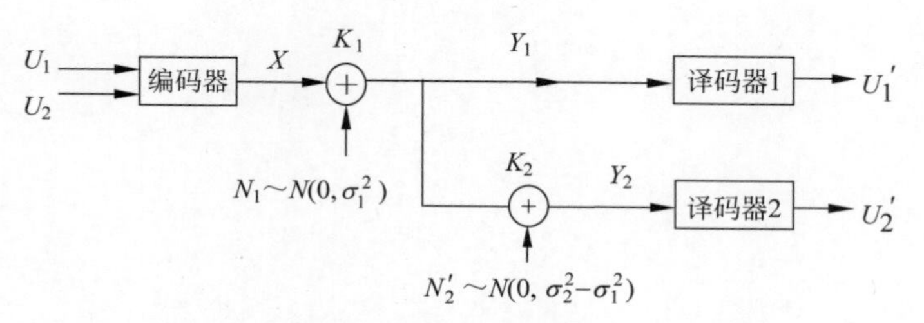

图 8-25　习题 8-6 图

率域。若 S_1 和 Z 都是等概率分布,求 R_1 和 R_2 的可达速率域。

8-8　设 X_1 是离散无记忆二元信源,$p(X_1=0)=p_1$,Z 也是离散无记忆二元信源,$p(Z=0)=p_2$,X_1 与 Z 相互统计独立。令 $X_2=X_1 \oplus Z$(模 2 加),又设 X_1 的传输速率为 R_1,X_2 的传输速率为 R_2。求 R_1 和 R_2 构成的可达速率域。注:$p_1(1-p_2)+p_2(1-p_1)$可用 $p_1 * p_2$ 表示。

附录

本书所用主要符号及含义

$A=\{a_1,a_2,\cdots,a_n\}$　包含 n 个元素的符号集。

$B=\{b_1,b_2,\cdots,b_m\}$　包含 m 个元素的符号集。

X　输入随机变量，或信源随机变量；$X=\{x_1,x_2,\cdots,x_q\},X\in A$。

Y　输出随机变量，或信宿随机变量；$Y=\{y_1,y_2,\cdots,y_Q\},Y\in B$。

T　时域采样间隔，$f_s=1/T$ 为采样频率，f_m 为信号最高受限频率，t_B 为信号最高受限时间。

$S=\{s_1,s_2,\cdots,s_Q\}$　包含 Q 个状态的状态集。

$\boldsymbol{X}=(X_1,X_2,\cdots,X_l,\cdots,X_L)$　L 长输入随机序列矢量，$\boldsymbol{X}=\{\cdots,\boldsymbol{x}_{-1},\boldsymbol{x}_0,\boldsymbol{x}_1,\cdots\},\boldsymbol{X}\in\boldsymbol{A}^L$

$p(X=x_i)$　输入符号概率，变量 X 取 x_i 的先验概率。

$p(X=x_i|Y=y_j)\equiv p(x_i|y_j)$　条件概率或变量 X 的后验概率。

$p(Y=y_j|X=x_i)\equiv p(y_j|x_i)=p_{ij},i=1,2,\cdots,q;\ j=1,2,\cdots,Q$　条件概率或离散无记忆信道转移概率。

$p(X=x_i,Y=y_j)\equiv p(x_i y_j)$　(X、Y)的联合概率。

$p_X(X=x_i)$　输入连续信号的概率密度函数。

$p_X(X=x_i|Y=y_j)\equiv p_X(x_i|y_j)$　条件概率密度函数。

$p_Y(Y=y_j|X=x_i)\equiv p_Y(y_j|x_i),i=1,2,\cdots,q;\ j=1,2,\cdots,Q$　条件概率密度函数或连续无记忆信道转移概率密度。

$p_{X,Y}(X=x_i,Y=y_j)\equiv p_{X,Y}(x_i y_j)$　(X、Y)的联合概率密度函数。

$p(s_j|s_i)=p_{ij}$　从状态 i 转移到状态 j 的状态转移概率。

$$\boldsymbol{P}=\begin{bmatrix} p_{11} & p_{12} & p_{13} & \cdots \\ p_{21} & p_{22} & p_{23} & \cdots \\ p_{31} & p_{32} & p_{33} & \cdots \\ \vdots & \vdots & \vdots & \vdots \end{bmatrix}$$　转移概率矩阵。

$p(x_j|s_i)$　在状态 i 时出现符号 x_j 的符号条件概率。

$p(Y=0|X=1)=p(Y=1|X=0)=p,p(Y=1|X=1)=p(Y=0|X=0)=1-p$　BSC 信道转移概率。

G　均值为零、方差为 σ^2 的高斯随机变量。

$n(t)$　加性噪声过程的一个样本函数。

$H(X)$　输入符号的信息熵。

$H_c(X)$　连续输入符号的相对熵。

$H(\boldsymbol{X})=H(X^L)$　离散信源 L 长序列熵。

$H_L(\boldsymbol{X})$　离散信源 L 长序列的平均符号熵。

$H(X|Y)$、$H(Y|X)$　条件熵。

$I(X;Y)$　输入 X 与输出 Y 的平均互信息。

$\boldsymbol{W}^{(n)}=[W_1^{(n)}\quad W_2^{(n)}\quad\cdots\quad W_r^{(n)}]$　n 时刻概率分布矢量，其中 $W_j^{(n)}=P\{X_n=s_j\}$。

η　信息效率，编码效率。

γ　冗余度，码的剩余度。

$\overline{K}_L$　编码后码字的平均码长(m 进制)。

$\overline{K}$　编码后对应信源符号的平均码长(单位为 bit)，$\overline{K}=\dfrac{\overline{K}_L}{L}\log m$。

R　码率，每二进制码元携带的信息量，即信息传输率(效率)。

$d(x,y)$　失真函数。

$\overline{D}$　平均失真。

$R(D)$　信息率失真函数。

C　$I(X;Y)$的最大值,即信道容量。

E_b/N_0　比特信噪比(能噪比)。

$\boldsymbol{X}^N$　N维矢量空间。

$\boldsymbol{m}=(m_1,m_2,\cdots,m_K)$　消息组。

$\boldsymbol{c}=(c_1,c_2,\cdots,c_N)\in\boldsymbol{X}^N$　码字,其中码元$c_1,c_2,\cdots,c_N\in X=\{x_0,x_1,\cdots,x_{q-1}\}$。

$\boldsymbol{r}=(r_1,r_2,\cdots,r_N)\in\boldsymbol{Y}^N$　接收码。

P_e　差错概率。

$\overline{P}_e$　平均差错概率。

$d_{\min}$　码的最小距离。

t　纠错能力。

部分习题参考答案

2-1 (1) 4.17bit

(2) 5.17bit

(3) 4.337bit/事件

(4) 3.274bit/事件

(5) 1.7105bit

2-2 (1) 1bit

(2) 0.08bit

(3) 2bit

2-3 1.42bit

2-4 4.17bit,2.58bit

2-5 (1) 1.415bit,2bit,2bit,3bit

(2) 87.81bit,1.95bit/符号

2-6 2倍,3倍

2-7 (1) I(划)$=2$bit,I(点)$=0.42$bit

(2) 0.81bit/符号

2-8 (1) 0.92bit

(2) 0.86bit

(3) 0.94bit

(4) 0.91bit

2-9 (1) $H(\text{colour})=1.24$bit

(2) $H(\text{colour},\text{number})=H(\text{number})=\log 38=5.25$bit

(3) $H(\text{number}|\text{colour})=H(\text{colour},\text{number})-H(\text{colour})=4.01$bit

2-10 (1) $H(X,Y)=2.3$bit/符号

(2) $H(Y)=1.58$bit/符号

(3) $H(X|Y)=0.72$bit/符号

2-11 (1) $H(X)=1$bit,$H(Y)=1$bit,$H(Z)=0.54$bit,$H(X,Z)=1.41$bit,$H(Y,Z)=1.41$bit,$H(X,Y,Z)=1.81$bit

(2) $H(X|Y)=H(Y|X)=0.81$bit,$H(X|Z)=0.87$bit,$H(Z|X)=0.41$bit,$H(Y|Z)=0.87$bit,$H(Z|Y)=0.41$bit,$H(X|Y,Z)=H(Y|X,Z)=0.4$bit,$H(Z|X,Y)=0$

(3) $I(X;Y)=0.19$bit,$I(X;Z)=I(Y;Z)=0.13$bit,$I(X;Y|Z)=0.47$bit,$I(Y;Z|X)=I(X;Z|Y)=0.41$bit

2-12　(1) 0.41bit/符号　　(2) 0.31bit/符号

2-13　log2(1−ε), log2ε

2-14　(1) 0.8813bit/符号

(2) 0.513bit/符号

(3) 略

2-15　2.1×10^6 bit/帧，1.33×10^4 bit，157895 个汉字

2-16　由于 $f(x)$是定义在 x 上的实函数，则 $f(x)$的定义域必定小于或等于 x 的定义域，所以 $f(x)$的不确定度小于或等于 x 的不确定度，即 $H[f(x)]\leqslant H(X)$。只有当 f 在 x 的集合上均有定义，且一一对应，没有相同定义时，$f(x)$的不确定度等于 x 的不确定度。

2-17　(1) 0.81bit/符号　(2) $41+1.59m$　(3) 81bit/序列

2-18　3.415bit/符号

2-19、2-20　证明略

2-21　$\begin{cases} p_1=10/25 \\ p_2=9/25 \\ p_3=6/25 \end{cases}$

状态图如图 P2-21 所示。

2-22　$\begin{cases} p(00)=5/14 \\ p(11)=5/14 \\ p(01)=2/14 \\ p(10)=2/14 \end{cases}$

状态图如图 P2-22 所示。

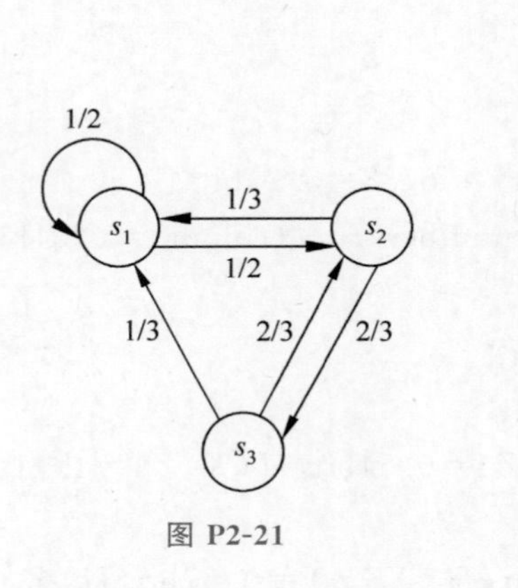

图 P2-21

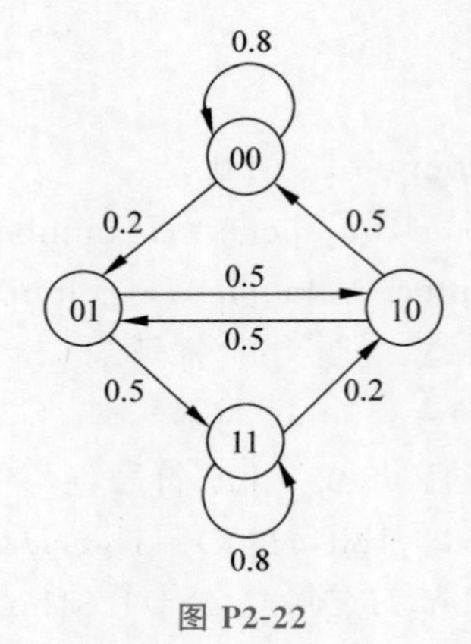

图 P2-22

2-23　(1) 联合熵 $H(X_1,X_2,X_3)=3.968$bit

平均符号熵 $H_L(\boldsymbol{X})=1.323$bit/符号

(2) 极限熵 1.25bit/符号

(3) $H_0=\log n=\log3=1.58$bit/符号，$\gamma=1-\eta=1-(H_\infty|H_0)=0.21$

$H_1=1.4137\text{bit}/$符号，$\gamma=1-1.25/1.4137=0.115$

$H_2=H_\infty=1.25\text{bit}/$符号，$\gamma=0$

2-24 0.69bit/符号

2-25 $P=\begin{bmatrix}1/3 & 1/3 & 1/3\\ 1/3 & 1/3 & 1/3\\ 1/2 & 1/2 & 0\end{bmatrix}$，$H_\infty(X)=1.435\text{bit}/$符号

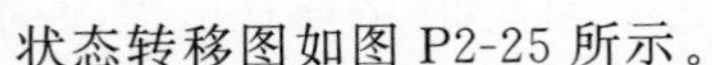
状态转移图如图 P2-25 所示。

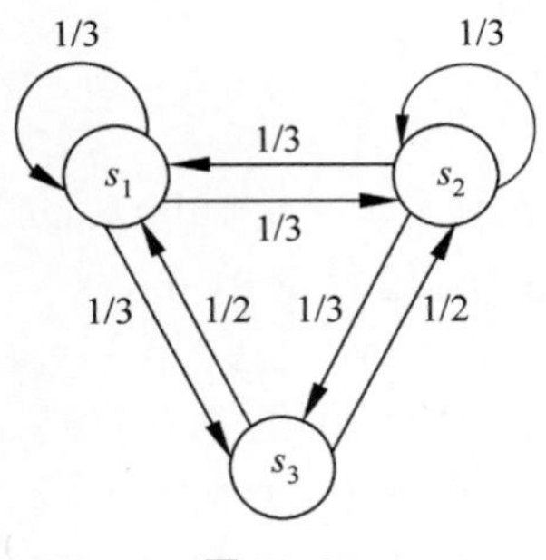

图 P2-25

2-26 (1) $p(0)=p(1)=p(2)=1/3$

(2) $(1-p)\log(1/(1-p))+p\log(2/p)$

(3) 1.58bit/符号

(4) $p=2/3$ 时，$\max H=1.58\text{bit}/$符号；$p=0$ 时，$H=0$；$p=1$ 时，$H=1$

2-27 (1) 1/3 (2) $H(p,1-p)$ (3) 0，确定性信源

2-28 $k=1/2$，$H_c(X)=1/2\text{nat}/$符号

2-29 因为 $H_c(X)=\log\dfrac{2e}{\lambda}$，方差 $D(X)=\dfrac{2}{\lambda^2}$，具有同样方差的正态变量的连续熵为

$H'_c(X)=\log\dfrac{2\sqrt{\pi e}}{\lambda}$，所以 $H_c(X)<H'_c(X)$

2-30 (1) $H_c(X)=2.58\text{bit}$

(2) $H_c(X)=3.32\text{bit}$

(3) 从上述(1)和(2)的结果看出，当变量的范围增大时，信息熵将增加。这与变量范围大、不确定度就大的结论是一致的。

2-31 (1) 2.58bit (2) 4,3

2-32 $H_c(X)=\dfrac{1}{2}\log 2\pi eS$

$H_c(Y)=\dfrac{1}{2}\log 2\pi e(S+N)$

$H_c(X,Y)=\log 2\pi e\sqrt{SN}$

$I(X;Y)=\dfrac{1}{2}\log\left(1+\dfrac{S}{N}\right)$

$H_c(Y|X)=\dfrac{1}{2}\log 2\pi eN$

2-33 $H_c(X)=H_c(Y)=\log_2\pi r-\dfrac{1}{2}\log_2 e\text{bit}/$符号，$H_c(X,Y)=\log_2\pi r^2\text{bit}/$符号，$I(X;Y)=\log_2\pi-\log_2 e\text{bit}/$符号

3-1 (1) $H(X)=0.815\text{bit}/$符号，$H(X/Y)=0.749\text{bit}/$符号，$H(Y|X)=0.91\text{bit}/$符号，$I(X;Y)=0.066\text{bit}/$符号

(2) 信道容量 0.082bit/符号，输入符号概率分布 $p(x_0)=p(x_1)=1/2$

(3) 绝对冗余度 0.016bit/符号，相对冗余度 19.5%

3-2 (1) $H(Y)=\frac{3}{2}-\frac{1+a}{4}\log(1+a)-\frac{1-a}{4}\log(1-a)$ bit/s

(2) $H(Y|X)=\frac{3}{2}-\frac{a}{2}$ bit/s

(3) $C=0.16$bit/s，$p(x_1)=0.6$，$p(x_2)=0.4$

3-3 信道容量 919bit/s

3-4 $C=\log(2+2^{H(\varepsilon)})-H(\varepsilon)$。当 $\varepsilon=0$ 时，$C=1.58$bit；当 $\varepsilon=1/2$ 时，$C=1$bit

3-5 $C_1=1-H(1-p-\varepsilon,p-\varepsilon,2\varepsilon)-2\varepsilon\log 4\varepsilon-(1-2\varepsilon)\log(1-2\varepsilon)$

$C_2=1-H(1-p-\varepsilon,p-\varepsilon,2\varepsilon)-2\varepsilon\log 2\varepsilon-(1-2\varepsilon)\log(1-2\varepsilon)$

因为 $0\leqslant\varepsilon<1/2$，所以 $C_2>C_1$

3-6 $C=1$bit/信道符号，$p(x_1)=p(x_2)=p(x_3)=p(x_4)=1/4$

3-7 (1) $C_1=1-H(1-\varepsilon-\rho,\rho,\varepsilon)+H(\rho)-\rho$

(2) $C_2=1-\rho$

(3) $C_3=1-H(\varepsilon)$

(4) $C_3(\varepsilon=0.125)=0.457$bit/符号，$C_2(\rho=0.5)=0.5$bit/符号，$\rho=0.5$ 时的删除信道更好

3-8 (1) 1.46bit/符号

(2) 1.18bit/符号

(3) 0.8

(4) 0.73

(5) 0.73

(6) 较差

(7) 1.58bit/符号，1.3bit/符号

3-9 $C=19.5$Mb/s

3-10 $W=3$MHz

3-11 (1) $C=3.46$Mb/s

(2) $W=1.34$MHz

(3) SNR=120

3-12 (1) 信道的传输速率为 2bit/s，信源不通过编码时输出的速率为 2.55bit/s，所以不能直接与信道连接。

(2) 信源通过二次扩展编码，最低的输出速率可降低到 1.84bit/s，可以在信道中进行无失真传输。

3-13 信道容量为 0.86bit/符号，10 秒钟能够传输 12876bit，而信源有 14000bit，所以不能无失真地传送。

4-1 $\boldsymbol{d}=\begin{bmatrix}0 & 1\\1 & 0\end{bmatrix}$，$\bar{D}=\varepsilon$

4-2 $D_{\min}=0$，$R(0)=1$bit/符号，$\boldsymbol{P}=\begin{bmatrix}1 & 0\\0 & 1\end{bmatrix}$；$D_{\max}=1/2$，$R(1/2)=0$，$\boldsymbol{P}=\begin{bmatrix}0 & 1\\0 & 1\end{bmatrix}$

4-3 $D_{\min}=0, R(0)=2\text{bit/符号}, \boldsymbol{P}=\begin{bmatrix}1&0&0&0\\0&1&0&0\\0&0&1&0\\0&0&0&1\end{bmatrix}$；$D_{\max}=3/4, R(3/4)=0$，相应编码器可以有多种，其中一种的转移概率矩阵 $\boldsymbol{P}=\begin{bmatrix}1&0&0&0\\1&0&0&0\\1&0&0&0\\1&0&0&0\end{bmatrix}$。

4-4 $D_{\min}=0, R(0)=1\text{bit/符号}, \boldsymbol{P}=\begin{bmatrix}1&0&0\\0&1&0\end{bmatrix}$；$D_{\max}=1/4, R(1/4)=0$，

$\boldsymbol{P}=\begin{bmatrix}0&0&1\\0&0&1\end{bmatrix}$

4-5 (1) $\bar{D}=q(1-p)$

(2) $\max R(D)=H(U)=-p\log p-(1-p)\log(1-p)$；当 $q=0$ 时，$D=0$

(3) $\min R(D)=0$；$q=1$ 时，$D=1-p$

(4) 略

4-6 $R(D)=1-D$

4-7 $$R(D)=\begin{cases}D\log\dfrac{D}{2(1-D)}+\log 5(1-D)-0.8\log 2, & 0\leqslant D\leqslant 0.4\\(D-0.2)\log(D-0.2)+(1-D)\log(1-D)-0.8\log 0.4, & 0.4\leqslant D\leqslant 0.6\end{cases}$$

4-8 略

5-1 (1) C_1、C_2、C_3、C_6

(2) C_1、C_3、C_6

(3) $H(X)=2\text{bit/符号}$，66.7%，94.1%，94.1%，80%

5-2 (1) 200b/s (2) 198.55b/s (3) 200b/s，198.55b/s

5-3 (1) 0.541bit/码元时间 (2) 71.4%

5-4 (1) 7/4bit/符号 (2) 7/4 二进制码元/符号

(3) $p_0=1/2, p_1=1/2, p(1/1)=1/3, p(0/1)=2/3, p(1/0)=1/2, p(0/0)=1/2$

5-5 (1) 1.98bit/符号

(2) $p(0)=0.8, p(1)=0.2$

(3) $\eta=66\%$

(4) 0,10,110,1110,11110,111110,1111110,1111111

(5) $\eta=100\%$

5-6 (1) 含有 3 个或小于 3 个"0"的信源序列共有 $C_{100}^0+C_{100}^1+C_{100}^2+C_{100}^3=166751$ 种，若用二进制码元构成定长码，则需最小长度为 18bit。

(2) 0.0016

5-7 (1) 1,01,001,0001,00001,…,0…01($i-1$ 个"0"和 1 个"1")，…

(2) $1+2/4+3/8+\cdots+i/2^i+\cdots$

(3) 100%

5-8 1,00,01,02,20,21；$\eta=93\%$

5-9 当信源具有 $N=2^i$ 个符号时，每个符号的码字长度相等且为 $i$bit，平均码长为 $i$bit；而当信源具有 $N=2^i+1$ 个符号时，其中 2^i-1 个符号的码字长度为 $i$bit，2 个符号的码字长度为 $(i+1)$bit，平均码长为 $\left(i+\dfrac{2}{2^i+1}\right)$bit。

5-10 (1) 2.23bit/符号　(2) 00,01,10,110,1110,1111;96.96%　(3) 1.62×10^5

5-11 (1) 2.35bit/符号

(2) 00,010,100,101,1110,11110；82.7%

(3) 10,00,01,110,1110,1111,97.9%

(4) 1,2,00,01,021,022；93.8%

(5) 3bit/符号,78.3%

(6) 2.1×10^5

5-12 (1) 2.55bit/符号,2.55bps

(2) 011,001,1,00010,0101,0000,0100,00011,97.7%

(3) 1001,011,00,11100,11011,1010,1100,11110,80.4%

5-13 (1) c,aa,ac,ba,bb,bc,aba,abb,abc(方差小)或 b,c,ab,ac,aab,aac,aaaa,aaab,aaac;95%

(2) a,ba,bb,caa,cab,cba,cbb,cbca,cbcb；81%

或 a,ca,cb,baa,bab,bba,bbb,bca,bcb；84%

或 c,ba,bb,aa,aba,abb,aca,acba,acbb；87%

5-14 (1) 1,00,011,0100,01011,010100,010101；$\eta=95\%$

(2) a,b,ca,cb,cca,ccb,ccc；$\eta=100\%$

(3) 二进制信道花费 4.33 元，三进制信道花费 3.9 元，因而在三进制信道中传输码元可得到较小的花费。

5-15 符号熵为 0.47bit/符号，平均代码长度为 0.533bit/符号，编码效率为 88%。信道码率为 53.3bps，存储器半满为 186bit，存储器容量为 372bit。若信道码率为 50bps，小于输入信道符号的速率，则三分钟后存储器中会增加 594bit，因而开始时存储器不应到半满，故存储器的容量可略小于(372+594)bit=966bit。

5-16 码长为 6，算术编码的结果是 101010，编码效率为 67.58%。

5-17 7bit

6-1 所有四维四重矢量空间：{1,0,0,0}，{0,1,0,0}，{0,0,1,0}，{0,0,0,1}，{0,0,0,0}，{1,1,1,1}

{1,1,0,0}，{1,0,1,0}，{1,0,0,1}，{0,1,1,0}，{0,1,0,1}{0,0,1,1}，{1,1,1,0}，{1,1,0,1}，{0,1,1,1}，{1,0,1,1}

选一个二维子空间：{1,0,0,0}，{0,1,0,0}；对偶子空间：{0,0,1,0}，{0,0,0,1}

6-2 略

6-3 $\boldsymbol{G}=\begin{bmatrix}1&0&0&0&1&1&0&1\\0&1&0&0&1&0&1&1\\0&0&1&0&0&1&1&1\\0&0&0&1&1&1&1&0\end{bmatrix}$, $\boldsymbol{H}=\begin{bmatrix}1&1&0&1&1&0&0&0\\1&0&1&1&0&1&0&0\\0&1&1&1&0&0&1&0\\1&1&1&0&0&0&0&1\end{bmatrix}$, $d_{\min}=4$

6-4 发码为：0010110,0111010,1100010

6-5 (1) $\boldsymbol{G}=\begin{bmatrix}1&0&0&1&1&1&0\\0&1&0&0&1&1&1\\0&0&1&1&1&0&1\end{bmatrix}$

(2) $\boldsymbol{H}=\begin{bmatrix}1&0&1&1&0&0&0\\1&1&1&0&1&0&0\\1&1&0&0&0&1&0\\0&1&1&0&0&0&1\end{bmatrix}$

(3) 略

(4) 4

(5) 略

6-6 略

6-7 (1) 若选 $g(x)=x^4+x^2+x+1$,所有码字除 0000000 外具有循环性：

0010111,0101110,1011100,0111001,1110010,1100101,1001011

若选 $g(x)=x^4+x^3+x^2+1$,所有码字除 0000000 外具有循环性：

0011101,0111010,1110100,1101001,1010011,0100111,1001110

(2) $\boldsymbol{G}=\begin{bmatrix}1&0&0&1&0&1&1\\0&1&0&1&1&1&0\\0&0&1&0&1&1&1\end{bmatrix}$

6-8 最小重量的可纠差错图案为 $0,1,x,x^2,\cdots,x^6$,由 $s(x)=E(x)\bmod g(x)$，可得 8 个对应的伴随式：$0,1,x$, x^2, $x+1$, x^2+x, x^2+x+1, x^2+1。

6-9 略

6-10 循环冗余校验码是(0110100011001111)。

6-11 略

6-12 (1)、(2) 略 (3) 自由距离 $d_f=6$

6-13 (1) 略 (2) 转移函数 $T(D)=D^5/(1-2D)$，自由距离 $d_f=5$

6-14 (1)、(2) 略 (3) 转移函数 $T(D)=D^6/(1-2D^2)$，自由距离 $d_f=6$

6-15 (1) 略 (2) 转移函数 $T(D)=D^7/(1-D-D^3)$

(3) 自由距离 $d_f=7$ (4) 略

7-1 CRISEYTU

7-2 行=1,列=9,$Y=(0110)$

7-3 (1) 27 (2) 7 (3) 3 (4) 157

7-4 1,32,14,4,14,1,4

7-5 4,1,20,1 或 DATA

7-6 8,14,9, 17,14,13,17

7-7 4,5,1,4,5,14,4 或 DEAD END

7-8 8,4; 8,16

7-9 5,1; 14,1

7-10 略

8-1 (1)

$$C(P_1,P_2)=\{(R_1,R_2): 0\leqslant R_1\leqslant C_1=1\text{bit/符号}\ 0\leqslant R_2\leqslant C_2=1\text{bit/符号}\ 0\leqslant R_1+R_2\leqslant C_{12}=1\text{bit/符号}\}$$

(2) 等同于(1)

8-2 (1)

$$C(P_1,P_2)=\{(R_1,R_2):\ \begin{array}{l}0\leqslant R_1\leqslant I(X_1,X_2;Y)\\ 0\leqslant R_2\leqslant I(X_1,X_2;Y)\end{array}\quad \text{其中}\ p(x_1,x_2)=p_1(x_1)p_2(x_2)$$

(2) $C_1=C_2=C_{12}=1.5\text{bit/符号}$

8-3

$$\begin{aligned}C(P_1,P_2)=\{(R_1,R_2): R_1&\leqslant C_1=\frac{H(p)+2p}{1-2p}+\log\left[2^{-H(p)/(1-2p)}+2^{-2/(1-2p)}\right]\\ R_2&\leqslant C_2=\frac{H(p)+2p}{1-2p}+\log\left[2^{-H(p)/(1-2p)}+2^{-2/(1-2p)}\right]\\ R_1+R_2&\leqslant C_{12}=\frac{1}{2}[1-H(p)]\}\end{aligned}$$

上式中，虽然 $C_1=C_2$，但是达到 C_1、C_2 和 C_{12} 这些极大值时，所要求的输入概率分布 $p(x_1)$ 和 $p(x_2)$ 是不同的，也就是说，任何一种 $p(x_1)$ 和 $p(x_2)$ 分布都不能同时使 R_1、R_2 和 R_1+R_2 达到极大值。所以，容量区域是一个多边形的凸闭包。

8-4 略

8-5

$$\begin{cases}R_1\leqslant C_1=\frac{1}{2}\log\left(1+\frac{P_1}{\sigma^2}\right)\\ R_2\leqslant C_2=\frac{1}{2}\log\left(1+\frac{P_2}{\sigma^2}\right) R_3\leqslant C_3=\frac{1}{2}\log\left(1+\frac{P_3}{\sigma^2}\right)\\ R_1+R_2\leqslant C_{12}=\frac{1}{2}\log\left(1+\frac{P_1+P_2}{\sigma^2}\right)\\ R_2+R_3\leqslant C_{23}=\frac{1}{2}\log\left(1+\frac{P_2+P_3}{\sigma^2}\right)\\ R_1+R_3\leqslant C_{13}=\frac{1}{2}\log\left(1+\frac{P_1+P_3}{\sigma^2}\right)\\ R_1+R_2+R_3\leqslant C_{123}=\frac{1}{2}\log\left(1+\frac{P_1+P_2+P_3}{\sigma^2}\right)\end{cases}$$

8-6 设 $0\leqslant\sigma\leqslant 1$，则此高斯加性广播信道的容量区域为

$$\begin{cases} R_1 \leqslant C_1 = \dfrac{1}{2}\log\left(1+\dfrac{\alpha P_S}{\sigma_1^2}\right) \\ R_2 \leqslant C_2 = \dfrac{1}{2}\log\left(1+\dfrac{(1-\alpha)P_S}{\alpha P_S+\sigma_2^2}\right) \end{cases}$$

8-7

$$R=\{(R_1,R_2):R_1>H(S_1\mid S_2),R_2>H(Z)$$
$$R=R_1+R_2>H(S_1)+H(Z)=H(S_2)+H(S_1\mid S_2)\}$$

若 S_1 和 Z 都是等概率分布

$$R=\{(R_1,R_2):R_1>1\text{bit/sym},R_2>1\text{bit/sym},R_1+R_2>2\text{bit/sym}\}$$

8-8

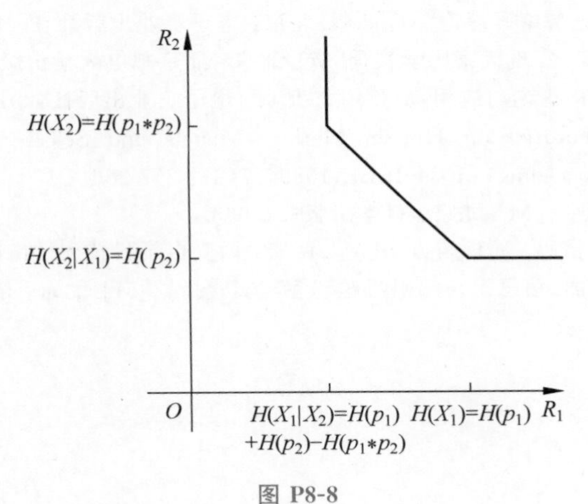

图 P8-8

参 考 文 献

[1] Cover T M,Thomas J A. Elements of Information Theory[M]. 2nd ed. New York: Wiley-Blackwell,2006.
[2] 周炯槃.信息理论基础[M].北京:人民邮电出版社,1983.
[3] 沈连丰.信息论与编码[M].北京:科学出版社,2011.
[4] 田宝玉,贺志强,杨洁,等.信源编码原理与应用[M].北京:北京邮电大学出版社,2015.
[5] 吴伟陵.信息处理与编码[M].北京:人民邮电出版社,1999.
[6] 周荫清.信息理论基础[M].北京:北京航空航天大学出版社,2002.
[7] McEliece R J.信息论与编码理论[M].2版.北京:电子工业出版社,2003.
[8] 谷利泽,郑世慧,杨义先.现代密码学教程[M].北京:北京邮电大学出版社,2015.
[9] 傅祖云.信息论:基础理论与应用[M].4版.北京:电子工业出版社,2015.
[10] Rabiner L R. A Tutorial on Hidden Markov Models and Selected Applications in Speech Recognition[J]. Proceedings of the IEEE,1989,77(2):257-286.
[11] 马瑞霖.量子密码通信[M].北京:科学出版社,2006.
[12] 王新梅,肖国镇.纠错码:原理与方法[M].西安:西安电子科技大学出版社,2001.
[13] 陈瑞,徐伟业,芮雄丽.信息论与编码习题解答与实验指导[M].北京:清华大学出版社,2021.